“十三五”国家重点出版物出版规划项目

BIM思维与技术丛书

为什么是BIM
——BIM技术与应用全解码

主　编　李军华

副主编　刘　玉　杨玉东

参　编　肖建清　李　佳　郭闪闪

机械工业出版社
CHINA MACHINE PRESS

全书共分9章，以BIM技术在建筑业中的应用并如何实现其价值为核心展开论述。第1章BIM技术概述，详细介绍BIM概念的来源、国内外发展现状及未来BIM+技术的发展趋势；第2章主要介绍BIM技术特性及BIM技术在建筑全生命周期的应用价值；第3章介绍BIM应用软件选择及硬件环境；第4~8章主要介绍BIM技术在项目前期策划、设计、施工、运维以及在工程造价、项目管理中的具体应用；第9章主要介绍BIM在装配式建筑中的应用。本书在编排架构上本着可读性、可操作性的实用原则，尽量以图、表的形式阐释了从初识BIM概念到如何应用BIM技术的认知学习过程，由浅入深地逐步探讨了BIM的发展和在建筑业中的开发应用。

本书适合建筑施工技术、管理及相关人员使用，对于高等院校土木工程专业、工程管理专业、建筑学专业的相关师生也有较高的参考、学习价值。

图书在版编目（CIP）数据

为什么是BIM：BIM技术与应用全解码/李军华主编．—北京：机械工业出版社，2021.10

（BIM思维与技术丛书）

“十三五”国家重点出版物出版规划项目

ISBN 978-7-111-69104-4

Ⅰ．①为…　Ⅱ．①李…　Ⅲ．①建筑设计－计算机辅助设计－应用软件　Ⅳ．①TU201.4

中国版本图书馆CIP数据核字（2021）第184358号

机械工业出版社（北京市百万庄大街22号　邮政编码100037）

策划编辑：薛俊高　责任编辑：薛俊高　关正美

责任校对：刘时光　封面设计：张　静

责任印制：李　昂

北京联兴盛业印刷股份有限公司印刷

2021年10月第1版第1次印刷

184mm×260mm·18.75印张·496千字

标准书号：ISBN 978-7-111-69104-4

定价：99.00元

电话服务　　网络服务

客服电话：010-88361066　　机　工　官　网：www.cmpbook.com

010-88379833　　机　工　官　博：weibo.com/cmp1952

010-68326294　　金　书　网：www.golden-book.com

机工教育服务网：www.cmpedu.com

前言 Preface

BIM 技术经过近二十年的快速发展，目前在我国的应用已经产生了不可估量的价值。不管是被称为“中国速度”的雷神山医院、火神山医院的建设，还是中国第一高楼上海中心大厦、非线性体型的北京凤凰传媒中心以及大兴机场等大型复杂的建筑都采用了 BIM 技术。尤其近几年 BIM 技术在大中型企业逐渐得到推广与普及，伴随着“数字中国”和“中国制造”等概念的提出，建筑业对数字化建造、智慧建造、绿色建造越来越重视，特别是对作为数据载体的 BIM 技术，更加大了推广的力度。

首先，BIM 技术的推广离不开政策的推动、地方的响应以及行业的引领。在我国最早是基于国家层面的推动，住房和城乡建设部自 2011 年开始不断推出一系列 BIM 技术政策，五年一个台阶，十年一个飞跃，逐步引导行业从加快推广到着力增强加快推进 BIM 技术的应用。各省市自治区也应势而起，如上海、北京、广东、武汉、天津、山东、湖南、重庆、浙江、河南、江西等地区，相继出台了地方性政策来推动和指导 BIM 技术的应用与发展。2017 年，国家级、行业性 BIM 技术标准规范也陆续出台，2020 年，住房和城乡建设部印发了关于《住房和城乡建设部工程质量安全监管司 2020 年工作要点》的通知，明确指出：“要积极推进施工图审查改革、创新监管方式，采用‘互联网＋监管’手段，推广施工图数字化审查试点来推进 BIM 审图模式，提高信息化监管能力和审查效率；要大力推动绿色建造发展，推动 BIM 技术在工程建设全过程的集成应用，开展建筑业信息化发展纲要和建筑机器人发展研究工作，提升建筑业信息化水平。”2021 年，住房和城乡建设部又将 BIM 技术纳入建设项目工程总承包合同、数字化审图中，并继续推动智能建造与新型建筑工业化协同发展。大力发展数字设计、智能生产、智能施工和智慧运维，加快 BIM 技术研发和应用，完善智能建造标准体系，推动自动化施工机械、建筑机器人等设备研发与应用。这就意味着，BIM 技术的应用已得到越来越广泛的重视。

其次，各大软件商（如广联达、品茗、鲁班等）也在加快 BIM 技术软件的研发，项目全生命周期从策划、设计、施工到运维各阶段的应用软件也在不断地边应用边完善，各大院校也顺应时代的需求与时俱进，以社会需求为导向，以能力培养为目标，建立 BIM 技术中心、虚拟仿真实验室、产学研发中心等，并在人才培养方案中增设 BIM 技术应用课程，积极组织大学生参加各类软件公司每年推出的 BIM 技术应用大赛，如广联达每年组织的全国高校大学生 BIM 毕业设计大赛、全国高等院校大学生“斯维尔杯”BIM-CIM 创新大赛、全国大学生结构信息大赛等，这种以赛促学的方式无形中也推动了BIM技术的发展。现在业内话题几乎离不开谈BIM，你会BIM应用吗？你考BIM证书了吗？哪个机构颁发的BIM证书含金量高？等等。也有很多人问，为什么连续几年从国务院、住房和城乡建设部、各省住房和城乡建设厅、各市住房和城乡建设局都在密集发布BIM相关政策？难道BIM时代真的来了吗？是不是未来建筑企业若没有BIM技术，没有相应的BIM证书，将会面临无工程可接的困境呢？其实，这真不是危言耸听，而是建筑行业未来发展的现实！

再者，目前我国BIM技术数字化建造的应用水平也逐渐与世界接轨，BIM技术价值的体现也日渐明显。如疫情期间仅仅用10天就完成的雷神山医院、火神山医院的建设，上海中心大厦632m高、耗资24亿美元，运用BIM技术精细化管理，仅用73个月就完成了57.6万m^2的超级工程建设，据有关资料统计，节省投资近1亿元；北京凤凰传媒中心，总建筑面积6.5万m^2，该建筑体型为非线性，如此高难度的外观设计，采用BIM参数化设计，不仅节约了时间，更提高了工程质量；中国尊在施工阶段运用BIM技术，发现了11000个问题，解决这些问题的碰撞，等于为甲方节省的成本和创造的价值超过2亿元，工期可缩短6个月。

从我国典型的大型工程应用BIM技术实现的价值可以看出，BIM技术对当前建筑业的发展具有极其重要的作用，因此BIM技术也被认为是提升工程精细化管理的核心竞争力，BIM技术已经逐渐应用到项目的全生命周期。有人说，BIM技术彻底改变了建筑业，是对建筑业的洗牌和颠覆性的革命，BIM技术的推广普及应用将彻底改变建筑业的行为管理模式，我国必将走向数字化建造、智能建造的新时代。

那么，为什么BIM技术被称为“革命性”的技术？为什么国家一直推进BIM技术的应用？到底什么是BIM？BIM技术的优势是什么？BIM技术都应用在哪些方面？如何实现BIM技术应用的价值呢？BIM技术在国内外发展现状及未来发展如何？本书将为你一一揭晓。

全书共9章，主要以BIM技术在建筑业如何应用实现其价值为核心，以“为什么是BIM”来展开论述。第1章BIM技术概述，详细介绍BIM概念的来源、国内外发展现状及未来BIM+技术的发展趋势；第2章主要介绍BIM技术特性及BIM技术在建筑全生命周期的应用价值，第3章介绍BIM应用软件选择及硬件环境；第4~8章主要介绍BIM技术在项目前期策划、设计、施工、运维以及在工程造价、项目管理中的具体应用，第9章主要介绍BIM在装配式建筑中的应用。本书在编排架构上本着可读性、可操作性的实用原则，尽量以图、表形式表达从初识BIM概念到如何应用BIM技术，由浅入深逐步讲解。

本书由安阳师范学院建筑工程学院的老师编写，第1章、第2章、第3章、第4章、第9章由李军华、李佳和肖建清共同执笔，其中第4章第4.2、4.3节及第4.5节的案例由李佳执笔，第1章第1.3节及第3章由肖建清执笔；第5章、第7章由杨玉东执笔；第6章、第8章由刘玉执笔，郭闪闪在第2、9章的相关内容中做了一些辅助性工作。全书由李军华统一组织安排，由编写组成员相互校审定稿。

需要特别说明的是，本书在编写过程中查阅并参考了大量的文献、书籍等资源，吸取了行业专家积累的丰富经验和研究成果，并参考了国内 BIM 应用成功的案例分析，同时部分章节案例采用编者安阳师范学院学生 BIM 技术应用参赛获奖作品，其主要目的是为了更加清晰、透彻地阐述 BIM 技术在项目全生命周期各个阶段的应用，以便向读者全面呈现 BIM 的概念、特点、发展历程以及未来的发展趋势，并通过 BIM 技术应用分析阐明 BIM 技术的应用价值。在此，特向这些文献、书籍的作者以及参赛学生表示敬意和衷心的感谢，正是因他们的研究成果、观点、经验才使得整本书架构更加合理、内容更加丰富、翔实。同时非常感谢 Autodesk、广联达、鲁班、品茗、PKPM、YJK、广厦软件开发商的大力支持，让我们在 BIM 技术应用的道路上不断地学习、与时俱进。

本书的编写得到了机械工业出版社的大力支持，特别是建筑分社薛俊高副社长的严谨治学态度和做事风格更是不断激励感染着所有编写人员在繁忙的工作间隙，努力积极地完成了本次编写任务。同时，本书编写过程中还得到了河南省新工科研究与实践项目（编号：2020JGLX065）、河南省重点现代产业学院“数字建筑产业学院”（编号：2021-9）、河南省“十四五”普通高等教育规划教材“基于 Revit 平台的 BIM 建模实训教程”（编号：2020-411）、河南省一流本科课程“BIM 技术及应用”（编号：2020-477）等项目以及河南巨浪机电科技有限公司的大力支持和帮助，在此一并表示感谢。

本书可以作为普通高等院校土木工程专业、工程管理专业、建筑学专业学习用书，也可作为建筑工程行业中对 BIM 感兴趣的技术人员的学习参考用书。

由于编者水平有限，时间仓促，书中内容难免有不妥之处或者有描述和引用不当之处，敬请广大读者不吝赐教。编者的邮箱为 7626733@ qq. com。

李军华

2021 年 5 月

目录 Contents

第1章 BIM技术概述

1.1 BIM的概念

关于BIM的概念，自提出以来，不同国家、不同时期、不同的应用领域有着不同的定义，现阶段，世界各国对BIM的定义仍在进行着不断地丰富和发展，BIM技术应用已贯穿于前期策划、设计、施工一直到运维全生命周期各个阶段。

1.1.1 BIM的定义

2017年7月1日起实施的国家标准《建筑信息模型应用统一标准》(GB/T 51212—2016) 中对BIM术语定义如下：

BIM (Building Information Modeling, Building Information Model) 建筑信息模型：是指在建设工程及设施全生命期内，对其物理和功能特性进行数字化表达，并依此设计、施工、运营过程和结果的总称。

其实，所谓BIM就是指通过数字信息仿真模拟建筑物所具有的真实信息，在计算机中建立一座虚拟建筑，一个建筑信息模型就是提供了一个单一的、完整一致的建筑信息库。这些信息的内涵不仅仅是几何形状描述的视觉信息，还包含大量的非几何信息，如材料的耐火等级、材料的传热系数、造价和采购信息等。

1.1.2 BIM的内涵

1. BIM的字面含义

(1) BIM中的第一个字母“B”

Building不应该简单理解为“建筑物”，这太片面和狭义。目前，BIM应用不仅仅局限于建筑领域，随着BIM技术的应用，逐渐扩展到“大土木”工程建设各个领域。这个领域包括房屋建筑工程、市政工程、城市规划、交通工程、水利工程、地下工程、风景园林工程、环境工程、历史建筑保护工程等。

(2) BIM中的第二个字母“I”——Information

Information是指能够反映工程实体几何信息、非几何信息的属性、过程的数据化信息、计算机可识别的所有信息。比如房屋中梁、板、柱、墙、门窗等基本构件的几何信息、非几何信息以及项目建设过程中所发生的所有信息，见表1.1-1。

表1.1-1 BIM中“I”——Information

Information	信息说明
构件几何信息	如构件的尺寸、形状、定位、构件间相互关系等，见图1.1-1

（续）

Information	信息说明
构件非几何信息	如构件的物理性能特性以及力学特性（构件的材料密度、熔点、导热性、热膨胀性、强度、弹塑性、硬度、韧性、延性、疲劳性、抗震等级、荷载、材料名称、规格型号、产地等），见图 1.1-3 和图 1.1-4
建筑空间信息	如项目在城市或小区的位置以及与其他建筑的空间关系、遮挡关系等，见图 1.1-1
气象信息	如温度、湿度、风速、光照遮挡、周边噪声等，见图 1.1-2
工程量及造价信息	如个数、长度、面积、体积、重量、清单单价、定额单价等
进度管理信息	如计划工期、实际工期、计划开始、实际开始和结束时间等
质量管理信息	如错漏碰缺、综合管线碰撞检查、质量控制检查点等
投资管理信息	如计划投资、实际造价、成本核算、合同价等
建设全生命周期所有信息	项目全过程建筑信息，见图 1.1-5

图 1.1-1　构件几何信息及建筑空间信息

图 1.1-2　气象信息

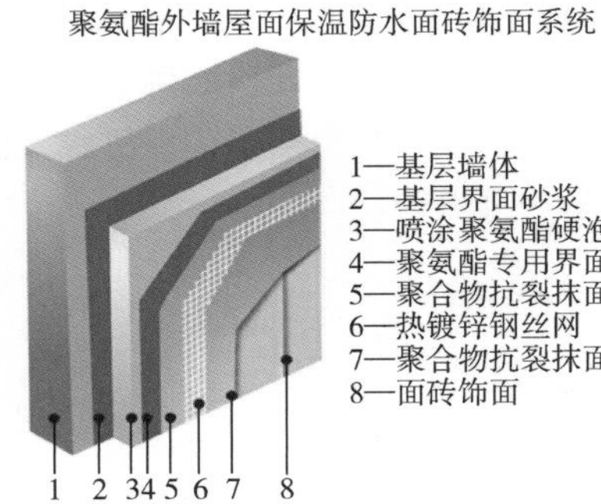

图 1.1-3　构件非几何信息（材料信息）

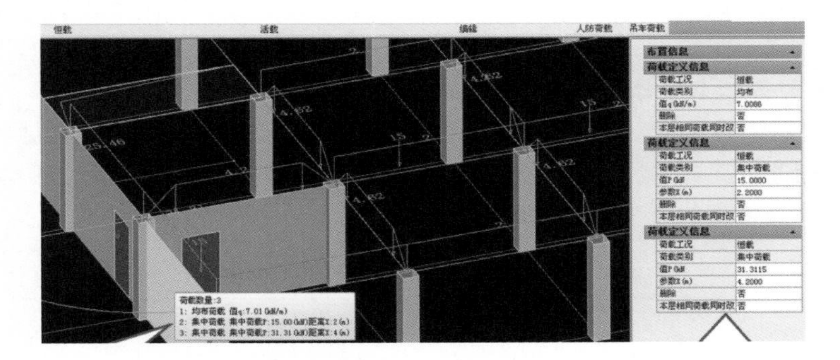

图 1.1-4　结构设计信息

实际上，项目的三维建筑模型就是这些复杂信息的载体，见图 1.1-5。

BIM 技术的核心就是信息化。

信息化就是利用计算机、人工智能、互联网、机器人等信息化技术及手段，在项目的全生命周期各阶段、各参与方、各流程间，通过将信息调用、传递、互用、集成等来实现建设领域的智能化。

对于一个建设项目而言，项目全生命周期各阶段所有信息都可以被储存或调用，如在方案前期以及项目的设计阶段，可进行参数化设计、日照能耗分析、交通规划、管线优化、结构分析、风向分析、环境分析等，只有通过信息化，才能真正体现 BIM 的应用价值。

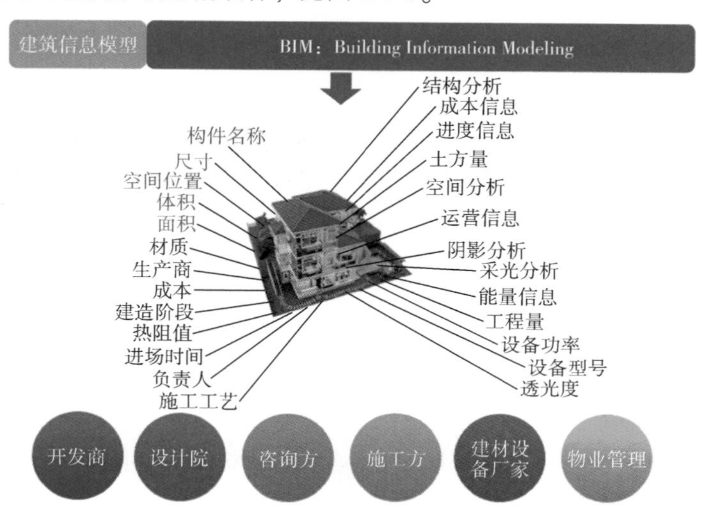

图 1.1-5　项目全过程建筑信息

(3) BIM 中的第三个字母“M”——（Model、Modeling、Management）

从 BIM 的产生发展到今天，实际上它经历了三个阶段，我们也称为 BIM 的 1.0 阶段，BIM 的 2.0 阶段，BIM 的 3.0 阶段。随着发展的不同阶段，BIM 有不同的概念和内涵。

目前，对于 BIM 中的 M，也就有了三种不同含义的解释，包括：

1）BIM 1.0 阶段：静态的“Model”，侧重于模型。

2）BIM 2.0 阶段：动态的“Modeling”，侧重于项目全生命周期的应用。

3）BIM 3.0 阶段：“Management”，侧重于项目全生命周期的管理应用。

关于 BIM 在三个发展阶段不同的内涵与作用，BIM 中“M”含义的三种解释见表 1.1-2。

表 1.1-2　BIM 中“M”含义的三种解释

BIM 中“M”三种解释	定义说明
BIM（Building Information Model）	建筑信息模型：是指建设工程（如建筑、道路、桥梁等）及其设施物理特征和功能特性的数字化表达，是该项目相关方的共享知识资源，为项目全寿命期内的所有决策提供可靠的信息支持
BIM（Building Information Modeling）	建筑信息模型的应用：是指创建和利用项目数据在其全生命期内进行设计、施工和运营的业务过程，允许所有项目相关方通过不同技术平台之间的数据在同一时间互用相同的信息
BIM（Building Information Management）	建筑信息管理：是指利用数字原型信息支持项目全生命周期信息共享的业务流程组织和控制过程。其效益包括集中和可视化沟通、更早进行多方案比较、可持续分析、高效设计、多专业集成、施工现场控制、竣工资料记录等

2. BIM 的内在含义

(1) BIM 不等于三维模型

BIM 是以三维数字技术为基础，集成了建筑工程项目各种相关信息的工程数据模型，是对工程项目设施实体与功能特性的数字化表达（图 1.1-6）。

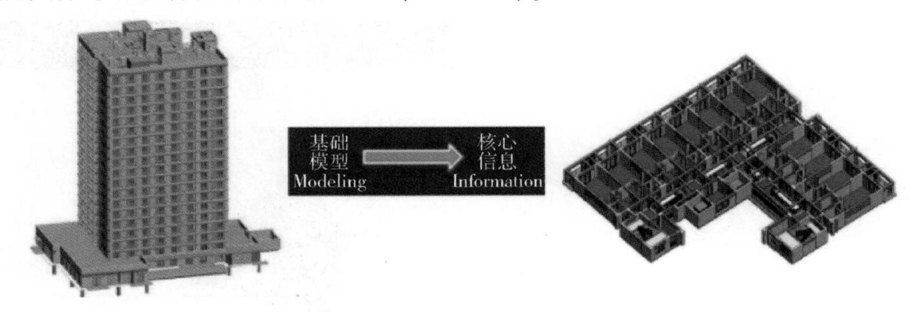

图 1.1-6　BIM 是含数字化信息的三维模型

（2）BIM 是对工程对象的完整描述，是所有信息的载体

一个完善的信息模型，能够连接建筑项目全生命周期不同阶段的数据、过程和资源。BIM 模型可提供自动计算、查询、组合拆分的实时工程数据，也可被建设项目各参与方普遍使用。

（3）BIM 的核心是数字化、信息化，可提供信息共享的协同平台

BIM 技术可解决分布式、异构工程数据之间的一致性和全局共享问题，支持建设项目全生命周期中动态工程信息创建、管理和共享，是项目实施的共享数据平台。

（4）BIM 不等同于一种工具软件，而是项目实施过程中的一种理念

1.1.3　BIM 概念的由来及发展

1. BIM 产生的背景

任何一项新生事物的产生都离不开市场的需求，当然 BIM 技术的产生也不例外。

首先，从设计角度来说，传统的二维计算机辅助设计绘图设计模式已经不适应发展中日新月异的建筑业。

在 CAD 二维时代，特别是对于复杂体型或高层建筑的设计图，即使专业人员也不容易理解平面施工图和建筑空间的关系，更别说不懂专业的相关人员。

首先，各专业之间及参建方之间的沟通协调相当困难，信息传达经常不到位或传达失误，造成设计图相互间错漏碰缺、设备综合管线相互打架、专业间不协调现象比比皆是，实施过程中设计变更不断，导致施工进度拖延、成本增加、质量安全隐患重重。

其次，随着社会不断发展、经济水平不断提高，人们对建筑产品的需求、品味也逐步得到提高，不仅体现在对建筑外观、功能的需求上，更体现在对建筑性能要求上，如建筑的采光、通风、日照、能耗、抗风、抗震性能等，以及是否符合绿色节能环保可持续发展等。

再者，业主对项目质量、进度、投资控制要求越来越高，管理水平要求也越来越精细化，对项目竣工后的运营维护要求也越来越智能化。

另外，从全球范围来看，中国建筑业由于信息技术产业投入不足、传统建筑业管理模式落后、材料浪费严重、信息不畅、沟通协调困难等问题，严重制约着建筑业向信息化、智能化建造发展的速度。

在此背景下，一种新的技术应运而生，也就是我们前面提到的 BIM。BIM 技术的出现，将彻底改变传统建筑行业二维设计模式，取而代之的是一种更加形象、立体可视化的多维模型。在国家政策及行业推动下，BIM 技术在建筑业逐渐发展并应用起来，它有机地结合了计算机仿真技术、计算机辅助设计、计算机科学技术、计算机图学及虚拟现实等技术，可真实、全面、形象地表达建筑工程的物理特性、功能，以及建设实施过程中所有动态信息与静态信息。

从某种意义上说，BIM 技术改变了建筑行业以往单一的交流模式，让信息传达更趋向多元化，从根本上促进了建筑行业的发展。

2. BIM 概念的由来

实际上，关于 BIM 这一概念思想的提出，最初源于 1975 年美国佐治亚理工学院教授查克·伊斯曼（Chuck Eastman，"BIM 之父"）（图 1.1-7）在课题"Building Description System"（建筑描述系统）提出一个基于计算机的建筑物描述（a computer-based description of a building），该系统可视为现代 BIM 理念的雏形，包含了"互动、同步、一致性"等特点；也就是模型中任何一个元素、信息或布局的更改，都会在相应的平、立、剖面以及轴测图、效果图中自动更改，完成元素之间的同步、互动一致性，而且工程量会自动生成并随着更改而自动更改。

图 1.1-7 "BIM"之父查克·伊斯曼博士

20 世纪 80 年代以后，芬兰学者提出了产品广义信息模型（Product Information Model）系统。1986 年，美国学者罗伯特·艾什（Robert Aishb）在论文中首次应用了"Building Modeling"，也就是建筑模型这个概念；主要作用有三维建模、自动成图、智能参数化、关系数据库、施工进度计划模拟等。

1992 年，"Building Information Model"（建筑信息模型）一词最早出现在 GA Van Nederveen 和 FP Tolman 发表于期刊（Automation in Construction）的论文中，该期刊至今仍然是 BIM 领域影响最大、最广的期刊之一。

然而 BIM 并没有在 1992 年首次提出时就开始流行并得到应用，而是大约十年后才开始兴起。

20 世纪 90 年代到 21 世纪初期，AutoCAD 取代传统的手绘风靡国内外，几乎成为建筑界设计图的标准格式。在此阶段，计算机软硬件也日益完善成熟，建筑市场的需求和建筑信息技术标准也越来越高，CAD 二维图的弊端也越来越凸显，因而这也为 BIM 兴起奠定了重要的基础。BIM 技术的应用已势在必行。

2002 年，CAD 行业龙头 Autodesk 公司发布了 BIM 白皮书，提出建筑信息模型（Building Information Modeling，BIM），此时 Autodesk 公司收购了创立于 1996 年的 Revit，其他公司也纷纷开始投入开发 BIM 软件。至此，BIM 开始得到推广与应用，其概念的由来与发展如图 1.1-8 所示。

进入 21 世纪，BIM 研究和应用得到突破性进展，随着计算机软硬件水平的迅速发展，全球各大建筑软件开发商纷纷推出自己的 BIM 软件。

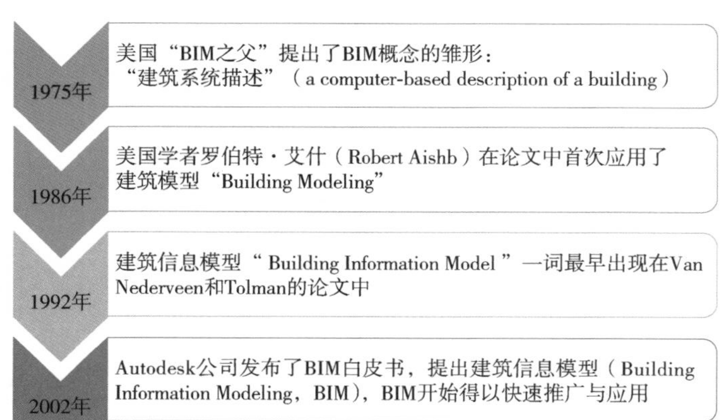

图 1.1-8 BIM 概念的由来与发展

3. BIM 的发展

从 BIM 理念萌芽期到推广应用，共分三个阶段：BIM 理念萌芽期、BIM 概念形成期和 BIM 技术应用期。BIM 技术应用期又分为 BIM1.0、BIM2.0 和 BIM3.0 应用时代，见图 1.1-9。

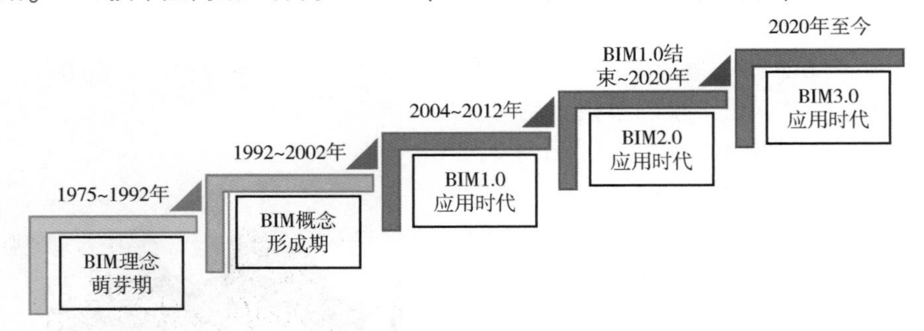

图 1.1-9 BIM 的发展历程简图

1）BIM 理念萌芽期，即 1975～1992 年，为 BIM 概念思想的萌芽期。

2）BIM 概念形成期，即 1992～2002 年，为 BIM 概念正式形成期。

20 世纪 90 年代中期，我国政府提出甩图板的愿景，催生了一大批 CAD 厂商，这一时期既是我国 CAD 事业的开端，也是全球 BIM 的开端，直到 2002 年，Autodesk 收购 Revit Technology 公司，BIM 术语才开始逐渐成为主流。

3）BIM 技术应用期。

①BIM1.0 应用时代。新生事物的发展总是有过程的，尽管 Autodesk 公司从 2002 年就开始关注 BIM，但 BIM 真正在全球开始广泛应用大概在 2012 年前后，2002～2008 年 BIM 相关的高水平论文的发展比较缓慢，直到 2012 年才有了明显的提升。2012 年以后，高水平论文呈现大幅上升趋势。2010 年前后，很多业内公司也加速了 BIM 布局，比如 Autodesk 公司在 2007～2012 年继续强化建模软件 Revit，并多方收购模型应用的软件。

整体上来看，从 1992 年 BIM 概念第一次诞生，到 2002 年前后的行业兴起，再到 2012 年前后 BIM 在建筑行业应用普及，前前后后经历了差不多 20 年的时间。

这一时期，也就是 BIM1.0 应用时代。

美国建筑师协会（American Institute Architects，AIA）Dennis Neeley 曾定义 BIM1.0 应用时代为 Visualization & Drawing，BIM2.0 应用时代是 Analysis，BIM3.0 应用时代是 simulation。也就是说 BIM1.0 时代是可视化和绘图，BIM2.0 时代主要应用是分析，BIM3.0 时代主要应用是模拟。

BIM1.0 应用时代主要特征是可视化和绘图，它的历史使命是替代了 CAD，开启了 BIM 新时代，而国内 BIM1.0 应用时代可能延后 3～5 年，其标志性的情景是越来越多的建筑从业人员开始应用 Revit、Tekla 等 BIM 建模工具。

BIM1.0 应用时代，起初主要用于设计阶段，以建立模型为主，应用为辅，主要应用在建筑外观、功能的可视化以及设备综合管线的碰撞检查方面，见图 1.1-10。

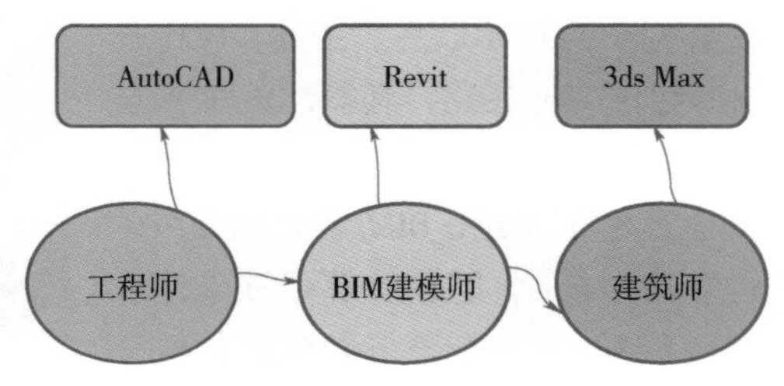

图 1.1-10 BIM1.0 应用时代

BIM1.0 应用时代实际上是以 BIM 三维可视化特性吸引人们眼球的，其价值主要体现在建筑方案效果图、内部功能展示宣传以及在设计阶段综合管线的碰撞检查。但由于成熟的 CAD 二维设计方式以及 3ds Max、SketchUp 效果图软件的熟练应用，设计师并不愿意也没有太多的时间去掌握一门新的技术，因此，在设计行业 BIM 的发展比较缓慢。后来在国家政策的推动下，鼓励大中型企业采用 BIM 技术进行竞标，BIM 首先在施工领域便逐渐推广应用起来了。相应地 BIM 进入 2.0 应用时代。

②BIM2.0 应用时代。BIM 的核心价值就是 BIM 的信息化应用。而 BIM1.0 主要集中在建模方面，只实现了 Modeling，却没有充分发挥 BIM 的核心信息（Information）的价值，导致很多人认为 Revit 建模软件就是 BIM 的误区，远远降低了 BIM 的价值。其实 BIM1.0 阶段的主流技术就是建模技术，拼的是建模的精细度，但技术深度和创新有限，一旦建模技术普及后，这种技术就变得特别廉价，这就推动 BIM1.0 必须向新的阶段发展，以真正体现 BIM 技术的核心价值。

BIM2.0 是建立在 BIM1.0 建模基础上，以实施阶段 BIM 的综合应用为重点，逐步覆盖建筑全生命周期，并与信息领域新技术紧密结合。

BIM2.0 阶段其主要特征如下：

a. 以 BIM 综合应用为重点。

b. 覆盖建筑全生命周期。

c. 结合信息领域的前沿技术。

随着 BIM 技术应用阶段的深度与广度，BIM 技术应用价值逐渐凸显，BIM 应用也将从技术阶段转向技术与管理的深度融合阶段，逐步实现了 BIM 技术在项目全生命周期的一体化协同管理，这也标志着其进入 BIM3.0 应用时代。

③BIM3.0 应用时代。BIM3.0 应用时代的三大特征：

a. 从施工技术管理应用向项目全生命期全过程技术管理应用拓展。根据《建筑业企业 BIM 应用分析暨数字建筑发展展望（2018）》（以下简称“报告”）数据显示，有 80% 的建筑业企业认为，BIM 应用要与项目管理全面融合，实现精细化管理。除技术管理外，还包括生产管理和商务管理，同时也包括项目的普及应用以及与管理层面的全面融合应用。BIM3.0 应用时代，BIM 已不再单纯地应用在技术管理方面，而是深入应用到项目各方面的管理。

b. 从项目现场管理向施工企业经营管理延伸。“报告”还显示，有 75% 的企业已经建立了企业层面的 BIM 组织。有更多的企业认识到，BIM 应用可以为企业经营管理带来更多的价值。也可以通过 BIM 应用实现企业的转型升级，增强企业的核心竞争力。

c. 从施工阶段应用向建筑全生命期辐射。BIM 作为载体，能够将项目在全生命期内的工程信息、管理信息和资源信息集成在同一模型中，打通设计、施工、运维阶段分块割裂的业务，解决数据无法共享的问题，实现一体化、全生命期的应用，如图 1.1-11 所示。

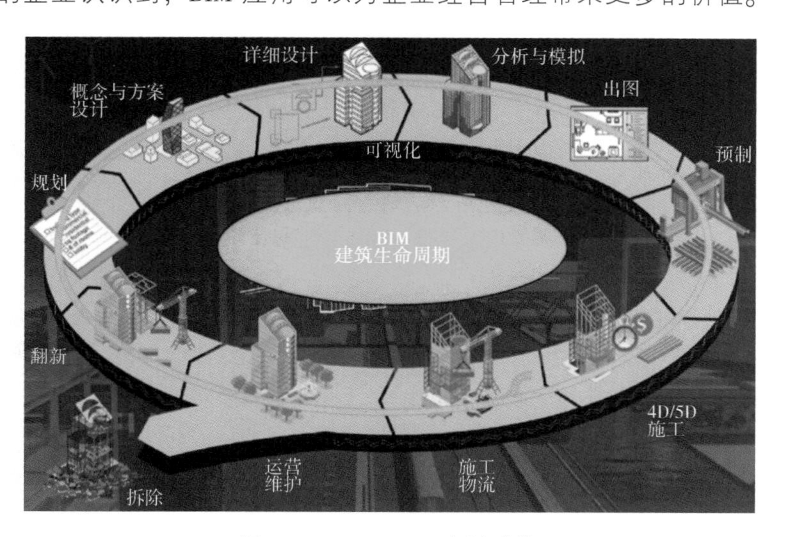

图 1.1-11　BIM3.0 应用时代

4）BIM 技术在发展过程中的应用特点。

从 BIM 技术各阶段应用来看，其呈现了以下特点：

①从翻模、建模到用模阶段，精度也逐渐提高。

②从建设过程中的部分应用到建设过程全生命周期的应用。

③从软件到硬件，从 BIM-3D 到 BIM-4D、5D、6D。

④从 BIM 到 BIM + 的应用，云计算、大数据、物联网、GIS 等相继出现。

1.1.4 BIM 技术的优势及甄别

1. BIM 技术优势分析

从 BIM 概念由来可以知道，CAD 技术实现了从手工绘图到 CAD 计算机辅助绘图的第一次甩图板革命，BIM 技术又将实现工程设计行业划时代的第二次革命，BIM 技术时代是信息化的时代，相对于传统的二维 CAD 时代有不可比拟的优势。绘图技术的演变见图 1.1-12 和图 1.1-13。BIM 技术相对于 CAD 技术的优势比较见表 1.1-3。

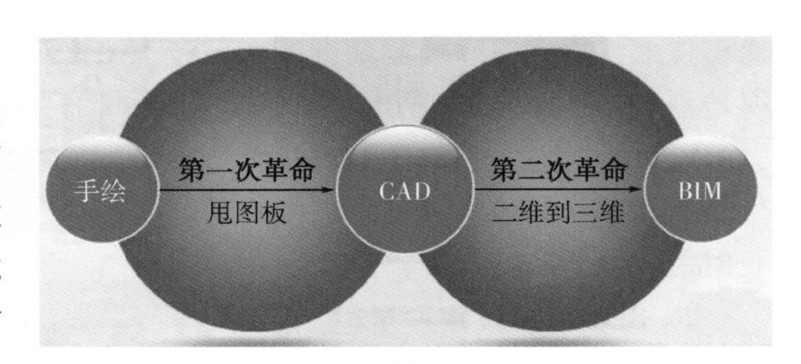

图 1.1-12　绘图技术演变

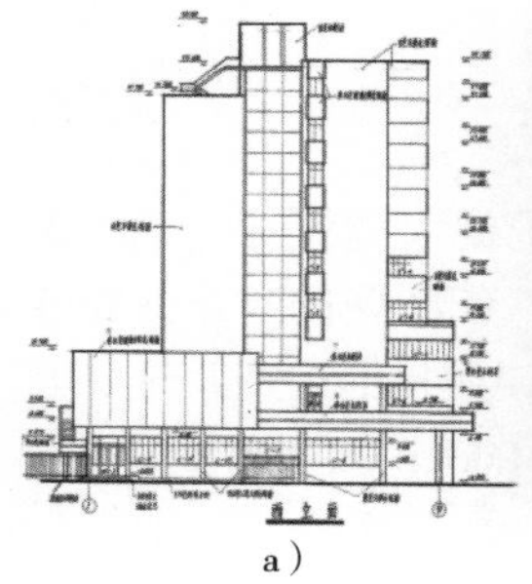

a）

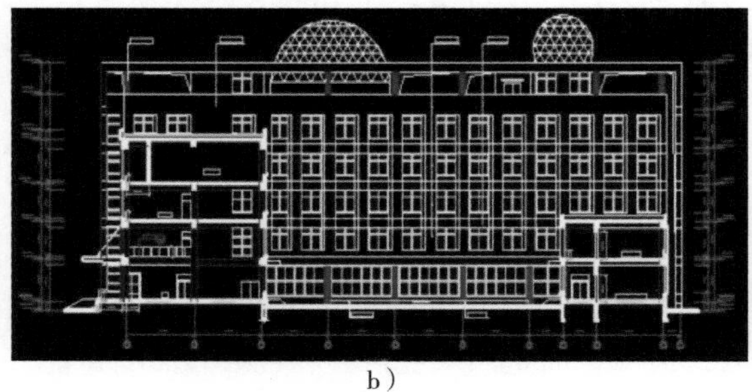

b）

c）

图 1.1-13　三个时期的绘图示意

a）手绘二维立面图　b）CAD 二维立剖面图　c）BIM-3D 建模

表 1.1-3　BIM 技术相对于 CAD 技术的优势比较

面向对象	CAD 技术	BIM 技术
基本元素	基本元素为点、线、面的组合，无专业意义	基本元素如墙、窗、门等，不但具有几何特性，还具有建筑物理特征和功能特征
修改图元	需要再次通过复制、粘贴或拉伸等编辑命令调整	所有图元均为参数化建筑构件，只需要更改构件属性，构件相应的信息就会发生变化
建筑元素间的关联性	没有相关性	构件间是相互关联的，如门窗是以墙为基础布置的，删除一面墙，门窗自动删除
修改的联动性	无联动性，需要人工对平、立、剖面依次修改	修改具有联动性，只要有更改，则与之相关的平、立、剖面，明细表等都自动修改，如图 1.1-14 所示
信息的表达	提供的建筑信息非常有限，只能将纸质图电子化	包含了建筑的全部信息，不仅提供形象可视化图，而且提供工程量清单、施工管理、虚拟建造、造价估算等更加丰富的信息

（续）

面向对象	CAD 技术	BIM 技术
理念	关注绘图效率和标准化	关注性能、进度、质量和效益
实现	以图形为载体，信息分散	以模型为载体，数据集中存储在模型中
沟通	不直观，沟通、协调难	三维可视化直观，可协同设计
工作成效	效率低，大部分精力用于施工图阶段的反复修改	通过分析模拟探索最佳设计方案
信息	以图纸为中心，信息孤岛，数据传递有损失	以工程信息为中心，信息传递连续无损失
计算	计算与绘图不能真正关联，图形与计算结果不能双向更新	计算与模型融合，模型与计算结果保持实时联动

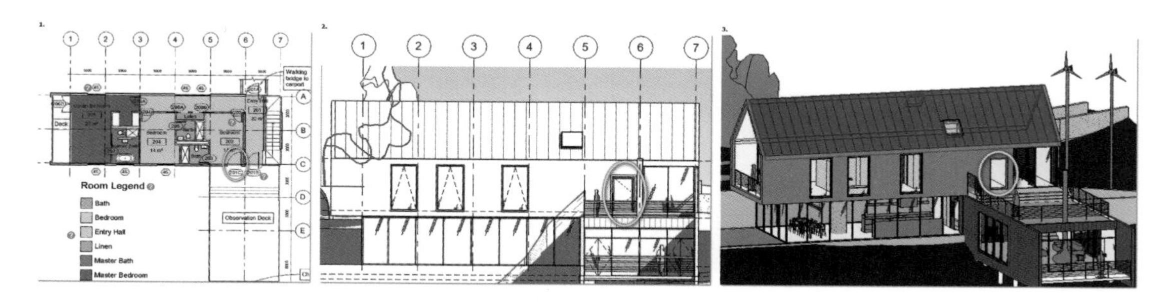

图 1.1-14　单扇门、双扇门修改平、立、剖面的联动性

2. 不属于 BIM 技术的几种现象

对于没有深入研究 BIM 的人，对什么是 BIM，什么是 BIM 技术，存在不清晰的认识，认为只要是三维模型效果图就是应用了 BIM 技术。

那么，如何判断这些软件是不是使用了 BIM 技术呢？

对 BIM 技术进行过非常深入研究的伊斯曼教授在《BIM 手册》（BIM handbook）中列举了不属于 BIM 技术的 4 种模型：

（1）只包含 3D 数据而没有（或很少）对象属性的模型

如采用 SketchUp、3ds Max 等三维建模软件，可以方便快捷地创建三维可视化模型，但是这种三维可视化模型，仅仅具有外观的造型功能，并不具备建筑构件的属性信息，当然也无法在建设过程中进行信息的共享与传递。这样的模型只能算是可视化的 3D 模型而不是 BIM 信息化模型。

（2）不支持行为的模型

有些软件通过二次开发等技术，可以在三维模型的基础上通过关联外部数据库的方式实现构件模型与信息的关联，但这些对象无法支持三维参数化的变更，无法通过参数的变化调整几何模型，也无法定义建筑构件之间的关联关系。

例如，墙体立面与屋顶之间的关系无法定义，一旦屋顶形状变化，需要重新手动调整墙体的立面形状，而 BIM 模型则可以实现自动修改。

（3）由多个定义建筑物二维 CAD 参考文件组成的模型

如果是在视图中用二维线条绘制三维轴测图，虽然从视觉上看非常类似于三维模型，但实际上它仅仅是二维的线条，连三维模型都算不上，更不用说是 BIM 模型了。

在理解建筑信息模型时，必须首先区分建筑信息模型与一般三维模型的区别。只有正确区分建筑信息模型与一般模型，才能正确理解 BIM 的各项应用与含义。

（4）在一个视图上更改尺寸而不会自动反映在其他视图上的模型

在 BIM 技术体系下，图纸是建筑信息模型的一部分。BIM 模型应能够和图纸之间进行联动与修改。任何只有模型而无图纸生成功能的模型均不属于 BIM 模型。

1.1.5 BIM 技术相关术语

1. BIM 的多维类型

BIM 在建筑全生命周期中应用时，根据其作用不同，一般分为五种类型:

（1）BIM-3D

BIM-3D = 2D + Height （高度），这是 BIM 最基本的形式。它仅用于制作与构件材料相关联的建筑信息文件。BIM-3D 不同于 CAD-3D，在 BIM 中建筑必须被分解为有特定实体的功能构件。

（2）BIM-4D

BIM-4D = 3D + Time （时间），加入其中的第四个维度是时间。模型中的每一个构件都含有与自身被建造过程有关的信息。

（3）BIM-5D

BIM-5D = 4D + Cost （费用），每一个施工任务的成本信息组成了 BIM 模型的第五个维度。

（4）BIM-6D

BIM-6D = BIM-5D + 有关建筑的质量分析，构成了 BIM 模型的第六个维度。

（5）BIM-7D

BIM-7D = BIM-6D + 最后一个维度，这个维度就是关于建筑维修使用情况的模型。

2. BIM 模型精细度 LOD 标准

BIM 技术在项目实际应用过程中，首先要根据项目在不同阶段的目标和任务，确定 BIM 建模的精细度，也就是说需要将 BIM 精细化程度进行分类。美国建筑师协会（AIA）为规范项目建设全生命周期内各个阶段 BIM 建模的精度及各阶段模型的用途和输出的成果，在 2008 年文档 E202 中定义了 LOD 的概念。LOD 分类标准的建立使 BIM 技术应用有据可循。

（1）LOD 的定义

LOD（Level of Details）是模型的精细化程度，也称为 Level of Development，是描述一个 BIM 模型构件单元从最低级的近似概念化程度发展到最高级的精细化程度。

（2）LOD 的分级

美国建筑师协会（AIA）把 BIM 模型从概念设计到竣工运维不同阶段的发展，以及该阶段构件所应该包含的信息定义为五个级别：LOD100、LOD200、LOD300、LOD400、LOD500，其中：

1）LOD100：概念设计（Conceptual）。用于一般规划、概念设计阶段。包含建筑项目基本的体量信息（例如长、宽、高、体积、位置等）。可以帮助项目参与方，尤其是设计人员与业主方进行总体分析（如建筑体量、建设朝向、单位造价等）。

2）LOD200：近似构件（Approximate geometry）。用于方案及扩初设计阶段。此阶段模型包括建筑物近似的数量、大小、形状、位置和方向。常用于建筑结构性能的分析及机电性能分析。

3）LOD300：精准构件（Precise geometry）。用于施工图及深化设计阶段，一般为细部设计。这里建立的 BIM 模型构件中包含了精确数据（例如尺寸、位置、方向等信息）。可以进行较为详细的分析及模拟（如碰撞检查、施工模拟等）。

4）LOD400：加工与安装（Fabrication）。此阶段 BIM 模型为承建商和制造商提供了所需的信息，包括完整的制造、加工、细部施工、设备系统安装等所有的信息。

5）LOD500：竣工模型（As-built）。一般为竣工后的模型。包含了建筑项目在竣工后的数据信息，如实际尺寸、数量、位置、方向等。该模型可以直接交给运维方作为运营维护的依据。LOD500 模型包含了业主 BIM 提交说明里设定的完整构件参数和属性。

项目全生命周期建模的精度如表 1.1-4 所示。BIM 建模精度示意见图 1.1-15。

表 1.1-4 项目全生命周期建模的精度

建模阶段	建模精细度	建模用途
前期策划、概念设计阶段	LOD100	可行性研究项目用地许可、投资估算
方案设计/初步设计	LOD200	规划评审报批、建筑方案评审报批、设计概算
施工图设计/深化设计	LOD300	性能分析、碰撞检测、工程预算、工程量清单、施工图招标控制价
虚拟施工建造阶段	LOD400	施工模拟、产品选用、加工安装、采购等
竣工验收运维阶段	LOD500	工程结算、决算、运维

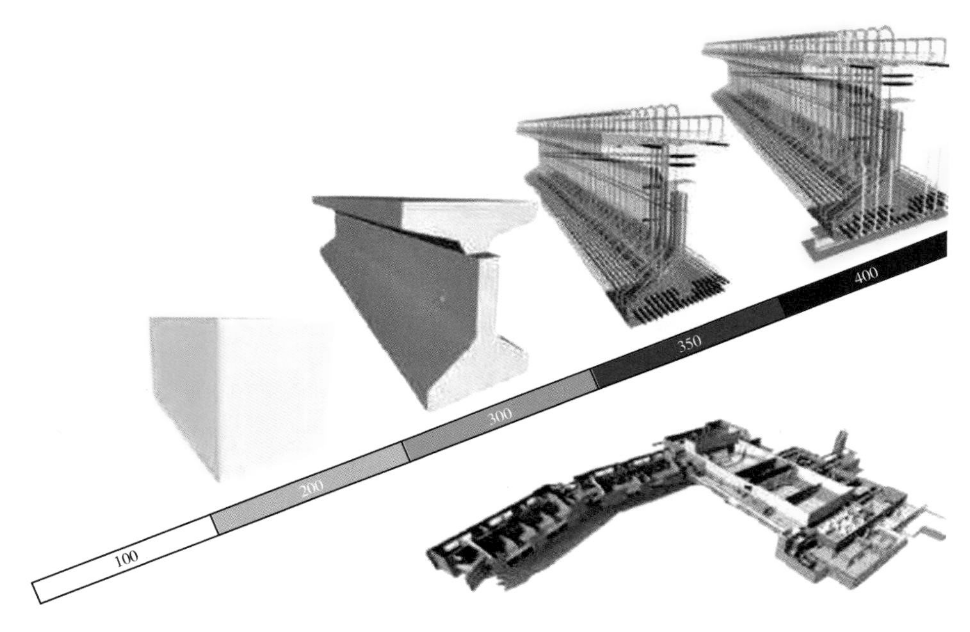

图 1.1-15 BIM 建模精度示意

3. BIM 成熟度模型分级标准

BIM 成熟度模型分级标准，最早由英国将 BIM 成熟度分成从 Level 0 到 Level 3 的四个等级。其中：

（1）BIM Level 0

BIM Level 0 指的是点线面几何模型的 2D CAD 应用阶段，其数据保存于分离的工程文件中。

（2）BIM Level 1

BIM Level 1 指的是对象模型的 2D/3D CAD 模型应用阶段，信息数据保存于分离的工程文件中。

（3） BIM Level 2

BIM Level 2 指的是以 3D BIM 技术达成协同合作的应用阶段，信息数据保存于各阶段独立的 BIM 应用系统中。

（4） BIM Level 3

BIM Level 3 也是英国政府要求所有公共工程自 2016 年必须达到的阶段，是指工程全生命周期所有数据进入全面整合管理应用的阶段。BIM 信息数据库包含了工程全生命周期的数据信息，BIM 信息在项目各参与方及各阶段都可以共享和传递，见图 1. 1-16。

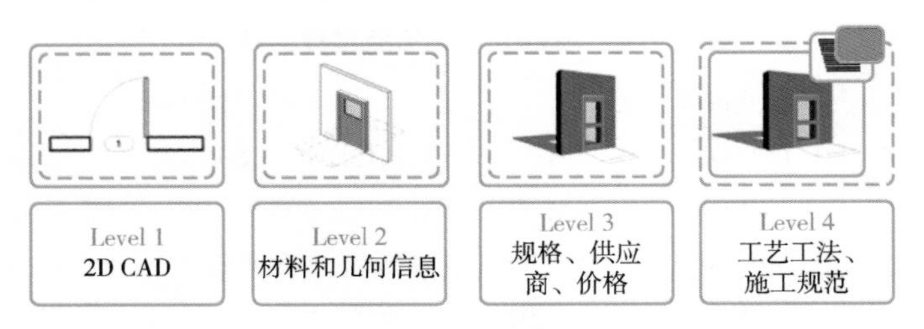

图 1. 1-16　BIM 成熟度模型分级标准

1. 2　BIM 的发展及应用现状

1. 2. 1　BIM 在国外的发展及应用现状

首先，BIM 在国外的发展，最初主要是几个比较小的国家，比方说北欧的芬兰、挪威、瑞典、丹麦等，是全球最先一批采用模型设计的国家。而且北欧也是一些主要建筑业信息技术软件厂商所在地，如 Tekla、Solibri。随后是美国、英国、日本、新加坡、韩国等，都在各自出台相应的 BIM 标准、政策，来推行 BIM 技术在建设工程中的应用。

下面分述 BIM 技术在国外的发展及应用现状。

1. 北欧

在全球 BIM 应用中，北欧国家虽起步较早却并未要求全部使用 BIM，因当地气候条件、建筑信息技术软件等因素，北欧同美国一样，也没有国家层面的 BIM 政策，BIM 技术的发展主要是企业的自发行为，在推动 BIM 技术的应用。由于早期政府支持力度大，发展时间长，BIM 技术应用普及程度也非常高。

北欧典型国家 BIM 技术的应用与推广见表 1. 2-1。

表 1. 2-1　北欧典型国家 BIM 技术应用与推广

时间	国家或组织机构	BIM 技术应用及政策要点
2007 年	芬兰	Senate Properties 的项目仅强制要求建筑部分使用 BIM，其他根据情况自行决定，但目标是全面使用 BIM
2010 年	挪威	挪威政府在 2010 年发布应用 BIM 的承诺：在新建建筑中应用 IFC/BIM
2013 年	瑞典	瑞典交通管理局颁布了 BIM 发展策略，鼓励建筑行业使用 BIM。同样包括瑞典交通管理局在内的其他公共组织也有规定

（续）

时间	国家或组织机构	BIM 技术应用及政策要点
2015 年	瑞典在内其他组织	从 2015 年开始使用 BIM。 （1）根据相关文件统计，截至 2020 年，瑞典 95% 以上项目拥有 BIM 模型 （2）政府无明文推动，行业自发应用 BIM 进行三维设计

注：1. Senate Properties 是芬兰最大的国有资产管理公司之一，也是最大的开发公司之一。
2. IFC：即 Industry Foundation Class。IFC 是一个包含各种建设项目设计、施工、运营等各个阶段，所需要全部信息的一种基于对象、公开的标准文件交换格式。

另外，芬兰不仅在 20 世纪 80 年代，就有了 BIM 的思路，同时不同三维软件间的信息交互标准也开始制定。根据 NBS International BIM repor（NBS 国际 BIM 报告）的调查，IFC 在北欧的应用率和支持率为全球最高。丹麦国家要求公共工程项目若超过 200 万欧元，必须使用 BIM 应用技术模型与 IFC 标准。

同时，主要建筑业信息技术软件如 Tekla、Solibri、Magicad、TouchDesignr、Infrakit 等，最早也都是源于北欧，同时也是支持 IFC 最好的软件之一。

2. 美国

美国是较早开始建筑业信息化研究的国家，如 BIM 的研究机构 GSA、USACE、bSa。目前 BIM 主要的理论体系也是来自美国，从美国 BIM 技术应用及推广（表 1.2-2）可以看到，美国 BIM 技术的推广，大多数是市场和业主的自发行为，BIM 政策也多来自于企业或机构。

从可查阅资料里，美国地方政府中单独发布过 BIM 技术政策的只有俄亥俄州，其他州则是在相应标准里，提出了对州政府项目的 BIM 技术政策要求，而不是单独作为政策发布的。

表 1.2-2 美国 BIM 技术应用与推广

时间	推广机构及类型	美国 BIM 技术应用及推广
2003 年	美国 GSA（政府企业）	美国 GSA 推出全国实行 3D-4D-BIM 计划
2007 年	美国 GSA（政府企业）	美国 GSA 所有大型项目都需要应用 BIM，最低要求是空间规划验证和最终概念展示都需要提交 BIM 模型
2006 年	USACE（军队机构）	USACE 发布了为期 15 年（2006～2020 年）的 BIM 发展战略规划，规划中 USACE 承诺未来所有军事建筑项目都将使用 BIM 技术，以提升规划设计和施工质量及效率
2007 年	美国 bSa	美国 bSa 下属国家 BIM 标准委员会，2007 年发布了第一版美国国家 BIM 标准（NBIMS），2012 年发布第二版 NBIMS 基于共识的 BIM 标准
2008 年	美国建筑师协会（AIA）	提出了全面以 BIM 为主整合各项作业流程，彻底改变传统建筑设计思维
2009 年	威斯康星州	发布州政府项目 BIM 实施指南和标准（2012 年更新）
2009 年	得克萨斯州	州政府推出 BIM 制图及模型标准
2011 年	俄亥俄州	州政府推出 BIM 草案，推广 BIM 技术标准和计划
2014 年	美国海军设施工程司令部	发布推出阶段性 BIM 实施要求
2015 年	马萨诸塞州	州政府推出设计和施工 BIM 指南

注：1. GSA：总务管理局（General Service Administration）。
2. USACE：美国陆军工程兵团（the U. S. Army Corps of Engineers，USACE）。
3. bSa：BuildingSMART 联盟（buildingSMART alliance，bSa）是美国建筑科学研究院（National Institute of Building Science，NIBS）在信息资源和技术领域的一个专业委员会。

美国部分BIM相关政策具体要求及应用情况分析。

（1）州政府推出的BIM相关政策要求

1）俄亥俄州。2011年发布了《俄亥俄州BIM草案》，设定了推广BIM技术的目标和计划。草案要求：自2011年7月1日后，所有由俄亥俄州建设办公室投入超过400万美元的新建、扩建、改建项目，需要按照《俄亥俄州BIM准则》实施BIM技术，所有州政府项目中，机电造价超过工程总造价40%的项目，也必须执行《俄亥俄州BIM准则》。

2）威斯康星州。2009年，州政府发布了项目BIM实施指南和标准（2012年更新），要求自2009年7月1日，州政府内预算在500万美元以上的所有项目，预算在250万美元以上的施工项目和预算在250万美元以上新增成本占50%及以上的新建、改造项目，都必须从设计开始就应用BIM技术。

一般州政府提出的BIM政策，也是基于很多项目本来就是政府投资的，主要想通过州政府在自身管理的项目中实施BIM技术，从而为建筑行业做出示范表率，推动BIM技术的发展。

（2）美国企业或机构提出的BIM政策要求

1）美国总务管理局GSA。2003年，美国GSA推出全国实行3D-4D-BIM计划，BIM技术开始应用具有划时代的历史意义。GSA要求："在2006年财政年时，开始广泛使用BIM技术来提高项目的设计水平和施工交付。从2007年开始，所有大型项目都需要应用BIM技术，最低要求是空间规划验证和最终概念展示都需要提交BIM模型。"

2）美国陆军工程兵团（USACE）。USACE于2006年发布了为期15年（2006~2020年）的BIM发展战略规划，见图1.2-1，规划中USACE承诺未来所有军事建筑项目都将使用BIM技术，以提升规划设计和施工质量及效率。

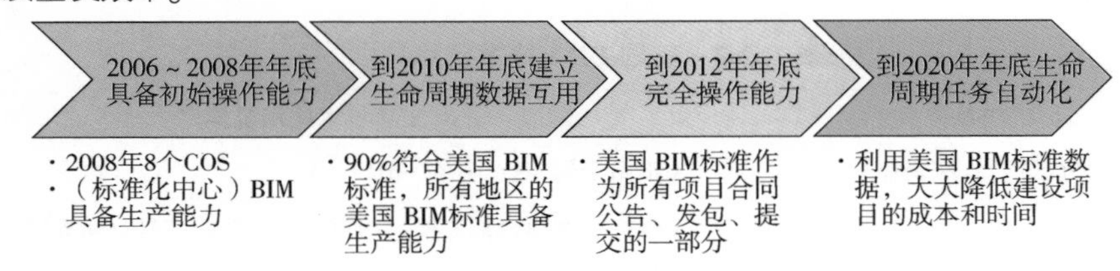

图1.2-1　USACE发布的BIM发展战略规划

（3）BIM技术在美国应用的情况分析

根据麦格劳·希尔公司（McGraw Hill）的调研结果，美国建筑业300强企业中80%以上具有BIM应用经历，北美市场50%的工程项目中不同程度采用了BIM技术。

1）在调查的设计师、工程师、承包商和业主中，每个群体都有超过50%的人员对BIM软件的使用水平达到中等以上。其中35%的人员使用高度频繁，27%的人员使用中度频繁，38%的人员较少使用。

2）2012年工程建设行业采用BIM的比例从2007年的28%增长到2012年的71%。其中74%的承包商已经在实施BIM技术。

美国BIM应用趋势见图1.2-2，美国BIM应用点见图1.2-3。

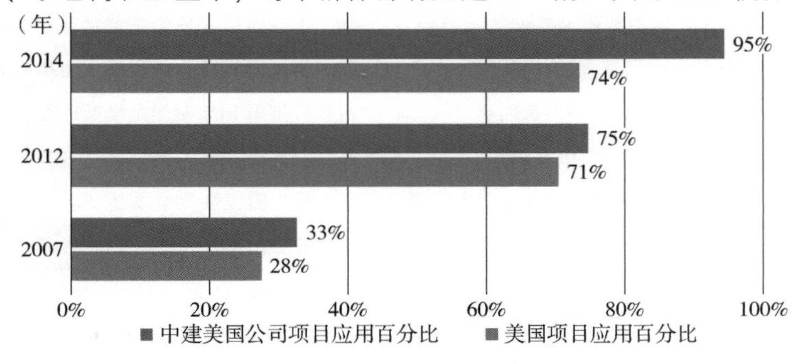

图1.2-2　美国BIM应用趋势

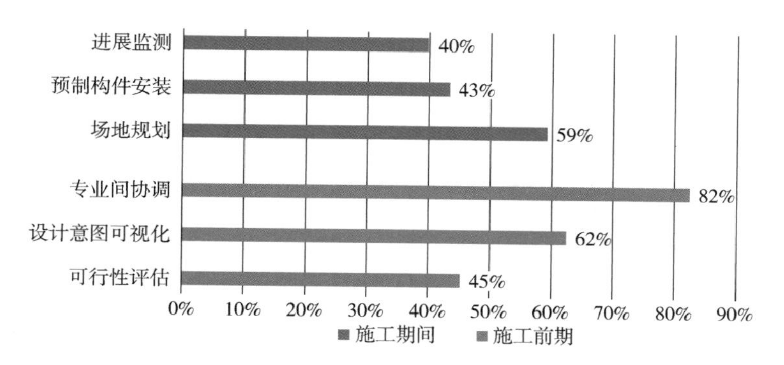

图 1. 2-3 美国 BIM 应用点

3. 英国

英国 BIM 技术起步较美国稍晚，但英国政府强制要求使用 BIM。其中，最著名的便是英国内阁办公厅，在 2011 年 5 月发布的《政府工程建设行业战略 2011》（Government Construction Strategy 2011），这是英国第一个政府层面提到的 BIM 政策文件，可以认为是英国 BIM 标准及相关政策纲领性文件。该文件强制性要求所有政府投资的建设项目，全面推行应用 BIM-3D，并要求信息化管理所有建设过程中产生的文件与数据。同年，英国政府还宣布制作并成立 BIM Task Group，由内阁办公厅直接管理，致力于推动英国的 BIM 技术发展、政策制定工作。BIM Task Group 成立的同时，英国政府还提出 BIM levels of Maturity，要求在 2016 年所有政府投资的建设项目强制按照 BIM level 2 要求实施。此政策之后，英国政府陆续颁布和实施了一系列 BIM 相关的技术政策规范和标准，见表 1. 2-3。

表 1. 2-3 英国 BIM 技术应用与推广

时间	机构	BIM 技术应用及政策要点
2008 年	下议院商业和企业委员会	《建设事项：2007 ~ 2009 年第 9 份报告》提出英国政府应该有合理的措施来引导建筑行业的进步
2009 年 1 月	英国建筑业 BIM 标准委员会 AEC（UK）	发布了英国建筑业 BIM 标准，适用于 Revit 和 Bentley 的英国建筑业 BIM 标准。为 BIM 链上的所有成员实现协同工作提供了可能
2011 年 5 月	英国内阁办公厅	发布了“《政府工程建设行业战略 2011 年》（Government Construction Strategy 2011）”文件，要求到 2016 年全面协同 3D-BIM，并将全部的文件以信息化管理，实现 BIM Level 2
2013 年	英国政府	《建设 2025 年》（Construction 2025），提出加强政府与建筑行业的合作，将英国在建筑方面世界一流的专业知识出口，以促进整体经济的发展
2014 年	英国政府下设社会团队设机构	《建设环境 2050 年：数字化未来报告》（Built Environment 2050：A Reporton On Our Digital Future）提出对建筑行业未来发展的愿景
2015 年	英国政府	《数字建造不列颠》（Digital Built Britain）政府 BIM 工作从 BIM Level2 向 BIM Level3 政策制定过渡
2016 年	政府内阁办公室	《政府工程建设行业战略 2016 ~ 2020 年》（Government Construction Srategy 2016 ~ 2020），要求政府工作从 BIM Level 2 转向 BIM Level 3

根据 Autodesk 在 2011 年 BIM 会议上对 100 名来自德国、英国、意大利等国的参与人员的调查结果统计表明，超过 55% 的代表在使用 BIM，见图 1. 2-4。

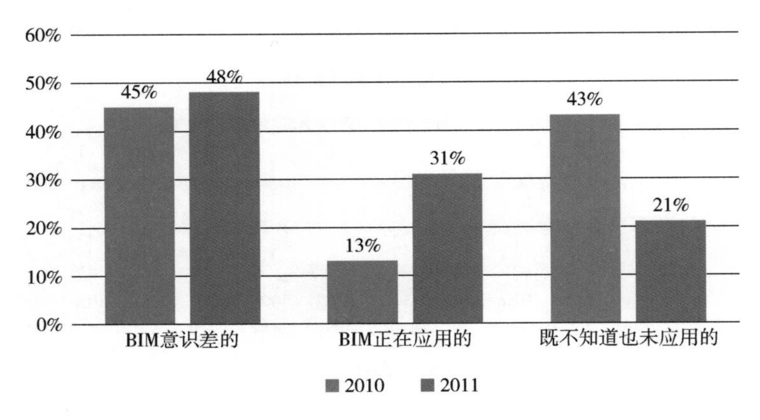

图 1. 2-4　2010 年、2011 年 BIM 应用

4. 新加坡

早在 1982 年，新加坡建筑局管理学院（BCA Academy）就有了人工智能规划审批的想法。2000～2004 年，发展 CORENET（Construction and Real Estate NETwork）项目，用于电子规划的自动审批和在线提交，是世界首创的自动化审批系统。

2011 年，BCA 发布了新加坡 BIM 发展路线规划，明确规定要推动整个建筑业，在 2015 年前广泛使用 BIM 技术。为了实现这一目标，BCA 分析了面临的挑战，并制定了相关的策略，并和一些政府部门合作，确立了示范项目。

随后，新加坡建筑管理局制定并发布了一系列 BIM 技术政策及发展规划，并于 2013 年起强制要求在项目不同阶段提交 BIM 模型，见表 1. 2-4。

表 1. 2-4　新加坡 BIM 技术应用与推广

时间	政府部门	BIM 技术应用及政策要点
2010 年	建筑局管理学院（BCA Academy）	成立了一个 600 万新币的 BIM 基金项目，任何企业都可以申请。鼓励早期 BIM 应用者，并且为大学开设 BIM 课程、为行业专业人士建立了 BIM 专业学位
2011 年	建筑局管理学院（BCA Academy）	发布了新加坡 BIM 发展路线规划，明确规定要推动整个建筑业，在 2015 年前广泛使用 BIM 技术。为了实现这一目标，BCA 分析了面临的挑战，并制定了相关的策略，并和一些政府部门合作，确立了示范项目
2013 年	建筑局管理学院（BCA Academy）	强制要求从 2013 年起，提交建筑 BIM 模型
2014～2015 年	建筑局管理学院（BCA Academy）	强制要求从 2014 年起，提交结构与机电 BIM 模型；并要求到 2015 年前实现所有建筑面积大于 $5000m^2$ 的项目，都必须提交 BIM 模型目标
2016 年	建筑局管理学院（BCA Academy）	《政府工程建设行业战略 2016～2020 年》（Government Construction Srategy 2016～2020），要求政府工作从 BIM Level 2 转向 BIM Level 3
2018 年	建筑局管理学院（BCA Academy）	2017 年提出扩大建筑行业数字化，提出了一个综合素质交付计划——IDD（Integrated Dadatal Delivery）。2018 年形成 IDD 实施计划，提出从设计、制造、施工到资产交付与管理的整个项目阶段，利用数字技术实现及时、经济、高效和高质量的项目交付

5. 日本

2009 年是日本的“BIM 元年”。大量的日本设计公司、施工企业开始应用 BIM。

2010 年日本国土交通省也选择一项政府建设项目作为试点，探索 BIM 在设计可视化、信息整合方面的价值及实施流程。根据日经 BP 社调研结果显示：BIM 的知晓度从 2007 年的 30.2% 提升至 2010 年的 76.4%。

日本的软件业较为发达，在建筑信息技术方面也拥有较多的国产软件，日本的 BIM 相关软件厂商认识到，BIM 的实现是需要多个软件来配合的，而数据集成是基本前提，日本 BIM 软件商在 IAI 日本分会的支持下，建筑信息技术软件产业成立了日本国家级国产解决方案软件联盟，见图 1.2-5。

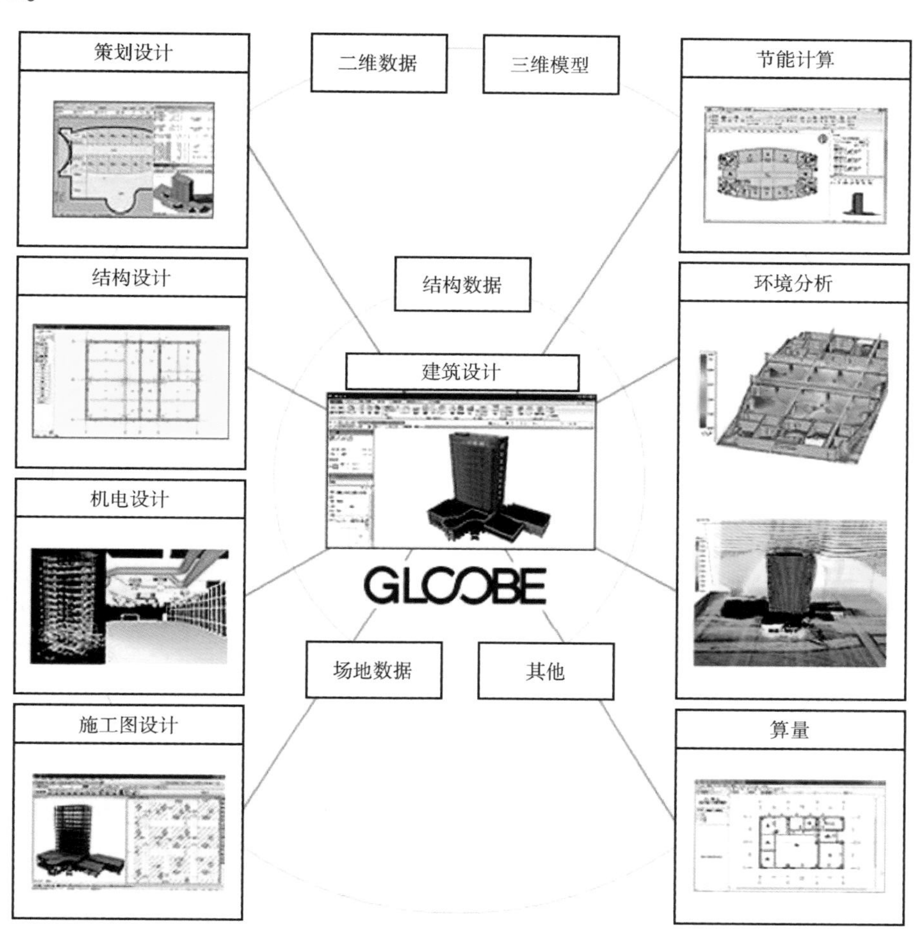

图 1.2-5　日本国产 BIM 软件联盟

2012 年 7 月，日本建筑学会发布了 BIM 指南，从 BIM 建设团队、BIM 设计流程、应用 BIM 进行预算、模拟等方面，为设计院和施工企业应用 BIM 提供指导。

6. 韩国

韩国在应用 BIM 技术上十分超前，多个政府部门都制定了 BIM 的标准，2010 年 4 月，韩国公共采购服务中心（Public Procurement Service，简称 PPS）发布了 BIM 路线图，如图 1.2-6 所示。此外，韩国还发布了一系列政策和措施，推动 BIM 技术应用，见表 1.2-5。

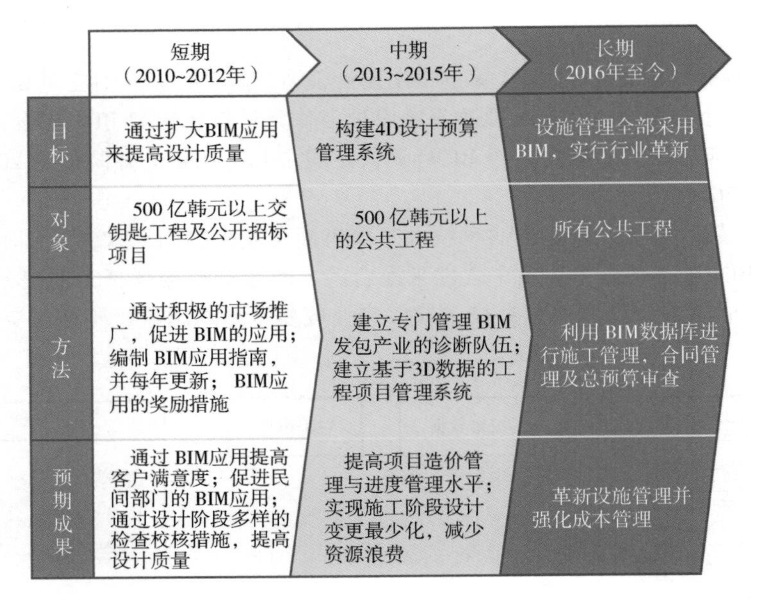

图 1.2-6 韩国 BIM 路线图

表 1.2-5 韩国 BIM 技术应用与推广情况

时间	政府部门	BIM 技术应用及政策要点
2010 年	PPS	在 1 ~ 2 个大型工程项目应用 BIM
2011 年	PPS	在 3 ~ 4 个大型工程项目应用 BIM
2012 ~ 2015 年	PPS	超过 50 亿韩元的大型工程，都采用 4D-BIM 技术（3D + 成本管理）
2016 年前	PPS	政府计划实现全部公共工程应用 BIM 技术

1）2010 年 12 月，韩国公共采购服务中心（PPS）发布了《设施管理 BIM 应用指南》，针对初步设计、施工图设计、施工等阶段的 BIM 应用进行指导，并于 2012 年 4 月对其进行了更新。

2）2010 年 1 月，韩国国土海洋部发布了《建筑领域 BIM 应用指南》，土木领域的 BIM 应用指南也已立项。该指南是建筑业业主、建筑师、设计师等采用 BIM 技术时必需的要素条件以及方法等的详细说明书。

3）首尔大学等一些重点大学都将 BIM 基础理论及 BIM 软件列为课程。

4）主要建筑公司如现代建设、三星建设、大宇建设等公司都在积极采用 BIM 技术，努力研发 BIM 综合解决方案。

综上所述，BIM 技术在国外的发展情况见表 1.2-6。

表 1.2-6 BIM 技术在国外的发展情况

国家	推行机构及力度	应用现状
北欧	政府，但未强制	已经培育 Tekla、Solibri 等主要建筑业信息技术软件厂商
美国	GSA、USACE、bSa 及州政府	自 2003 年起，美国 GSA 推出全国实行 3D-4D-BIM 计划；从 2007 年要求所有大型项目都需要应用 BIM
英国	政府强制要求	2016 年前，企业实行 3D-BIM 的全面协同，并将全部文件信息化管理
新加坡	政府	政府成立 BIM 基金，计划到 2015 年前，超过 80% 的建筑企业应用 BIM

（续）

国家	推行机构及力度	应用现状
韩国	政府	政府计划于2016年前全部公共工程实现BIM应用
日本	行业协会	建筑信息技术软件产业成立国家级国产解决方案软件联盟

1.2.2 BIM在我国的发展及应用现状

我国最早接触BIM技术的是香港和台湾地区，内地BIM技术的推广和应用起步相对较晚。

1. BIM技术在香港的发展及应用

香港地区BIM应用，主要是靠行业自身的推动。

1）2006年，已率先使用建筑信息模型；自行订立BIM标准、用户指南、组建资料库等设计指导和参考，为推行BIM技术创造了良好的环境。

2）2009年，香港地区便成立了香港BIM学会，11月份香港房屋署发布了BIM应用标准，并提出2014～2015年该项技术将覆盖香港房屋署的所有项目。

3）2010年，香港地区的BIM技术应用已经完成了从概念到实用的转变，处于全面推广的最初阶段。

2. BIM技术在台湾地区的发展及应用

台湾地区的管理部门对BIM的推动有两个方向：

1）对于建筑产业界，管理部门希望其自行引进BIM应用。对于新建的公共建筑和公有建筑，其拥有者为管理部门，工程发包监督均受到管理部门管辖，要求在设计阶段与施工阶段都以BIM完成。

2）一些市也在积极学习国外的BIM模式，为BIM发展打下了基础。另外，管理部门也举办了一些关于BIM的座谈会和研讨会，共同推动BIM的发展。

①2007年，台湾大学与Autodesk签订了产学合作协议，重点研究建筑信息模型（BIM）及动态工程模型设计。

②2009年，台湾大学土木工程系成立了工程信息仿真与管理研究中心，促进了BIM相关技术与应用的经验交流、成果分享、人才培训与产学研合作。

③2011年11月，BIM中心与淡江大学工程法律研究发展中心合作，出版了《工程项目应用建筑信息模型之契约模版》一书，并特别提供合同范本与说明，补充了现有合同内容在应用BIM上的不足。

④2011年，高雄应用科技大学土木系成立了工程资信整合与模拟BIM研究中心。

⑤台湾交通大学、台湾科技大学等对BIM进行了广泛的研究，推动了台湾地区对于BIM的认知与应用。

3. BIM技术在内地的发展及应用

内地BIM发展大致经历了三个阶段。

（1）第一阶段：概念导入期

1998～2005年，基本上属于“概念导入期”。这一阶段主要是IFC（工业基础分类）标准研究和BIM概念产生。

（2）第二阶段：理论应用与初步应用阶段

2006～2010年，基本上属于“理论应用与初步应用阶段”。这一阶段主要是针对BIM的技术、标准以及软件的研究，并且BIM技术在大型项目中开始进行试用。

(3) 第三阶段：快速发展及深度应用阶段

2010 年至今，应该说属于“快速发展和深度应用阶段”。这一阶段，BIM 开始大规模应用于工程实施中，尤其是近几年，除软件厂商的大声呼吁外，政府相关单位、各行业协会、设计单位、施工企业、科研院校等，也开始重视并推广应用 BIM 技术。BIM 技术已经在建筑业掀起了一股热潮，应用范围逐渐扩大，应用率逐渐提高，BIM 技术在建筑业的发展势不可挡。

2012 年以前，仅有部分规模较大的设计或者咨询公司拥有应用 BIM 的项目经验，比如 CCDI 悉地国际、上海现代设计集团、中国建筑设计研究院等，另外上海中心大厦、水立方、鸟巢和上海世博馆等国家级重大工程已成为应用 BIM 技术的经典之作。

2015 年之后，BIM 技术如雨后春笋般遍布在国内各个工程项目上，被人们熟知的北京中国尊、港珠澳大桥、天津 117 大厦、广州东塔、首都新机场、雷神山、火神山等工程均应用了 BIM 技术。目前，除了大型工程、标志性建筑、体型复杂工程外，BIM 技术已经广泛应用到越来越多的房屋建筑和基础设施工中，可以说 BIM 技术的发展已经如火如荼。

BIM 技术在内地的应用主要体现在两个方面：

第一，在学术界，主要集中于 BIM 的标准化与教育培训。例如，清华大学针对 BIM 标准的研究，上海交通大学 BIM 研究中心侧重于 BIM 在协同方面的研究。2012 年 4 月 27 日，首个 BIM 工程硕士班在华中科技大学开课等。

第二，在产业界，前期主要是设计院、施工单位、咨询单位等对 BIM 的尝试，最近几年业主对 BIM 的认知度也在不断提升。例如万达、龙湖等大型房产商在积极探索应用 BIM，上海中心、上海迪士尼等大型项目在全生命周期中已经使用 BIM 技术等。

4. BIM 技术在建筑业中应用发展现状

(1) 现阶段 BIM 应用的重点

首先，从图 1.2-7 可见，对企业现阶段 BIM 应用的重点，已经建立了 BIM 组织，重点在让更多项目业务人员主动应用 BIM 技术，占比 36.49%。

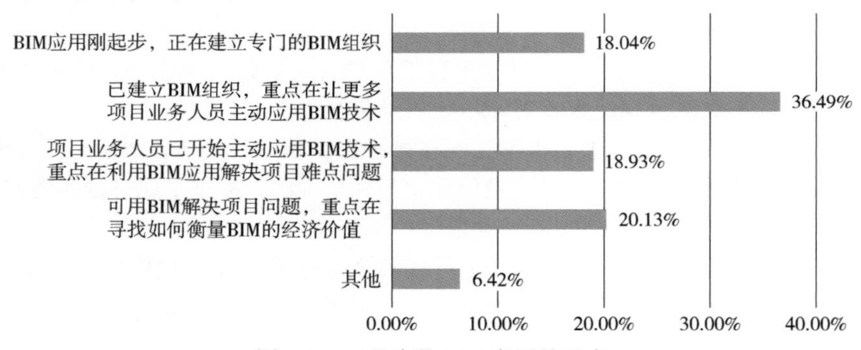

图 1.2-7　现阶段 BIM 应用的重点

其次，已可用 BIM 解决项目问题，重点在寻找如何衡量 BIM 的经济价值，占比 20.13%。

再者，项目业务人员已开始主动应用 BIM 技术，重点在利用 BIM 应用解决项目难点问题的占比 18.93%，BIM 应用刚起步，正在建立专门 BIM 组织的占比为 18.04%。

可见，BIM 技术应用时间越久，项目数量开展越多的企业，对项目业务人员主动采用 BIM 技术的需求越迫切。

(2) 企业最需要的 BIM 人才分析

从企业最需要的人才（图 1.2-8）分析：

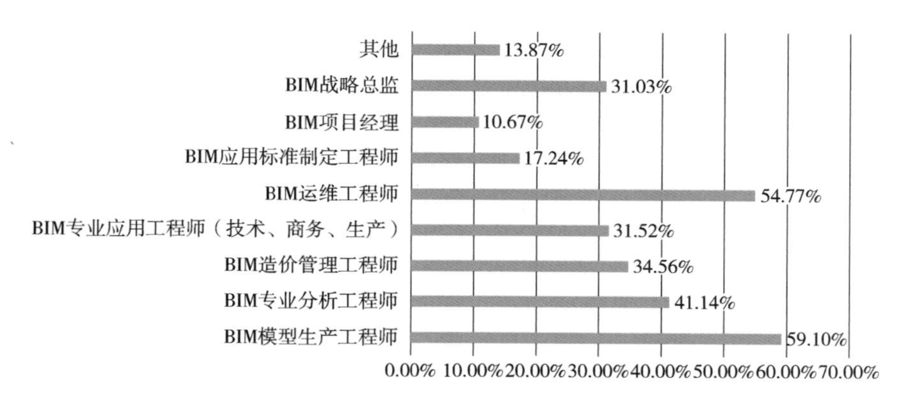

图 1. 2-8　企业最需要的 BIM 人才

1）BIM 模型生产工程师占 59. 1%，成为最受关注的人才，排名第一。

2）BIM 运维工程师占比 54. 77%，排名第二。

3）BIM 专业分析工程师占比：41. 14%，排名第三。

4）BIM 造价管理工程师、BIM 专业应用工程师、BIM 战略总监分别占到 34. 56%、31. 5% 和 31. 03%。

（3）现阶段行业 BIM 应用最迫切的事情

从图 1. 2-9 可知，现阶段行业 BIM 应用最迫切要做的事情：

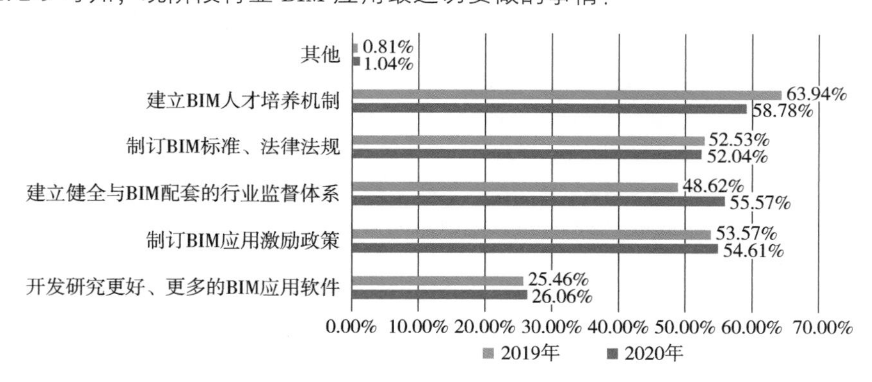

图 1. 2-9　现阶段行业 BIM 应用最迫切的事情

首先，建立 BIM 人才培养机制依然是企业最为迫切的事情，占比 58. 78%。

其次，建立健全与 BIM 配套的行业监管体系占比大幅提升，成为企业面临的仅次于人才培养机制的迫切问题，占比 55. 57%。

再者，制定 BIM 应用激励政策和制定 BIM 标准法律法规，分别占比 54. 61% 和 52. 04%。

对企业来说，开发研究更好、更多的 BIM 应用软件是最不紧迫的，仅占 26. 06%。

此外，对比 2019 年分析数据可以看到，选择建立健全和 BIM 配套的行业监管体系的受访者，从倒数第二上升到第二的位置，证明了现阶段企业对行业监管体系的需求在不断增长。

（4）采用 BIM 技术最希望得到的应用价值

从图 1. 2-10 可知，企业最希望通过 BIM 技术得到的应用价值，排名依次为：

1）提升企业品牌形象，打造企业核心竞争力，占比 51. 4%。

2）提高施工组织合理性，减少施工现场突发变化，占比 48. 28%。

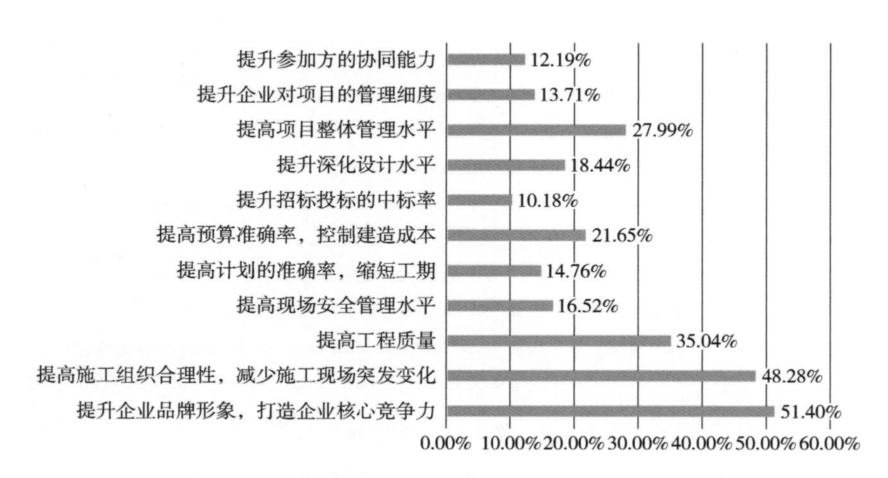

图 1. 2-10　2020 年采用 BIM 技术最希望得到的应用价值

3）提高工程质量，占比 35. 04%。

4）提升项目整体管理水平成为新的价值体现，占比 27. 99%。

值得注意的是，企业对提升招标投标的中标率的期望值相对最低，只有 10. 18%。

(5) 影响未来建筑业发展的技术

从图 1. 2-11 可知，影响未来建筑业发展的技术依次为：

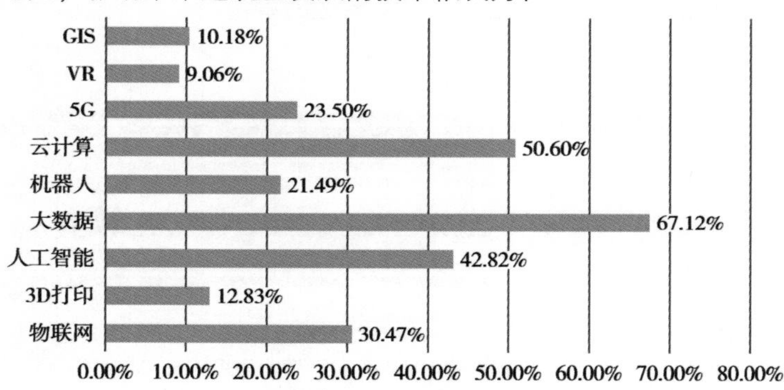

图 1. 2-11　影响未来建筑业发展的技术

1）大数据和云计算依然是很重要的，分别占比 67. 12% 和 50. 6%。

2）人工智能和物联网技术，分别占比 42. 82% 和 30. 47%。

3）当前 5G 技术成为一种被建筑业关注的新技术，占比 23. 5%。

4）机器人占比相对较低，为 21. 49%。

5）3D 打印技术仅占 12. 83%。

(6) 对比分析 BIM 应用的发展趋势

通过对 2019 年、2020 年 BIM 发展趋势对比分析（图 1. 2-12），基本没有太大变化，趋势依然是：

1）与项目管理信息系统的集成应用，实现项目精细化管理仍然高居榜首：占比 72. 17%。

2）与物联网、移动技术、云计算的集成应用，提高施工现场协同工作效率：占比 64. 23%。

3）与云技术、大数据的集成应用、提高模型构件库等资源复用能力：占比 46. 03%。

4）在工厂化生产、装配式施工中应用，提高建筑产业现代化水平：占比 43. 54%。

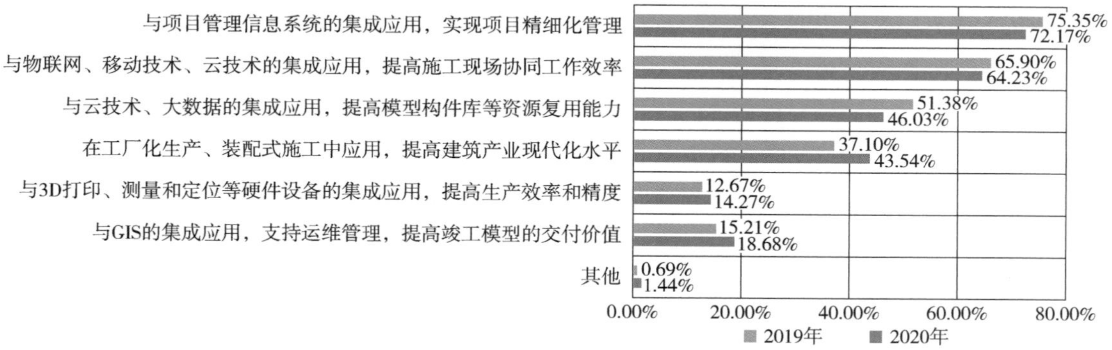

与项目管理信息系统的集成应用，实现项目精细化管理
75.35%
72.17%
与物联网、移动技术、云技术的集成应用，提高施工现场协同工作效率
65.90%
64.23%
与云技术、大数据的集成应用，提高模型构件库等资源复用能力
51.38%
46.03%
在工厂化生产、装配式施工中应用，提高建筑产业现代化水平
37.10%
43.54%
与3D打印、测量和定位等硬件设备的集成应用，提高生产效率和精度
12.67%
14.27%
与GIS的集成应用，支持运维管理，提高竣工模型的交付价值
15.21%
18.68%
其他
0.69%
1.44%
0.00%
20.00%
40.00%
60.00%
80.00%
2019年
2020年

图 1. 2-12　2019 年、2020 年 BIM 应用的发展趋势对比

5）3D 打印、与 GIS 的集成应用等占比较低，分别占比 14. 27%、18. 68%。

（7）对比分析实施 BIM 中遇到的阻碍因素

从在 BIM 实施过程中遇到的阻碍因素调研数据分析中可以看到：

1）缺乏 BIM 人才，占比达到了 57. 02%；已经连续 4 年成为企业共同面临的最核心问题。

2）企业缺乏 BIM 实施的经验和方法，占比 39. 21%，排在第 2 位。

3）项目人员对 BIM 应用实施不够积极，占比 29. 75%，超过 BIM 标准不够健全的占比 23. 74%，上升为第三阻碍因素，见图 1. 2-13。

2020年
2019年
缺乏BIM人才
57.02%
60.02%
缺乏BIM实施的经验和方法
39.21%
50.23%
BIM标准不够健全
23.74%
32.49%
项目人员对BIM应用实施不够积极
29.75%
30.41%
单位领导对BIM不够重视
16.92%
17.86%
投入成本高昂
19.17%
22.12%
BIM软件不成熟
13.95%
19.94%
见不到具体效果，很难维持推进
14.35%
13.94%
BIM应用与当前项目的相关度不高
8.50%
没有高质量信息丰富的模型库
7.46%
其他
1.15%
0.00%
20.00%
40.00%
60.00%
80.00%

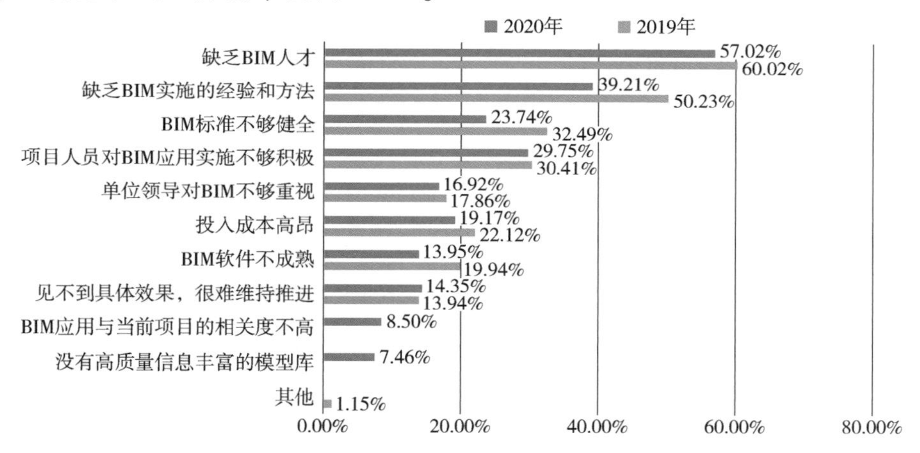

图 1. 2-13　2019 年、2020 年 BIM 实施中遇到的阻碍因素

通过对 2020 年我国建筑业调研显示，目前我国建筑业 BIM 应用已经从倡导推广阶段进入实用阶段，从企业应用年限、项目的规模、类型等来看，BIM 的应用越来越受到业内的青睐，并且应用范围逐渐覆盖策划、设计、施工到运维等全生命周期各个阶段，具体如下：

1）BIM 技术在建造阶段普遍应用。

2）BIM 技术在建筑业企业项目管理中价值凸显。

3）建设方应用 BIM 技术进行工程管理成为趋势。

4）BIM 技术在基建领域获得价值认可并得到逐步推广。

1. 2. 3　我国相关的 BIM 政策与标准

为什么 BIM 技术在近几年发展如此迅猛？是谁在推动 BIM 技术的发展？

2020年建筑行业对BIM应用推动力调查结果显示：政府和业主是最核心的力量，其中73.22%被调查者认为：政府是推动BIM应用的主要角色，可见BIM技术的发展离不开政府的大力支持、政策的引领、业主及行业的积极响应，另外BIM技术标准的不断推出和完善更是BIM技术应用中不可缺少的条件。

BIM应用主要的推动力调查情况如图1.2-14所示。

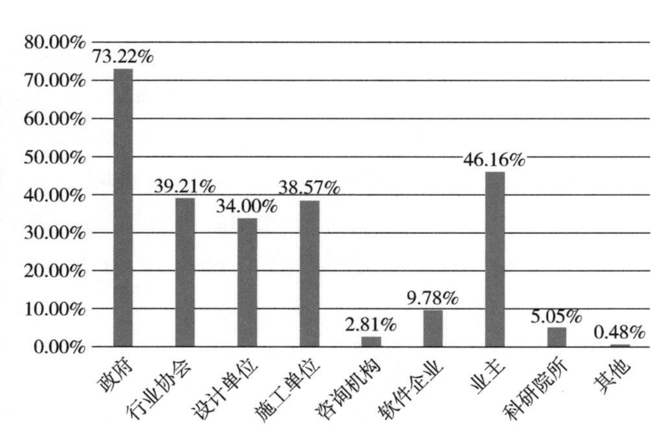

图1.2-14 BIM应用的主要推动力量

下面我们梳理一下国家层面及地方相继推出的有关BIM技术政策和BIM技术标准。

1. 国家及行业主要BIM技术政策

BIM技术政策是指国家、行业、地方以及组织（包括企业）制定的用于引导、促进BIM应用和进步的政策。国家层面主要BIM技术政策见表1.2-7。

表1.2-7 国家层面主要BIM技术政策

时间	发布消息/部门	政策要点
2001年3月22日	《建设部科技司2001年工作思路及要点》	推进建设领域信息技术的研究开发与推广，在政策上首次拉开了建筑业信息技术研究的序幕
2003年11月14日	建设部《2003～2008年全国建筑业信息化发展规划纲要》	对于大型企业： 1）推行以工程数据库和模型设计为主的，集成化、智能化设计技术，完善工程设计系统 2）推行协同设计 3）同时注重开发和推广一批有助于提高设计和管理水平的先进应用软件 4）开发应用智能化施工技术，利用可视化技术，增强企业核心竞争力
2011年5月20日	住房和城乡建设部《2011～2015年建筑业信息化发展纲要》（建质〔2011〕67号）	“十二五”期间，基本实现建筑企业信息系统的普及应用，加快建筑信息模型（BIM）、基于网络的协同工作等新技术在工程中的应用，推动信息化标准建设，促进具有自主知识产权软件的产业化，纲要中第一次提到BIM技术
2013年8月29日	住房和城乡建设部《关于征求关于推荐BIM技术在建筑领域应用的指导意见（征求意见稿）意见的函》	1）2016年以前政府投资的2万m^2以上的大型公共建筑以及申报绿色建筑项目的设计、施工采用BIM技术 2）截至2020年，应完善BIM技术应用标准、实施指南，形成BIM技术应用标准和政策体系 3）在有关奖项，如全国优秀工程勘察设计奖、鲁班奖（国际优质工程奖）以及各行业、各地区勘察设计奖、工程质量最高的评审中，涉及应用BIM技术的条件

（续）

时间	发布消息/部门	政策要点
2014 年 7 月 1 日	《住房和城乡建设部关于推进建筑业发展和改革的若干意见》	再次强调了 BIM 技术在工程设计、施工和运行维护等全过程应用的重要性： 1）推进建筑信息模型（BIM）等信息技术在工程设计、施工和运行维护全过程的应用，提高综合效益 2）推广建筑工程减震隔震技术，探索开展白图代替蓝图、数字化审图等工作
2015 年 6 月 16 日	《住房和城乡建设部关于推进建筑信息模型应用的指导意见》（建质函〔2015〕159 号）	“十三五”期间，对 BIM 未来五年的发展提出了明确的目标： 1）到 2020 年年末，建筑行业甲级勘察、设计单位以及特级、一级房屋建筑工程施工企业应掌握并实现 BIM 与企业管理系统以及其他信息技术的一体化集成应用 2）要求到 2020 年年末，以下新立项项目勘察设计、施工、运营维护中，集中应用 BIM 的项目比率要达到 90%： ①以国有资金投资为主的大中型建筑 ②申报绿色建筑的公共建筑和绿色生态示范小区 这是首次引入全生命周期集成应用 BIM 的项目比率
2016 年 8 月	《住房和城乡建设部 2016 ~ 2020 年建筑业信息化发展纲要的通知》（建质函〔2016〕183 号）	纲要中一共 28 次提到了“BIM”一词，更加细化和拓展了 BIM 的应用要求，特别强调“十三五”时期，全面提高建筑业信息化水平，着力增强 BIM、大数据、智能化、移动通信、云计算、物联网等信息技术集成应用能力，建筑业数字化、网络化、智能化取得突破性进展
2017 年 2 月	《国务院办公厅关于促进建筑业持续健康发展的意见》（国办发〔2017〕19 号）	加快推进 BIM 技术在规划勘察、设计施工和运营维护全过程的集成应用，实现工程建设项目全生命期数据共享和信息化管理，为项目方案优化和科学决策提供依据
2017 年 5 月	住房和城乡建设部批准《建设项目工程总承包管理规范》为国家标准，编号为 GB/T 50358—2017	自 2018 年 1 月 1 日起实施。采用 BIM 技术或者装配式技术，招标文件中应当有明确要求；建设单位对承诺采用 BIM 技术或装配式技术的投标人应当适当设置加分条件
2019 年 3 月	住房和城乡建设部发布《关于印发〈住房和城乡建设部工程质量安全监管司 2019 年工作要点〉的通知》（建质综函〔2019〕4 号）	要点指出：要大力推进 BIM 技术集成应用，支持推动 BIM 自主知识产权底层平台软件的研发
2020 年 7 月	住房和城乡建设部、国家发展和改革委员会等 13 部门联合印发《关于推动智能建造与建筑工业化协同发展的指导意见》	明确提出“要围绕建筑业高质量发展总体目标，以大力发展建筑工业化为载体，以数字化、智能化升级为动力，形成涵盖科研、设计、生产加工、施工装配、运营等全产业链融合一体的智能建造产业体系”

通过梳理国家层面政策，可以看到住房和城乡建设部关于推进 BIM 技术应用的政策，从提出到推广、加快推广、加快推进、着力增强、大力推进、大力发展等用词上逐渐增进加强，而且自 BIM 概念的提出，从阶段性的应用到全生命周期的集成应用，从技术到管理应用，再到 BIM 与其他技术

的深度融合应用，5 年一阶梯，10 年一升华，BIM 技术已在建筑业得到普及与发展，见图 1. 2-15。

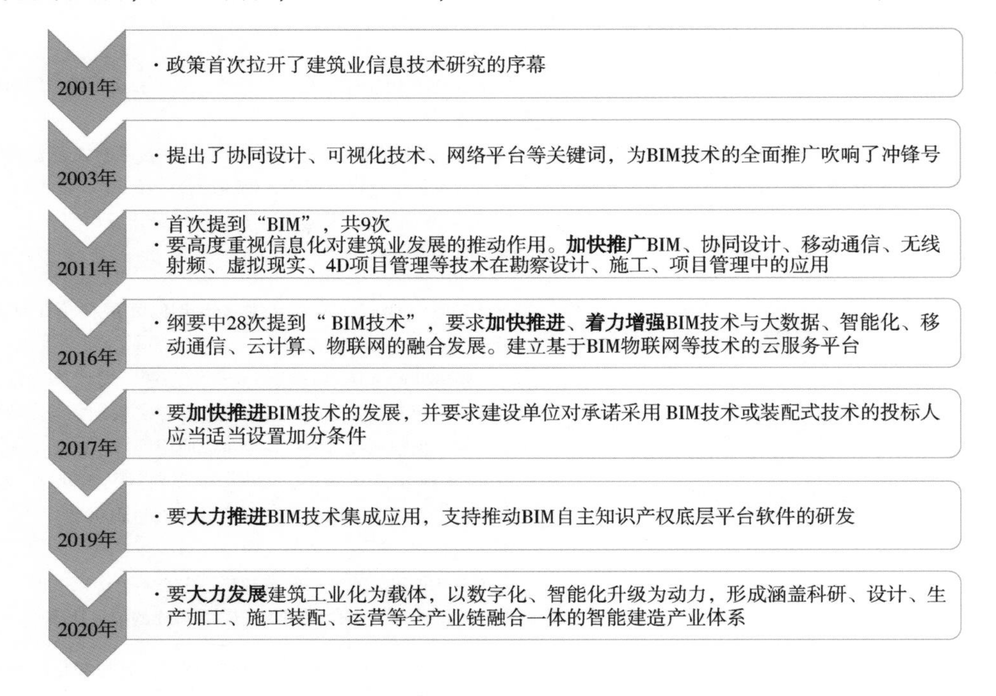

图 1. 2-15　国家层面 BIM 技术推广政策要点

受国家和行业推动 BIM 应用相关技术政策的影响，以及建筑行业改革发展的整体需求，多个省份和直辖市、地方政府先后推出相关 BIM 标准和技术政策。这些地方的 BIM 技术政策，大多参考住房和城乡建设部 2015 年 6 月 16 日发布的《关于推进建筑信息模型应用的指导意见》(建质函〔2015〕159 号)，结合地方发展需求，从指导思想、工作目标、实施范围、重点任务以及保障措施等多个角度推出，也给出了推动 BIM 应用的方法和策略。

比如上海、北京、广东、广西、湖北、天津、山东、陕西、湖南、黑龙江、重庆、云南、浙江、河南、江西等地区相继出台了各类具体的政策，不断推动和指导 BIM 的应用与发展。

2. 国家及行业主要 BIM 技术标准

推进 BIM 普及应用，除了政府出台一系列政策大力支持外，制定 BIM 技术标准也是关键因素之一，可以这样认为，BIM 标准是为了在一定范围内获得 BIM 应用的最佳秩序，经相关组织协商一致制定并批准的文件。

(1) 国家和行业性 BIM 标准的规范简介

2012 年 1 月 17 日，住房和城乡建设部发布了《关于印发 2012 年工程建设标准规范制订修订计划的通知》(建标〔2012〕5 号) 文件。

2013 年 1 月 14 日，住房和城乡建设部又发布了《关于印发 2013 年工程建设标准规范制订修订计划的通知》(建标〔2013〕6 号) 文件，这两个工程建设标准规范制订修订计划，宣告中国 BIM 标准制定工作的正式启动。

上述这两个通知中共发布了 6 项 BIM 国家标准制定项目，分别是:

1)《建筑信息模型应用统一标准》(GB/T 51212—2016)。

2)《建筑信息模型分类和编码标准》(GB/T 51269—2017)。

3）《建筑信息模型施工应用标准》（GB/T 51235—2017）。

4）《建筑信息模型设计交付标准》（GB/T 51301—2018）。

5）《建筑工程设计信息模型制图标准》（JGJ/T 448—2018）。

6）《制造工业工程设计信息模型应用标准》（GB/T 51362—2019）。

其中，《建筑信息模型应用统一标准》（GB/T 51212—2016）的编制采取“千人千标准”的模式，邀请行业内相关软件厂商、设计院、施工单位、科研院所等近百家单位参与标准研究项目、课题、子课题的研究。至此，工程建设行业的 BIM 热度日益高涨。

国家 BIM 标准编制的基本思路是：“BIM 技术”“BIM 标准”“BIM 软件”同步发展，以建筑工程专业应用软件与 BIM 技术紧密结合为基础，开展专业 BIM 技术和标准的课题研究，用 BIM 技术和方法改造专业软件，我国 BIM 标准的研究重点，主要集中在以下三个方面：

1）信息共享能力是 BIM 的核心，涉及信息内容格式交换集成和储存。

2）协同工作能力是 BIM 的应用过程。

3）专业任务能力是 BIM 的目标。

通过专业标准可以提升完成专业任务的效率，同时降低成本，我国 BIM 标准的编制充分考虑了 BIM 以既有产品成果为依托，实现上下游数据贯通，达到数据完备性要求，并在此基础上实现统一的数据存取和安全机制，具体见表 1. 2-8。

表 1. 2-8　国家 BIM 标准汇总

标准名称	标准编制状态	主要内容
《建筑信息模型应用统一标准》（GB/T 51212—2016）	自 2017 年 7 月 1 日起实施	提出了建筑信息模型应用的基本要求，对 BIM 模型在项目生命周期内，如何建立、共享、使用等作出了统一规定
《建筑信息模型施工应用标准》（GB/T 51235—2017）	自 2018 年 1 月 1 日起实施	标准面向施工和监理，提出施工阶段建筑信息模型应用的创建使用和管理要求以及如何向他人交付施工模型信息
《建筑信息模型分类和编码标准》（GB/T 51269—2017）	自 2018 年 5 月 1 日实施	提出适用于建筑工程模型数据的分类和编码的基本原则、格式要求，是建筑信息模型应用的基础标准
《建筑工程设计信息模型制图标准》（JGJ/T 448—2018）	2019 年 4 月 8 日	住房和城乡建设部批准《建筑工程设计信息模型制图标准》为行业标准
《建筑信息模型设计交付标准》（GB/T 51301—2018）	自 2019 年 6 月 1 日实施	提出建筑工程设计模型数据交付的技术细则、格式要求、流程等
《制造工业工程设计信息模型应用标准》（GB/T 51362—2019）	自 2019 年 10 月 1 日实施	提出适用于制造工业工程工艺设计和公用设施设计信息模型的应用及交付过程
《建筑工程信息模型存储标准》	正在编制	提出适用于建筑工程全生命期（包括规划、勘察、设计、施工和运行维护各阶段）模型数据的存储要求，是建筑信息模型应用的基本标准

BIM 国家标准可以分三个层次：

1）第一层次：统一标准：1 项。

《建筑信息模型应用统一标准》

2）第二层次：基础标准：2 项。

《建筑信息模型存储标准》《建筑信息模型分类和编码标准》

3）第三层次：应用标准：3 项。

《建筑信息模型设计交付标准》《制造工业工程设计信息模型应用标准》《建筑信息模型施工应用标准》

（2）地方性 BIM 标准规范

在国家级 BIM 标准不断推进的同时，各地也针对 BIM 技术应用出台了部分相关标准。

例如：北京市地方标准《民用建筑信息模型设计标准》（DB11/T 1069—2014），此标准编制时，市场上对 BIM 的需求已逐渐增加，但国家尚未设计 BIM 标准，因此，为了规范 BIM 设计应用，北京市发布了对应的 BIM 标准，填补了国家标准的空白。

又如北京市地方标准《民用建筑信息模型深度设计建模细度标准》（DB11/T 1610—2018），是在国家标准《建筑信息模型施工应用标准》（GB/T 51235—2017）的深化设计要求基础上，结合北京市的实际情况做的拓展与细化，用于指导北京市施工阶段的 BIM 深化设计，创建质量控制信息管理，并为后期整体运维提供基础等。同时还出台了一些细分领域标准，如门窗、幕墙等行业制定相关 BIM 标准及规范，以及企业自己制定的企业内的 BIM 技术实施导则。

这些标准、规范、导则，共同构成了完整的我国 BIM 标准序列。一般来说，地方的标准的要求会高于国家标准，在项目实施时，若同时参考地方标准和国家标准，在地方标准和国家标准对同一项内容要求不一致时，一般要求取更严格的来执行，目前主要的地方 BIM 标准和技术政策，由于地方性 BIM 标准数量较多，此处不再一一罗列，可参考相关资料。

1.3 BIM+技术与未来发展前景

BIM 技术，被称为建筑业的第二次革命。

建筑业的第一次革命，是指从我们手工的绘图到 CAD 绘图，也就是俗称的甩图板阶段。第二次革命，是从 CAD 到 BIM，这个阶段不是单纯的甩图板，实际上是从 2D、3D 传统的建模方式到 BIM-3D、BIM-4D、BIM-5D 的综合应用。也就是说，建筑设计行业从传统的手工绘图到 CAD 二维绘图时代，进入到了 BIM 三维、多维的信息化时代。

进入 BIM 时代，实际上是解决了传统设计当中的资源不能共享、信息不能同步更新、参与方不能很好相互协调、施工过程不能可视化模拟、综合管线的碰撞及错漏碰缺等不能自动检测校审等问题，BIM 技术以其无可比拟的优势，成为主导建筑业发展的一种技术和理念。

从全球 BIM 发展方向看，BIM 技术与业务场景结合，更加有效地应用于各个阶段，为建筑企业带来了实实在在的价值。

1.3.1 BIM 技术在未来发展趋势分析

随着 BIM 技术的不断发展，其应用也在不断地发展。通过 2019 年、2020 年中国建筑业分析报告对 BIM 应用的发展趋势对比来看（图 1.2-12），BIM 技术在未来发展可能有以下几种主要趋势：

1. 第一种趋势：BIM 技术在项目全生命周期精细化的管理应用

工程建设领域，BIM 技术应用主要贯穿项目全生命周期从规划、设计、施工、竣工验收到运营维护各个阶段，这是未来发展的一个趋势。也就是说，从原有的某一个阶段或者某一局部环节的应用，逐步向集成化的综合管理应用发展。因此，BIM 技术在项目全生命周期的各个阶段应用，是未来发展的趋势。

2. 第二种趋势：BIM 与物联网、云计算、大数据移动技术的集成应用

现阶段，建筑业对于 BIM 技术的认知基本普及，从模型应用向集成数据应用拓展范围越来越广，BIM 技术与其他技术的集成应用需求越发强烈。

3. 第三种趋势：BIM + 装配式建筑、绿色建造

住房和城乡建设部发布的“十四五”规划主要提纲中也指出，未来五年装配式 + BIM 将引领绿色建造的潮流，随着人们的生活水平提高，对建筑节能、环保意识的提高，对绿色建筑及绿色配套设施的需求也会更高。因此，未来趋势应大力推动绿色建筑与装配式建筑的发展。

4. 第四种趋势：向公共基础设施拓展，实现土木工程行业全方位应用

BIM 技术不再单纯地局限于建筑领域的应用，而是逐步地在向地铁、高铁、城市综合管廊、矿业、公路等公共基础设施领域进行拓展。

5. 第五种趋势：智慧建造

目前全球已启动或在建的智慧城市已达 1000 多个，欧洲、北美，日韩是智能城市的领先区域，从智能城市在建设数量上来说，我国以 500 个试点城市居于首位，且已形成了环渤海、长三角、珠三角等多个智慧城市群。BIM 在智慧城市、智慧小区当中将扮演重要的角色。

6. 第六种趋势：BIM 技术应用所引发的数据安全问题将获得行业的重点关注

BIM 技术在应用过程中会产生大量的数据，在海量数据积累的过程中，其安全性也不容忽视。因此，数据安全问题也是行业将要关注的热点。

1.3.2 BIM + 云计算

云计算（Cloud Computing）是分布式计算的一种，指的是通过网络“云”将巨大的数据计算处理程序分解成无数个小程序，然后通过多部服务器组成的系统进行处理和分析这些小程序得到结果并返回给用户。

简单地说，云计算早期就是简单的分布式计算，解决任务分发，并进行计算结果的合并。因而，云计算又称为网格计算。通过这项技术，可以在很短的时间内（几秒钟）完成对数以万计的数据的处理，从而达到强大的网络服务。现阶段所说的云服务已经不单是一种分布式计算，而是分布式计算、效用计算、负载均衡、并行计算、网络存储、热备份冗余和虚拟化等计算机技术混合演进并跃升的结果。云计算是继计算机、互联网后在信息时代又一种新的革新，云计算是信息时代的大飞跃。其优势和特点包括虚拟化、高灵活性、可扩展性、高性价比、高可靠性、按需部署等。

云计算中讨论的服务包括基础设施即服务（IaaS），平台即服务（PaaS）和软件即服务（SaaS）三个层次。

1. 基础设施即服务（IaaS）

基础设施即服务（Infrastructure as a Service，IaaS）是指把 IT 基础设施作为一种服务通过网络对外提供。在这种服务模型中，用户不用自己构建一个数据中心，而是通过租用的方式来使用基础设施服务，包括服务器、存储和网络等。在使用模式上，IaaS 与传统的主机托管有相似之处，但是在服务的灵活性、扩展性和成本等方面 IaaS 具有很强的优势。

2. 平台即服务（PaaS）

平台即服务（Platform as a Service，PaaS）是云计算的重要组成部分，提供运算平台与解决

方案服务。在云计算的典型层级中，PaaS 层介于软件即服务与基础设施即服务之间。PaaS 提供用户将云端基础设施部署与创建至客户端，或者借此获得使用编程语言、程序库与服务。用户不需要管理与控制云端基础设施（包含网络、服务器、操作系统或存储），但需要控制上层的应用程序部署与应用托管的环境。PaaS 将软件研发的平台作为一种服务，以软件即服务（SaaS）模式交付给用户。PaaS 提供软件部署平台（runtime），抽象掉了硬件和操作系统细节，可以无缝地扩展（scaling）。开发者只需要关注自己的业务逻辑，不需要关注底层。即 PaaS 为生成、测试和部署软件应用程序提供环境。

3. 软件即服务（SaaS）

软件即服务（Software as a Service，SaaS）是随着互联网技术的发展和应用软件的成熟，在 21 世纪开始兴起的一种完全创新的软件应用模式。传统模式下，厂商通过 License 将软件产品部署到企业内部多个客户终端实现交付。SaaS 定义了一种新的交付方式，也使得软件进一步回归服务本质。SaaS 平台供应商将应用软件统一部署在自己的服务器上，客户可以根据工作实际需求，通过互联网向厂商定购所需的应用软件服务，按定购的服务多少和时间长短向厂商支付费用，并通过互联网获得 Saas 平台供应商提供的服务。

BIM 与云计算集成应用，是利用云计算的优势将 BIM 应用转化为 BIM 云服务，目前在我国尚处于探索阶段。基于云计算强大的计算能力，可将 BIM 应用中计算量大且复杂的工作转移到云端，以提升计算效率；基于云计算的大规模数据存储能力，可将 BIM 模型及其相关的业务数据同步到云端，方便用户随时随地访问并与协作者共享；云计算使得 BIM 技术走出办公室，用户在施工现场可通过移动设备随时连接云服务，及时获取所需的 BIM 数据和服务等。

很多大型 BIM 软件公司都建立了相应的基于 BIM 的云平台管理系统，如 Autodesk A360 协同云平台、Bentley Project Wise 协同工作平台、广联达 BIM-5D 和协筑、鲁班城市之眼（City Eye）、斯维尔智筑云平台等。这些云平台，除了直接为用户提供工程项目数据管理、多方协作等基础功能外，还提供 BIM、施工、工程信息、电子商务等多个专业模块。项目部将 BIM 信息及工程文档同步保存至云端，并通过精细的权限控制及多种协作功能，满足了项目各专业、全过程海量数据的存储、多用户同时访问及协同的需求，确保了工程文档能够快速、安全、便捷、受控地在团队中流通和共享，大大提升建设项目的管理水平和工作效率。

根据云的形态和规模，BIM 与云计算集成应用将经历初级、中级和高级发展阶段。初级阶段以项目协同平台为标志，主要厂商的 BIM 应用通过接入项目协同平台，初步形成文档协作级别的 BIM 应用；中级阶段以模型信息平台为标志，合作厂商基于共同的模型信息平台开发 BIM 应用，并组合形成构件协作级别的 BIM 应用；高级阶段以开放平台为标志，用户可根据差异化需要从 BIM 云平台上获取所需的 BIM 应用，并形成自定义的 BIM 应用，如图 1.3-1 所示为鲁班城市之眼（City Eye）的界面。

图 1.3-1 鲁班城市之眼（City Eye）

1.3.3 BIM+物联网

物联网（The Internet of Things，IOT）是指通过各种信息传感器、射频识别技术、全球定位系统、红外感应器、激光扫描器等各种装置与技术，实时采集任何需要监控、连接、互动的物体或过程，采集其声、光、热、电、力学、化学、生物、位置等各种需要的信息，通过各类可能的网络接入，实现物与物、物与人的泛在连接，实现对物品和过程的智能化感知、识别和管理。物联网是一个基于互联网、传统电信网等的信息承载体，它让所有能够被独立寻址的普通物理对象形成互联互通的网络。

物联网是新一代信息技术的重要组成部分，IT行业又称为泛互联，意指物物相连，万物万联。“物联网就是物物相连的互联网”，这有两层意思：第一，物联网的核心和基础仍然是互联网，是在互联网基础上的延伸和扩展的网络；第二，其用户端延伸和扩展到了任何物品与物品之间，进行信息交换和通信。业内专家认为，物联网一方面可以提高经济效益，大大节约成本；另一方面还可以为全球经济的复苏提供技术动力。美国、欧盟多国等都在投入巨资深入研究探索物联网。我国也高度重视物联网的研究。

BIM技术与物联网集成应用，实质上是建筑全过程信息的集成与融合。BIM技术发挥上层信息集成交互、展示和管理的作用，而物联网技术则承担底层信息感知、采集、传递、监控的功能。两者集成应用可以实现建筑全过程的“信息流闭环”，实现虚拟信息化管理与实体环境硬件之间的有机融合。物联网应用目前主要集中在建造和运维阶段，两者集成应用将会产生极大的价值。

在工程建设阶段，两者集成应用可提高施工现场的安全管理能力，确定合理的施工进度，支持有效的成本控制，提高质量管理水平。例如，高空作业人员的安全帽、安全带、身份识别牌上安装的无线射频识别，可在BIM系统中实现精确定位，如果作业行为不符合相关规定，身份识别牌与BIM系统中的相关定位会同时报警，管理人员可精准定位隐患位置，并采取有效措施避免安全事故发生。在建筑运维阶段，两者集成应用可提高设备的日常维护维修工作效率，提升对重要资产的监控水平，增强安全防护能力，并支持智能家居。

BIM技术与物联网集成应用目前处于起步阶段，尚缺乏数据交换、存储、交付、分类和编码、应用等系统化、可实施操作的集成和实施标准，且面临着法律法规、建筑业现行商业模式、BIM技术应用软件等诸多问题，但这些问题将会随着技术的发展及管理水平的不断提高得到解决。BIM技术与物联网的深度融合与应用，势必将智能建造提升到智慧建造的新高度，开创智慧建筑新时代，BIM技术是建设行业信息化未来发展的重要方向之一。未来建筑智能化系统，将会出现以物联网为核心，以功能分类、相互通信兼容为主要特点的建筑“智慧化”大控制系统。图1.3-2所示为广联达智慧工地的应用场景。

1.3.4 BIM+地理信息系统（GIS）

地理信息系统（Geographic Information System或Geo-Information system，GIS）有时又称为“地学信息系统”。它是一种十分重要的特定的空间信息系统，是在计算机硬软件系统支持下，对整个或部分地球表层（包括大气层）空间中的有关地理分布数据进行采集、储存、管理、运算、分析、显示和描述的技术系统。

位置与地理信息既是“基于位置的服务”（Location Based Service，LBS）的核心，也是“基于位置的服务”的基础。一个单纯的经纬度坐标只有置于特定的地理信息中，代表为某个地点、

图 1.3-2 广联达智慧工地

标志、方位后，才会被用户认识和理解。用户在通过相关技术获取位置信息之后，还需要了解所处的地理环境，查询和分析环境信息，从而为用户活动提供信息支持与服务。

GIS 是一种基于计算机的工具，它可以对空间信息进行分析和处理（简而言之，是对地球上存在的现象和发生的事件进行成图和分析）。GIS 技术把地图这种独特的视觉化效果和地理分析功能与一般的数据库操作（如查询和统计分析等）集成在一起。GIS 与其他信息系统最大的区别是对空间信息的存储管理分析，从而使其能在广泛的公众和个人企事业单位的解释事件、预测结果、规划战略等中发挥实用价值。多年来我国发射了多颗高分遥感卫星，利用高分卫星数据，处理大数据，部署云计算，建设物联网，利用地理信息融合处理，实现城市管理的信息化、智慧化。

BIM 与 GIS 集成应用，是通过数据集成、系统集成或应用集成来实现的，可在 BIM 应用中集成 GIS，也可以在 GIS 应用中集成 BIM，或是 BIM 与 GIS 深度集成，以发挥各自优势，拓展应用领域。目前，BIM 与 GIS 集成应用于城市规划、城市交通分析、城市微环境分析、市政管网管理、住宅小区规划、数字防灾、既有建筑改造等诸多领域，与各自单独应用相比，两者集成后在建模质量、分析精度、决策效率、成本控制水平等方面都有明显提高。

BIM 与 GIS 集成应用，可提高长线工程和大规模区域性工程的管理能力。BIM 的应用对象往往是单个建筑物，利用 GIS 宏观尺度上的功能，可将 BIM 的应用范围扩展到道路、铁路、隧道、水电，港口等工程领域。例如，邢汾高速公路项目开展 BIM 与 GIS 集成应用，实现了基于 GIS 的全线宏观管理、基于 BIM 的标段管理以及桥隧精细管理相结合的多层次施工管理。

BIM 与 GIS 集成应用，可增强大规模公共设施的管理能力。现阶段，BIM 应用主要集中在设计、施工阶段，两者集成应用可解决大型公共建筑、市政及基础设施的 BIM 运维管理，将 BIM 应用延伸到运维阶段。例如，昆明新机场项目将两者集成应用，成功开发了机场航站楼运维管理系统，实现了航站楼物业、机电、流程、库存、报修与巡检等日常运维管理和信息动态查询。

BIM 与 GIS 集成应用，还可以拓宽和优化各自的应用功能。导航是 GIS 应用的一个重要功能，但仅限于室外。两者集成应用，不仅可以将 GIS 的导航功能拓展到室内，还可以优化 GIS 已有的功能。例如，利用 BIM 模型精细描述室内信息，可以保证在发生火灾时，室内逃生路径是最合理的，而不再只是路径最短。

随着互联网的高速发展，基于互联网和移动通信技术的 BIM 与 GIS 集成应用，将改变两者的应用模式，向着网络服务的方向发展。当前，BIM 和 GIS 不约而同地开始融合云计算这项新技术，分别出现了“云 BIM”和“云 GIS”的概念，云计算的引入将使 BIM 和 GIS 的数据存储方式发生改变，数据量级也将得到提升，其应用也会得到跨越式发展。图 1. 3-3 所示为 BIM + GIS 数字案例。

图 1. 3-3 BIM + GIS

1. 3. 5 BIM + 虚拟现实

虚拟现实（Virtual Reality，VR）技术，又称灵境技术，是 20 世纪发展起来的一项全新的实用技术。虚拟现实技术囊括计算机、电子信息、仿真技术于一体，其基本实现方式是计算机模拟虚拟环境从而给人以环境沉浸式体验。随着社会生产力和科学技术的不断发展，各行各业对 VR 技术的需求日益旺盛。VR 技术也取得了巨大进步，并逐步成为一个新的科学技术领域。

虚拟现实，顾名思义，就是虚拟和现实相互结合。从理论上讲，虚拟现实技术是一种可以创建和体验虚拟世界的计算机仿真系统，它利用计算机生成一种模拟环境，使用户沉浸到该环境中。虚拟现实技术就是利用现实生活中的数据，通过计算机技术产生的电子信号，将其与各种输出设备结合使其转化为能够让人们感受到的现象，这些现象可以是现实中真真切切的物体，也可以是人们肉眼所看不到的物质，通过三维模型表现出来。因为这些现象不是人们直接所能看到的，而是通过计算机技术模拟出来的现实中的世界，故称为虚拟现实。

虚拟现实技术具有存在性、多感知性、交互性等特征，该技术受到了越来越多人的认可及喜爱。用户可以在虚拟现实世界体验到最真实的感受，其模拟环境的真实性与现实世界难辨真假，让人有种身临其境的感觉；同时，虚拟现实具有一切人类所拥有的感知功能，比如听觉、视觉、触觉、味觉、嗅觉等感知系统；最后，它具有超强的仿真系统，真正实现了人机交互，使人在操作过程中，可以随意操作并且得到环境最真实的反馈。

BIM 技术的理念是建立涵盖建筑工程全生命周期的模型信息库，并实现各个阶段、不同专业之间基于模型的信息集成和共享。BIM 与虚拟现实技术集成应用的主要内容包括虚拟场景构建、施工进度模拟、复杂局部施工方案模拟、施工成本模拟、多维模型信息联合模拟以及交互式场景漫游等，目的是应用 BIM 信息库，辅助虚拟现实技术能更好地应用于建筑工程项目全生命周期中。

BIM 与虚拟现实技术集成应用，可提高模拟的真实性。传统的二维、三维表达方式，只能传递建筑物单一尺度的部分信息，使用虚拟现实技术可展示一栋虚拟建筑物，使人产生身临其境之感，并且可以将任意相关的信息整合到已建立的虚拟场景中，联合模拟多维模型信息。可以实时以任意视角查看各种信息与模型的关系，指导设计、施工，辅助监理、监测人员开展相关工作。

BIM与虚拟现实技术集成应用，可以有效支持项目成本管控。通过模拟工程项目的建造过程，在实际施工前即可确定施工方案的可行性及合理性，减少或避免设计中存在的大多数错误；可以方便地分析出施工工序的合理性，生成对应的采购计划和财务分析费用列表，高效地优化施工方案；还可以提前发现设计和施工中的问题，及时更新设计、预算、进度等属性，并保证获得数据信息的一致性和准确性。两者集成应用，可在很大程度上减少建筑施工行业中普遍存在的低效、浪费和返工现象，缩短项目计划和预算编制的时间，提高计划和预算的准确性。

BIM与虚拟现实技术集成应用，可有效提升工程质量。在施工之前，将施工过程在计算机上进行三维仿真演示，可以提前发现并避免在实际施工中可能遇到的各种问题，如管线碰撞、构件安装等，以便指导施工和制订最佳施工方案，从整体上提高建筑施工效率，确保工程质量，消除安全隐患，并有助于降低施工成本与时间损耗。

BIM与虚拟现实技术集成应用，可提高模拟工作中的可交互性。在虚拟的三维场景中，可以实时切换不同的施工方案，在同一个观察点或同一个观察序列中感受不同的施工过程，有助于比较不同施工方案的优势与不足，以确定最佳施工方案。可以修改某个特定的局部，并实时与修改前的方案进行分析比较。此外，还可以直接观察整个施工过程的三维虚拟环境，快速查看不合理或者错误之处，避免返工。图1.3-4所示为虚拟校园。

图1.3-4　虚拟校园

1.3.6　BIM+人工智能

人工智能（Artificial Intelligence，AI）是研究、开发用于模拟、延伸和扩展人的智能的理论、方法、技术及应用系统的一门新的技术科学。人工智能是计算机科学的一个分支，它企图了解智能的实质，并生产出一种新的能以人类智能相似的方式作出反应的智能机器，该领域的研究包括机器人、语言识别、图像识别、自然语言处理和专家系统等。人工智能从诞生以来，理论和技术日益成熟，应用领域也不断扩大，可以设想，未来人工智能带来的科技产品，将会是人类智慧的“容器”。人工智能是对人的意识、思维的信息过程的模拟。人工智能不是人的智能，但能像人那样思考、也可能超过人的智能。

随着以互联网、物联网、5G、BIM等技术的推广和应用，智慧城市和智慧建筑的概念逐步进入了大众视野。智慧城市是指利用各种信息技术或创新概念，将城市的系统和服务打通、集成，以提升资源运用的效率，优化城市管理和服务，实现信息化、工业化与城镇化深度融合，有助于缓解“大城市病”，提高城镇化质量，实现精细化和动态管理，并提升城市管理成效和改善市民生活质量。智慧建筑是指通过将建筑物的结构、系统、服务和管理根据用户的需求进行最优化组合，从而为用户提供一个高效、舒适、便利的人性化建筑环境。

提到智慧城市、智慧建筑，就不得不提到人工智能（AI）技术，这项技术也必将给建筑行业带来革命性的影响。5G技术下的物联网每时每刻都会提供数以亿计的数据，只有依靠人工智能技术才能更有效地处理这些海量数据，发现数据背后的规律，进而更智慧地利用数据。对于城市管理而言，在孪生数字城市中每天都会产生海量的数据，作为城市大脑的大数据中心必须高速运转、快速响应，只有具备了人工智能的大数据中心才能真正地像人的大脑一样，快速地分析、处理城市的海量数据，做出各种恰当响应。BIM 技术是创建城市数字底板的核心技术，将 BIM 技术与人工智能（AI）技术深度融合，是智慧城市建设最核心的内容之一。例如科大讯飞将 BIM 平台与物联网平台进行融合，将多元异构数据利用人工智能能力平台进行分析、计算、预测、展现，形成可感知、可计算、可展示的统一平台；学习行业知识、规范，专家经验，为建筑提供智能审图的服务，保证建筑图纸、模型的合规性，并且在此基础上形成 iBIM-FM 建筑超脑运营管理平台。科大讯飞将建筑超脑“人工智能 + BIM（建筑信息模型）”应用于杭州市萧山区政府服务中心项目，在建筑业的智慧化方面进行了有益的探索。

BIM 技术也可以帮助智慧建筑在各阶段实现智慧设计、智慧建造和智慧运维。众所周知，即便是一栋单体建筑，其设计、施工和运维，也蕴含着海量数据，但每一个国家、每一个城市甚至每一个地区都有各自特定的流程要求、规则、价格或业务模式，至今仍未能很好地利用这些数据的价值。运用 BIM 技术进行建筑设计、施工和运维，融入人工智能技术，可以实现人工智能（AI）辅助的建筑方案选型、停车位自动设计、AI 辅助机电设计、AI 辅助 BIM 审图、AI 智能构件搜索、AI 辅助施工场地规划、施工现场智能管理、AI 辅助能耗分析及控制、AI 辅助应急方案制订等。图 1.3-5 所示为 BIM + AI 示意图。

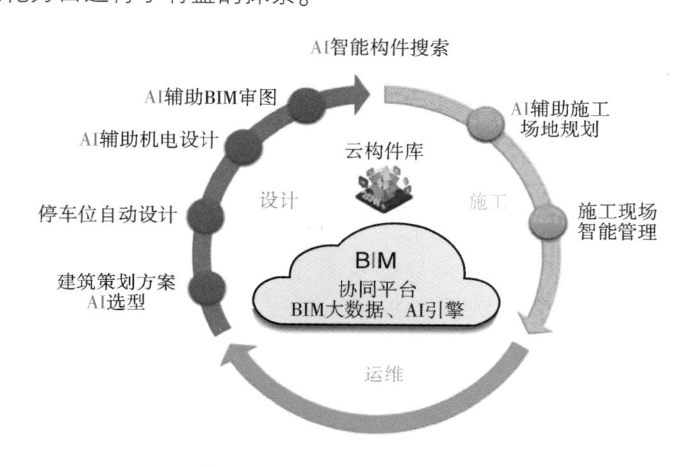

图 1.3-5　BIM + AI 示意图

1.3.7　BIM +3D 打印

3D 打印（又称增材制造，Additive Manufacturing，AM）技术作为一种快速、精确的成型技术，其利用制造业的生产方式助推建筑业的数字化、智能化发展，主要特点包括建造速度快、结构形式自由度高、再生材料利用以及减少物料浪费等，目前广泛应用的 3D 打印建筑的技术路线为基于既定的三维设计模型，通过 3D 打印系统机械臂连接打印喷嘴，由喷嘴挤出打印材料，通过分层叠加的方式连续打印，直至按照设计模型将建筑整体打印完成。也可在打印过程中于印材空腔内布置钢筋笼，并填充混凝土材料，以加强结构强度。3D 打印软件主要分为建模软件、切片软件与轨迹控制软件。在 3D 打印开始前，对于打印对象的三维建模至关重要，主流的建模软件包括 Solidworks、AutoCAD、Rhino、Catia、3ds Max 等；切片软件包括 Slic3r、Simplify3D、Cura、Repetier 等，轨迹控制软件包括 ReplicatorG、Repetier-Host 等。

BIM 技术作为建设工程与设施全生命周期内物理和功能特性的数字化表达，BIM 模型是其在工程设计、施工、运营管理的过程中互操作实现的信息载体，该三维模型也正是与 3D 打印建筑技术的契合点，即数字化至实体化的实现。也即 BIM 与 3D 打印建筑均基于三维模型实现后续应用的共同特性，为其数据流转、技术融合提供了可能。BIM 技术在建设领域 3D 打印中的深度应用将助推产业设计流程与施工工艺的优化提升，国内外在该领域内均取得相当多的发展成果。

2019 年 11 月，迄今获得吉尼斯世界纪录认定的世界上最大的两层 3D 打印行政办公建筑由 ApisCor 公司在迪拜建成并投入使用，其由机械臂分层打印而成，建筑高度达 9.5m，建筑面积达 640m^2。据官方公布数据表明，通过 3D 打印技术所需的建造成本约为 193 万元人民币，而利用传统的人工方式建造同等规模的建筑所需成本将达 482 万元，即 3D 打印建筑实现了项目 60% 的成本节约，以及更短（仅 21 天）的交付周期。相较于上述最大的 3D 打印办公建筑，2020 年 1 月，美国 SQ4D 建筑公司完成了世界上最大的 3D 打印住宅并投入使用，该住宅建筑面积达 177m^2，SQ4D 公司利用其自有的自动机器人施工系统（3D 打印系统）仅用 48h 便完成了该住宅的全部打印工作，打印材料成本少于 4.5 万元人民币。2019 年 11 月，中建二局华南公司在其建设基地通过 3D 打印建筑技术完成了一栋示范性二层建筑的打印施工，该样例高度约为 7.2m，建筑面积约为 230m^2，在 60h 内即竣工。相较于同等规模建筑的传统建造方式，3D 打印技术在材料、人力成本等方面均得到大幅度降低。2019 年 10 月，河北工业大学团队通过分段 3D 打印后节点装配技术完成了一座赵州桥等比例缩小项目，并投入使用。该打印桥梁跨度达到 18.04m，桥梁总长为 28.1m。该项目的落成展现出 3D 打印建筑技术对非标/异型构件的高支持度。图 1.3-6 所示为 BIM + 3D 打印。

图 1.3-6　BIM + 3D 打印

1.3.8　BIM + 装配式建筑

装配式建筑是指把传统建造方式中的大量现场作业工作转移到工厂进行，在工厂加工制作好建筑用构件和配件（如楼板、墙板、楼梯、阳台等），运输到建筑施工现场，通过可靠的连接方式在现场装配安装而成的建筑。装配式建筑主要包括预制装配式混凝土结构、钢结构、现代木结构建筑等，因为采用标准化设计、工厂化生产、装配化施工、信息化管理、智能化应用，是现代工业化生产方式的代表。装配式建筑在 20 世纪初就开始引起人们的兴趣，到 20 世纪 60 年代终于得以实现，英、德、法等国首先作了尝试。由于装配式建筑的建造速度快，而且生产成本较低，迅速在世界各地推广开来。

装配式建筑的特点：

1）大量的建筑部品在车间生产加工完成，构件种类主要有外墙板、内墙板、叠合板、阳台、空调板、楼梯、预制梁和预制柱等；

2）现场大量的装配作业、原始现浇作业大大减少；

3）采用建筑、装修一体化设计、施工，理想状态是装修可随主体施工同步进行；

4）由于设计的标准化和管理的信息化，构件越标准，生产效率越高，相应的构件成本就会下降，再配合工厂的数字化管理，整个装配式建筑的性价比会越来越高，也会越来越符合绿色建筑的要求。

装配式建筑是设计、生产、施工、装修和管理“五位一体”的体系化和集成化的建筑，而不是传统生产方式装配化的建筑，装配式建筑的核心是集成，BIM 方法是集成的主线。

1）标准化 BIM 构件库。装配式建筑的典型特征是标准化的预制构件或部品在工厂生产然后运输到施工现场装配、组装成整体。在装配式建筑 BIM 应用中，应模拟工厂加工的方式，以预制构件模型的方式来进行系统集成和表达，这就需要建立装配式建筑的 BIM 构件库。

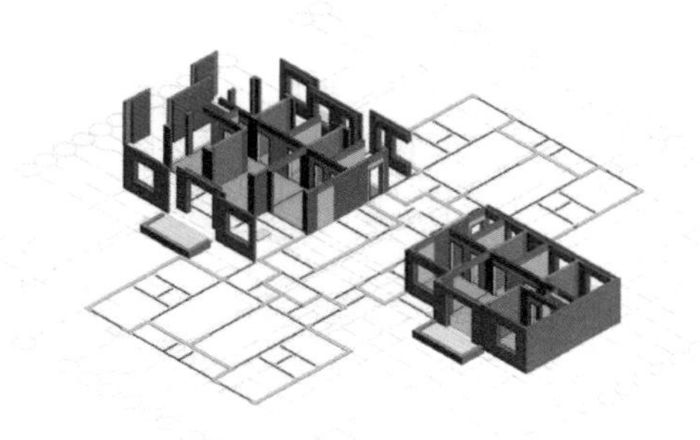

图 1.3-7　装配式建筑

2）BIM 构件拆分及优化设计。在传统方式下，大多是施工图完成后，再由构件厂拆分构件。实际上，正确的做法是在前期策划阶段就介入确定好装配式建筑的技术路线和产业化目标，在方案设计阶段，根据既定目标依据构件拆分原则创作方案。图 1.3-7 所示为装配式建筑。

1.3.9　BIM + 绿色建筑

1975 年，英国剑桥大学的 Brenda Vale 和 Robert Vale 教授在其著作《The New Autonomous House》（《新自维持住宅》）中提出建造能源自足、环境好、容易维护的房屋，该著作被认为是绿色建筑的奠基之作。20 世纪 70 年代爆发全球性的能源危机，使得太阳能、地热、风能等各种建筑节能技术应运而生，以建筑节能为主要发展方向的绿色建筑逐渐兴起。国际能源署（International Energy Agency，IEA）将绿色建筑定义为可“提高能源和水的利用效率，减少建筑材料和自然资源消耗，从而有益于人的健康和环境保护”的建筑。因此，绿色建筑是在建筑的全生命期内，最大限度地节约资源（节能、节地、节水、节材）、保护环境和减少污染，为人们提供健康、适用和高效的使用空间，与自然和谐共生的建筑。

建设项目的景观可视度、日照、风环境、热环境、声环境等绿色建筑性能指标在开发前期就已经基本确定，但是由于缺少合适的技术手段，一般项目很难有时间和费用对上述各种性能指标进行多方案分析模拟，BIM 技术为绿色建筑性能分析的普及应用提供了可能性。一方面，BIM 模型能够自动生成各类材料的明细表，分析绿色建筑的相关条款；另一方面，BIM 模型与专业分析软件结合使用使绿色建筑的综合评价成为可能，例如，将 Revit 建立的 BIM 模型导入 Ecotect Analysis、DOE-2 等分析软件中，对各种环境下进行绿建评估分析，实现绿色建筑设计、施工、运维。

BIM 基于先进的三维数字设计解决方案构建的“可视化”数字建筑模型，为设计人员、建造安装人员、政府管理人员、开发商以及用户等各利益相关方的协作提供了便利，同时也为建筑全生命周期的“绿色探索”提供了便利。正如绿色建筑在改变设计与施工流程一样，BIM 具有提升创新、设计和施工效率的潜力。随着绿色建筑在建筑业的份额越来越大，BIM 也能得到更广泛的认可。利用 BIM 数字模型能有效提高设计、施工和项目运营的效率，因此 BIM 将得到更广泛的应用。

第2章 BIM技术特性及在建筑业的应用价值

2.1 BIM 技术特性

2.1.1 可视化

可视化即“所见即所得”。

可视化是 BIM 技术最显而易见的特点之一，是 BIM 建筑信息模型与传统 2D 平面施工图最大的区别之一，也有别于 3ds Max、SketchUp 等所形成的建筑方案三维可视化效果图。

首先，基于传统 CAD 平台绘制的建筑平、立、剖 2D 施工图，其墙、梁、板、柱及门窗、洞口等基本构件，只是通过点、线、面形成的设计成果，缺乏平面信息与立面信息相互的衔接与反馈，若没有一定识图能力与空间想象能力以及专业知识背景，很难想象建筑物的立面效果及构件之间空间位置的关系。不仅造成专业间或本专业间相互错漏碰缺现象产生，而且增大了各参与方沟通交流的难度，尤其对于大型复杂的工程。

其次，3ds Max、SketchUp 等所形成的建筑方案三维效果图，尽管可以直观展示建筑的外观效果，方便项目参与方与建筑设计师之间的沟通交流，但由于这些设计软件的设计理念与功能上的局限，这样的三维效果图可视化最大的功能，仅仅用于前期方案推敲或阶段性的效果图展现，与真正的设计方案还存在很大的差距。真正的设计成果，还是要基于传统 CAD 平台，使用平、立、剖三视图的方式表达与展现。这种由于工具原因造成的信息割裂，在遇到项目复杂、工期紧张的情况下，非常容易出错。

采用 BIM 技术不仅突破了传统的二维“平、立、剖”设计，而且提供了可视化思路，将传统线条式的构件，形成一种三维的立体实物图形展示在人们的面前，让项目参与方可以一目了然，更重要的是，建筑构件采用参数化、数字化的信息属性，形成了互动性和反馈性，真正摆脱了参与方由于信息孤岛导致的沟通交流、决策的困惑，减少了实施过程中的出错率。

1. BIM 技术可视化主要体现

(1) 三维建筑模型的可视化及 3D 动画漫游展示的可视化

(2) 项目全生命周期的可视化

1) 设计可视化。

2) 机电综合管线碰撞检测可视化。

3) 施工组织可视化。

4) 复杂构造节点可视化。

5) 设备空间可操作性可视化。

(3) 项目各参与方沟通协调平台的可视化

2. BIM技术可视化作用

1) 三维动漫渲染，便于宣传展示。

2) 错漏碰缺检测，减少返工，提高工程质量。

3) 虚拟施工，优化工序，提高质量和效益。

4) 有效协同，有利于沟通、决策。

因此，BIM技术形成的三维建筑信息模型可视化，并不是传统意义上的建筑方案三维外观效果的可视化，而是一种通过构件信息自动生成，能够反映构件之间互动性和反馈性的三维可视化，BIM模型还具有3D漫游功能，可以通过设定相机路径创建一系列动画图像，向客户进行模型展示。更重要的是，BIM的可视化是贯穿项目全生命周期过程的可视化，项目各参与方在可视化平台上，可以进行项目的策划、设计、施工、运营维护等阶段的沟通、探讨、决策，也可以及时生成报表，以期较为准确表达设计师的真实意图以及投资方对工程预决算的控制。

BIM可视化作用见表2.1-1。

表2.1-1 BIM可视化作用一览表

可视化体现方面	可视化作用
设计的可视化	1) 三维渲染动画模型，给人以真实感和直接的视觉冲击感，用于宣传展示，如图2.1-1所示 2) 有利于业主与设计师高效、直观愉悦地进行沟通和交流，使建筑方案更加趋于合理化，便于正确的决策，一方面可以提升设计方案中标率，另一方面减少设计的返工 3) 有利于本专业以及其他专业设计人员相互间的沟通交流，减少错漏碰缺、综合管线相互打架的不合理现象，提高设计图质量和设计效率，如图2.1-2所示
设备管线碰撞检查的可视化	1) 有利于设计图交付前，对设备综合管线碰撞以及设备专业与建筑、结构专业之间不合理的检测，解决了设计人员仅凭空间想象力对传统2D图样进行校审时，费时、费力、效率低且效果不理想的问题，有利于事前预防，提高了设计质量和效率，如图2.1-2所示 2) 有利于施工前，进一步对设备综合管线碰撞以及设备与建筑、结构专业之间不合理位置的检测，提高了在图样会审时的效率与准确性，减少返工现象，提高了设计质量和效率，节约投资，如图2.1-2所示 3) 优化工程设计，减少在建筑施工阶段可能存在的错误造成返工的可能性，优化净空和管线排布方案，如图2.1-2所示 4) 施工人员可以利用碰撞优化后的三维管线方案，进行施工交底、施工模拟，不仅提高了施工质量，而且也提高了与业主沟通的能力
施工组织模拟的可视化	(1) 施工组织方案可视化模拟 采用BIM技术可以创建各种模型，如建筑设备模型、材料周转模型、临时设施模型等，然后对施工过程进行模拟和现场视频监测，优化工序流程，有利于施工组织方案的确定，减少返工，提高工程质量和效率，避免工程事故的发生，如图2.1-3所示 (2) 施工进度可视化模拟 在BIM-3D可视化功能基础上再加时间维度，可以进行4D虚拟施工，随时、随地直观且快速地将施工计划与实际进展进行对比，同时进行有效协同，方便施工方、监理方甚至非工程行业出身的参建方了解工程项目的各种问题和情况，如图2.1-4所示

（续）

可视化体现方面	可视化作用
复杂构造节点模拟的可视化	有利于全方位呈现复杂构造节点，如框架梁柱钢筋构造节点、基础与柱插筋构造节点、钢结构构造节点、装配式构件节点、幕墙节点等不易直观想象的复杂构造节点。图2.1-5所示为复杂钢筋节点的可视化应用，在BIM中可以做成钢筋三维动态模型视频，有利于展示传统CAD图难以表达的钢筋排布
设备空间可操作性可视化	有利于对设备操作空间的合理性进行提前检测，并通过设置不同施工工序方案，制作多种设备安装的动画模型，对管道支架进行不断调整优化，找出最佳的设备安装位置，相比传统方法更直观、清晰，如图2.1-6所示

图2.1-1　三维渲染漫游BIM模型

图2.1-2　设备管线与建筑结构碰撞修改前后示意图

图2.1-3　施工组织方案可视化模拟

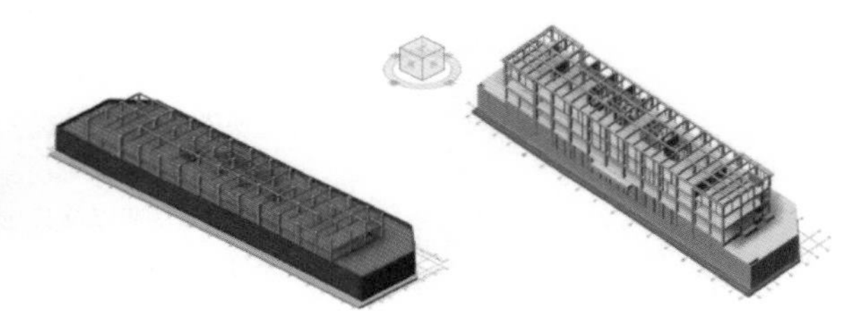

图2.1-4　施工进度可视化模拟

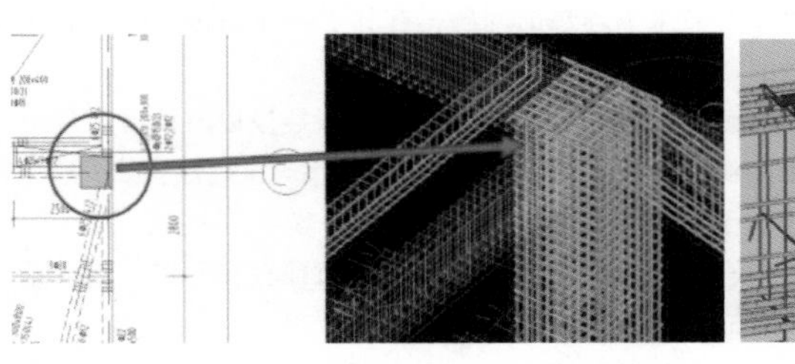
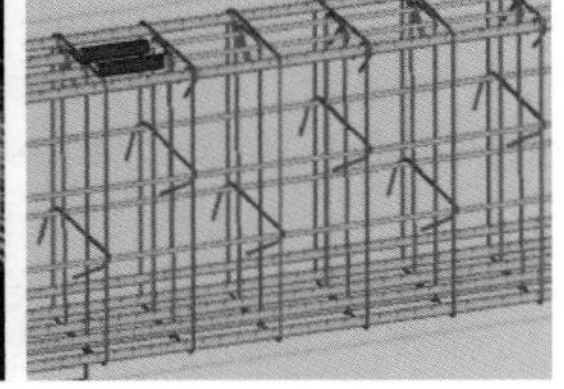

图2.1-5　可视化构造节点模拟

图2.1-6　设备空间净高可视化验证

2.1.2 协调性

1."协调"是项目实施过程中一项重要的工作内容

项目不管是在前期策划、设计、施工、运营维护全过程各阶段，还是项目各参与方、各专业之间都在不断地进行沟通与协调，一旦项目在实施过程中遇到了问题，就要将参与各方有关人员组织起来开协调会，查找原因、寻求解决办法，然后进行相应的变更，采取合适的补救措施。

设计过程中，建筑、结构、水暖电各专业之间经常要相互沟通协调，施工图交付甲方前，各专业要进行三校两审会签的沟通协调，施工图审查交付后，各参与方要进行图纸会审的沟通协调。

施工过程中，要进行施工方案、工序优化、质量把控、进度调控、成本预控等的沟通协调，其主要目的之一就是要保证设计质量，以减少专业之间错漏碰缺现象，避免实施过程中因设计原因或施工技术管理等因素，导致变更返工补救引起的质量、进度、投资一系列问题。

但是，传统建筑业的工作模式基本是"各自为政"，信息传达不到位、信息孤岛的情况比比皆是，造成沟通、协调难度大。

如设计过程中，常常因设计周期短、责任心不强、各专业之间沟通不到位、三校两审会签制度流于形式，以至于各专业之间或本专业之间，经常出现错漏碰缺管线冲撞等问题，尤其是大型工程，水、暖、电各专业管线错综复杂，在管线布置时，由于各专业采用 CAD 平台专业设计软件，各自形成独立的二维平、立、剖施工图，很难做到相互间的协调。主要表现在：

1）设备专业水电暖综合管线相互碰撞现象，如图 2.1-7 所示。

2）设备与建筑、设备与结构专业间出现的不协调。如管道与结构梁、柱、墙的冲突问题，结构主要受力构件阻碍了管线的布置，管线有不合理穿墙、穿梁的现象，甚至严重影响结构的安全性；管道与建筑装修的冲突，如设备管线影响建筑装修的不协调现象等，如图 2.1-8 所示。

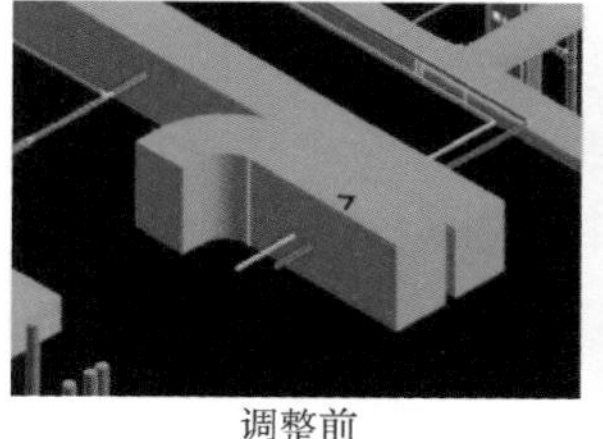
调整前

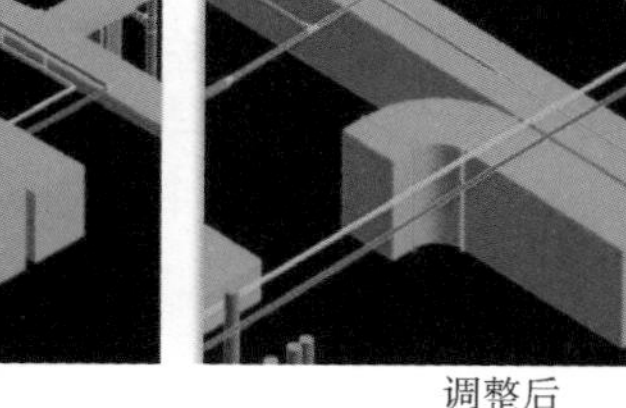
调整后

图 2.1-7　机电管线碰撞的协调

3）建筑与结构专业出现不协调。如因结构梁高影响室内净高、楼梯出入口净高、窗洞口高度不足等现象；结构构件与建筑空间布置的不合理、预留的洞口位置或尺寸不合理等，如图 2.1-9 所示。

调整前

调整后

图 2.1-8　管线穿越结构梁的不合理现象

4）本专业之间出现的不协调。如建筑门窗洞口大小位置的不合理，建筑平、立、剖相互不一致、防火分区与其他设计布置的不合理等，电梯井布置与其他设计布置及净空要求的冲突，地下排水布置与其他设计布置的冲突，各个房间出现冷热不匀等情况，如图 2.1-10 所示。

诸如此类一系列的问题，在二维 CAD 时代，很难做好事前预防、事中控制，设计变更不断，不仅影响进度而且设计质量难以保证。

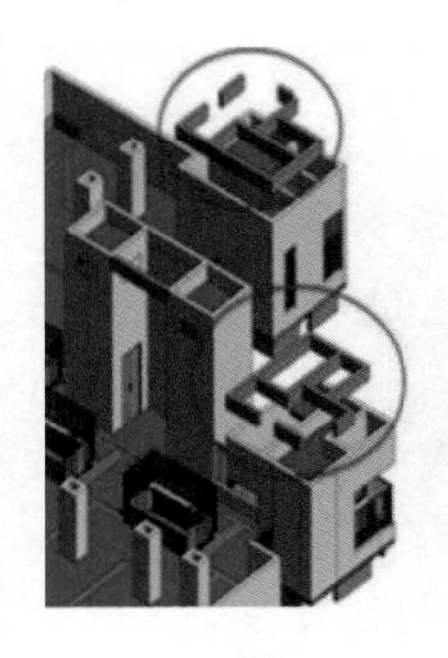
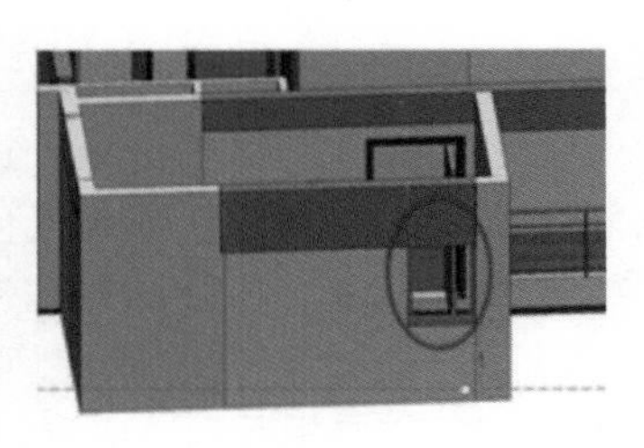

图 2. 1-9　建筑结构专业间不协调

图 2. 1-10　管道影响空间净高

2. 基于 BIM 技术，可以很好地协调各专业之间或实施过程中出现的问题

随着 BIM 概念的提出，BIM 的协调性服务就是借助 BIM 技术的可视化、信息参数化，利用统一的数字模型技术，将建筑各阶段相互联系在一起，从各工种单独完成项目转化成各工种协同完成项目。

（1）BIM 技术协调性特点

1）模型数据共享，所有参与人员，在单一模型数据库内存取共享信息，如图 2. 1-11 所示。

2）支持多专业多人同时使用同一 3D 实体模型，进行“多任务模式”的协同作业。

3）从细部设计及制造等所有过程，皆可进行跨多领域的协同作业。

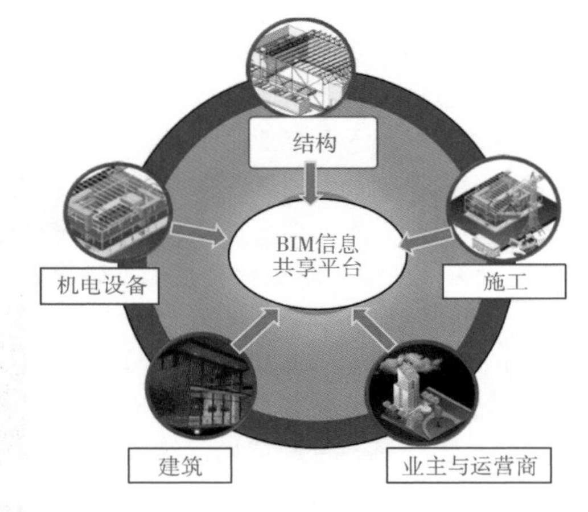

图 2. 1-11　BIM 模型数据共享平台

（2）BIM 的协调主要表现

1）解决各个专业项目信息出现“不兼容”的现象，如管道与结构的冲突、预留洞口没留或尺寸不正确等。

2）减少施工过程的变更，降低施工过程中的重复与浪费。

3. BIM 技术在项目各个阶段的协调

（1）设计阶段的协调

由于 BIM 模型中包含了各个专业的数据，可以实现数据的共享与传递，使各专业的设计师能够在同一个数据环境下进行有效的协同工作。也就是把不同专业、不同功能的软件系统（如建筑、结构、设备等）有机结合起来，在设计中采取非冲突协作的方式，利用协同平台来规范各种信息的交流，保证系统内信息流的正常通畅，快速、便捷地解决遇到的各种问题，大大提高工作效率，改善项目品质。

设计阶段协调的价值：

1）加强专业间的交流沟通协作，解决多人、多专业、多张图纸之间的协调问题，避免因设计人员经验不足或态度不认真导致的错漏碰缺现象。

2）可对建筑物内机电管线和设备进行直观模拟安装，有效解决设备专业综合管线的相互碰撞问题，以及设备与建筑、结构专业相互不协调的问题。

3）通过对建筑物建造前各专业间出现问题的协调分析，可以减少差错，提高设计质量，降低成本，预防风险。

4）有利于设计师与业主沟通交流，提升设计方案的中标率。

（2）施工阶段的协调

项目实施过程中，各参与方都可以通过同一个协同平台，对实施过程中各个阶段进行协调管理，并可以借助仿真模拟可视化演示，清晰了解施工过程中的难点、施工方案的合理性以及相关专业施工时应注意的事项，及时发现问题并采取措施解决问题。

施工阶段协调的价值：

1）可以优化或调整施工组织方案。

2）可以减少施工过程中因错漏碰缺引起的变更。

3）可以提高施工质量、缩短施工工期、节约投资、保证安全。

4）可以提高各类各级人员对设计意图和施工方案理解的层次，避免出现上下级人员信息断层的现象。

（3）运维阶段的协调

BIM 模型系统中包含项目实施过程中所有信息，如竣工模型信息、设备产品性能信息、厂家价格信息、采购信息、维护信息等。基于 BIM 信息平台，可以进行运维系统的协调管理。协调内容主要有空间协调管理、设施协调管理、隐蔽工程协调管理、应急协调管理、节能减排协调管理五个方面。

运维阶段协调的价值：

1）方便准确获取查找各个系统（如照明、消防系统等）及设备的空间定位。

2）降低业主和运营商由于缺乏互操作性而导致的成本损失。

3）有利于避开现有管网位置，便于管网维修、更换设备和定位。

4）有利于对突发事件及时进行预警、警报和处理。

5）可以实现建筑能耗数据的实时采集、传输、分析、定时定点上传等基本功能，并具有较强的扩展性，并对异常能源使用情况进行警告或者标识。

6）可以实现室内温度、湿度的远程监测，分析房间内的实时温度、湿度变化，配合节能运行管理。

4. BIM 技术对成本控制方面的协调

成本控制的协调方面，主要包括成本概预算、工程量估算的协调。应用 BIM 技术的协调特性，对成本控制的主要价值：

1）可以为造价工程师提供各设计阶段准确的工程量。

2）根据工程中包含的所有信息参数，可以精准计算出项目的概预算。

3）可以运用价值工程和限额设计对设计成果进行优化设计。

4）可以自动形成电子文档，进行交换、共享、远程传递、永久存档。

5）可有效降低造价工程师的劳动强度，提高工作效率。

2.1.3 一体化

BIM 的一体化是指 BIM 技术可以贯穿工程项目全生命周期，实现从策划、设计、施工、运营维护、拆除等一体化的管理，如图 2.1-12 所示。

BIM 技术的核心其实就是由三维建模软件形成的建筑信息数据库，这些信息不仅包含了设计阶段各专业的所有信息，而且包含从设计到建成使用甚至是拆除的全过程信息。

BIM 信息数据库具有完备性、动态性、关联协调性，这些信息在同一个模型同一个协同平

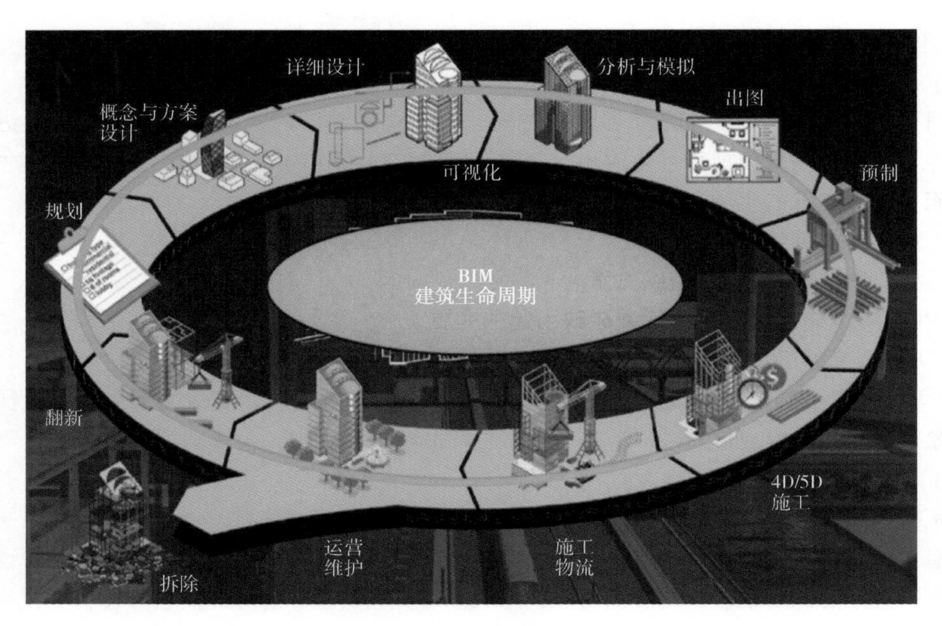

图 2.1-12　项目全生命周期一体化

台，可以根据需要不断更新、完善、传递、共享，让项目参与方及时了解项目的动态变化，从而实现项目在全生命周期的信息化管理，最大化地实现 BIM 的价值。

1. BIM 一体化在项目全过程各个阶段的应用价值

（1）设计阶段

设计阶段 BIM 建筑模型的创建，是项目全生命周期内最重要的环节，它直接影响着项目的质量、进度、投资、安全以及运维成本，对工程建成后的经济效益、社会效益等方面都有着直接的影响。

采用 BIM 技术创建的建筑信息模型，不仅可以进行设计效果的展示和各专业性能的分析，其价值还主要体现在以下方面：

1）建筑、结构、设备等各个专业可以基于同一个模型，在同一个协同平台上进行沟通交流。

2）校审各专业及专业间错漏碰缺的设计缺陷以及综合管线碰撞的检测，尽量减少设计失误。

3）可以消除施工前的安全隐患、减少返工、优化设计，从而提高设计质量、节约投资，最大限度上实现设计施工的一体化。

（2）招标投标阶段

可以借助 BIM 的可视化功能，在同一个建筑信息模型上进行投标方案的评审，这样可以提高投标技术方案的可读性，确保投标技术方案的可行性。

（3）施工阶段

采用同一建筑信息模型，一方面为参建各方提供一个沟通交流的平台，另一方面借助 BIM 的可视性、模拟性，对施工过程、进度、成本进行 BIM-3D、BIM-4D、BIM-5D 仿真模拟，确保施工按质、按量、按时顺利进行。其价值体现：

1）有利于设计施工的一体化，及时发现问题，减少变更及返工现象，消除安全隐患。

2）BIM-3D 可以直观展现建设的过程及施工方案的合理性。

3）BIM-4D可以对项目进度计划与实际完成情况对比分析，合理纠偏并调整进度计划；实时管控施工人员、材料、机械等各项资源的进场时间，避免出现返工、拖延进度现象。

4）BIM-5D模型结合施工进度可以实现成本管理的精细化和规范化，还可以合理安排资金、人员、材料和机械台班等各项资源使用计划，做好实施过程成本控制。

（4）运维阶段

BIM建筑信息模型集成了项目实施过程中所有的信息，BIM技术在建筑物使用寿命期间可以有效地进行运营维护管理。

BIM技术具有空间定位和记录数据的能力，将其应用于运营维护管理系统，可以快速准确定位建筑设备组件。

BIM结合RFID（Radio Frequency Identification）射频识别技术，将建筑信息导入资产管理系统，可以有效地进行建筑物的资产管理。BIM还可进行空间管理，合理高效地使用建筑物空间。

2. 基于BIM一体化特性对成本控制的价值

在工程概预算中，精准的工程量计算是工程造价成本控制管理最基本的要求，但传统的工程量计算需要对照2D图样重新输入工程信息，耗时费力且易出现错误。

基于BIM一体化特性，有利于设计与算量一体化。工程造价计算呈现以下优点：

1）造价软件可以自动直接提取BIM模型中的信息。

2）高效准确地进行“一键工程量”计算，快速编制工程量清单。

3）随着BIM模型的更改，工程量计算与设计模型实现联动修改。

4）提高工程量清单编制的准确性和效率。

2.1.4 模拟性

BIM的模拟性是指不仅能模拟3D建筑模型，还可模拟不能在真实世界中进行操作的事。

比如建筑物性能分析（如能耗分析、光照分析、设备分析、绿色分析等），可以将BIM模型导入相关性能分析软件，就可得到相应分析结果。

再如日照分析，日照时间不仅取决于楼间距和高度，还与前面楼的宽度，相对位置（正对还是错位），周围有没有建筑物叠加影响等很多因素有关。有些建筑的日照分析非常复杂，很难做定性定量分析，必须有准确数据借助日照分析软件进行模拟分析。BIM技术的模拟性能很好解决日照分析问题。

还可以通过3D动态画面展示，模拟消防交通路线等，也可以模拟试验。

当然，也可以进行3D施工场布的模拟，如果增加时间的维度和造价的维度，就可以进行BIM-4D施工进度的模拟，BIM-5D造价的模拟。

若施工过程中遇到关键工序施工难题时，也可以对关键工序施工进行模拟、复杂构造节点进行模拟等。

特别是在运营阶段，还可以对地震人员的逃生、消防人员的疏散、日常突发事件、紧急情况等，进行全过程的模拟，通过模拟可以为项目的方案决策及事故的处理提供可靠的依据。下面是项目各阶段模拟的具体体现。

1. 设计阶段的模拟

1）日照分析模拟（图2.1-13）。

2）节能模拟。

3）紧急疏散模拟。

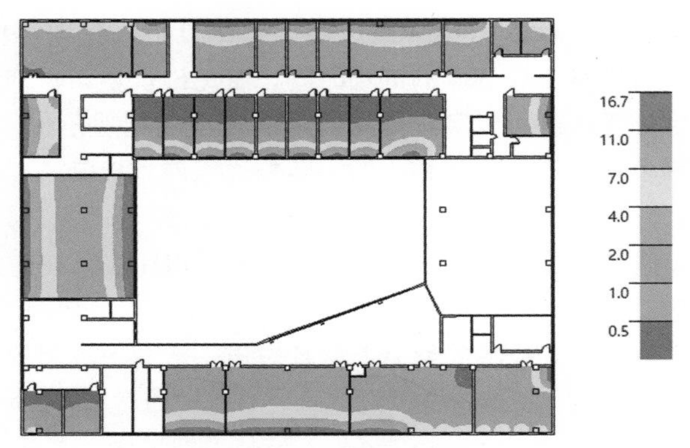

图 2.1-13　日照分析模拟

4）热能传导模拟。

5）自然通风系统模拟。

6）交通流线模拟。

7）模拟试验。

2. 招标投标和施工阶段的模拟

在招标投标和施工阶段可以进行施工过程的模拟、4D 施工进度模拟、5D 的造价控制模拟。

（1）施工方案及场布的模拟

施工方案及场布模拟是指通过 BIM 技术对施工工艺流程、重点及难点部分进行可建造性仿真模拟，如施工方案的可行性、复杂体系及复杂节点的可建造性，以便对施工方案进行优化分析调整，从而提高施工方案的合理性以及可实施性。

从项目管理角度，可以直观了解整个施工过程的每一个环节，比如施工工序中重难点、时间节点的合理性，对施工方案提出合理化的建议并进行优化，以提高施工效率（图 2.1-14 和图 2.1-15）。

图 2.1-14　施工现场模拟

图 2.1-15　施工过程模拟

(2) 施工进度4D模拟

施工进度4D模拟是指在3D模型基础上，加上时间维度，采用施工模拟相关软件，把BIM模型和工期结合起来，动态模拟施工变化过程，直观地体现施工的界面、顺序，从而使施工过程之间的协调变得清晰明了。传统的施工进度计划以横道图表示，可视化程度低，很难清晰描述施工中的动态变化过程，基于BIM技术的仿真模拟，可以非常直观地观看到施工的整个过程，使设备材料进场、劳动力分配、机械排班等各项工作的调配更加合理有效，进而缩短工期、降低成本、提高质量（图2.1-16）。

(3) 造价控制5D模拟

造价控制5D模拟是在3D建筑信息模型基础上，融入“时间进度信息”与“成本造价信息”，形成由3D模型+1D进度+1D造价的五维建筑信息模型。

BIM-5D集成了工程量信息、工程进度信息、工程造价信息，BIM模型作为一个富含工程信息的数据库，不仅能真实地提供造价管理所需的工程量数据，提高效率，减少潜在的失误，还可通过BIM-5D模拟进行前期策划的成本估算、方案比选、成本控制，以及设计过程中概预算和施工过程中结算、竣工决算等，很好地实现进度控制和成本造价的实时监控（图2.1-17）。

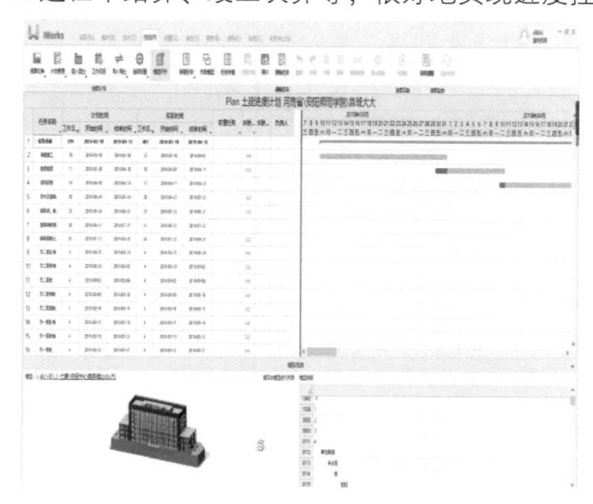

图2.1-16　BIM-4D施工组织模拟

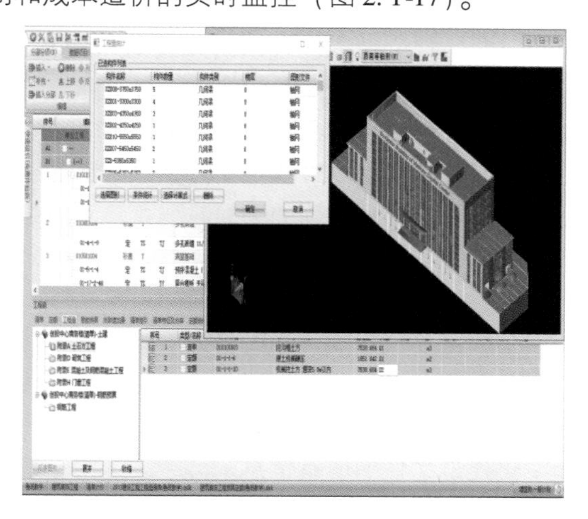

图2.1-17　BIM-5D造价模拟

(4) 复杂节点的模拟

随着社会的进步，人们的需求也在不断地提高，不仅体现在工程项目规模、功能上，而且对建筑物的形体美感要求也在不断地提高，主要体现在造型奇特、功能复杂、规模庞大，尤其对大型综合商业建筑、复杂高层建筑、地下管廊工程等。

利用BIM技术的模拟性，可以虚拟三维环境下的复杂节点或管线综合的安装过程，及时发现并调整排除施工过程中可能出现的各种不利因素及碰撞问题，提高现场作业的效率，保质保量，降低风险及施工中不必要的成本增加。

施工过程中，还可将BIM与数码设备相结合，实现数字化的监控模式，更有效地管理施工现场，监控施工质量，使工程项目的远程管理成为可能，项目各参与方的负责人能在第一时间了解现场的实际情况，从而为项目进度管理提供依据。

3. 运营维护阶段的模拟

(1) 突发紧急事件的模拟

基于BIM技术模拟特性，可以通过BIM模型的演示功能，在运维阶段对紧急事件进行预演排练、制订相应的应急处理预案。

还可以提前对管理人员进行突发紧急事件预演培训，尤其是无法在实际生活中进行的模拟培训，如火灾模拟、人员疏散模拟、地震逃生模拟、停电模拟、煤气泄漏模拟等，提高管理人员紧急事故的处理能力，并做好宣传普及工作，将装订成册的应急预案分发给相应的管理人员或居民，提高大家的安全意识，扩大安全管理范围。

（2）系统维护的模拟

传统的系统维护一般是运维单位根据竣工图，对建筑中各个系统、设备等相关数据通过Excel表格进行分析，这样不仅不直观而且缺乏时效性。

基于BIM技术模拟性，可以迅速掌握建筑内各种系统、设备数据及运行状况，及时发现问题并准确定位，做好系统维护预案。如某住户卫生间出现渗漏现象，可以直接先在BIM系统中查找疑点的信息（如管道、阀门等设备规格、制造商、零件号码和其他信息），快速找到问题并及时维护。

（3）租赁场景的模拟

租赁场景模拟就是项目竣工完成交付后，BIM模型可以直接转化供后期运维信息管理平台使用。后期运营阶段不仅可以对项目进行能耗、折旧、安全性预测、监控使用状态、维护、调试等，还可以将项目中的空间信息、场景信息等纳入模型中，再通过VR（现实增强）等新技术的配合，让业主、客户或租户通过BIM模型，从不同的位置进入模型中相应的空间得到身临其境的真实感受，如可以直观感受商铺、客房等空间大小、朝向、光照、耗能等，客户或租户可以根据自己的需求作出正确的选择，业主还可以结合客户或租户的需求提供更优的变更方案。

2.1.5 信息参数化

参数化建模指的是通过参数而不是数字建立与分析模型。

参数化建模可以非常简单地通过改变模型中的参数值，就能建立和分析新的模型；BIM中图元以构件形式出现，这些构件之间的不同，是通过参数的调整反映出来的，参数保存了图元作为数字化建筑构件的所有信息。

1. 信息参数化的实质

参数化的实质就是通过对模型中信息采用参数可变量化，任意调整某个对象的参数，使之相关联的所有对象都会随之更新，以保持模型的完整性，来实现设计师真实意图的表达。这也是参数化的最大特点，即信息的联动性与共享性，见图2.1-18和图2.1-19。

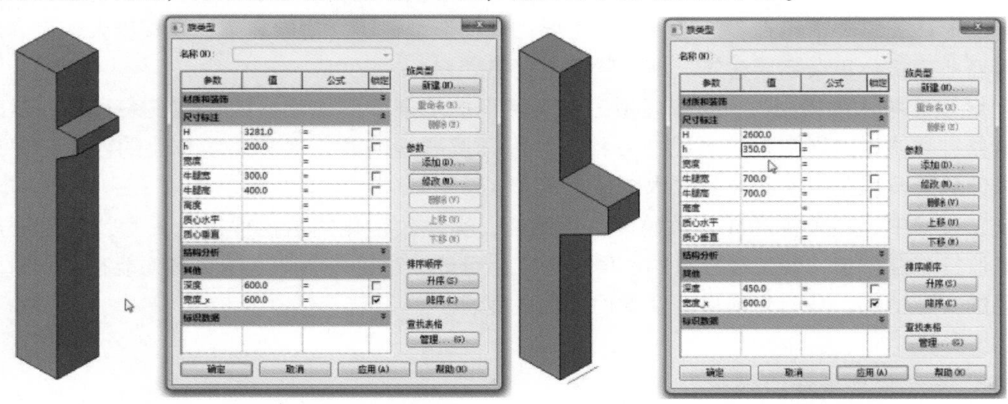

图2.1-18 构件参数化设计

BIM 的核心是数字化、信息化。BIM 模型中包含了标识自身所有属性特征的信息。如构件的几何信息（如尺寸、形状、定位、构件间相互关系等）、非几何信息（如材料的物理性能特性以及力学特性等）以及过程中的进度信息、成本信息等，在项目的全生命周期各个阶段、各参与方、各工序间，这些信息都是可以被调用、传递、共享、互用的，也就是说任何信息的变化都是联动的、相互传递的，如构件的移动、删除以及尺寸的改动，都会引起相关构件的关联变化，当任一视图中所发生的变更都能传递到所有视图，以保证所有图纸的一致性，无须逐一对所有视图进行修改，从而提高了工作效率和工作质量。

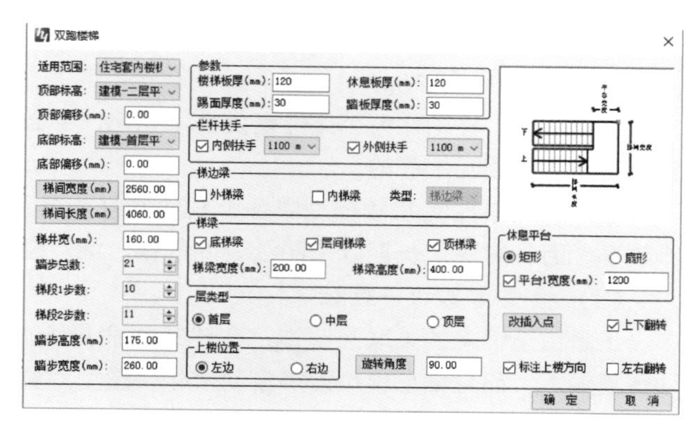

图 2.1-19 参数化楼梯设计

如修改平面图中门窗洞口的大小或位置，在立面图、剖面图和三维模型中都会自动做相应的修改。构件的统计表也会自动修改，这也是采用 BIM 技术相对于传统二维 CAD 图一大优势，见图 2.1-20。

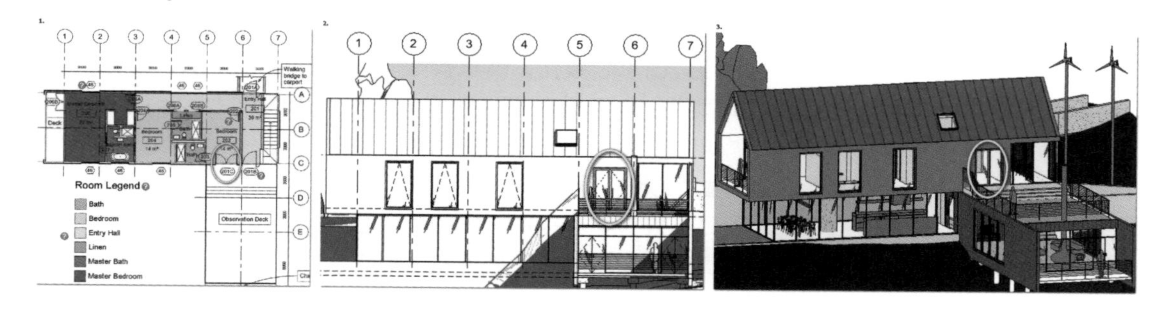

图 2.1-20 门窗洞口变化的联动性

BIM 模型只有实行参数化建模，才能实现信息的联动性、共享性。

2. 信息参数化设计内容

参数化设计分为两个部分：参数化图元和参数化修改引擎。

（1） 参数化图元

参数化图元以构件的形式出现，这些构件之间的不同，是通过参数的调整反映出来的，参数保存了图元作为数字化建筑构件的所有信息。

（2） 参数化修改引擎

参数化修改引擎提供了参数更改技术，使用户对建筑设计或文档部分作任何改动，都可以自动地在其他相关联的部分反映出来。采用智能建筑构件、视图和注释符号，使每一个构件都通过一个变更传播引擎来互相关联。

3. 信息参数化的意义

通过参数化设计，使 BIM 模型信息达到信息关联性、信息一致性、信息动态性、信息的完备性。

（1） 模型信息的关联性

信息关联性是参数化设计的衍生。通过参数化设计，信息模型中的对象是可识别且相互关联的，当在任意视图（平面、立面、剖面）上对模型做任何修改，都是对数据库的修改，同时在其他相关联的视图或图表上进行更新显示出来。系统能够对模型的信息进行统计和分析，并生成相应的图形和文档。

如墙、梁、柱构件大小或位置发生了变化，平面、立面、剖面相应的都会发生变化，这种更新是智能的、相互关联的。

信息的关联性使BIM模型中各个构件及视图具有良好的协调性，不仅提高了设计人员的工作效率，而且解决了长期以来图纸之间的错、漏、碰、缺问题，其价值是显而易见的。

（2）模型信息的一致性

正是由于信息的关联互动性，在建筑生命周期的不同阶段模型信息是一致的，同一信息无须重复输入，而且信息模型能够自动演化，模型对象在不同阶段都可以方便地进行修改和扩展，无须重新创建，避免了信息不一致的现象。

模型信息一致性也为BIM技术提供了一个良好的信息共享环境，避免了各方信息交流过程的损耗或者部分信息的丢失，保证信息自始至终的一致性。

同时BIM支持IFC标准数据，可以实现BIM技术平台各专业软件间的强大数据互通能力，轻松实现多专业三维协同设计。

在设计过程中，设备专业工程师或结构工程师，可以直接导入建筑工程师BIM建模模型，实现三维协调设计，从而确保各专业的BIM模型与信息的一致性。

（3）模型信息的动态性

由于模型中信息是关联互动的，通过信息参数化，信息模型能够自动演化，动态描述生命周期各阶段的过程。在项目全生命周期管理中，可根据不同的需求划分为BIM模型、创建BIM模型共享和BIM模型管理三个不同的应用层面。

BIM技术改变了传统建筑行业的生产模式，利用BIM模型在项目全生命周期中实现信息共享、可持续应用、动态应用等，为项目决策和管理提供可靠的信息基础，进而降低项目成本，提高项目质量和生产效率，为建筑行业信息化发展提供有力的技术支撑。

4. 参数化设计的价值

基于BIM技术信息参数化设计系统中，设计人员根据工程关系和几何关系来制订设计要求，参数化设计的本质是在可变参数的作用下，系统能够自动维护所有的不变参数，参数化模型中建立的各种约束关系，真正体现了设计人员的设计意图，参数化设计可以大大提高模型的生成和修改速度。如上海中心大厦，体型旋转扭曲，通过参数修改，控制扭曲角度，可生成不同的幕墙形状，通过风洞模拟来确定最终的形态，如图2.1-21所示。

2.1.6 信息化

信息化是BIM的核心特征，BIM的模型包含了计算机可识别设施的所有信息。

一个完善的信息模型，能够连接建筑项目全生命周期不同阶段的数据、过程和资源，是对工程对象的完整描述，

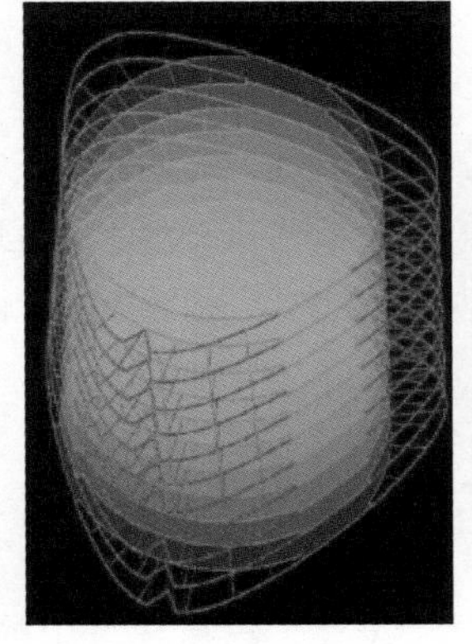

图2.1-21 上海中心大厦幕墙参数化设计

可被建设项目各参与方共享使用。

BIM 具有单一工程数据源，可解决分布式、异构工程数据之间的一致性和全局共享问题，支持建设项目全生命周期中动态的工程信息创建、管理和共享。

BIM 同时又是一种应用于设计、建造、管理的数字化方法，这种方法支持建筑工程的集成管理环境，可以使建筑工程在其整个进程中显著提高效率和大量减少风险。

在项目实施过程中，BIM 技术信息化具有以下特点：

1. 信息的完备性

信息的完备性体现在以下几方面：

1）对工程对象进行 3D 几何信息和拓扑关系的描述。

2）完整的工程信息描述。

如项目全生命周期内各个阶段各个环节发生的都会以信息的形式记录下来，储存在 BIM 模型中，并具有可追溯性。这些信息有：

1）前期策划信息：如场地现状分析、方案比选等信息。

2）设计阶段信息：如工程名称、地点、建筑体型外观与功能布置、建筑选材、结构形式与结构体系、性能分析、设计规范、各个专业间的协同信息、工程概预算信息等。

3）施工阶段信息：如施工组织方案与工序、4D 进度、5D 成本以及影响产品质量的因素，如人、机、料、法、环等信息；深化设计、加工、安装过程、工程安全性能、材料耐久性能等维护信息；对象之间的工程逻辑关系信息等。

4）运维阶段信息：如设施与系统的操作参数信息、空间维护信息、紧急疏散模拟信息、运行维护成本信息等。

信息的完备性可以为优化分析、模拟仿真，为管理者决策提供有力的技术支撑，例如体量分析、空间分析、采光分析、能耗分析、成本分析、碰撞检查、虚拟施工、紧急疏散模拟、进度计划安排、成本管理等。

2. 信息的关联性

信息模型中的对象是可识别且相互关联的，系统能够对模型的信息进行统计和分析，并生成相应的图形和文档。如果模型中的某个对象发生变化，与之关联的所有对象都会随之更新，以保持模型的完整性。

3. 信息的一致性与共享性

在建筑全生命周期的不同阶段模型信息是一致的，同一信息无须重复输入，项目全过程各阶段及项目参与方可根据需要共享信息。

4. 信息的可扩展性

由于 BIM 模型贯穿策划、设计、施工、运维全生命周期，在不同阶段不同参与方根据各自需求不同，模型的深度与信息深度也不一样，在工程中经常不断地更新模型，信息也在不断地扩展，模型对象在不同阶段可以简单地进行修改和扩展，而无须重新创建，避免了信息不一致的现象。因此，BIM 的模型和信息需要在不同的阶段具有一定深度并具有可扩展和调整的能力。

2.1.7 优化性

优化的目的是为了找到最佳方案。事实上，整个设计、施工、运营的过程就是一个不断优化的过程，尽管优化和 BIM 不存在必然的联系，但在 BIM 的基础上可以做更好的优化。

1. 影响项目优化的因素

1）复杂程度。

2）时间制约。

3）信息准确完备性，没有准确的信息得不到合理的优化结果。

2. BIM 模型为项目优化提供了所有信息资源库

基于 BIM 技术信息的完备性、可扩展性，BIM 模型囊括了建设项目各方面所有的信息，相当于建设项目信息资源库。因此，为项目设计优化、施工优化提供了基础资源，特别是高层建筑、造型功能复杂性达到一定程度时，项目参与者必须借助一定的科技手段和设备。BIM 技术的特性给项目优化提供了可能。

3. BIM 优化内容

(1) 项目方案优化

在项目方案阶段优化，一是从项目的外观造型、功能布局、性能分析等方面，结合项目规划、周围环境、绿色环保等方面进行优化；二是根据投资限额进行优化分析，将设计方案与投资估算相结合进行优化，满足投资方的需求，以利于决策、后期实施。

(2) 限额设计优化

如在结构设计阶段，甲方提出要限额设计，控制含钢量、每立方混凝土含量等，此时必须采取一系列措施，既要保证结构的安全性、适用性、耐久性、稳定性，又要满足相应的限额指标。

(3) 特殊项目设计优化

有些建筑属于多项不规则甚至特别不规则，如大底盘多塔连体、转换层等复杂结构体系，仅凭结构设计软件分析，是不能解决问题的，必须从概念设计入手，进行结构方案的合理选择，然后，通过多软件分析对比，对特殊部位进行特殊处理，进行合理的优化分析，这样不仅结构性能满足要求，而且可节约投资。

(4) 施工方案优化

基于 BIM 技术可视化、模拟性，可对施工组织方案和工序进行优化，优化工期、优化资源的合理配置，尤其对施工难度比较大、复杂节点、施工易出现问题部位等，都可以进行优化，有利于缩短工期，提高质量，节约成本。

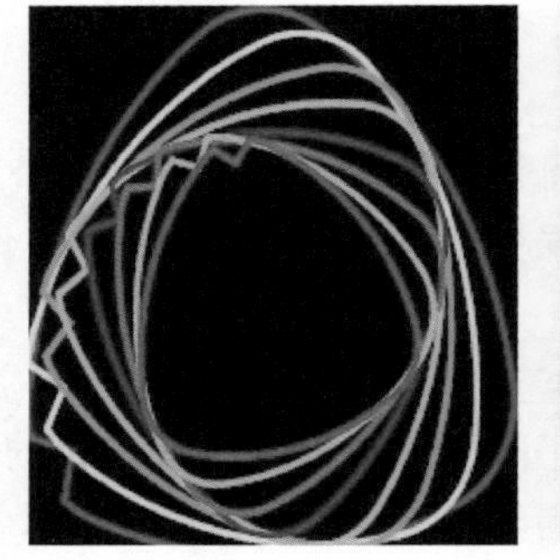

图 2.1-22　上海中心大厦外形方案优化

如上海中心大厦主楼的几何外形在随高度上升的过程中围绕塔楼的几何中心，同时在发生旋转和收缩两种变化。对于构成主楼旋转表皮的几何元素，设计中从工程学和美学双向角度，进行了反复论证优化，如图 2.1-22 所示。

2.1.8　可出图性

采用 BIM 技术绘制的施工图，不同于传统 CAD 平台绘制的二维平面施工图，而是方案图、初步设计图、施工图为同一个核心模型，通过可视化展示、协调、模拟、优化等环节，对各专业或本专业间设计中出现的错漏碰缺或综合管线碰撞等现象，进行检查、修改、完善、优化后的施工图。相对于传统模式下施工图，BIM 出图更具直观性、可操作性、完善性，更能反映工程的实际情况。

1. 设计阶段主要绘制的施工图

1）建筑方案效果图（图2.1-23）。

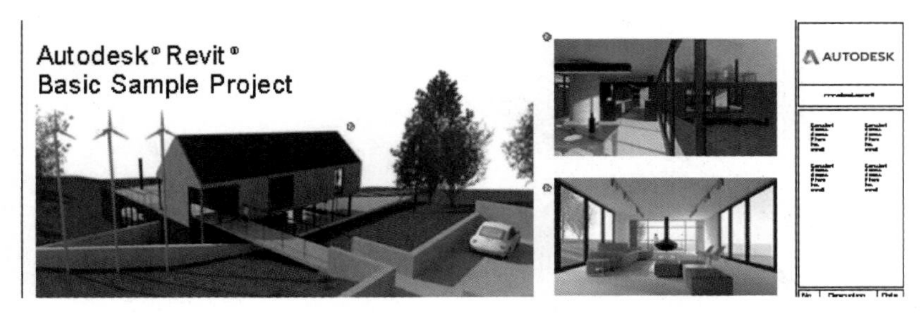

图2.1-23 三维效果图展示

2）建筑平、立、剖面施工图及建筑节点装修详图（图2.1-24和图2.1-25）。

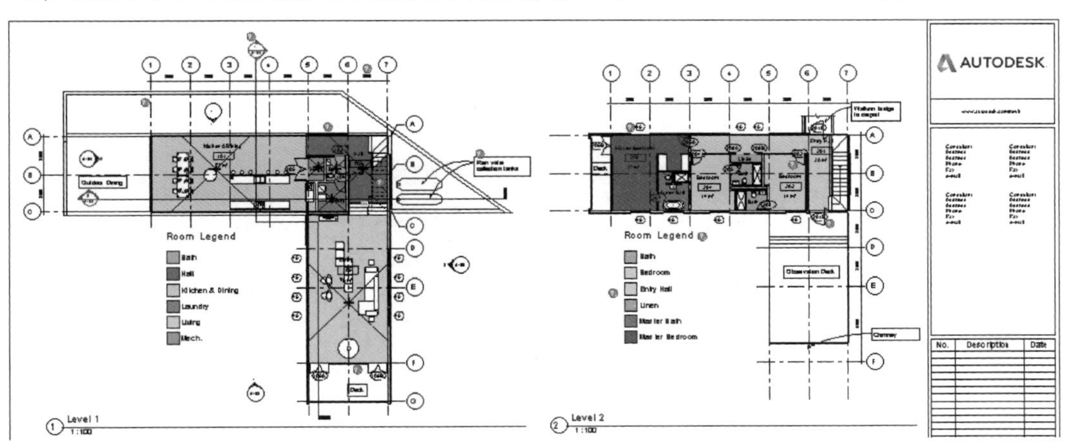

图2.1-24 平面图示意

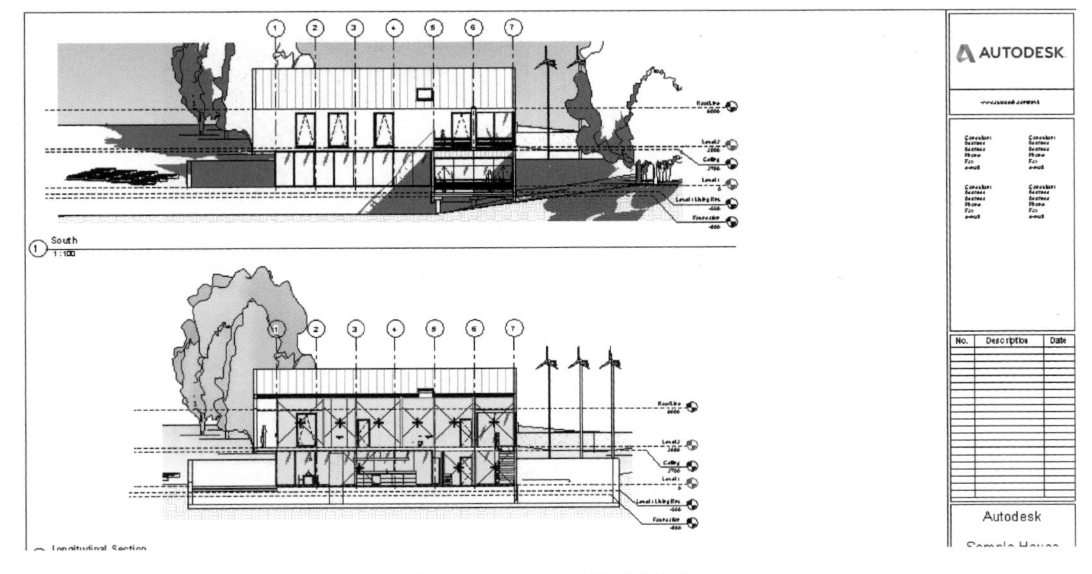

图2.1-25 立、剖面图示意

3）结构施工图，如基础图、梁、板、柱、墙结构施工图，结构节点详图，结构预埋件、结构预留洞、节点构造详图等（图2.1-26）。

图2.1-26　梁柱节点钢筋三维图

4）设备专业综合管线图（图2.1-27）。

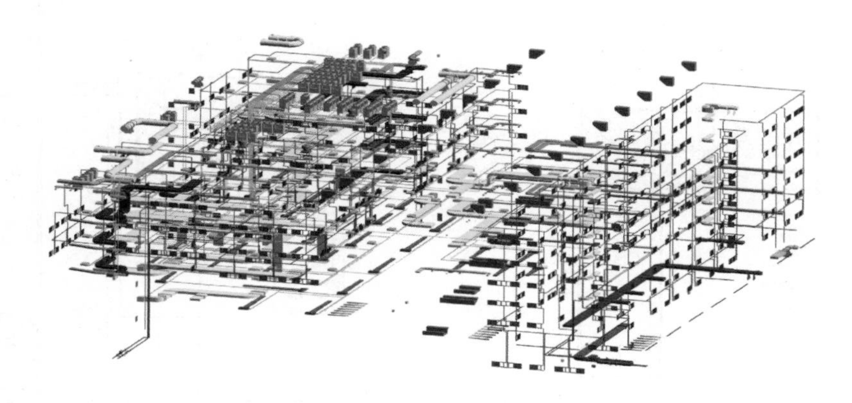

图2.1-27　机电管线综合图

5）碰撞检测报告和建议改进方案图（图2.1-28）。碰撞检测报告主要解决以下几方面问题：

空调管道穿过横梁，造成结构不合理化，立管向南偏移500mm，合理解决管道穿梁

图2.1-28　管线穿梁修改前后

①建筑与结构专业的碰撞，主要解决建筑与结构图纸中相对应的几何信息是否一致，比如标高、梁板柱墙的布置及构件尺寸大小是否协调一致等。

②设备内部各专业碰撞，水暖电综合管线相互碰撞的情况。

③建筑、结构专业与设备专业碰撞，设备管线与室内装修的碰撞，设备管线与墙梁受力构件的碰撞等。

④解决管线空间布局问题，如机房过道狭小、各管线交叉等问题。

2. 施工阶段构件的加工详图

通过BIM模型对建筑构件的信息化表达，可在BIM模型上直接生成构件加工图，不仅能清楚地传达传统图纸的二维关系，而且对复杂的空间剖面关系也可以清楚地表达，同时还能够将离散的二维图信息集中到一个模型当中，这样的模型能够更加紧密地实现与预制工厂的协同和对接。其作用有：

（1）有助于指导预制构件的生产

通过BIM模型的直观可见性，动画模拟性，可以很好理解设计师意图的表达，实现与预制构件厂之间的协调对接，BIM模型还能自动生成构件下料单、模具规格单、参数信息单等生产表单，可以实现与预制工厂的协同和对接，提高生产预制构件的准确性；有助于对预制构件生产加工指导。

（2）实现预制构件的数字化建造

可以借助工厂化、机械化的生产方式，采用集中、大型的生产设备，将BIM信息数据输入设备，很好实现机械的自动化生产及预制构件的数字化制造，大大提高了工作效率和生产质量，比如装配式梁柱连接节点、预制阳台、预制大墙板等，这种BIM技术信息化数字建造比传统方式精准，效率高，质量能保证（图2.1-29）。

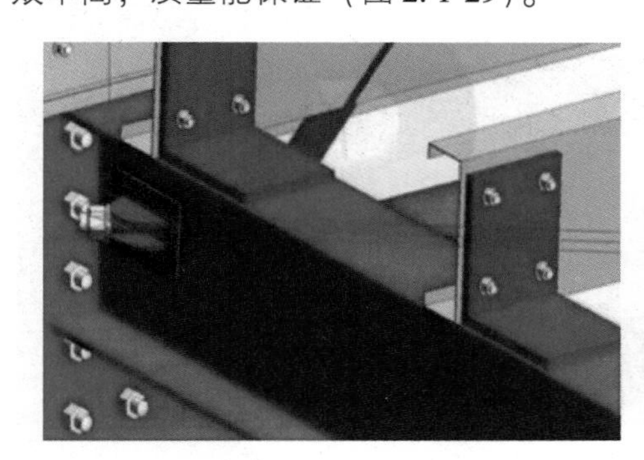

图2.1-29 构件加工图

2.2 BIM技术在建筑业的应用价值

2.2.1 BIM技术在项目全生命周期应用概述

1. 建筑全生命周期管理概念及各个阶段的划分

建筑工程全生命周期管理BLM（Building Lifecycle Management），是将工程建设过程中包括规划、设计、招标投标、施工、竣工验收及物业管理作为一个整体，形成衔接各个环节的综合管理平台，通过相应的信息平台，创建、管理及共享同一完整的工程信息，减少工程建设各阶段衔接及各参与方之间的信息丢失，提高工程的建设效率。

建筑工程项目具有技术含量高、施工周期长、风险高、涉及单位众多等特点，因此建筑全生命周期的划分就显得十分重要。一般我们将建筑全生命周期划分为四个阶段，即规划阶段、设计阶段、施工阶段、运营阶段。

传统的项目管理，尽管在管理模式及方式上比较成熟，但仍然是粗放式的管理模式，弊端种种，建设过程中，各方责任主体往往因信息孤岛导致信息的割裂，不利于各方的协调管理，三控（质量、进度、投资）三管（合同、信息、安全管理）更得不到很好的控制，造成进度拖延、质量隐患、投资增加、责任互相推诿，很难实现事前预防的过程管理。

BIM 建筑信息模型，集成建筑项目全生命周期内的所有信息，其应用涵盖了从项目前期策划、设计、施工、后期运维等各个阶段以及建设各方主体，如甲方（也就是建设方或业主）、乙方（如勘察、设计方、施工方、物业管理公司、材料供应商等）、第三方机构（如监理单位、政府监督机构等），在整个项目运行过程中，相关利益方各自承担着应尽的职责。BIM 技术的引入，其应用价值不仅体现在技术上贯穿了项目全生命周期的各个阶段，而且在管理上更趋于精细化、科学化、规范化。

BIM 技术作为一种先进的理念，在建筑领域做出了革新性的创举，彻底改变了建筑业的工作方式。通过建立 BIM 信息平台，不仅可以实现设计阶段的协同设计，施工阶段的智能化建造、运营阶段智能化维护和管理，而且还能打破从业主到设计、施工运营之间的隔阂与界限，实现了对建筑的全生命周期的管理。BIM 技术贯穿项目全生命周期示意图见图 2. 2-1。

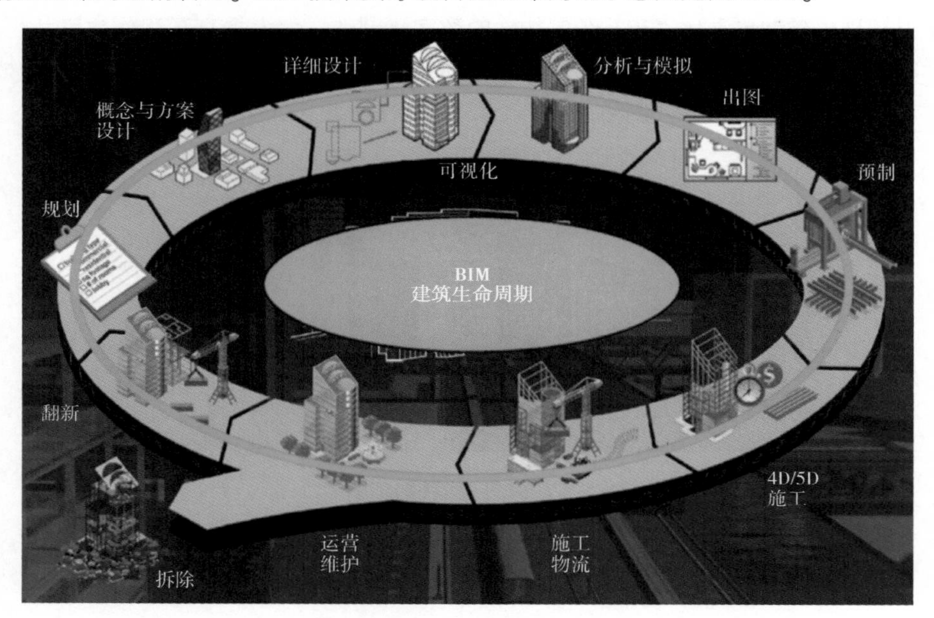

图 2. 2-1　BIM 技术贯穿项目全生命周期示意图

那么，BIM 技术究竟给建筑业带来了什么变化？建设各个阶段的应用以及价值主要体现在哪些方面呢？BIM 技术对各相关利益主体又有哪些优势呢？

下面分述 BIM 技术在建筑业的应用价值，在后续的章节将陆续阐述各阶段的应用价值如何实现。

2. BIM 技术在项目全生命周期各阶段的应用

（1）BIM 技术在美国常见的 25 种应用

美国联盟 bSa（building SMART alliance）对美国建筑市场上 BIM 技术在建筑全生命周期的应用现状进行了详尽的调查、研究、分析、归纳和分类，在 2010 年由美国宾夕法尼亚州立大学计算机集成化施工研究组编写的《BIM 项目实施计划指南》第二版中，发表了 BIM 技术常见的 25 种应用，见表 2. 2-1。

表 2.2-1　BIM 技术在美国常见的 25 种应用

<table>
<tr><th>前期策划（Plan）</th><th>设计（Design）</th><th>施工（Construct）</th><th>运营（Operate）</th></tr>
<tr><td colspan="4">现状建模（Existing Conditions Modeling）</td></tr>
<tr><td colspan="4">成本估算（Cost Estimation）</td></tr>
<tr><td colspan="3">阶段规划（Phase planning）</td><td></td></tr>
<tr><td colspan="2">规划编制（Programming）</td><td></td><td></td></tr>
<tr><td colspan="2">场地分析（Site Analysis）</td><td></td><td></td></tr>
<tr><td colspan="2">设计方案论证（Design Reviews）</td><td></td><td></td></tr>
<tr><td></td><td>设计创作（Design Authoring）</td><td></td><td></td></tr>
<tr><td></td><td>节能分析（Energy Analysis）</td><td></td><td></td></tr>
<tr><td></td><td>结构分析（Structural Analysis）</td><td></td><td></td></tr>
<tr><td></td><td>采光分析（Lighting Analysis）</td><td></td><td></td></tr>
<tr><td></td><td>机电性能分析（Mechanical Analysis）</td><td></td><td></td></tr>
<tr><td></td><td>其他性能分析（Other Analysis）</td><td></td><td></td></tr>
<tr><td></td><td>绿色建筑评估（LEED Evaluation）</td><td></td><td></td></tr>
<tr><td></td><td>规范验证（Code Validation）</td><td></td><td></td></tr>
<tr><td></td><td colspan="2">三维协调（3D Coordination）</td><td></td></tr>
<tr><td></td><td></td><td>场地使用规划
（Site Utilization Planning）</td><td></td></tr>
<tr><td></td><td></td><td>施工系统设计
（Construction System Design）</td><td></td></tr>
<tr><td></td><td></td><td>数字化加工
（Digital Fabrication）</td><td></td></tr>
<tr><td></td><td></td><td>三维控制与规划
（3D Control Planning）</td><td></td></tr>
<tr><td></td><td></td><td colspan="2">记录模型（Record Model）</td></tr>
<tr><td></td><td></td><td></td><td>维护计划
（Maintenance Scheduling）</td></tr>
<tr><td>主要应用 [深色]</td><td></td><td></td><td>建筑系统分析
（Building System Analysis）</td></tr>
<tr><td>次要应用 [浅色]</td><td></td><td></td><td>资产管理
（Asset Management）</td></tr>
<tr><td></td><td></td><td></td><td>空间管理与跟踪
（Space Management/Tracing）</td></tr>
<tr><td></td><td></td><td></td><td>防灾规划
（Disaster Planning）</td></tr>
</table>

1）规划阶段（项目前期策划阶段）：主要用于现状建模、成本预算、阶段规划、场地分析、空间规划等。

2）设计阶段：主要用于对规划阶段设计方案进行论证，包括方案设计、工程分析、可持续性评估、规范验证等。

3）施工阶段：主要起到与设计阶段三维协调的作用，包括场地使用规划、施工系统设计、数字化加工、材料场地跟踪、3D 控制和防灾规划等。

4）运营阶段：主要用于对施工阶段进行记录建模，具体包括制订维护计划、进行建筑系统分析、资产管理、空间管理/跟踪、灾害计划等。

从表 2.2-1 中可以发现，这 25 种应用跨越了全生命周期的四个阶段，即规划阶段（项目前期策划阶段）、设计阶段、施工阶段、运营阶段。而且多项应用如现状建模分析、成本控制贯穿了项目的全生命周期，另外设计阶段的方案论证是对前期策划方案的进一步优化分析论证，三维施工图协调、错漏碰缺、综合管线的碰撞检测贯穿了设计、施工过程，其目的是将质量问题消灭在萌芽中。施工阶段的记录模型实际上是竣工资料模型，转入运维阶段，以便运维管理的控制。

（2）BIM 技术在我国建筑市场常见的 20 种典型应用

近年来，我国也有类似的研究，借鉴了美国上述对 BIM 应用的分类框架，如国内的“BIM 的模型维护”，结合目前国内 BIM 技术的发展现状、市场对 BIM 应用的接受程度以及国内工程建设行业的特点，对我国建筑市场 BIM 的典型应用进行了归纳和分类，得出了 4 个阶段共 20 种典型应用，见表 2.2-2。

表 2.2-2　BIM 技术在我国的 20 种典型应用

应用阶段	前期策划（Plan）	设计阶段（Design）	施工阶段（Construct）	运维阶段（Operate）
前期策划	1. BIM 模型维护			
	2. 场地现状分析			
	3. 建筑决策			
设计阶段	4. 设计方案论证			
		5. 可视化设计		
		6. 协同设计		
		7. 性能分析		
		8. 工程量概预算		
施工阶段		9. 管综综合与碰撞检测		
			10. 施工组织模拟	
			11. 施工进度模拟	
			12. 数字化建造	
			13. 物料跟踪	
			14. 施工现场配合	
运维阶段			15. 竣工模型交付	
				16. 维护计划
				17. 资产管理
				18. 空间管理
				19. 建筑系统分析
				20. 灾害应急计划

实质上，BIM的应用在国内外分类上大同小异，只是有些应用划分的名称不一致。具体分析如下：

1）国内的“BIM模型维护”。国内的“BIM模型维护”是指贯穿项目全生命周期内各个阶段，根据项目进度，建立和维护BIM模型，实质是使用BIM平台汇总各项目团队所有的建筑工程信息，消除项目中的信息孤岛，并且将得到的信息结合三维模型进行整理和储存，以备项目全过程中项目各相关利益方随时共享。

由于BIM的用途决定了BIM模型细节的精度，同时仅靠一个BIM工具并不能完成所有的工作，所以目前业内主要采用“分布式”BIM模型的方法，建立符合工程项目现有条件和使用用途的BIM模型。这些模型根据需要可能包括现状模型、设计3D模型、施工3D模型、进度4D模型、成本5D模型、加工模型、安装模型等，如图2.2-2所示。BIM“分布式”模型还体现在BIM模型往往由相关的设计单位、施工单位或者运营单位根据各自工作范围单独建立，最后通过统一的标准合成，这将增加对BIM建模标准、版本管理、数据安全的管理难度，所以有时候业主也会委托独立的BIM服务商统一规划、维护和管理整个工程项目的BIM模型，以确保BIM模型信息的准确、时效和安全。

图2.2-2 项目生命期内BIM模型维护

2）国内的性能分析实际包含了国外的节能分析、结构分析、机械分析、绿色评估等。

3）国内的“管线综合”和国外“3D协调”类似，但国内“管线综合”描述过于狭窄，如仅限于管线的碰撞分析，而结构梁柱引起的净空高度不够等其他构件协调优化问题就没有涉及，因此国外“3D协调”描述较为全面。

4）国内的“竣工模型交付”实际上和国外“记录模型”一致。竣工模型记录了设计实施过程中所有信息。

3. BIM技术在项目各阶段各参与方管理中的应用价值

基于BIM信息的完备性、共享性、可扩展性，项目全生命周期各参建方可以基于同一个BIM模型、同一个信息共享平台，进行协调管控。其价值主要体现在：

1）有利于各参建方沟通协调，有利于三控三管一协调。

2）工程量数据的准确、透明、共享，可实现对资金风险、盈利目标的控制。

3）有利于工程量清单、概预算、结算书的统一审核，并为工程变更、成本测算、签证管理、支付等进行全过程造价控制。

4）基于BIM技术信息数据模型的动态性，可以追溯各个项目的现金流及资金状况。

5）基于BIM技术4D、5D虚拟仿真性，有利于优化工期、优化资源。

6）基于BIM的可视化，可以及时发现错漏碰缺管线碰撞等质量问题。

7）有利于物料以及构件等信息的追踪查询。

8）有利于提高运维管理的水平和效率，进而实现企业的效益增值。

9）有利于及时发现或提前预知灾害的风险管理，从而减少不必要的损失，对突发事件进行预警采取及时合理的处理措施。

总之，BIM技术可有效地实现资源的共享、科学决策、提高质量、缩短工期、控制投资、预防风险，从而大大提高精细化、科学化的管理水平。

BIM技术在各参建方管理中应用价值具体体现，见表2.2-3。

表 2.2-3　BIM 技术在项目各参建方管理中价值具体体现

各参建方	BIM 技术在各参建方管理中应用价值
建设方	1）有利于加强项目各参建方沟通交流协调，提升项目的协同能力 2）有利于提高建筑产品质量，控制进度 3）有利于建筑产品的销售，获得更大的利润 4）有利于控制造价与投资，实现资源的最大化 5）有利于提高运维管理水平和运维效率、降低运维成本、增加商业价值 6）有利于工程量的测算，大幅度降低融资成本，科学评估投标方案
监理方	1）有利于与参建方沟通协调 2）有利于质量、投资、进度的控制 3）有利于合同管理、信息管理、安全管理 4）有助于更好地履行监理工程师的职责，使甲方资源最大化
设计方	1）基于 BIM 技术可视化，便于与各参与方的沟通协调 2）基于 BIM 技术可视化、协调性，有利于提高设计质量 3）基于 BIM 技术信息参数化、可出图性，可以提高设计效率 4）基于 BIM 技术仿真模拟性，有利于建筑性能的分析 5）基于 BIM 技术一体化，可以自动准确高效统计工程量 6）基于 BIM 技术优化性，有利于限额设计
施工方	1）基于 BIM 技术进行投标，可以提高中标率 2）可以对施工全过程进行虚拟仿真模拟，便于论证、优化施工方案，提高质量和效率，降低成本 3）可以对施工过程中复杂工艺进行模拟，预知施工的重点和难点，降低风险及安全质量隐患，保证施工技术方案的合理性、可行性 4）有利于进一步深化设计，便于综合管线的错漏碰缺检测 5）便于提供预制构件详细而准确的加工详图 6）可以提供精准的工程量，便于成本的核算、分析与审计
运维方	1）有利于提高空间管理能力，合理规划空间、分配空间的使用，提升空间的投资回报率，增加企业效益 2）有利于提升并规范资产管理的水平和监管力度，降低资产的闲置浪费，减少或避免资产的流失 3）有利于设备信息库的建立，合理制订定期维护保养计划，提高全过程维护管理能力 4）有利于建立应急及长效的技术防范保障体系，协作应急人员定位和识别潜在的突发事件，提高公共安全管理能力 5）有利于提高能耗的监控和管理能力，并且可对异常情况进行预警 6）最终目的是提高运维人员管理效率，真正实现智能化管理

2.2.2　BIM 技术在前期策划阶段的应用价值

1. 项目前期策划阶段的主要任务

项目前期策划阶段，在项目全生命周期中非常重要，对项目的决策起着关键性的作用。而决策的正确与否，直接影响着项目的成本和功能。

项目前期策划阶段的主要任务：

1）论证项目建设的必要性，根据所在地区长远的发展规划，提出项目建议书，选定建设地点。

2）论证项目建设的可行性，在试验、调查研究和技术经济论证的基础上编制可行性研究报告。

3）根据项目咨询评估进行评审，对建设项目进行决策。

在可行性研究阶段，业主需要确定建设项目方案在满足类型、质量、功能等要求下，是否具有技术和经济可行性。如果想得到可靠性高的论证结果，需要花费大量的时间、精力和资金。

根据麦克利米曲线（Macleamy）（图2.2-3）可以看出，项目的设计优化费用在前期最低，随着阶段的进展，在项目后期优化对于成本和功能逐渐变小，而优化设计的费用却逐渐增加。

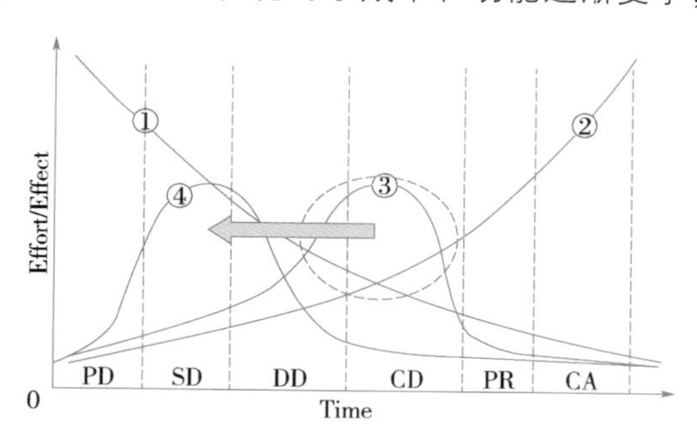

图2.2-3 麦克利米曲线（Macleamy）

注：在麦克利米曲线（Macleamy）中，横轴Time代表时间，纵轴Effort/Effect表示努力/成果。

①代表影响成本和功能特性的能力随着阶段的进行而逐渐走弱。

②代表设计变更的费用随着阶段的推进而逐步增多。

③代表当前传统的设计过程，即在扩初设计及施工图阶段进行大量设计变更。

④代表最优选的设计过程，即大多数设计在设计前期及方案设计中完成，完成于扩初设计阶段。

怎样做好项目的决策，使其更加科学合理呢？根据分析结果表明，在项目的前期应当尽早应用BIM技术。BIM技术的引入，完全实现了三维仿真系统无法实现的多维度应用，尤其体现在前期方案的性能分析。

2. BIM技术在项目前期策划阶段的应用价值

BIM技术可以为业主提供可视化的BIM模型，在项目前期策划阶段，进行可行性分析与模拟，提高了论证结果的准确性和可靠性，从而为整个项目的建设降低成本、缩短工期、提高质量。同时，BIM技术可以使决策更加科学、合理、透明。

（1）决策科学

运用VR技术和仿真模拟分析技术，在项目进行详细设计和施工之前，通过对环境、交通、公共安全、火灾、地震等灾害以及自然气候等进行定量、定性分析模拟，形成最佳方案，使决策依据更加充分，决策更为科学。

（2）决策合理

基于BIM模型的可视化，可以让决策者非常直观地对建筑方案进行决策评判，并提出整改意见，降低决策沟通成本。

（3）决策透明

基于BIM模型的可视化，可以提升非专业人士参与决策的热情，采用头脑风暴法进行方案的论证，提升决策的透明度。

BIM技术在项目前期策划阶段应用价值体现，见表2.2-4。

表 2.2-4　BIM 技术在前期策划阶段应用价值体现

前期策划阶段	BIM 技术在前期策划阶段应用价值
现状分析	1）把现状图导入 BIM 相关软件中，借助地理信息（GIS）系统，创建可视化场地现状模型，有利于场地现状分析，如图 2.2-4 所示 2）创建可视化三维地块的用地红线及道路红线，并生成道路指标，有利于整体规划 3）创建各种可视化的三维建筑方案模型，做好交通、景观、管线等综合规划，进行概念设计
场地分析 环境评估	1）根据项目的经纬度，借助相关软件采集当地太阳及气候数据，并借助地理信息（GIS）系统，采用分析软件进行气候分析、环境影响评估（如日照、风、热、声环境影响评估），如图 2.2-5 所示 2）进行疏散、交通影响模拟分析
成本估算	1）利用 BIM 技术强大的信息统计功能，可以获取较为准确的土建工程量，进行成本的估算 2）方案修改完善后，可快速了解设计变化对成本的影响，衡量不同方案是否经济
规划编制	可根据 BIM 模型、动画漫游、管线碰撞报告、工程量及技术经济指标统计表等 BIM 技术成果，编制规划报告
建筑方案比选	利用参数化建模技术，可以在策划阶段快速组合生成不同的建筑方案，有利于方案的比选

图 2.2-4　BIM + GIS 场地现状分析

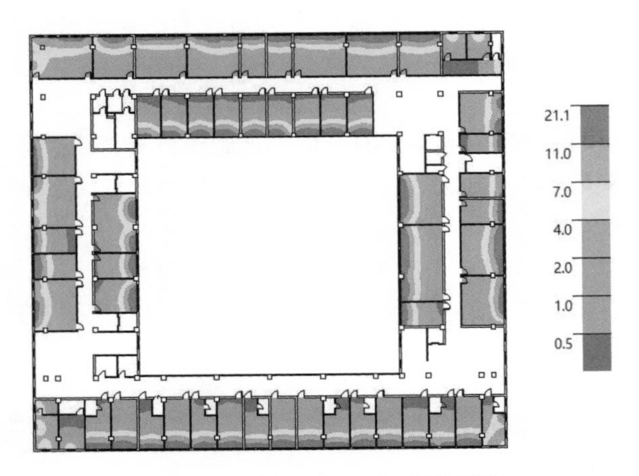

图 2.2-5　某小区二层日照分析图

2.2.3 BIM 技术在设计阶段的应用价值

基于 BIM 技术的可视化、参数化、一体化、协调性、模拟性、优化性、可出图性等特点，BIM 技术在设计阶段的应用价值尤显突出。

首先，所见即所得的三维可视化模型，可以非常直观地及时发现设计过程中的错漏碰缺现象，不仅提高了校审效率，而且提高了设计质量。

其次，BIM 模型一体化协同工作，设计采用一模多用，极大方便了业主、各专业间的协调沟通。

再者，BIM 技术信息参数化、优化性，只要 BIM 3D 模型发生任何改变，其他视图都将随之改变，很好地解决了 2D 施工图中常见的平、立、剖面图各种识图间出现不协调现象，提高了施工图质量和设计效率。

此外，基于 BIM 技术的模拟性，可以进行各专业性能模拟分析，不仅提高了设计水平，而且工程量的计算也更加精准。

基于 BIM 技术设计的主要目的就是通过可视化的三维高效协同工作，提高设计质量、效率以及性能分析。

1. BIM 技术在设计阶段的应用点

1）方案的优化比选。

2）机电专业综合管线的碰撞检测。

3）各专业高效协同设计。

4）各专业性能分析。

5）节能与绿建评估。

6）工程量计算与工程造价分析等。

2. BIM 技术在设计阶段的应用价值（表 2.2-5）

表 2.2-5 BIM 技术在设计阶段的应用价值

<table>
<tr><th colspan="2">BIM 在设计阶段应用</th><th>设计阶段应用价值</th></tr>
<tr><td colspan="2">设计方案比选</td><td>通过设计方案比选与优化，确定性能、品质最优的方案</td></tr>
<tr><td colspan="2">协同设计</td><td>1）通过三维可视化模型展示与漫游，非常直观
2）可实现建筑、结构、机电各专业高效协同设计，如图 2.2-6 所示
3）参数化建模技术可实现一处修改，相关联内容自动修改
4）减少错漏碰缺及综合管线碰撞现象
（5）提高设计质量、效率、可实施性，并为精准预算提供便利</td></tr>
<tr><td rowspan="4">性能分析</td><td>结构性能分析</td><td>1）进行抗震、抗风、抗火等结构性能分析
2）结构计算结果存储在 BIM 模型或信息管理平台中，便于后续应用</td></tr>
<tr><td>建筑能耗分析</td><td>1）对建筑能耗进行计算、评估，进而开展能耗性能优化
2）将能耗分析结果存储在 BIM 模型或信息管理平台中，便于后续应用</td></tr>
<tr><td>光照性能分析</td><td>1）日照性能分析
2）室内光源、采光分析
3）将光照计算结果存储在 BIM 模型或信息管理平台中，便于后续应用，如图 2.2-7 所示</td></tr>
<tr><td>安全疏散分析</td><td>通过 3D 模拟可以预演安全疏散路线、防火分区的合理性</td></tr>
</table>

（续）

BIM 在设计阶段应用		设计阶段应用价值
性能分析	绿建评估分析	1）通过 IFC 或 gbXML 格式输出绿色评估模型 2）建筑绿色性能分析，其中包括规划设计方案分析与优化、建筑遮阳与太阳能利用、建筑采光与照明分析、节能设计与数据分析、建筑室内自然通风分析、建筑室外绿化环境分析、建筑声环境分析、建筑小区雨水采集和利用 3）绿色分析结果存储在 BIM 模型或信息管理平台中，便于后续应用
	机电性能分析	1）管道、通风、负荷等机电设计中的计算分析模型输出 2）冷、热负荷计算分析 3）舒适度模拟 4）气流组织模拟 5）设备分析结果存储在 BIM 模型或信息管理平台中，便于后续应用，如图 2.2-8 所示
	其他性能分析	1）建筑表面参数化设计 2）建筑曲面幕墙参数化分格、优化与统计
管线综合碰撞检测		各专业模型碰撞检测，提前发现错漏碰缺等问题，减少施工中的返工和浪费，如图 2.2-9 所示
工程量统计		1）一键输出土建、设备工程量 2）概预算分析结果存储在 BIM 模型或信息管理平台中，便于后续应用
施工文件的编制		从 BIM 模型中出二维图、计算书、统计表，特别是详图和表单，可以提高施工图的出图效率，并能有效减少二维施工图中的错误
规范验证		BIM 模型与规范、经验相结合，实现智能化的设计，减少错误，提高设计效率

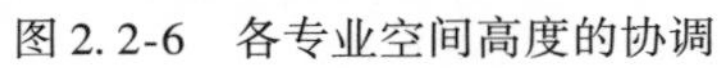

图 2.2-6　各专业空间高度的协调

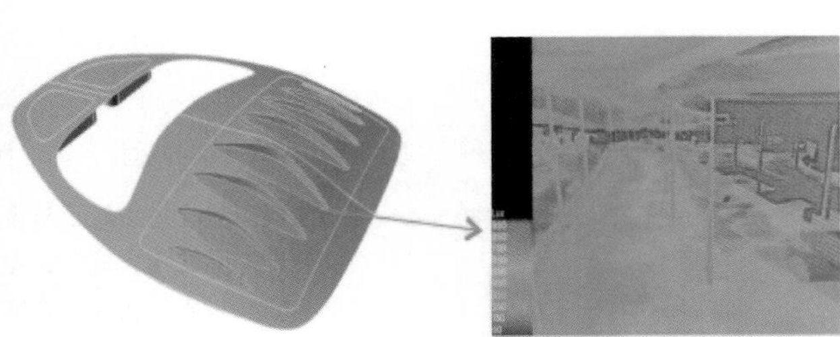

图 2.2-7　采光性能分析

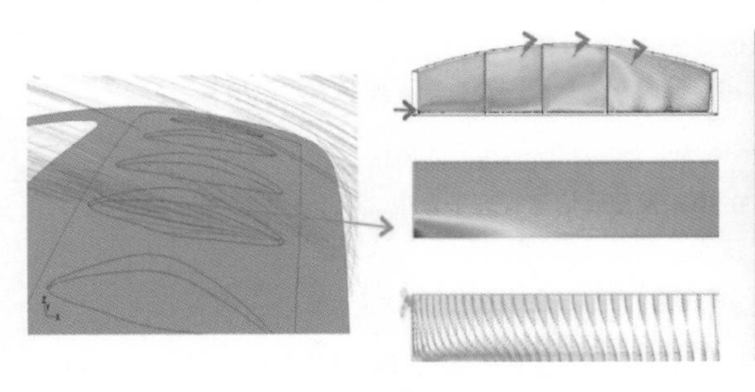

图 2.2-8　通风性能分析

图 2.2-9　修改前后管线碰撞检测结果

2.2.4 BIM技术在招标投标阶段的应用价值

1. 传统招标投标活动中商务标、技术标编制的弊端

招标投标过程中，商务标及技术标编制的优劣，直接影响投标中标率。

编制标的和投标报价是招标投标活动中重要且关键的环节。其中，招标标底编制的合理性、准确性直接影响工程造价。标的编制工作不仅任务重，而且繁杂、耗时、费力、难度高。

投标过程中商务标投标报价的合理性，也直接关系到中标概率以及企业最终的利润。

无论标的编制还是投标报价的编制，其核心内容有：

1）准确的工程量清单。

2）合理的清单项报价。

而工程量清单的精准、完善又是计算工程量的核心，若工程量清单不准确，则会直接导致施工过程中变更多、索赔多、费用超支，直接影响到施工过程中支付与施工结算。因此，把控工程量清单的精准性、完整性非常重要。

另外，商务标报价是商务标编制中非常重要的一项工作，投标报价对投标结果起着决定性的作用。因此，必须合理。同时，商务标报价也是体现施工企业技术水平、管理水平的重要指标。传统的商务报价多是根据从业经验询价方式进行填报，仅凭经验或询价方式的局限性，往往不能真实体现企业的真实管理水平。

投标过程中技术标编制的可行性、科学性、合理性，也直接反映企业的技术水平与管理水平。

然而在传统的招标投标活动中，往往因市场竞争激烈、时间紧、任务重，采用二维施工图翻模计算繁杂，耗时耗力不准确，甚至有些是不合理的三边工程（边勘察、边设计、边施工）等原因，并且随着建筑造型的复杂化、施工的不确定因素多以及人工计算量的繁杂，想快速准确地完成工程量清单，成为招标投标阶段工作的难点和瓶颈。弊端主要表现在：

1）工程量清单计算难度高、效率低。

2）工程量清单不完善、不精准。

3）标的编制、投标报价不合理。

4）技术标编制多套用固有模板，没有针对性、可实施性低。

像诸如这些关键环节的工作，迫切需要采用信息化的手段，提高效率和精度。

2. BIM技术在招标投标阶段应用价值

基于BIM技术的信息化、参数化、可视化等特点，并结合云技术、大数据、自动化设备等先进的软硬件设施，使BIM技术的特点在项目全过程各阶段都得到充分发挥，也极大地促进了招标投标管理的精细化程度和管理水平。

其作用主要表现在：

（1）BIM技术辅助商务标的编制

采用BIM模型，可以方便快捷提取所有工程量，并且可以对工程量进行分类、整合和拆分，以满足不同的需求，相比传统计算工程量的方法，具有明显的优势：

1）提高了工程量计算的效率。当BIM模型的精度达到投标需要时，可通过BIM算量软件自动、快速、准确提取各类工程量，提取过程仅需数分钟，相比传统算量大大提升了效率。

2）提高了工程量计算的精准性。BIM是信息化的数据库，可以快速、真实、准确地提取工程量涉及的所有构件信息，大大减少二维图翻模统计工程量带来的复杂操作与错误，同时模型一旦发生更改，相应的工程量也会自动随之变化，有效地避免漏项和错算等情况，最大限度地减

少施工阶段因工程量问题而引起的纠纷，提高了工程量统计的精准性。

3）提高了标的编制及商务标报价的合理性。基于BIM技术的商务标报价，一般是以大数据为核心的报价方式。这样的报价方式不仅节省了大量的询价时间，同时填报的数据能够真实反映企业实际水平，是最准确、最有效的报价。

（2）BIM技术辅助技术标的编制

1）提升了标书的表现力及可行性。基于BIM的可视化和仿真模拟性，可以对施工组织方案、关键环节、复杂节点、施工进度等进行可视化模拟分析论证，直观、形象地展示和表达，提升了标书的表现力。

2）基于BIM技术，进行资源优化，编制资金使用计划。基于BIM技术，可以方便、快捷地进行4D进度模拟、资源优化、资金使用计划的编制。通过进度计划与模型的关联，以及造价数据与进度关联，可以实现不同维度（空间、时间、流水段）的造价管理与分析。

通过对BIM模型的流水段划分，可以自动关联并快速计算出资源需用量，不但有助于投标单位制定合理的施工方案，还能形象地展示给甲方。

3）通过BIM技术的综合应用，可优化技术标方案选型，提高质量、安全、工期、文明施工等多方面的水平，提升竞标实力和中标率。

总之，利用BIM技术可以提高招标投标的质量和效率，有力地保障工程量清单的全面性与精准性，促进投标报价的科学、合理，加强招标投标管理的精细化水平，减少风险，进一步促进招标投标市场规范化、市场化、标准化的发展。

表2.2-6所示为BIM技术在招标投标阶段各环节的应用价值。

表2.2-6　BIM技术在招标投标阶段各环节的应用价值

BIM招标投标阶段的应用	BIM技术在招标投标阶段应用价值
招标阶段	1）利用BIM的数据化，可以快速、准确地编制完整的工程量清单，提高编制标的的准确性 2）利用BIM的可视化，可增加审核的透明度，有效地避免漏项和错算等情况，减少招标投标双方因工程量问题引起的纠纷 3）利用BIM的信息化，可提高招标投标过程精细化程度和管理水平，同时提高了招标投标的质量和效率
投标阶段	1）精准的工程量清单，可以提升报价的合理性 2）通过对施工过程、工艺、复杂关键节点的可视化模拟，可编制合理的技术标方案，更好地展示企业技术与管理实力，提升竞标能力和中标率 3）通过工程量清单的精准核算，可运用不平衡报价策略，为中标单位获得更好的结算利润
评标阶段	1）通过BIM的可视化和数据联动性，方便评审专家对技术方案评审、论证、比选，为招标方确定最佳的中标方案提供依据 2）提高清单审核的效率和准确性 3）使得评标过程更加科学、全面、公平、公正、高效、准确

2.2.5　BIM技术在施工阶段的应用价值

传统CAD施工图，在施工阶段常出现因设计各专业间不协调，造成错漏碰缺现象或管线碰撞不合理的现象，因此二维施工图可实施性差，设计变更、返工现象时有发生，质量难以保证，工期延误，投资超标，协调难度大、效率低。基于 BIM 技术在施工阶段的应用，施工前可根据经过协同设计优化过的 BIM 模型，采用最佳的施工方案或工艺流程，到达预期的综合效益。

1. BIM 技术给施工阶段带来的综合效益

1）提高工程质量。

2）加快施工进度。

3）有利于成本控制，节约投资。

4）有利于参建各方沟通交流协调与管理，提高总承包与分包工作协调效率。

5）有利于工程量精准计算、各阶段结算支付。

2. BIM 技术在施工阶段的应用

（1）施工前准备阶段

1）施工场地布置的模拟。

2）施工组织方案模拟。

3）施工工序及复杂关键节点的模拟。

4）施工过程模拟（土建结构施工部分）。

5）装修效果模拟。

（2）BIM-4D 工程进度模拟

可以对施工进度偏差进行对比、分析、优化。

（3）BIM-5D 成本控制模拟

1）可以对实施过程中投资偏差进行分析对比，资源合理调配优化。

2）快速精准的成本核算。

3）预算工程量动态查询与统计。

4）限额领料与进度款支付管理。

（4）质量管理的控制

1）管线碰撞及错漏碰缺的检测。

2）大体积混凝土测温。

3）构件的深化设计。

（5）施工安全管理——VR 虚拟体验

1）施工动态检测。

2）防坠落。

3）塔式起重机安全。

4）灾害应急管理。

（6）物料跟踪管理

可通过深化的 BIM 模型输出料单，并结合 RFID 技术，根据实际进度调控物料的供应时间和数量，进行资源、资金的动态控制，以利于资金利用率最大化。

（7）绿色施工

1）节地与室外环境。

2）节水与水资源利用。

3）节材与材料资源利用。

4）节能与能源利用。

5）减排措施。

（8）竣工资料交付管理

BIM 技术在竣工阶段的应用，主要体现在以下几方面：

1）可视化成果的验收。

2）数字化竣工资料的交付与归档管理，保证工程全过程所有资料信息的完整性。

3. BIM 技术在施工全过程的应用价值（表 2. 2-7）

表 2. 2-7　BIM 在施工全过程的应用价值

施工阶段	BIM 在施工全过程的应用价值
施工准备阶段	1）施工场布 3D 模拟，可以方便现场技术交底、施工图会审的协调工作，如图 2. 2-10 所示 2）通过施工方案的模拟演示，有助于专家论证优化方案、提高效率，如图 2. 2-11 所示 3）复杂节点、关键工艺的模拟，有利于预知并处理施工中遇到的重难点，消除隐患、降低风险，保证施工技术措施的可行性、合理性，如图 2. 2-13 所示 4）施工过程 BIM-4D、BIM-5D 的模拟，有利于进度与资源的优化，节省时间，节约投资
施工实施阶段	1）综合管线碰撞及错漏碰缺检测，有利于提高质量控制 2）BIM-4D 虚拟建造，有利于工程进度的控制，如图 2. 2-12 所示 3）BIM-5D 仿真模拟，有利于成本控制、资源协调与优化 4）构件的深化设计，有助于构配件预制生产加工及安装的管理 5）精准的工程量自动计算，有利于成本分析与资源优化 6）虚拟场景的 VR 体验，有助于安全教育及安全管理 7）施工现场场布模拟，有利于科学布置与管理，绿色施工、文明施工 8）物料跟踪管理，通过建立材料 BIM 模型数据库，结合 RFID（无线射频识别电子标签）技术，有利于进行物料跟踪查询的动态管理 9）有利于施工企业管理、服务功能和质量的提升
竣工阶段	1）有利于施工资料数据化管理 2）有利于工程数字化交付、验收和竣工资料的数字化归档 3）有利于竣工决算的审核

图 2. 2-10　施工场布及漫游

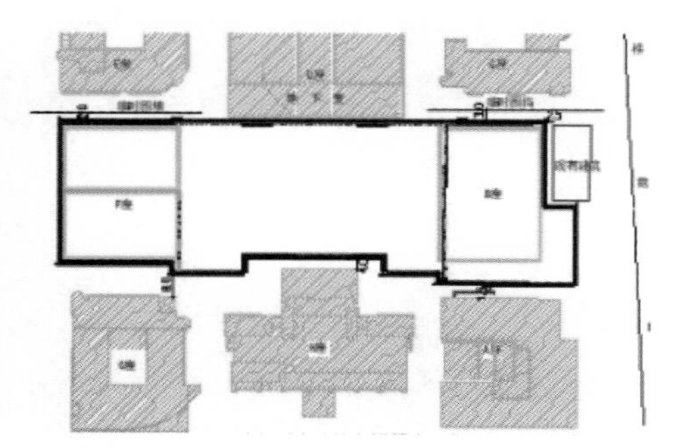

图 2. 2-11　施工方案模拟与优化

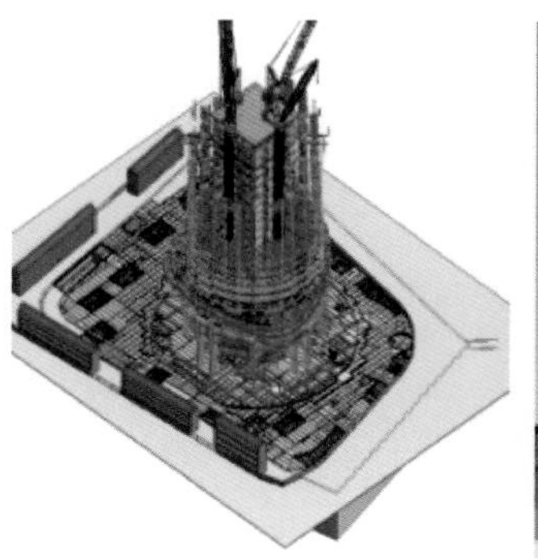

图 2. 2-12　施工进度的模拟

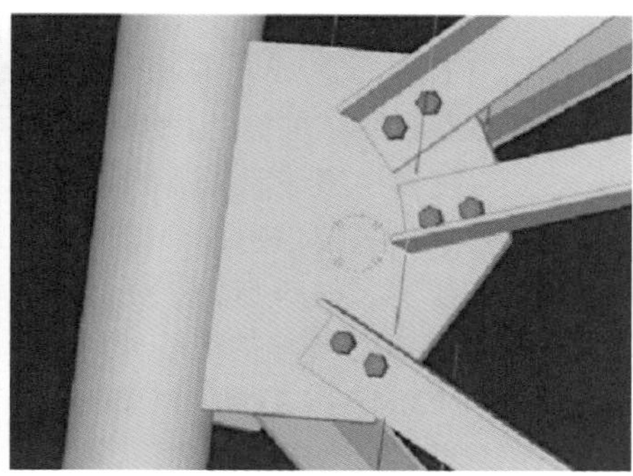

图 2. 2-13　关键节点模拟

2. 2. 6　BIM 技术在运维管理阶段的应用价值

建筑物在正常设计、正常施工、正常维护下，结构的合理使用年限，根据建筑物重要程度，可以达到 50 ~ 100 年，而常规项目从策划到竣工交付最长 3 ~ 5 年，项目交付后运营维护的时间，在整个项目全生命周期比例最大，长达 50 年以上，甚至 100 年（图 2. 2-14）。

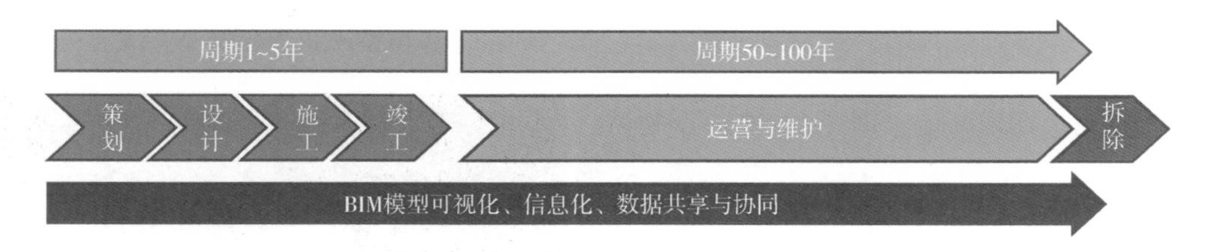

图 2. 2-14　BIM 技术贯穿项目全生命周期

1. 运维管理阶段主要工作内容

项目竣工交付之后，进入运维管理阶段，建筑运维管理范畴主要有以下几方面：

1）空间管理。

2）资产管理。

3）维护管理。

4）公共安全管理。

5）能耗管理。

运营维护的作用，主要是提高建筑的利用率，降低运营成本，增加投资收益，并通过运营维护，尽可能延长建筑的使用周期和寿命。

2. 目前常用的运维管理系统

1）计算机维修管理系统（CMMS）。

2）计算机辅助设施管理（CAFM）。

3）电子文档管理系统（EDMS）。

4）能源管理系统（EMS）。

5）楼宇自动化系统（BAS）等。

但这些设施管理系统主要的缺点有以下两点：

1）信息是各自孤立的，资源无法共享协同，业务间协调难。

2）建筑物交付使用后，各个独立子系统的信息数据采集难，耗时、耗力、耗资源。

3. BIM 技术在运维管理阶段应用价值

建筑信息模型（BIM）集成了从设计、施工、运维直至使用周期终结的全生命期内各种相关信息，主要包含勘察设计信息、规划条件信息、招标投标和采购信息、建筑物几何信息、非几何信息（如材料特性、受力等）、管道布置信息、建筑材料与构造等，为常用的运维管理系统（CMMS、CAFM、EDMS、EMS、BAS）提供信息数据，使得信息相互独立的各个系统达到资源的共享与业务的协同，如图 2.2-15 ~ 图 2.2-17 所示。其主要价值体现在：

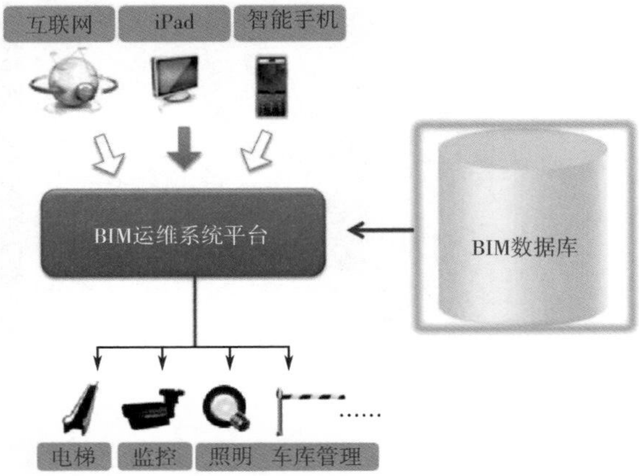

互联网 iPad 智能手机
BIM运维系统平台
BIM数据库
电梯 监控 照明 车库管理 ……

图 2.2-15 BIM 技术在运维系统的应用

1）基于 BIM 的可视化，方便建筑设施及隐蔽工程的定位，提高了空间管理效率。

一般情况下，当建筑设施或设备出现故障，需要进行调试、检测、安装或预防时，运维管理人员经常采用以下方式，对建筑构件（包括设备、材料和装饰等）的空间位置进行定位，并同时查询其检修所需要的相关信息。

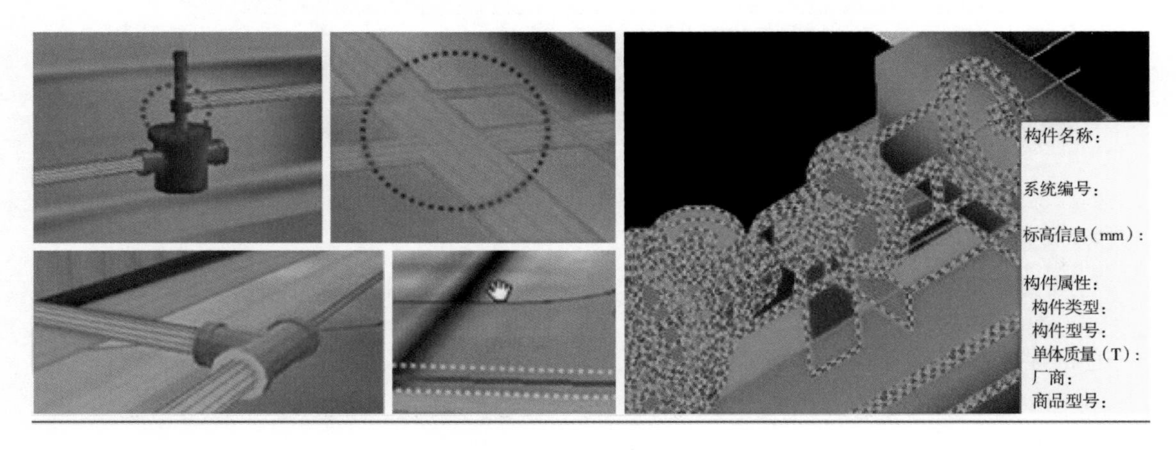

图 2.2-16 三维综合管线数据检查

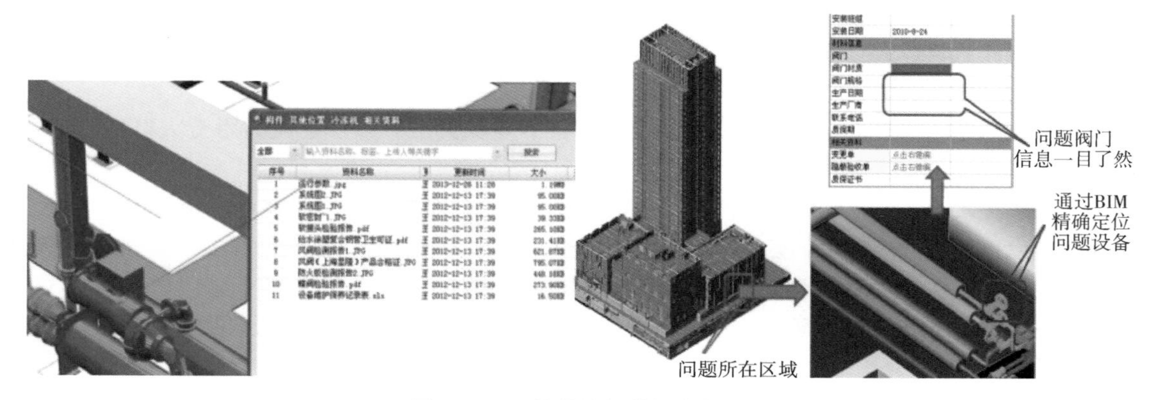

图 2. 2-17　管件的保养报废提醒

①依据施工图或竣工图。

②凭经验、直觉来辨别确定建筑设施的位置，比如煤气、水管、空调系统等的位置。

但是，有些设备比较隐蔽，无法直观定位，如综合管线隐蔽在天花板里，从运维管理角度来看，设备的定位工作是一项非常耗时、费力、重复、低效的劳动。

基于 BIM 技术的空间管理，便于电力、电信、煤气、供水、污水、天然气、热力等各种设备设施及管网等的运行维护与定位。尤其是隐蔽管线工程，可便于全方位的显示定位。

因此，基于 BIM 模型的可视化、信息化，可以很轻松、方便、快捷地查询建筑物内设施的空间位置。

2）基于 BIM 技术特性，为资源共享与协同提供依据，提高资产管理的水平。

资产管理的重要性就在于可以实时监控、实时查询和实时定位，然而传统做法很难实现，尤其对于复杂的高层建筑或大型公共建筑。

基于 BIM 技术特性，可实现资产管理的可视化，不仅可以减少成本、提高管理精度、避免损失和资产的流失，而且可以提高资产安保措施，及时制订紧急预案，保证资产的安全。

3）基于 BIM 技术，可以提前制订设备维护预案，提高建筑设施的安全性、耐久性。

建筑物的合理使用年限，是在正常设计、正常使用、正常维修的条件下满足的。不仅建筑物本身需要维修，建筑物内部的设备设施及管网等系统也需要维修，如照明装置、通风空气调节系统、火警自动报警系统、门禁设备、影像录影设备、防盗设施、对讲、广播等多种设施，一旦出现故障，均影响正常的使用。

基于 BIM 技术在设备维护中的价值有以下几方面：

①BIM 技术在运营维护管理中，主要是从设计和施工信息模型中提取运维管理所需的各种空间和设备信息，为运维人员提供机电设备维护管理平台，利用最短时间使之恢复正常。

②BIM 技术还可以结合 GIS 技术，综合运用到设备管理中，实时观察设备的三维动态，并对设备信息进行查询、自助进行设备报修，从而提前预防将要发生的事故，采取维护措施，降低维护费用。

4）基于 BIM 技术的模拟性，可以对应急灾害模拟，提高公共安全管理的决策能力。

运营阶段的安全管理主要有两个方面：一是建筑维护工作的安全管理，二是遇紧急情况时安全疏散的应急管理。

应急管理需要的数据都具有空间性质，采用 BIM 技术，可以提供实时的数据访问，在没有获取足够信息的情况下，同样可以做出应急响应的决策。

基于 BIM 技术在应急管理中的应用价值有以下几方面：

①协助应急管理人员识别和定位突发事件的危险位置，提高对突发事件的应变能力，防止事态的扩散，如及时切断电气开关，打开消防水龙头等。

②为应急疏散提供最安全、最快捷的疏散通道。安保人员可以快速组织附近人群进行安全疏散。

③BIM 技术不仅可以培养紧急情况下运维管理人员的应急响应能力，还可以作为一个模拟工具评估突发事件造成的损失，模拟应急预案。如日常的火灾模拟、人员疏散模拟、地震模拟等，以此减少真正灾情发生时，因组织不当和管理失责所造成的巨大损失。

可见 BIM 技术下的运营管理比传统运营管理，对将要发生的隐患更有预见性，对突发事件更具快速的应变性。

5）基于 BIM 的能耗管理，可以大大减少能耗。

目前，据有关资料统计，我国的建筑使用能耗占全社会总能耗约 35%，其中商业项目的能耗更是惊人。基于 BIM 的运营能耗管理可以大大减少能耗。

①BIM 技术可以积累建筑物内所有设备用能的相关数据，全面了解掌握建筑能耗状况，并以此进行能耗分析及节能优化，从而在建筑物使用期低能耗运行。

②BIM 技术也可以和物联网技术相结合，将传感器与控制器连接起来，对建筑物能耗进行诊断和分析，自动管控室内空调系统、照明系统、消防系统等所有用能系统，使业主对建筑物达到最智能化的节能管理，摆脱传统运营管理模式下建筑能耗大而引起的成本增加。

2.2.7 BIM 技术在工程造价的应用价值

工程造价的主要工作是工程概预算的编制、工程量清单及控制价的编制、施工阶段全过程造价控制、工程预决算及审计。同样一套施工图，从设计概算到最后的决算审计，往往因业主的需求，会在不同阶段挑选不同的造价咨询公司，进行工程量计算、工程造价的编制，结果常常差异较大。

1. 传统的工程造价工作流程（图 2.2-18）

传统的工程造价工作流程：识图→算量（传统方式是软件提量 + 手工算量）→套项→调整材料价、调整取费，然后完成过程造价。其中，工程量计算的精准度是工程造价中最重要的一项工作。成本控制贯穿于全生命周期各个阶段，如前期策划可研阶段的投资估算→初步设计阶段的概算→施工图设计阶段的预算→施工阶段的结算→竣工阶段的决算等，工程量很多需要重复计算，而在计算工程量时，费时、费力、精确度不高，易出现失误，每一项每一个环节在工程量核算时也是非常繁琐，大部分工程量需要人工核对，势必造成各种资源的浪费，效率低、精度不高。

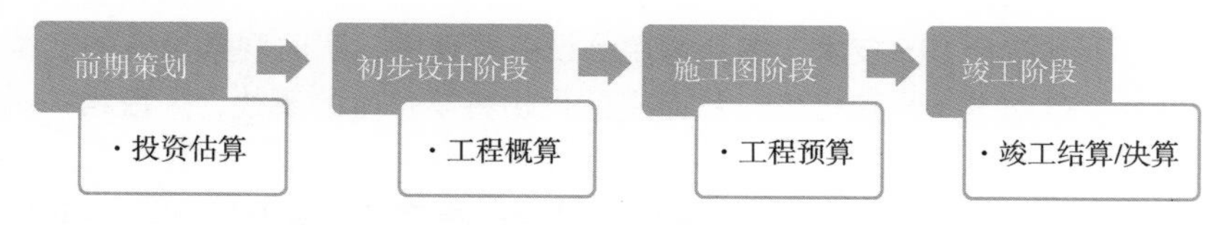

图 2.2-18　工程造价贯穿全生命周期流程图

2. 工程造价行业存在的问题

1）工程量不能直接从设计文件中提取，需要对照施工图人工输入相应的信息。

2）不同阶段工程量重复计算且存在差异，不精确。

3）一旦工程发生变更，工程量计算数据要重新录入计算，耗时费力。

4）项目缺乏准确有效的信息，不能实现精细化管理，成本动态控制相对比较困难。

3. BIM 技术在工程量计算中的显著特点

相比传统工程造价管理，BIM 技术在造价管理中的应用，可以说是一次颠覆性的革命，其应用价值与优势非常显著。BIM 技术在工程计算中具有以下几方面显著特点：

（1）精准高

基于 BIM 三维模型，能自动计算工程量，每项数据来源清晰、透明，只要模型足够准确，不会多算或漏算，精准度高。

（2）易变更

当 BIM 模型发生变更时，能自动同步算量模型，工程量会自动随之发生更改，容易获得变更对工程造价的影响分析，易于实现变更控制。

（3）效率高

以 BIM 模型为平台，算量软件可以自动与土建专业模型接口，减少算量建模时间，共享结构专业钢筋，减少钢筋数据录入时间，设备安装也可共享土建模型，自动实现穿墙套管、绕梁调整等算量操作，提高算量的效率。

总之，BIM 技术的应用使得复杂、耗时、耗力的工程量计算在设计阶段即可高效完成，精准度高、效率高；另外，工程造价管理核心转变为全过程造价控制，并对工程造价人员的能力与素质提出了更高的要求，对工程造价在全过程管理中具有非常重要的意义。

4. BIM 技术在建筑工程造价全过程管理中的应用价值（表 2.2-8）

表 2.2-8 BIM 技术在建筑工程造价全过程管理中的应用价值

有利于全过程造价管理的控制	1）决策阶段的估计管理：可利用云端共享系统，快速查询调用类似工程项目的造价数据，高效准确地估算出规划项目的总投资额，为投资决策提供准确依据 2）设计阶段的概预算管理：项目设计阶段是控制工程造价的关键，对工程造价的影响程度达到 70% 左右。可利用 BIM 模型数据，快速、准确地获取工程量，进行概预算指标的控制。便于在设计阶段降低工程造价，实现限额设计的目标 3）招标投标阶段的造价管理：招标投标各方可以利用 BIM 模型中的工程信息快速提取工程量，准确编制工程量清单，保证招标投标信息的完整性、可信性以及报价的合理性 4）施工阶段的造价管理：可定期对实际发生造价和目标值比对，分析、纠偏、优化。有利于工程计量、工程变更、进度款支付拨付、索赔管理、资金使用计划以及投资控制的全面管理 5）竣工结算的造价管理：有利于快速准确计算出实际工程造价，从而提高了结算、决算的效率和准确性，方便编制竣工决算文件，办理竣工移交和审计工作
提高了工程量计算的精准度和效率	1）可自动高效准确计算工程量，这是传统工程量计算无可比拟的优势所在 2）可随 BIM 模型更改而自动改变工程量
全过程成本的控制	1）有利于工程管控过程中不同时间段的成本控制计划的编制与实施 2）有利于人力、物力资源的合理安排
有利于设计变更的控制	1）有利于全面了解工程变更对工程造价的影响，提升建筑工程造价管理水平与成本控制能力 2）有利于避免浪费与返工等现象

（续）

彻底颠覆算量模式	1）无须建模：有了设计模型，便有了工程量 2）无须担心变更：工程量计算结果随着变更而变更 3）任意计算工程量：可选取任意楼层、部位、时间段算出工程量
工程造价工作中心的转变	工程造价工作的重心由传统的工程造价确定为主，转变为工程造价控制为主

2.2.8 BIM技术在装配式建筑的应用价值

装配式建筑就是将建筑的部分构件（如墙、柱、梁、板、楼梯、阳台等）或者部品（如标准厨卫设施等）在工厂预制加工，然后运输到施工现场，将构件通过可靠的连接方式组装而建成的建筑，如图2.2-19所示。

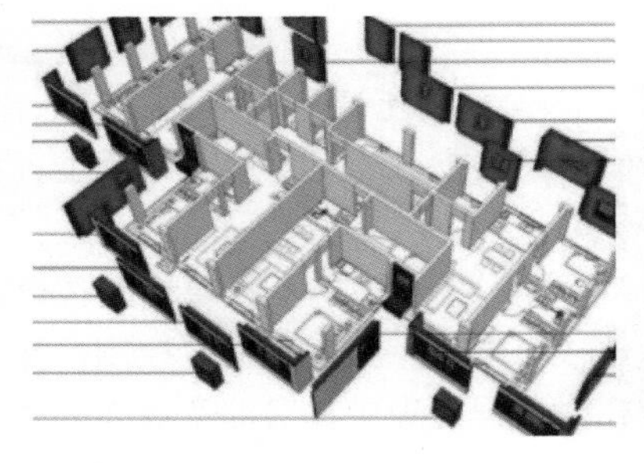

图2.2-19 预制装配式建筑

装配式建筑的建造方式如同搭积木、生产汽车一样。装配式建筑传统的建造模式是设计→工厂加工→现场安装，但是这三个环节往往是分离的、信息不能共享，而且传统的设计方式是通过预制构件加工图来表达预制构件的设计，其平、立、剖面图是基于CAD传统的二维表达形式，在安装过程中常常出现很多不合理的弊端，影响施工进度和质量，同时因变更造成很多不必要的资源浪费。

引入BIM技术，可以将设计方案、制造需求、安装需求集成在BIM模型中，在实际建造前统筹考虑、有效解决或消除上述出现的各种问题。因为装配式建筑的核心是“集成”，而BIM技术是“集成”的主线。通过BIM技术这条主线，可以将设计、生产、施工、装修和管理全过程串联起来，实现全生命周期信息化的协同设计、可视化的碰撞检测、预制构件加工模拟、施工吊装安装模拟、复杂节点连接模拟等数字化的虚拟建造，有利于整合建筑全产业链，实现全过程、全方位的工业信息化集成。

BIM技术在装配式建筑全生命周期的应用价值，见表2.2-9。

表2.2-9 BIM技术在装配式建筑全生命周期的应用价值

应用阶段	BIM技术在装配式建筑全生命周期的应用价值
建筑设计阶段	1）有助于实现装配式预制构件标准化的设计，提高设计质量和效率 2）有助于各专业的协同设计，提高设计质量，减少设计失误 3）有助于装配式建筑设计方案的优化；实现精准设计，减少误差 4）有助于全过程设计、加工、建造方案的优化 5）有助于工程量的统计与分析
预制构件加工阶段	1）有助于构件加工信息的提取，提高了预制构件加工的精准度 2）有助于提高预制构件的仓储管理和运输效率 3）有利于加快装配式建筑模型的试制进程

（续）

应用阶段	BIM技术在装配式建筑全生命周期的应用价值
施工安装阶段	1）有利于改善预制构件的库存和现场管理 2）可视化的装配施工模拟，有利于提高施工现场的管理效率 3）基于“BIM-5D”施工模拟，有利于资源优化、成本控制
运维管理阶段	1）有助于建筑信息数据库的建立 2）有助于提高运维阶段的设备维护管理水平 3）有助于提高运维阶段的质量管理水平 4）有助于提高能耗分析及绿色运维管理能力

1. BIM技术在装配式建筑设计阶段的应用价值（图2.2-20）

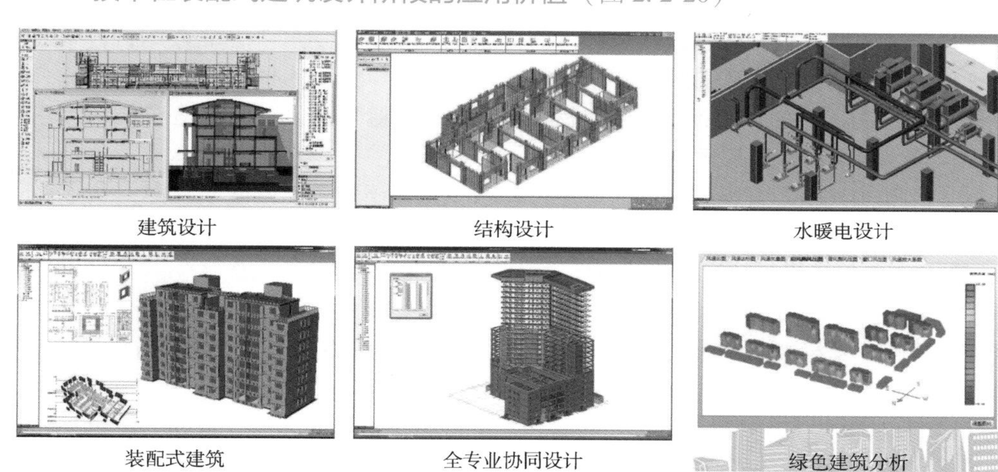

图2.2-20 BIM技术在装配式建筑设计阶段的应用价值

1）基于BIM技术信息化特性，可实现预制构件标准化、模数化设计，提升设计质量和效率。

基于BIM技术信息开放与共享特性，设计人员可以将装配式建筑设计方案上传到“云端”服务器，对各类预制构件（如门、窗、墙板、叠合梁、叠合板、阳台等）在“云端”进行构件信息（如尺寸、样式）的优化整合，构建预制构件标准化“族”库。随着云端服务器中“族”的不断积累与丰富，设计人员可以对同类型“族”进行优化分析整合，形成装配式建筑预制构件的标准化、模数化。

预制构件“族”库的建立，一方面有助于装配式建筑通用设计规范和标准的设立。另一方面还可以通过创建部品模块、功能模块、户型模块、单元模块等标准化模块，更好地满足用户多样化的需求，节省户型设计与调整的时间，标准化、模数化的设计大大提高了设计效率。

2）基于BIM技术可实现各专业的协同设计，提高设计质量和效率，降低成本。

BIM技术在建筑设计阶段最大的价值之一就是信息化协同设计与管理。BIM的协同设计就是将不同专业的模型在同一交互平台上进行协同作业、信息共享。

一方面装配式建筑中预制构件种类和样式繁多，出图量大，基于BIM技术同一信息协同平台，各专业设计师可以快速做到协同设计、信息共享、同步修改，极大方便了各专业间或本专业间协调与沟通，省时省力。

另一方面，设计中需要对预制构件各类预埋件进行提前预留、吊装点位置确定等，各专业设计人员必须密切配合。基于BIM技术，可以做到预埋件精准定位，并对预制构件几何信息和钢筋信息（如构件尺寸、钢筋直径、间距、保护层厚度）等重要参数实现精细化设计，提高装配式建筑设计质量和效率，减少资源浪费，降低成本。

此外，通过授予装配式建筑专业设计人员、构件拆分设计人员以及相关的技术和管理人员不同的管理与修改权限，让更多的利益方参与到整个装配式建筑设计的过程，对设计提出合理化意见或建议，减少预制构件生产与装配式建筑施工过程中的设计变更，提高业主对装配式建筑设计单位的满意度。

3）基于BIM技术可优化装配式建筑设计方案，提高设计精度，减少设计误差。

利用BIM模型三维可视化特性，设计人员可以非常直观地观察到预安装构件之间的契合度，通过碰撞检测和自动纠错功能，遵循“检测—优化—检测—再优化”的设计思想，自动排查装配式建筑设计中各种“硬碰撞”“软碰撞”问题，进一步分析管井排布、管线综合，有助于提升净高、优化安装顺序、精确定位预留洞口，提前考虑生产和施工的相关方案，避免二次开洞打造，降低装配式建筑在施工阶段易出现的装配偏差，从而避免因设计失误造成预制构件安装的质量问题，减少因工期延误带来的资源浪费。

同时，利用BIM技术可以对建筑性能进行动态模拟，确定最佳的建筑方案，从源头上降低建筑能耗，实现绿色建造。

4）基于BIM技术模拟特性，有助于全过程设计、加工、建造方案的优化。

基于BIM技术可以对预制构件从设计、加工、出厂、运输以及吊装、安装全过程等进行三维动态空间模拟，及早规划起重机方位及吊装路径，有助于提高施工装置的精确度，减少构件的种类和数量，达到验证、优化、调整、优选施工组织方案的目的。

还可以利用BIM + VR技术，在虚拟建筑信息模型中进行空间漫游，身临其境感受和检验建造后的效果，并实时校核建筑设计的合理性，快速进行方案优化调整，便于后期维护，实现精益化建造。

预制构件深化设计图较为复杂，可利用轻量化手机移动端、三维可视化交底，提高工人的理解能力，避免生产中易出现的问题。

5）便于预制构件工程量统计与分析。

利用BIM技术，可以自动提取生产、施工阶段的各项工程量，明确工程概预算，便于全过程成本控制，从而保证预制构件厂商提前备料，提高工厂生产加工效率。

2. BIM技术在预制构件加工生产阶段的应用价值（图2.2-21）

装配式建筑预制构件加工生产阶段是连接装配式建筑设计与施工安装的关键环节，也是构件由设计信息转化成实体的阶段。预制构件加工的精度、模具的准备、存放的位置及顺序等，直

PC构件加工

PC构件堆场

PC构件运输

图2.2-21　BIM技术在预制构件加工生产阶段的应用价值

接影响后续装配式施工安装的进度和质量。基于 BIM 技术在预制构件加工生产阶段信息化管理的应用价值有：

1）有利于构件加工信息的提取，提高了预制构件加工的精准度。

在装配式建筑构件深化设计完成后，预制构件加工生产厂商可以共享 BIM 模型中所有信息，直接提取产品的几何信息、配筋信息以及所有设计参数，然后导入到预制构件生产中央控制系统中，转化成机械设备可读取的生产加工数据信息，提高了装配式建筑预制构件自动化生产效率及加工的精准度，在预制构件生产的同时，还可向施工单位传递构件生产的进度信息。

2）有助于提高预制构件的仓储管理和运输效率。

为了建立装配式建筑预制构件可追溯机制，生产厂家在预制构件生产过程中，为各类预制构件植入了包含安装部位及构件所有信息（如构件几何尺寸、材料种类）的 RFID 芯片，利用 BIM 技术结合 RFID 射频识别技术，可实现生产排产、物料采购、模具加工、生产控制、构件质量、库存和运输等信息化管理，有助于提高仓储管理人员及物流配送人员查验构件信息的准确度，比如查验构件数量、构件堆积、出库记录等，从而有利于制订合理的施工安装顺序，避免停工待料或堆场积压现象产生。

3）有利于加快装配式建筑模型的试制进程。

为了保证施工的进度和质量，在装配式建筑设计方案完成后，设计人员将 BIM 模型中所包含的各种构配件信息与预制构件生产厂商共享，生产厂商可以直接获取产品的尺寸、材料、预制构件内钢筋等级等参数信息，所有的设计数据及参数可以通过条形码的形式直接转换为加工参数，实现装配式建筑 BIM 模型中的预制构件设计信息与装配式建筑预制构件生产系统直接对接，提高装配式建筑预制构件生产自动化程度和生产效率。

基于 BIM 技术应用，不仅实现了装配式建筑深化设计阶段所有信息与预制构件生产系统的直接对接、自动生产，还可以通过 3D 打印的方式，直接将装配式建筑 BIM 模型打印出来，从而极大地加快了装配式建筑的试制过程，并可根据打印出的装配式建筑模型校验原有设计方案的合理性。

3. BIM 技术在装配式建筑施工安装阶段的应用价值（图 2.2-22）

吊装模拟

施工场布模拟

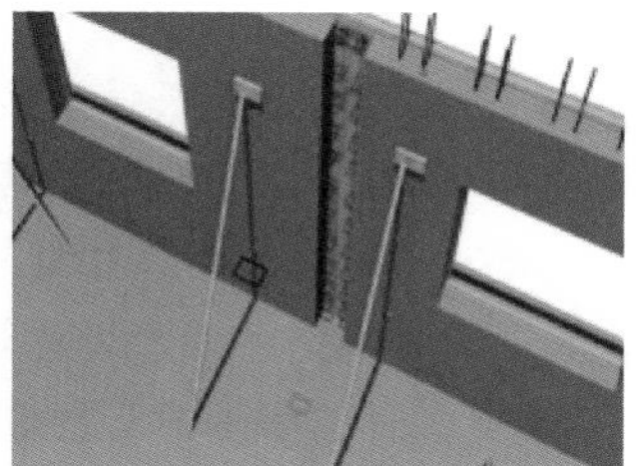
构件安装工序模拟

图 2.2-22　BIM 技术在装配式建筑施工安装阶段的应用价值

装配式建筑施工安装阶段是装配式建筑全生命周期中建筑物实体从无到有的过程。BIM 技术在装配式建筑施工阶段的应用价值主要体现在以下几方面：

1）有利于改善预制构件的库存和现场管理，减少查验误差和堆积不合理现象。

在装配式加工生产过程中，对预制构件的分类及储存，不仅需要投入大量的人力、物力，而且往往出现数量误差、堆放不合理的现象。基于 BIM 技术结合 RFID 射频识别技术，在装配式建筑预制构件生产过程中，已嵌入含有安装部位及构件信息的 RFID 芯片，方便存储查验人员及物流配送人员直接读取预制构件的相关信息，实现电子信息的自动对照，减少传统模式下人工查验出现的数量误差、构件堆积方位偏差、出库记录不精确等现象，从而节约时间、降低成本。

2）可视化的装配式施工模拟（施工进度模拟、吊装模拟、节点连接模拟及检测），有利于提高施工现场的管理水平。

由于装配式建筑施工机械化程度高，吊装工艺复杂、施工安全保证措施要求高，基于BIM技术的可视化特性，在装配式建筑施工开始前，可对装配式建筑进行施工现场模拟、施工进度模拟、预制构件吊装模拟以及复杂节点模拟，从而优化施工组织方案。

基于BIM技术的模拟仿真性，可以预知施工现场安全隐患及突发事件，提前制订安全管理预案，将安全隐患消灭在萌芽中，从而避免或减少质量安全事故的发生。

基于BIM技术的模拟性，还可以对施工场地布置进行模拟，便于进场车辆交通流线的合理布置，减少预制构件、材料场地内二次搬运，提高垂直运输机械的吊装效率，加快装配式建筑的施工进度。

3）基于“BIM-5D”施工模拟，有利于资源优化、成本控制。

施工单位可以利用“BIM-5D”模型，模拟各种资源在装配式建筑施工中的投入情况，直观地了解装配式建筑的施工工艺、进度计划安排和分阶段资金、资源投入情况，并对原计划方案中存在的问题进行资源的优化整合，实现进度、成本的动态管理。

4. BIM技术在装配式建筑运维阶段的应用价值（图2.2-23）

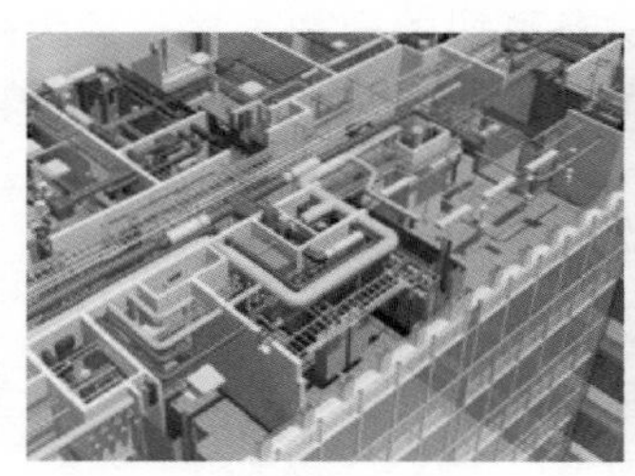
设备维护

消防疏散

能耗分析

图2.2-23 BIM技术在装配式建筑运维阶段的应用价值

1）BIM技术有助于建筑信息数据库的建立。

随着运营与维护时间的推移，建筑物更新交替信息不断增加，文件管理更为繁杂，而且数据的遗失或缺漏现象时有发生。BIM技术的应用有助于运维管理系统数据库的建立，并且可以实时更新、共享，同时避免了信息壁垒造成的损失，方便管理人员查询、核实。

2）BIM技术有助于提高运维阶段的设备维护管理水平。

基于BIM技术和RFID射频识别技术共建的信息管理平台，可以建立并完善装配式建筑预制构件及设备的运营维护系统。以应急管理功能为例，当发生突发性火灾时，消防人员可利用BIM信息管理系统中建筑和设备信息，直接对火灾发生位置进行精准定位，并可根据火灾发生部位所使用的材料，有针对性地实施灭火工作。

另外，运维管理人员，可以直接从BIM模型中调取预制构件、附属设备的型号、参数以及生产厂家等信息，便于对装配式建筑及附属设备的维修，提高维修部位的精度和工作效率。

3）BIM技术有助于提高运维阶段的质量管理水平。

运维管理人员可利用生产时植入预制构件中的RFID芯片，非常便捷地获取保存在芯片中的预制构件生产厂商、安装人员、运输人员等重要信息。若后期发生质量等问题，运维管理人员可以对问题进行追根求源，明确责任的划分，实现装配式建筑全生命周期的信息化管理。

4）BIM技术有助于提高能耗分析及绿色运维管理能力。

运维管理人员可借助预埋在预制构件中的RFID芯片，对建筑物使用过程中的能耗进行监测与分析，并根据BIM的处理数据，在BIM模型中准确定位高耗能所在的位置并妥善解决，提高BIM技术在装配式建筑的绿色运维管理能力。

同时，可利用BIM筛选出来的可回收资源，进行二次开发利用，节约资源，避免浪费。

由此可见，BIM技术是实现装配式建筑的核心技术，BIM技术与装配式建筑的深度融合，一方面可以实现基于BIM技术的设计、生产、装配全过程信息集成和共享；另一方面可以实现装配式建筑全过程的成本、进度、合同、物料等信息化管控。BIM信息化应用技术和管理系统的建立，将有利于推进装配式建筑设计一体化、生产工厂化、施工装配化、装修一体化、管理信息化“五化一体”的实施，提高信息化应用水平及建造效率和效益，同时可以实现节能减排、减少污染、绿色建造，促进建筑行业的转型发展。

2.2.9 BIM技术在绿色建筑的应用价值

21世纪以来，为应对能源危机、人口增长等问题，绿色、低碳等可持续发展理念逐渐深入人心，而以有效提高建筑物资源利用效率、降低建筑对环境影响为目标的绿色建筑成为全世界的关注重点。

绿色建筑不是一般意义上简单地对建筑进行垂直绿化、屋顶绿化。绿色建筑的主旨是通过对场地选择、节能设计、自然采光、自然通风、减少噪声污染等达到接近零耗能或者零耗能的建筑，为人们提供健康、舒适、高效的使用空间，最大限度地实现人与自然和谐共生、资源循环利用的高质量生活环境，这也是源于人类对美好生活以及生态平衡之间的双层需求。

1. 绿色建筑的概念

美国国家环境保护局这样定义：绿色建筑是指在全生命周期内（从选址到设计、建设、运营、维护、改造和拆除）始终以环境友好和资源节约为原则的建筑。

我国《绿色建筑评价标准》（GB/T 50378—2019）规定：绿色建筑是指在全生命周期内，最大限度节约资源、保护环境、减少污染，为人们提供健康、适用和高效的使用空间，与自然和谐共生的建筑。

从绿色建筑的定义，可以看出：

1）绿色建筑提倡将节能环保的理念贯穿于建筑的全生命周期。

2）绿色建筑主张在提供健康、适用和高效的使用空间前提条件下节约能源、降低排放，在较低的环境负荷下提供较高的环境质量。

3）绿色建筑在技术与形式上需体现环境保护的相关特点，即合理利用信息化、自动化、新能源、新材料等先进技术。

为此设计目的，在整个设计过程中要实现建筑系统之间、建筑系统与环境、经济之间的整合。

基于BIM可视化、模拟仿真性、多维信息的技术特点，项目过程中所有的信息都可以整合在虚拟建筑三维模型中，结构、设备与建筑模型进行交互，建筑与环境进行交互，建筑与经济进行交互，这种协调和整合都可以准确、流畅地在虚拟模型中进行，BIM技术的应用可以避免现场的协调和各种设计变更所带来的成本增加。

在整个设计过程中，BIM可以作为实现整合的工具，在安全耐久、健康舒适、生活便利、资源节约、环境宜居等方面进行量化分析，实时进行建筑信息和与环境信息交互整合。可采用相对成熟的分析软件（如IES、CFD、ECOTECT、Daysim），提取BIM模型的信息进行动态仿真模拟计算分析，BIM模型导出模型信息的高效性，可以降低仿真模拟的应用成本。如CFD软件主要应用在BIM前期，可以有效地优化建筑布局，对建筑运行能耗的降低、室内通风状况的改善、舒适度的提高、空气质量的改善都很有帮助。

2. BIM技术在绿色建筑的应用价值

根据麦克利米曲线（MacLeamy）可以清楚地发现，方案设计在建筑设计整个过程中的重要性，方案设计决定了设计的整体方向和框架，包括场地空间整体布局、环境物理条件设计、建筑体量分析、建筑系统选择等，几乎囊括了建筑的方方面面，是富于开创性的设计开端。

项目的决策正确与否会对建筑的性能、成本控制、环境影响、建筑施工等方面产生根本性的影响。

（1）BIM技术在绿色建筑设计阶段的应用价值

此阶段涉及建筑、结构、水、暖、电多个专业，BIM技术应用比较直观，建筑性能化设计包括日照分析、节能设计、能效测评、自然通风设计、给水排水计算分析、暖通空调设计计算、绿色建筑评价等。BIM技术在绿色建筑设计阶段应用价值体现在以下几方面：

1）可以节约土地，优化室外环境。合理利用BIM技术，对建筑周围环境及建筑物空间进行模拟分析，可以得出合理的场地规划、交通流线、建筑物及大型设备布局等方案，通过日照、通风、噪声等分析与仿真模拟，可有效优化与控制光、噪声、水等污染源，达到节约用地，优化环境的目的。

2）可以节约能源，提高能源利用率。将专业建筑性能分析软件导入BIM模型，进行能耗、热工等分析，根据分析结果调整设计参数，达到节能效果。通过BIM模型优化设计建筑的形体、朝向、楼距、窗墙比等，可以提高能源利用率，减少能耗。

3）可以改善室内环境质量。利用BIM技术辅助进行能耗分析、对风、光、热、声进行量化逐时分析，可以优化空间品质，减少能源需求，起到实现室内健康舒适、资源节约、环境宜居的作用。如可以在BIM模型中，通过改变门窗的位置、大小、方向等，检测室内的空气流通状况，并判断是否对空气质量产生影响；通过噪声和采光分析，判断室内隔声效果和光线是否达到要求；通过调整楼间距或者朝向，可以改善室内的户外视野等。

4）利用BIM技术选用可持续材料，减少材料需求，达到节材与绿色建材的标准。如可以通过BIM技术辅助利用可再生能源，充分利用太阳能辐射，优化光伏板设计和建筑围护结构的失热，减少能源需求，实现健康舒适的空间、资源节约的绿色标准。

（2）BIM技术在绿色建筑施工阶段的应用价值

BIM技术在绿色建筑施工阶段的应用，主要应尽可能考虑施工过程的材料就近取材，涉及材料种类、材料使用量、可再利用建筑材料使用量，以及施工过程中材料运输和施工过程的能源消耗，如节水、节地、节电等资源的合理利用。其应用价值主要体现在以下几方面：

1）节约用水，提高水资源利用率。基于BIM技术，可以利用虚拟施工，在室外埋地下管道时，避免碰撞或冲突导致的管网漏损。在动态数据库中，可以清晰地了解建筑日用水量，及时找出用水损失原因。还可以利用BIM模型统计雨水采集数据，确定不同地貌和材质对径流系数的影响，充分利用非传统水源。

2）节约用材，提高材料资源利用率。基于BIM技术，可以在BIM模型中输入材料信息，对材料从制作、出库到使用的全过程进行动态跟踪，避免浪费；利用数据统计及分析功能，预估材料用量，优化材料分配，分析并控制材料的性能，使其更接近绿色目标；进行冲突和碰撞检测，避免因遇到冲突而返工造成材料的浪费，从而提高材料的利用率。

3）减少返工，避免资源的浪费。基于BIM技术虚拟施工模拟、管线综合碰撞检测，可以优化设备、材料、人员的分配等施工现场的管理，在一定程度上控制设计变更带来的资源浪费，减少因施工流程不当造成的损失，避免不必要的返工。还可以基于BIM-5D进行造价控制，统筹调配资源。

（3）BIM技术在绿色运维阶段的应用价值

BIM模型整合了建筑的所有信息，并在信息传递上具有一致性，满足运维管理阶段对信息的需求，通过BIM模型可迅速定位建筑出现问题的部位，实现快速维修。

利用BIM技术可以对建筑相关设备设施的使用情况及性能进行实时跟踪与监测，做到全方位、无盲区管理，还可以进行能耗分析，记录并控制建筑能耗。

由此可见，BIM技术在绿色建筑设计、可持续发展中应用优势非常明显。

第3章 BIM软件及硬件环境

3.1 BIM 软件的分类及选择

3.1.1 BIM 软件的分类

BIM 技术的落地离不开软件的支撑，BIM 思想的落地离不开互联网、人工智能、大数据、云计算、物联网等新技术的支撑。因此，BIM 的发展及应用呈现出多维度、多样化的趋势，不仅有大量工具级的产品出现，也有大量平台级产品涌现，其深度和广度都有许多企业和个人深耕其中。正如美国智能建筑协会主席 Dana K. Smitnz 所说“单纯依赖某一个计算机软件解决所有设计中出现的问题是不可能的。”设计领域如此，整个行业更是如此。

目前常用 BIM 软件及平台数量比较多，若想针对这些软件或平台给出一个科学的、系统的、精确的分类事实上是很难做到的。对于 BIM 的入门者来说，需要一个相对合理的、有价值的分类来指引他们的学习，可以让他们少走弯路或不走弯路。BIM 软件的分类，国内引用比较多的有 AGC 分类法和何氏分类法。美国总承包商协会（Associated General Contractors of American，AGC）将 BIM 软件分为：①初步设计和可行性分析软件（Preliminary Design and Feasibility Tools）。②BIM 模型创建软件（BIM Authoring Tools）。③BIM 分析软件（BIM Analysis Tools）。④施工图和深化设计软件（Shop Drawing and Fabrication Tools）。⑤施工管理软件（Construction Management Tools）。⑥算量和造价软件（Quantity Takeoff and Estimating Tools）。⑦进度计划软件（Scheduling Tools）。⑧文件共享和协同软件（File Sharing and Collaboration Tools）。何氏分类法是由国内 BIM 专家何关培先生于 2010 年提出，他将 BIM 软件分为：①BIM 核心建模软件；②BIM 方案设计软件；③与 BIM 接口的几何造型软件；④可持续分析软件；⑤机电分析软件；⑥结构分析软件；⑦可视化软件；⑧模型检查软件；⑨深化设计软件；⑩模型综合碰撞检查软件；⑪造价管理软件；⑫运营管理软件；⑬发布和审核软件。如图 3.1-1和表 3.1-1 所示为 BIM 软件的何氏分类法。

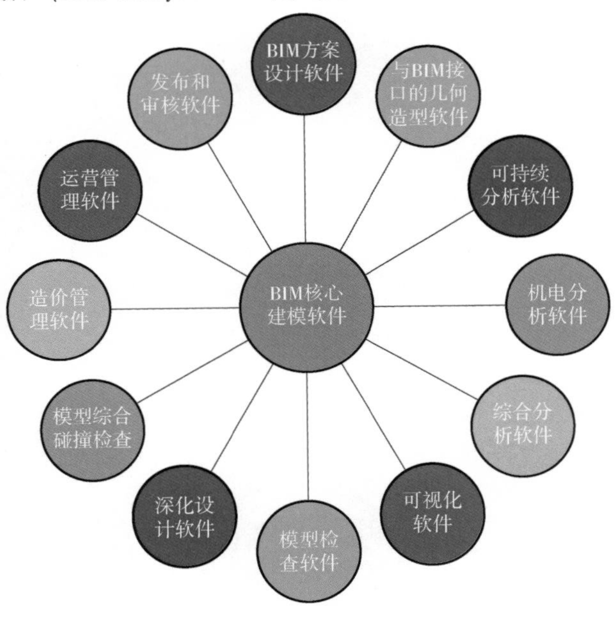

图 3.1-1　BIM 软件的何氏分类法

表 3.1-1 BIM 软件的何氏分类法

BIM 软件分类	常用 BIM 软件	功能
BIM 核心建模软件	Autodesk Revit、Bentley BIM 软件、ArchiCAD、DigitalProject 等	负责创建 BIM 结构化信息，提供 BIM 应用的基础
BIM 方案设计软件	Onuma Planning System、Affinity	把业主设计任务书里面基于数字的项目要求转化成基于几何形体的建筑方案
和 BIM 接口的几何造型软件	SketchUp、Rhino、FormZ	其成果可以作为 BIM 核心建模软件的输入
BIM 可持续（绿色）分析软件	Ecotect、IES、Green Building Studio、PKPM	利用 BIM 模型的信息对项目进行日照、风环境、热工、噪声等方面的分析
BIM 机电分析软件	Design master、IES、Virtual environment、Trane Trace	利用 BIM 模型的信息对项目进行通风、暖通、给水排水等方面的分析
BIM 结构分析软件	ETABS、STAAD、Robot、Midas、PKPM	结构分析软件和 BIM 核心建模软件两者之间可以实现双向信息交换
BIM 可视化软件	3dsMax、Artlantis、AccuRender、Lightscape	减少建模工作量，提高精度与设计（实物）的吻合度，可快速产生可视化效果
BIM 模型检查软件	Solibri Model Checker	用来检查模型本身的质量和完整性
BIM 深化设计软件	Tekla、MEP、MagiCAD	施工过程中在设计施工图基础上进行详细设计
BIM 模型综合碰撞检查	Autodesk Navisworks、Bentley ProjectWise、Navigator、Solibri Model Checker	检查冲突与碰撞，模拟分析施工过程，评估建造是否可行，优化施工进度，三维漫游等
BIM 造价管理软件	Innovaya、Solibri、鲁班软件、广联达软件	利用 BIM 模型提供的信息进行工程量统计和造价分析
BIM 运营管理软件	ArchiBUS	提高工作场所利用率，建立空间使用标准和基准，建立和谐的内部关系，减少纷争
BIM 发布和审核软件	Autodesk Design Review、Adobe PDF、Adobe 3D PDF	把 BIM 成果发布成静态的、轻型的，供参与方进行审核或利用

对于 BIM 软件的分类来说，并不是越详细越好。众所周知，工程的全生命周期一般划分为前期策划、设计、施工、运维等数个阶段，在每一个阶段以及阶段与阶段的衔接当中，建设方、设计方、施工方、监理方、政府主管部门、物业、用户等利益各方都参与其中。BIM 软件一般都是为了实现工程中某一阶段中的某些特定功能而开发的，但其应用却不仅限于此。例如，Revit 软件主要用于设计阶段的建筑、结构、机电等专业三维模型的创建，但其功能不仅限于设计阶段，也可应用于前期策划阶段的可行性分析、施工阶段的深化设计以及运维阶段的三维建模，

BIM 软件分类以阶段进行划分比较困难。而 BIM 平台的构建初衷就是为了解决各专业、各利益方之间的协调、沟通不畅的难题，更加难以用阶段或角色（专业或岗位）进行区分。由此可见，以功能进行 BIM 软件的分类更恰当一些，也是通行的做法。

根据各 BIM 软件的主要功能将 BIM 软件分为基础建模软件、分析计算软件、施工管理软件、算量造价软件、运维管理软件以及虚拟仿真软件六大类，如图 3. 1-2 所示。

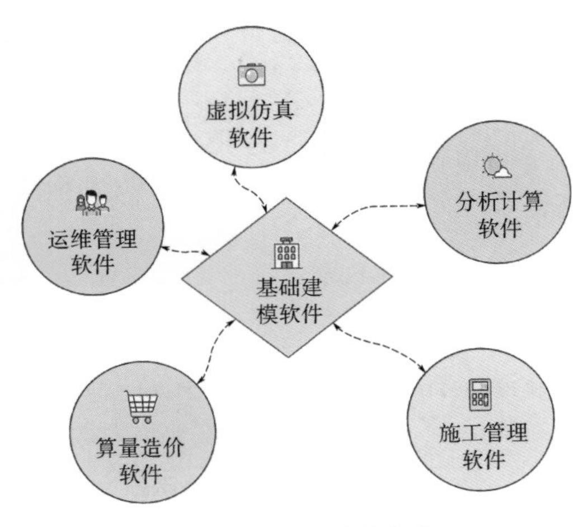

图 3. 1-2　BIM 软件的分类

3. 1. 2　BIM 基础建模软件

BIM 基础建模软件用于完成建筑、结构、机电、钢结构等基础模型的创建，如图 3. 1-3 所示，常用的有 Revit、ArchiCAD、Bentley BIM 系列、MagiCAD、Tekla、SketchUp Pro、BIM MAKE 等。其中，Revit 目前运用最为广泛，ArchiCAD 在设计院有一定的用户量，Bentley BIM 系列在国内应用较少，以上三种软件功能都比较完善。除此之外，基础建模软件还有应用于机电领域的广联达 MagiCAD，钢结构领域的 Tekla，建筑领域的 SketchUp Pro，施工领域的广联达 BIMMAKE 等。

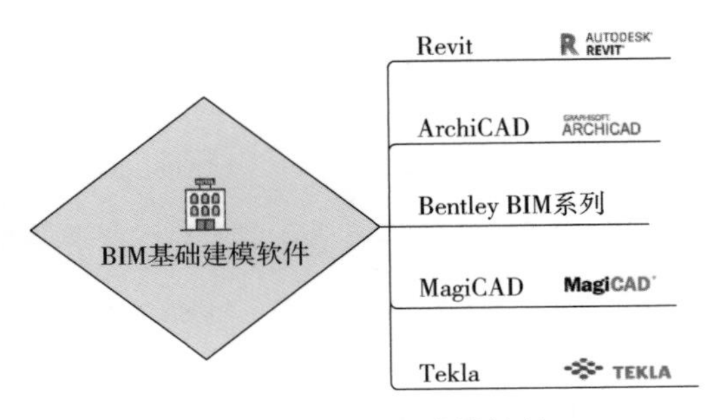

图 3. 1-3　BIM 基础建模软件

3. 1. 3　BIM 分析计算软件

BIM 分析计算软件可细分为 BIM 结构分析软件、BIM 能耗分析软件和 BIM 碰撞检查软件等小类。常用的 BIM 结构分析软件有国内的 PKPM、YJK、广厦建筑结构 CAD 等，国外的 ETABS、STAAD、Robot 等。常用的 BIM 能耗分析软件有国内的 PKPMEnergy、斯维尔等，国外的 Autodesk Ecotect、ArchiCAD EcoDesigner、Bentley System、IES、Energy plus 等。常用的 BIM 碰撞检查软件有国外的 Autodesk Navisworks、Bentley Projectwise Navigator、Solibri Model Checker 等，国内的广联达、鲁班等 BIM 软件也具有碰撞检查功能，如图 3. 1-4 所示。

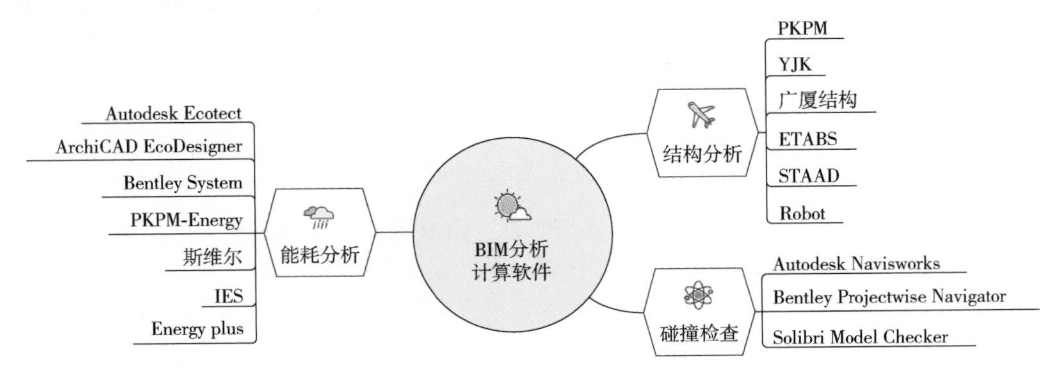

图 3. 1-4　BIM 分析计算软件

3.1.4 BIM 施工管理软件

BIM 施工管理软件以国产软件为主，广联达公司 BIM 软件、鲁班公司 BIM 软件、品茗公司 BIM 软件、斯维尔公司 BIM 软件等在我国市场都占有一定份额。广联达公司相关 BIM 软件有广联达 BIM-5D、斑马进度计划、BIM 施工现场布置、BIM 模板脚手架设计、协筑等。鲁班公司相关 BIM 软件有鲁班工场 Luban iWorks、城市之眼 CityEye、鲁班场布 Luban Site、鲁班模架 Luban Scaffold、鲁班排布 Luban Arrangement、鲁班下料 Luban Blanking 等。品茗公司相关 BIM 软件有品茗 BIM-5D、品茗 BIM 施工策划软件、品茗 BIM 模板脚手架工程设计软件、工地大脑等。斯维尔公司相关 BIM 软件有智筑云平台等，如图 3.1-5 所示。

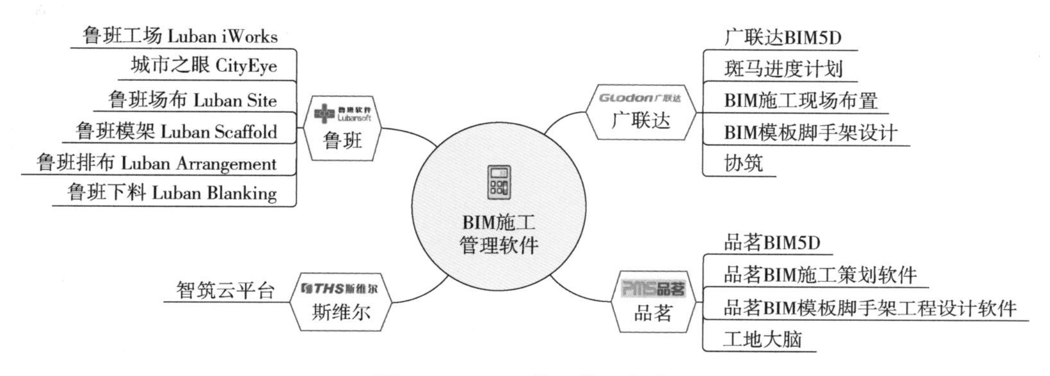

图 3.1-5 BIM 施工管理软件

3.1.5 BIM 算量造价软件

BIM 算量造价软件同样是以国产软件为主，广联达公司 BIM 软件、鲁班公司 BIM 软件、品茗公司 BIM 软件、斯维尔公司 BIM 软件等在我国市场都占有一定份额。广联达公司相关 BIM 软件有 BIM 土建计量 GTJ、BIM 安装计量 GQI、广联达计价 GCCP 等。鲁班公司相关 BIM 软件有鲁班大师（土建）Luban Master（TJ）、鲁班大师（安装）Luban Master（AZ）、鲁班大师（钢筋）Luban Master（GJ）、鲁班造价 Luban Estimator 等。品茗公司相关 BIM 软件有品茗土建钢筋算量软件、品茗安装算量软件、品茗胜算造价计控软件等。斯维尔公司相关 BIM 软件有 BIM 三维算量、BIM 清单计价等，如图 3.1-6 所示。

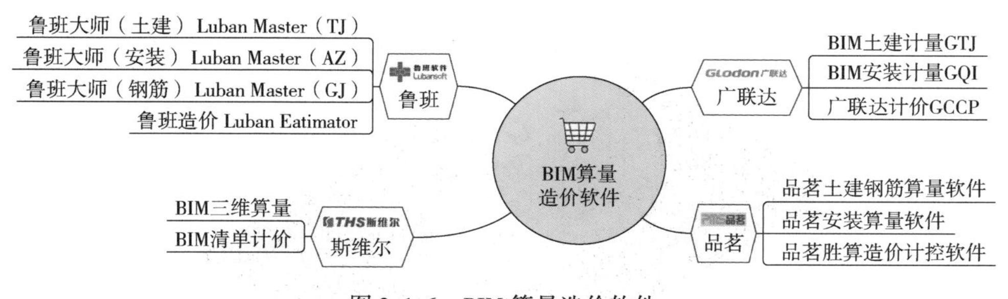

图 3.1-6 BIM 算量造价软件

3.1.6 BIM 运维管理软件

运维管理阶段的 BIM 工具软件较少，运用也比较少，国内还没有成型的运维管理软件，也未见有较为成功的 BIM 应用案例。国外常用的有 ArchiBUS、FacilityONE 等 BIM 软件，图 3. 1-7 所示。

3. 1. 7 BIM 虚拟仿真软件

虚拟仿真技术、可视化技术在建筑全生命周期各个阶段都能应用，也都有应用，单独开发成工具的相关软件包括 Fuzor、Lumion、Twinmotion、Unreal Engine、Unity3D 等。这些虚拟仿真软件的底层技术使用了游戏引擎，无论是渲染质量、仿真度，还是交互性、沉浸度都比其他 BIM 软件高出许多，所以将它们作为工具软件归为一类，如图 3. 1-8 所示。

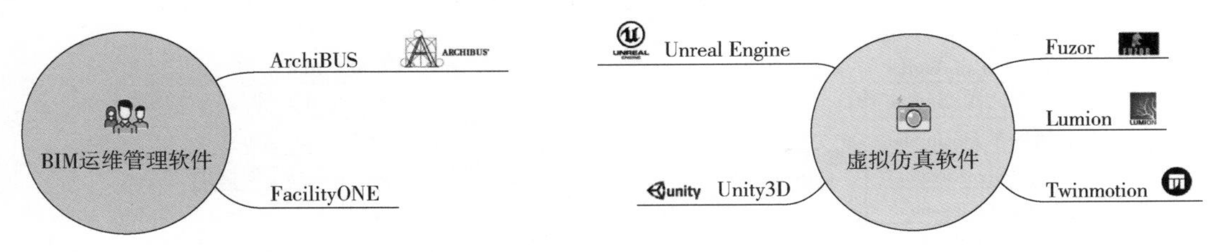

图 3. 1-7 BIM 运维管理软件

图 3. 1-8 虚拟仿真软件

3. 2 主流 BIM 软件简介

3. 2. 1 欧特克公司 BIM 软件

欧特克（Autodesk）有限公司是全球 3D 设计、工程和娱乐软件领域的领导者，为制造业、工程建设行业、基础设施业以及传媒娱乐业提供卓越的数字化设计、工程与娱乐软件服务和解决方案。自 1982 年 AutoCAD 正式推向市场，Autodesk 已针对最广泛的应用领域研发出多种设计、工程和娱乐软件解决方案，帮助用户在设计转化为成品前体验自己的创意。主要的 BIM 软件产品如下：

1. Revit（图 3. 2-1）

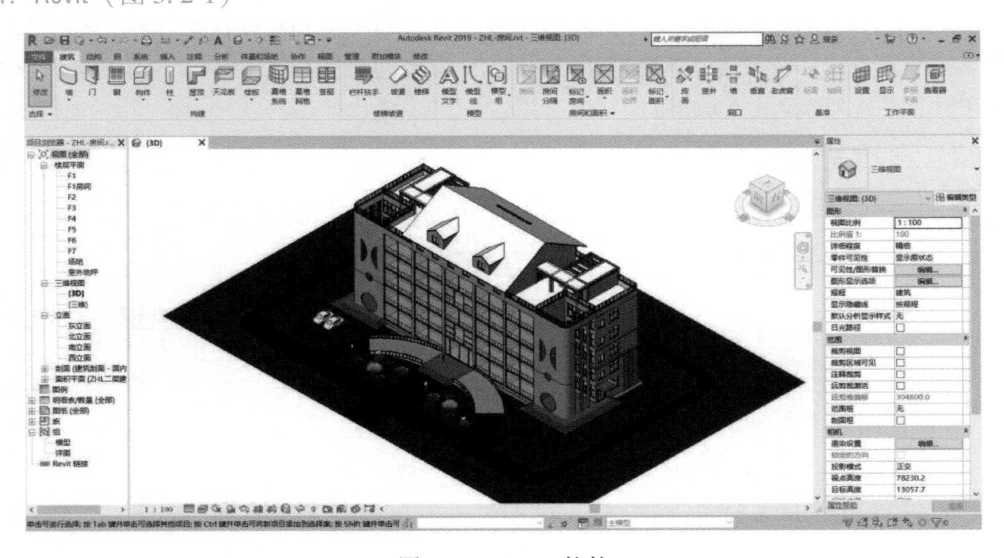

图 3. 2-1 Revit 软件

Revit 软件的起源可以追溯到1969 年成立的 Computer Vision（CV）公司，该公司曾经是三维 CAD 时代的领导者，该公司中的一部分人在 1985 年从公司辞职出来成立了 PTC（Parametric Technology Corp）公司，开创了参数化设计时代。1997 年，PTC 公司的两个工程师 Irwin Jungreis 和 Leonid Raiz 在剑桥创立了 Charles River Software，把 Pro/E 的技术思想应用到建筑行业中，开发了 Revit 软件。2001 年 Autodesk 公司收购了 Charles River Software，大力推广 Revit 软件，在建筑业市场上发力，占有了目前最大份额的 BIM 建模软件市场。

Revit 从一开始就定位于建筑业，Autodesk 公司投入大量人力物力对 Revit 进行了功能拓展与性能优化，充分发挥了 Autodesk 公司擅长人机交互设计的优势，软件易懂易学。软件从一开始就借鉴制造业三维 CAD 的零件编辑器技术开发了族编辑器，让不懂软件开发的建筑工程师可以根据需求制作构件，经过多年发展，网络上积累的构件库（族库）已经基本满足大多数行业建模的需求。另一个值得称道的是 Revit 平台的开放性，二次开发较为容易，有利于软件的本地化，提高 BIM 建模的效率，拓展 Revit 软件的应用范围。

Autodesk 公司比较重视建筑业与我国市场，不仅是建筑业的专用功能开发投入最大的特征建模软件，也是唯一在软件产品本身进行了充分中国化定制的 BIM 建模软件，易于我国工程师学习掌握。软件功能齐全，建筑、结构、机电与钢结构各专业比较平衡。

Revit 软件的核心特性表现在以下几方面：

（1）互操作性

为使项目团队成员进行更高效的协作，Revit 支持一系列行业标准和文件格式的导入、导出以及链接数据，包括 IFC、DWG、DGN、DXF、SKP、JPG、PNG、gbXML 等主流格式。

（2）双向关联

模型中任何一处发生变更，所有相关内容也随之自动变更。在 Revit 中，所有模型信息都存储在一个位置。Revit 参数化更改引擎可自动协调任意位置所做的更改，如模型视图、图纸、明细表、剖面或平面，从而最大限度地减少错误和遗漏。

（3）参数化构件

参数化构件（也称族）是在 Revit 中设计使用的所有建筑构件的基础。类似于 AutoCAD 中的块，通过参数化“族”的创建，在设计过程中可以大量重复性使用，提高了设计效率。“族”分为标准参数化族和自定义参数化族，它提供了一个开放的图形式系统，使设计者能够自由灵活地构思设计、创建外形，并以逐步细化的方式来表达设计意图。

（4）协同共享

一方面，多个专业领域的 Revit 软件用户可以共享同一智能建筑信息模型，并将其工作保存到一个中心文件中。另一方面，Revit Server 能够帮助不同地点的项目团队通过广域网（WAN）更加轻松地协作处理共享的 Revit 模型，在同一服务器上综合收集 Revit 中央模型。

2. Navisworks

Navisworks 是 Autodesk 旗下一套项目审阅软件，它能够将 AutoCAD 和 Revit 系列等应用创建的设计数据，与来自其他设计工具的几何图形和信息相结合，将其作为整体的三维项目，通过多种文件格式进行实时审阅。Navisworks 软件可以帮助所有相关方将项目作为一个整体来看待，从而优化设计决策、建筑实施、性能预测和规划直至设施管理和运营等各个环节。

3. Ecotect Analysis

Ecotect Analysis 软件是一款功能全面，适用于从概念设计到详细设计环节的可持续设计及分析工具软件，其中包含应用广泛的仿真和分析功能，能够提高现有建筑和新建筑设计的性能。该软件将在线能效、水耗及碳排放分析功能与桌面工具箱集成，能够可视化及仿真真实环境中的建筑性能。用户可以利用强大的三维表现功能进行交互式分析，模拟日照、阴影、发射和采光等因素对环境的影响。

3.2.2 图软公司 BIM 软件

图软公司于 1982 年在匈牙利首都布达佩斯创建，现属于德国内梅切克（NEMETSCHEK）国际集团旗下品牌之一。图软公司致力于为建筑师、工程师以及施工人员提供专门的软件及技术服务，凭借其卓越的产品和创造力已成为众多软件公司中的领先者。GRAPHISOFT 为建筑师打造了第一款 BIM 软件 ArchiCAD，结合其创新的 BIM 生态系统解决方案持续引领行业进步和 BIM 变革。

ArchiCAD 是一款"纯粹建筑业基因"的 BIM 建模软件，工作逻辑与建筑师的设计思路比较相近，基本符合建筑设计的流程，人机交互界面友好，对建筑师而言易学易用。ArchiCAD 软件可以进行大型复杂的模型创建，其"预测式后台处理"机制，能更快、更好地实现即时模型更新，生成复杂的模型细节。另一个特色就是 GDL 技术。GDL 是一种参数化编程语言，类似于 BASIC。它描述了门、窗、家具、楼梯等要素，并在平面图中代表其 2D 符号三维实体对象。这些对象被称为库零件，与 Revit 的族类似。此外，软件自带的壳体工具和改进的变形体工具使得 ArchiCAD 能够在本地 BIM 环境中直接建模，直观使用任意自定义几何形状创建元素。ArchiCAD 还有 MEP Modeler 和 EcoDesigner Star 等拓展模块，能够基于创建的模型进行能耗分析、碰撞检测和可实施性检查等，如图 3.2-2 所示。

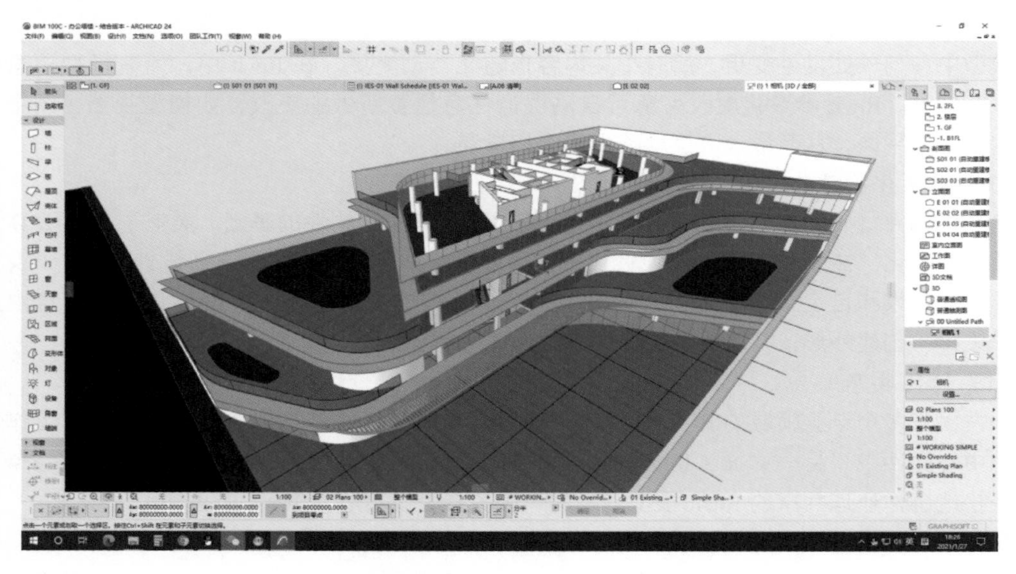

图 3.2-2 ArchiCAD 软件

3.2.3 奔特利公司 BIM 软件

奔特利（Bentley）的源头是开发过世界上第一套商业化的交互式计算机辅助设计系统（IGDS）的鹰图（Intergraph）。Keith bentley 在 1985 年成立了 Bentley Systems 公司，沿用 IGDS 架构开发了基于 PC 的 CAD 系统 MicroStation。后来针对建筑业的特点在 MicroStation 平台之上开发了 AECOsim Building Designer，拥有了当代意义的 BIM 建模软件。

Bentley 的 Microstation 虽然在 CAD 市场上的市场份额明显不及 AutoCAD，但 Microstation 很早就开始在特征建模技术上发力，其三维能力、参数化能力与特征建模能力非常优秀。基于 Microstation 平台开发的很多分析计算软件包括 GIS 软件都已相当成熟，良好的市场反应反过来推动了 Microstation 的发展，目前 Microstation 已经是一个集成性、功能与性能都相当稳定的平台，这为 AECOsim Building Designer 奠定了良好的基础，如图 3. 2-3 所示。

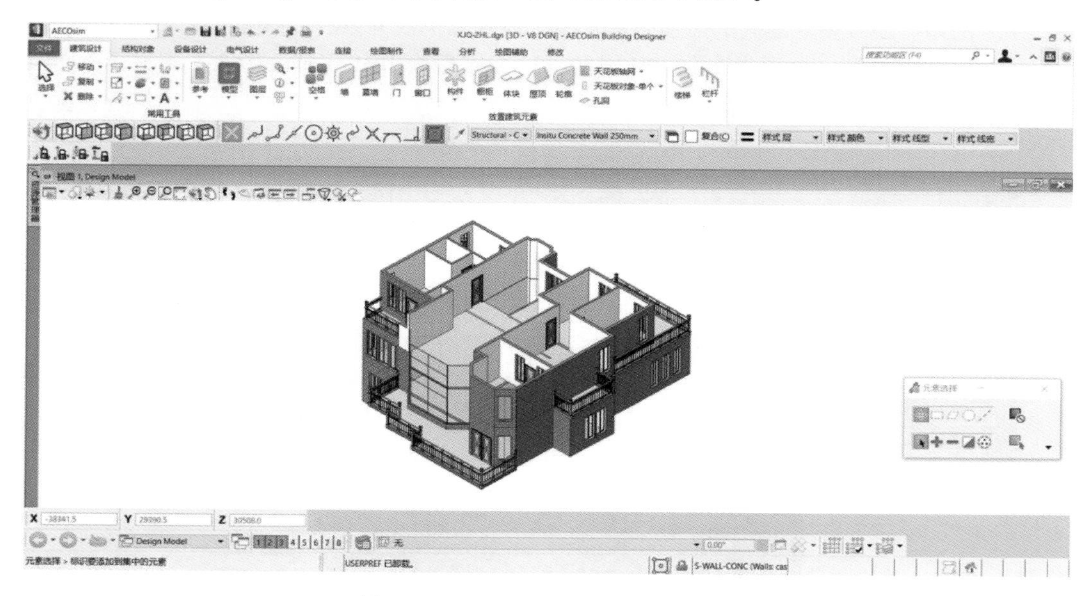

图 3. 2-3　AECOsim Building Designer

AECOsim Building Designer 是 Bentley 公司基于自己的 Microstation 平台开发的一款建筑 BIM 软件，它可以对任何规模、形态和复杂程度的建筑进行设计、分析、构建、文档制作和可视化呈现，能帮助不同建筑专业、不同地域的团队之间进行有效沟通。

Bentley 公司在建筑业的产品链比较齐全，各专业的能力也比较均衡。

3. 2. 4　构力公司 BIM 软件

北京构力科技有限公司是中国建筑科学研究院有限公司下属子公司，是国资委批准的混合所有制企业开展员工持股首批十家试点单位之一，于 2017 年 3 月成立。构力科技全新整合自 1988 年发展起来的 PKPM 软件业务，依托强大的科研实力，采用自主知识产权的 PKPM-BIM 平台，致力于建筑业整体解决方案。以自主 BIM 平台为依托，解决 BIM 报建、智慧城市、工业化、绿色化、信息化领域的关键应用技术问题，形成 PKPM-BIM 平台，结构、装配式、绿建、铝模等建筑全产业链的集成应用系统。实现建筑业的信息化管理，形成基于 BIM 技术的建研构力城区智慧管理平台、装配式智慧工厂管理平台、设计院管理平台、智慧建设多方协同管控平台、数字城市、构力云平台、高校 BIM 全过程仿真教学等解决方案。

PKPM-BIM 系统由建筑、结构、设备三个专业平台所组成，着重解决专业间的任务协同工作及各专业内的协同工作。在各专业平台上，承载已有的或新编制的各种专业设计工具软件，来完成专业自身的设计任务；平台的目的是使专业工具间得以完成设计结果协同或设计过程的协同，并配合版本管理、权限管理，实现一种全新的、满足设计院现有设计流程的软件应用模式。

PKPM-BIM系统采用BIM平台集成各专业设计成果，提供多专业协同设计模式。通过模型参照、模型转换、互提资料、变更提醒、消息通信、版本记录、版本比对等功能，强化专业间协作，消除错漏碰缺，提高设计效率和质量。各客户端工作期间进行消息通知，进行点对点间消息的即时通信，可附加文档与模型位置指示，并且可配合提资、返资、校审等，记录为相应的消息文档，与版本信息、说明、模型圈注等一起纳入资料管理。服务端设立消息变更公告板，及时发布重要变更、进度完成等广播消息，实现信息推送。还可在三个专业平台工作的基础上，进行综合性的集成工作。例如：进行多专业间的碰撞检查，给出碰撞点列表并索引到模型；或将多个专业模型统一生成一个综合模型，以便发布到PW服务器，衔接后续BIM工作。图3.2-4所示为PKPM-BIM系统中专业平台的业务关系。

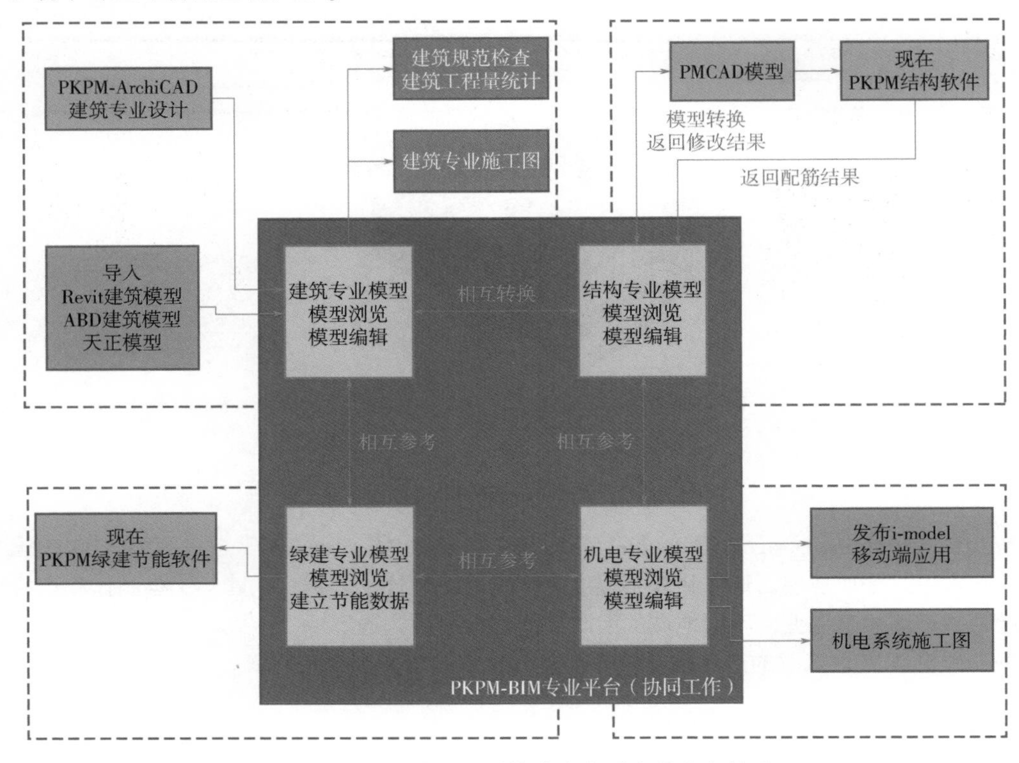

图3.2-4　PKPM-BIM系统中专业平台的业务关系

3.2.5　盈建科公司BIM软件

北京盈建科软件股份有限公司（简称盈建科或YJK）创立于2010年，是开发和提供建筑结构设计软件及咨询服务的高新技术企业。该公司坚持聚焦定位（优秀的建筑结构设计软件综合解决方案提供商），开放数据，广泛联盟。盈建科软件与国内外主要建筑结构设计软件全面兼容，通过先进的BIM建筑信息模型技术和信息化技术为建设工程行业可持续发展提供长久支持。盈建科软件是面向国内及国际市场的建筑结构设计软件，既有中国规范版，也有国际规范版。盈建科建筑结构设计软件系统，包括盈建科建筑结构计算软件（YJK-A）；盈建科基础设计软件（YJK-F）；盈建科砌体结构设计软件（YJK-M）；盈建科结构施工图设计软件（YJK-D）；盈建科钢结构施工图设计软件（YJK-STS）；盈建科弹塑性动力时程分析软件（YJK-EP）和接口软件等。现将主要软件产品介绍如下：

1. 盈建科建筑结构计算软件（YJK-A）

建筑结构计算软件是多高层建筑结构空间有限元计算分析与设计软件，适用于框架、框剪、剪力墙、筒体结构、混合结构和钢结构等结构。它采用空间杆单元模拟梁、柱及支撑等杆系构件，用在壳元基础上凝聚而成的墙元模拟剪力墙，对于楼板提供刚性板和各种类型的弹性板计算模型。依据结构新规范编制，在连续完成恒、活、风、地震作用以及吊车、人防、温度等效应计算的基础上，自动完成荷载效应组合、考虑抗震要求的调整、构件设计及验算等，如图3.2-5所示。

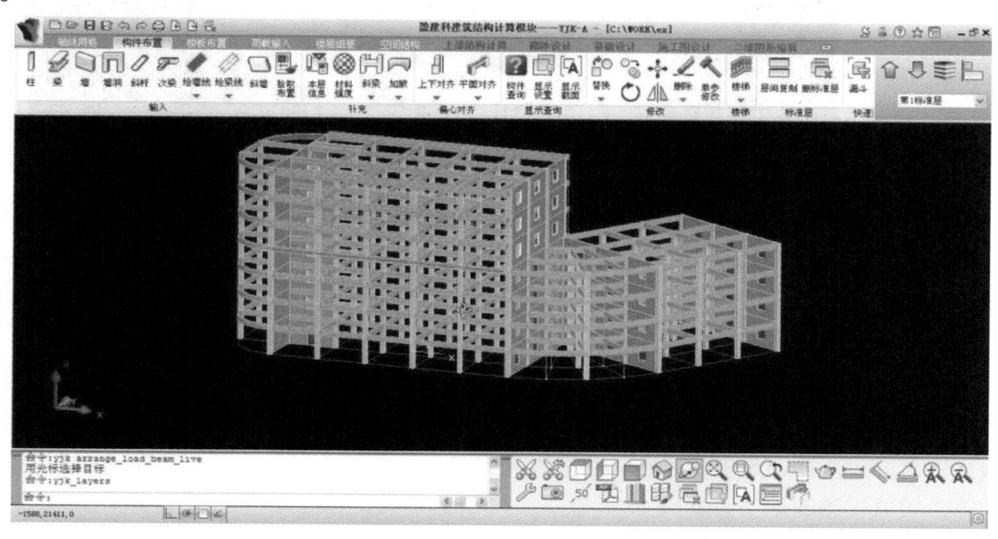

图3.2-5　盈建科建筑结构计算软件（YJK-A）软件界面

2. 盈建科砌体结构设计软件（YJK-M）

砌体结构设计软件可完成多层砌体结构、底框-抗震墙结构等的设计计算；程序进行多层砌体结构抗震验算、墙体受压计算、墙体高厚比计算、墙体局部承压计算、风荷载计算、上部竖向荷载导算、底框－抗震墙结构地震计算、砌体墙梁计算等。程序分为建模、计算和计算结果输出三大部分；建模方式与YJK其他模块相同，并具有构造柱、圈梁布置等功能。程序可依据抗规、砌体规范对砌体结构做出模型的合理性检查。

3. 盈建科施工图设计软件（YJK-D）

施工图设计软件可进行钢筋混凝土结构的楼板、梁、柱、剪力墙、楼梯、基础的结构施工图辅助设计。它接力其他YJK软件的建模和计算结果，自动选配钢筋和进行施工图设计。软件按照国家建筑标准设计图集11G101《混凝土结构施工图平面整体表示方法制图规则和构造详图》自动绘制施工图，钢筋修改等操作均在平法图上进行。

4. YJK和Revit接口软件

盈建科开发的YJK与Revit数据转换接口，实现了YJK模型和Revit模型数据双向互通。接口在Autodesk Revit平台下开发，在Revit下以插件形式调用。转换程序内置与结构计算模型界面一致的Revit参数族，接口在数据转换时自动匹配族类型，智能处理连接关系。对于结构模型中常见的复杂截面柱、梁，斜撑、斜柱、斜梁、斜板，跃层构件、层间梁，剪力墙、墙洞、楼板，弧墙、弧梁，转换程序可自动识别，无须人为调整。转换后，用户可在Revit中对具体的构件进行数据修改，继续其他应用，如图3.2-6所示。

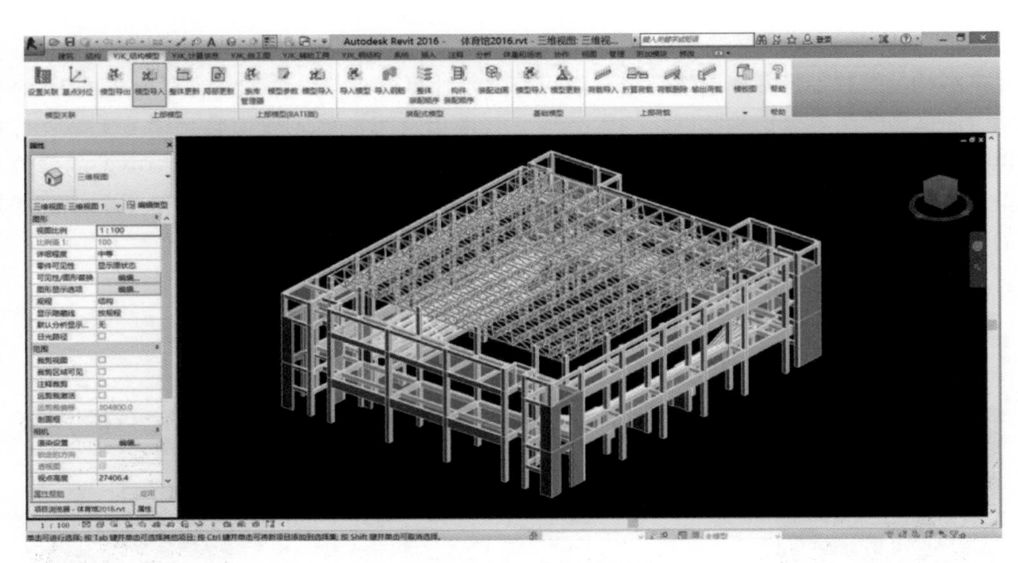

图 3.2-6　Revit 中 YJK 插件

3.2.6　广联达公司 BIM 软件

广联达科技股份有限公司成立于 1998 年，2010 年在 A 股上市。广联达立足建筑产业，围绕工程项目的全生命周期，是提供以建设工程领域专业应用为核心基础支撑，以产业大数据、产业新金融等为增值服务的数字建筑平台服务商。广联达公司的相关软件较多，如 BIM 土建计量、BIM 安装计量、BIM 市政计量、BIM 钢结构计量、BIM-5D、BIM 模板脚手架设计、斑马进度计划、MagiCAD、BIMSpace、BIM 施工现场布置、智慧工地平台等。

1. BIM 土建计量 GTJ

广联达 BIM 土建计量 GTJ 软件可以帮助工程造价企业和从业者解决土建专业估概算、招标投标预算、施工进度变更、竣工结算全过程各阶段算量、提量、检查、审核全流程业务，实现一站式的 BIM 土建计量，如图 3.2-7 所示。

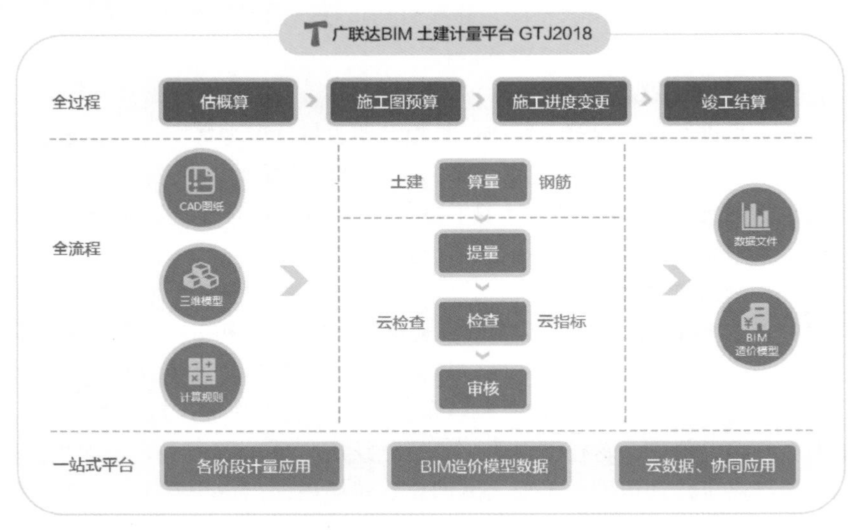

图 3.2-7　广联达 BIM 土建计量 GTJ

2. BIM-5D

广联达 BIM-5D 为工程项目提供了一个可视化、可量化的协同管理平台。通过轻量化的 BIM 应用方案，达到减少施工变更、缩短工期、控制成本、提升质量的目的，同时为项目和企业提供数据支撑，实现项目精细化管理和企业集约化经营。主要功能有：①快速校核标的工程量清单；②技术标可视化展示；③施工组织设计优化；④过程进度实时跟踪；⑤预制化构件实时追踪；⑥快速提取物资量；⑦质量安全实时监控；⑧工艺、工法指导标准化作业；⑨竣工交付输出三项成果。图 3.2-8 所示为广联达 BIM-5D 施工组织设计优化。

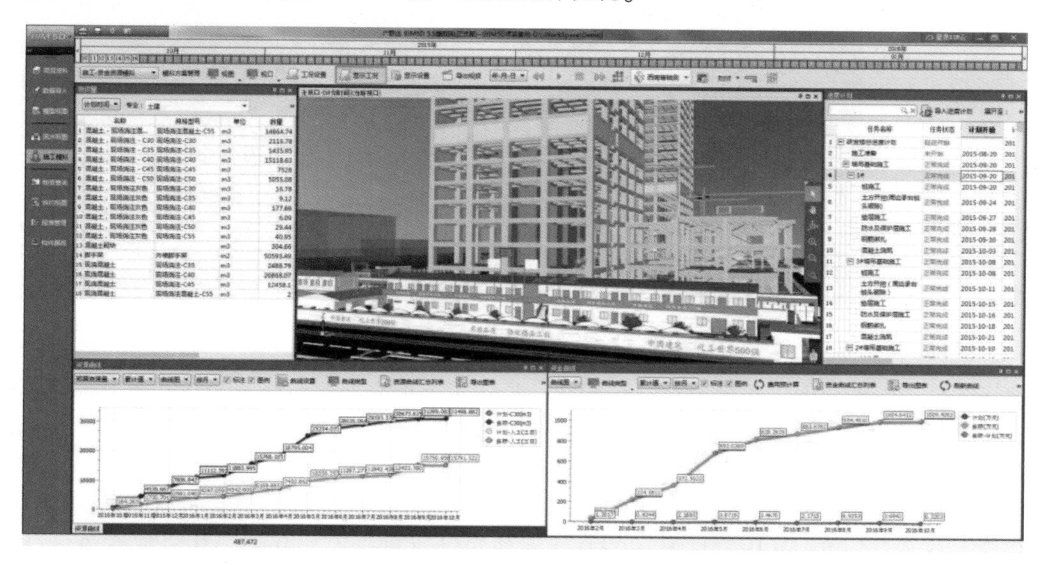

图 3.2-8　广联达 BIM-5D 施工组织设计优化

3. BIM 模板脚手架设计

广联达 BIM 模板脚手架设计软件针对建筑工程模板脚手架专项，在支架与模板排布、安全验算、施工出图、材料统计等各环节提供专业、高效的工具。辅助工程师设计安全可靠、经济合理的模架专项方案。

4. 斑马进度计划

广联达斑马进度计划为工程建设领域提供专业、智能、易用的进度计划编制与管理（PDCA）工具与服务。辅助项目从源头快速有效制订合理的进度计划，快速计算最短工期，推演最优施工方案，提前规避施工冲突；施工过程中辅助项目计算关键线路变化，及时准确预警风险，指导纠偏，提供索赔依据；最终达到有效缩短工期，节约成本，增强企业和项目竞争力、降低履约风险的目的。

5. BIM + 智慧工地数据决策系统

广联达 BIM + 智慧工地数据决策系统将现场业务系统和硬件设备集成到一个统一平台，并将产生的数据汇总、建模形成数据中心。将各自应用系统的数据统一呈现，形成互联。项目关键指标通过直观的图表形式呈现，智能识别项目风险并预警，问题追根溯源，帮助项目实现数字化、系统化、智能化，为项目经理和管理团队打造一个智能化“战地指挥中心”，如图 3.2-9 所示。

6. MagiCAD

MagiCAD 是由芬兰普罗格曼（Progman）有限公司开发的，早期只有风、水、电几个辅助设计的模块。这家公司被广联达全资收购后，国内的开发团队在原有软件的基础上，又开发了支吊

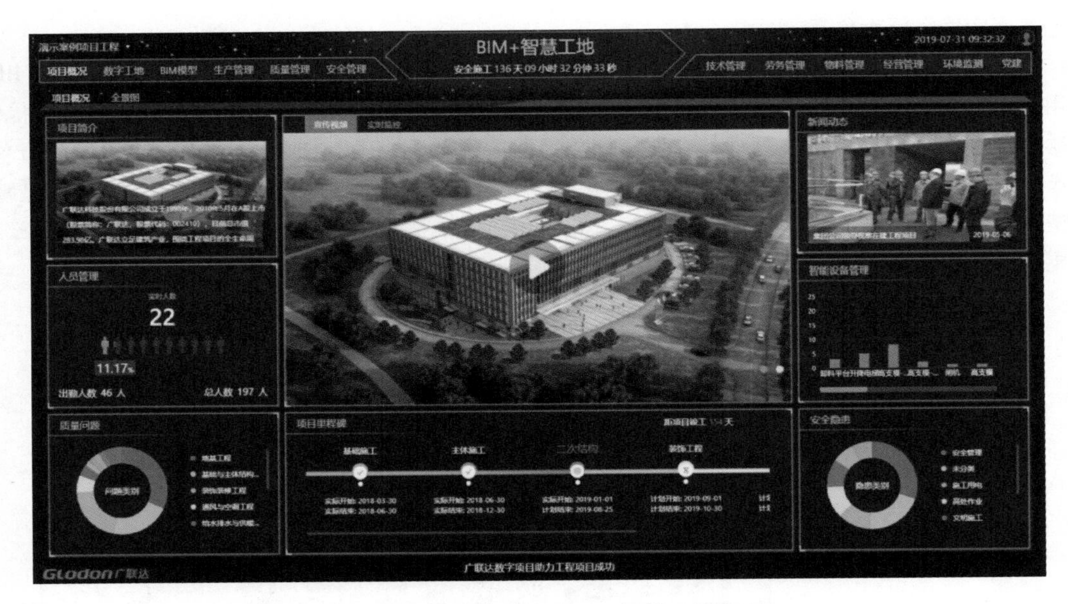

图 3. 2-9　广联达 BIM + 智慧工地

架、管线综合、二维出图、机电算量几个模块，具备了上百个功能。MagiCAD 基于 Revit 与 AutoCAD 双平台，是全球领先的机电 BIM 解决方案，服务超过 70 个国家的 3800 多家公司。MagiCAD 提供功能强大的模型创建与专业计算功能，使得机电 BIM 设计更便捷、更灵活、更高效。同时，使用 MagiCAD 可以体验来自全球真实厂商的百万级的机电 BIM 构件库。MagiCAD 软件包括 MagiCAD 通风系统设计（Ventilation）、MagiCAD 水系统设计（Piping）、MagiCAD 电气系统设计（Electrical）、MagiCAD 系统原理图设计（Schematics）、MagiCAD 电气回路系统设计（Circuit Designer）、MagiCAD 喷洒系统设计（Sprinkler Designer）、MagiCAD 舒适与能耗分析（Comfort & Energy）、MagiCAD 智能建模（Room）。

7. BIMSpace

鸿业科技成立于 1992 年，是国内最早专业从事工程设计软件开发公司之一，一直致力于市政、建筑、工厂和城市信息化建设领域应用软件的研发，拥有多项自主知识产权。2010 年，鸿业科技确立了所有产品基于 BIM 技术理念进行产品开发的指导思想，为工程行业提供从规划、设计到施工、运维的建筑全生命周期 BIM 解决方案，先后推出了针对建筑、结构、机电专业的 BIMSpace 产品；针对城市道路及公路的路立得（Roadleader）产品；针对地下管线的管立得（Pipingleader）产品等一系列基于 BIM 的应用系统。2020 年，广联达收购了鸿业科技，鸿业科技成为广联达的全资子公司。

3. 2. 7　鲁班公司 BIM 软件

上海鲁班软件股份有限公司（简称鲁班公司）成立于 2001 年，始终致力于 BIM 技术的研发和推广，为建筑产业相关企业提供基于 BIM 技术的数字化解决方案。鲁班软件充分发挥 BIM 技术领航者核心能力，构建以 BIM 大数据为核心的城市数字底板—CityEye，结合地球空间数据、物联网、人工智能、虚拟现实、大数据等先进数字技术，构建从住户级（Decoration Information Modeling）、工程级（Building Information Modeling）到城市级（City Information Modeling）的统一数字世界，实现三大层级、多专业、多元化 BIM 数据集成融合，让 BIM 数据在城市建设、运营全生命周期发挥巨大作用。

1. 鲁班大师（土建）Luban Master（TJ）

鲁班大师（土建）Luban Master（TJ）（图3.2-10）为基于AutoCAD图形平台开发的工程量自动计算软件。它利用AutoCAD强大的图形功能并结合了我国工程造价模式的特点及未来造价模式的发展变化，内置了全国各地定额的计算规则，最终得出可靠的计算结果并输出各种形式的工程量数据。由于软件采用了三维立体建模的方式，使整个计算过程可视化。通过三维显示的土建工程可以较为直观地模拟现实情况。其包含的智能检查模块，可自动化、智能化检查用户建模过程中的错误。

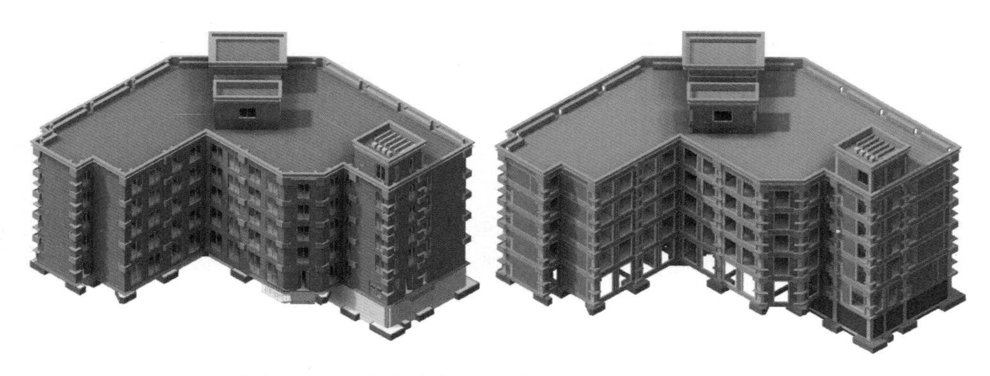

图3.2-10　鲁班大师（土建）Luban Master（TJ）

2. 鲁班造价 Luban Estimator

鲁班造价软件Luban Estimator是基于BIM技术的国内首款图形可视化造价产品，它完全兼容鲁班算量的工程文件，可快速生成预算书、招标投标文件。软件功能全面、易学、易用，内置全国各地配套清单、定额，一键实现“营改增”税制之间的自由切换，无须再做组价换算；智能检查的规则系统，可全面检查组价过程、招标投标规范要求出现的错误。为工程计价人员提供概算、预算、竣工结算、招标投标等各阶段的数据编审、分析积累与挖掘利用，满足造价人员的各种需求。

3. 鲁班万通（Revit版）LubanTrans_Revit

基于Autodesk公司的Revit平台，将设计单位设计的Revit工程模型导出为鲁班软件的LBIM模型或Luban Builter模型，同时也可将鲁班LBIM模型导入到Revit，实现双向互导、模型互通。主要功能包括以下几方面：

1）Revit导入鲁班软件。将Revit模型输出为.rlbim格式文件并导入鲁班算量软件，通过鲁班算量软件自动识别Revit模型构件，套取清单定额并计算工程量。

2）鲁班软件导入Revit。利用鲁班大师（土建）Luban Master（TJ）快速建模，将模型输出为.lbim格式文件并导入Revit，进入Revit的模型构件将转化为Revit族，具有参数化、可编辑、属性齐全等优点。

3）在Revit上关联清单。支持在Revit平台上为构件套取清单定额，快速计算工程量。同时将工程量输出到Govern中，进行成本分析、三算对比等应用。

4. 城市之眼 CityEye

城市信息模型（City Information Modeling，CIM），是以BIM技术为核心，集成地球空间数据（GSD），连接物联网（IoT）数据，建立起三维城市空间模型和城市动态信息的有机综合体，是大场景的GSD+小场景的BIM数据+IoT数据的有机结合。鲁班软件开发自主可控的CIM（城市信息底板）软件平台产品——城市之眼（CityEye），集成 BIM、GSD、IoT、云计算、大数据等众多先进技术，可以支持上百平方千米城市级别，园区、楼宇和住户级别的各形态的“规、建、管”全流程全要素的各类数字应用。CityEye 系统通过 1:1 复原真实城市空间信息，为众多智慧城市应用提供可视化大数据管理的数字底板。

5. 鲁班工场 Luban iWorks

鲁班工场 Luban iWorks 平台定位于 BIM + 应用下的企业级管理平台，融合主流传统项目管理系统的核心内容，将 BIM 模型作为载体，进行数据提取、数据融合、数据分析、智能算法形成全新的基于 BIM 技术的项目管理平台，用以处理项目在进度控制、安全生产管理、质量控制管理、成本控制分析、项目级技术资料应用等方面所涉及的难点与挑战，为项目提供 BIM 与项目管理集成化的全新平台，满足工程项目信息化建设中 BIM 深度应用的需求。

3.2.8 品茗公司 BIM 软件

杭州品茗安控信息技术股份有限公司（简称“品茗公司”）成立于 2011 年，深耕建筑业信息化领域，是数字建造技术和产品提供商。公司围绕工程建设行业，业务涵盖工程造价、施工、BIM、智慧工地、智慧监管、基础设施等。公司坚持以科技赋能建筑业，以 BIM 技术为基础，通过利用大数据、云计算、IoT、移动技术、VR/AR/MR、人工智能等信息技术，结合品茗的专业积淀，为工程建设行业提供专业的产品和解决方案，提升工程进度、质量、安全、环保和成本等方面的管理水平，持续推动建筑行业进步。

1. 品茗土建钢筋算量软件

品茗土建钢筋算量软件通过识别 CAD 图和手工三维建模两种方式，把设计蓝图转化为面向工程量及计价计算的图形构件对象，整体考虑各类构件之间的扣减关系，非常直观地解决了工程造价人员在招标过程中的算量、过程提量和结算阶段土建工程量计算和钢筋工程量计算中的各类问题。底层采用国际领先的 AutoCAD 图形平台开发平台，独创 RCAD 导入技术，让工程模块化快速导入，并利用 SPM 识别技术，通过数据库进行大数据类比分析，以达到图纸识别的全面性与准确性。

2. 品茗胜算造价计控软件

品茗胜算造价计控软件是品茗全过程造价管理信息化的核心产品，是立足于现阶段清单计价规则的造价计控软件。支持清单计价和定额计价两种模式，可导入品茗 HiBIM，为全过程跟踪审计提供准确的工程造价。

3. 品茗 BIM-5D

品茗 BIM-5D 以 BIM 三维模型和数据为载体，关联施工过程中的进度、合同、成本、质量、安全、图纸、物料等信息，为项目提供数据支撑，实现有效决策和精细管理，以达到减少施工变更、缩短工期、控制成本、提升质量的目的。

4. 品茗 BIM 施工策划软件

品茗 BIM 施工策划软件是专业智能的三维场布、施工策划及企业 CI 管控工具。主要功能包括软件支持总平面布置图智能转化、快速生成拟建建筑物、分阶段平面布置绘制并支持分阶段导出成果。三维模型结合时间变量可有效发现二维平面图和三维模型中不能暴露的问题，降低项目的安全风险及不合理返工等成本风险。

5. 品茗 HiBIM 土建版

品茗 HiBIM 土建版是高效准确的土建建模工具。主要功能包括以下几方面：

1）高效建模。软件采用CAD植入方式，可以直接在Revit平台上对CAD图进行识别和校对，无缝连接，实现建筑结构模型快速翻模，提高建模效率与质量。

2）二次结构深化。在设计模型的基础上依据施工要求及规范快速完成土建模型二次深化工作，提高深化效率。

3）综合优化。利用碰撞检测、净高分析等功能辅助BIM模型指导施工现场、配合机电专业完成综合优化工作。

3.2.9 斯维尔公司BIM软件

深圳市斯维尔科技股份有限公司（简称斯维尔公司）成立于2000年，是由深圳清华大学研究院发起组建，专业致力于为工程建设行业（包括工程建设、工程设计、工程施工、工程监理、造价咨询）专业院校及政府相关主管部门提供行业信息化产品及解决方案和BIM及绿色建筑咨询服务的专业性科技公司。现已形成涵盖工程设计、工程造价、工程管理、智慧政务、智慧建造五大产品线，以及基于BIM技术和互联网+大数据的建设行业信息化整体解决方案，提供BIM及绿色建筑咨询服务。

1. BIM三维算量 for Revit

BIM三维算量For Revit是全国首款完美兼容Revit平台的BIM算量软件。它基于Revit开发，直接利用Revit设计模型，根据我国国标清单规范和全国各地定额工程量计算规则，直接在Revit平台上完成工程量计算分析，快速输出计算结果，可供计价软件和BIM-5D软件直接使用，同时输出清单、定额、实物量。软件还提供了按时间进度统计工程量功能。

2. 清单计价软件THS-BQ

清单计价软件THS-BQ主要适用于发包方、承包方、咨询方、监理方等单位进行建设工程造价管理，编制工程预结算，以及招标投标文件。通用性强，可实现多种计价方法，挂接多套定额，能满足不同地区及不同定额专业计价的特殊要求，操作方便，界面简洁，报表设计美观，输出灵活。清单计价专业版增加审计审核、计量支付、指标分析功能，可输出各种专业化的报表数据，满足多种场景下的应用需求。

3. BIM-5D平台

BIM-5D是一个精细化平台，利用BIM模型的数据集成能力，将项目进度、合同、成本、质量、安全、图纸、物料等信息整合并形象化地予以展示，可实现数据的形象化、过程化、档案化管理应用，为项目的进度、成本管控、物料管理等提供数据支撑。

4. 节能设计软件THS-BECS

节能设计软件THS-BECS是一款专为建筑节能提供计算分析的软件，构建于AutoCAD平台，采用三维建模，可以直接利用主流建筑设计软件的图形文件，避免重复录入，大大减少了建立节能热工模型的工作量，体现了建筑与节能设计一体化的思想。软件遵循国家和地方节能标准或实施细则，适于全国各地居住建筑和公共建筑的节能设计、节能审查和能耗评估等分析工作。

5. 日照分析软件THS-SUN

日照分析软件THS-SUN是国内首款由日照相关国标的编制专家和有着10年以上开发日照计算核心程序的计算机专家联手打造的日照分析软件。产品构建于AutoCAD平台，主要为设计师提供日照定量和定性的专业日照计算软件，功能操作充分考虑建筑设计师的习惯，可快速对复杂建筑进行日照计算。首次提供绿色建筑指标及太阳能利用模块，通过共享模型技术解决日照分析、绿色建筑指标分析、太阳能计算问题，极大提高了工作效率，帮助建筑设计师快速准确完成建筑项目环境分析工作。

3.2.10 虚拟仿真软件

1. Fuzor

Fuzor是一款由美国Kalloc Studios打造的将BIMVR技术与4D施工模拟技术深度结合的综合性平台级软件，它能够让BIM模型瞬间转化成带数据的生动BIMVR场景，让所有项目参与方都能在这个场景中进行深度的信息互动。与Revit、ArchiCAD等建模软件的实时双向同步是Fuzor独有的突破性技术，其对主流BIM模型的强大兼容性为AEC专业人员提供了一个集成的设计环境，以实现工作流程的无缝对接。在Fuzor中整合Revit、Sketchup、FBX等不同格式的文件，然后在2D、3D和VR模式下查看完整的项目，并在Fuzor中对模型进行设计优化，最终交付高质量的设计成果。Fuzor包含VR、多人网络协同、4D施工模拟、5D成本追踪几大功能板块。设计师可以直接加载Navisworks、P6或微软的进度计划表，也可在Fuzor中创建，还可以添加机械和工人，以模拟场地布置及现场物流方案。用户可以在VR中查看4D施工模拟及相关BIM信息，提高管理效率，缩短工期，节约成本。

2. Lumion

Lumion是由荷兰Act-3D公司基于Quest 3D引擎开发而成的简单、快速、高效的虚拟现实工具，用于为建筑、景观、园林、规划和设计等领域快速制作出高质量的动画和效果图，基于显卡的实时渲染技术可以为用户节省用户大量的时间和精力。Lumion是一款3D实时渲染工具，上手容易，所见即所得，设计师可以从技术上解放出来，专注于设计的本身。Lumion自带的素材库内容丰富，特别是花草树木等植物，种类非常丰富，添加配景也十分方便，对于天光和自然的模拟十分逼真。渲染速度快，无须经过漫长的渲染等待，直接就可以快速地导出建筑效果图。

3. Twinmotion

Twinmotion是一款基于Unreal engine开发的实时沉浸式3D建筑可视化软件。用户能以相当于最终渲染成果的高品质实时查看和编辑场景，简洁直观的界面让Twinmotion的学习和使用都非常简单。光源、材质和道具都能简单拖放，拖动滑块就能改变季节、天气甚至是树龄。Twinmotion拥有基于物理的光照和阴影，包含超过600种能与环境互动的PBR材质，可以轻松地获得想要的逼真效果。Twinmotion兼容很多的BIM软件，提供一键点击同步ArchiCAD、Revit、SketchUp Pro、RIKCAD、Rhino（包括Grasshopper）和Datasmith的功能。用户在几秒钟内便可轻松快捷地制作出高品质图像、全景图像、规格图或360°VR视频，非常适合建筑、施工、城市规划和景观领域的专业人士。

4. Unreal engine

Unreal engine是美国Epic Games公司研发的一款实时引擎与编辑器，具备照片级逼真的渲染功能、动态物理与效果、栩栩如生的动画、丰富的数据转换接口等。Unreal engine是全球最开放、最先进的实时3D创作平台之一。经过持续的改进，它已经不仅仅是一款游戏引擎，还能为各行各业的专业人士带去无限的创作自由和空前的掌控力。Epic Games为实时建筑可视化提供了两套解决方案，其一是使用Twinmotion，其二是直接使用Unreal engine，Epic Games更为推荐直接使用Unreal engine。在Unreal engine高保真的实时环境中，用户可以快速修改自己的创意，创建最能体现想法的作品，并将意图准确地传达给利益相关方，极大地减少了沟通成本。Unreal engine可以轻松修改各种DCC、CAD和BIM格式的数据。Unreal engine内置的Datasmith支持导入各种格式的数据，例如3Dmax、Revit等，自动进行优化处理，可以为用户节省大量时间。

Unreal engine 支持跨平台，用户可以随心创建自己想要的内容：开发自定义互动体验、远程交付实时演示内容、设计导览式 VR 体验等。

5. Unity

Unity 是由美国 Unity Technologies 公司开发的实时 3D 互动内容创作和运营平台，包括游戏开发、美术、建筑、汽车设计、影视在内的所有创作者，借助 Unity 将他们的创意变成现实。Unity 平台提供一整套完善的软件解决方案，可用于创作、运营和变现任何实时互动的 2D 和 3D 内容，支持平台包括手机、平板计算机、PC、游戏主机、增强现实和虚拟现实设备。对于整个 AEC 行业的设计师、工程师和开拓者来说，Unity 是通用的用于打造可视化产品以及构建交互式和虚拟体验的实时 3D 平台。高清实时渲染配合 VR、AR 和 MR 设备，可以展示传统 CG 离线渲染无法提供的可互动内容。而且在研发阶段，实时渲染也可以提供“可见即所得”的灵活性和便利性，让开发者可以进行快速迭代，随时修改，早日完成和交付完美作品。Unity 的 AEC 产品 Unity Reflect 已正式发布，这款插件可以将 VR 和 AR 实时 3D 体验带到建筑、工程和施工（AEC）行业中。

3.3 BIM 软件的硬件环境

BIM 软件的种类非常多，每一款 BIM 软件都有各自的系统要求，但对于绝大部分的 BIM 软件而言，如果 BIM 模型的体量不大时，常用的个人计算机便可基本满足要求。对于大体量的工程，或对于性能有特殊要求的 BIM 软件，硬件环境的选择和配置是至关重要的，有时甚至会影响到项目的进度和成败。

随着 BIM 软件的升级更新，BIM 软件对于系统的要求也在提高，若想了解 BIM 软件当前版本对于系统的要求，可以访问 BIM 软件公司的官网，查看官方的推荐配置方案。由于 BIM 软件种类繁多，下面选择两款具有代表性的 BIM 软件——Revit 和 Lumion 进行介绍，以了解其系统要求。

3.3.1 Revit2021 的系统要求

对于 Revit2021 的系统要求，Autodesk 公司在其官网给出了三种配置方案：入门级配置、性价比优先配置、性能优先配置。

1. 入门级配置：最低要求（表 3.3-1）

表 3.3-1 Revit2021 入门级配置方案

操作系统	64 位 Windows 10
CPU	单核或多核 Intel® Xeon® 或 i 系列处理器，或者采用 SSE2 技术的同等 AMD® 处理器。建议尽可能使用高主频 CPU Revit® 软件产品将使用多个内核执行许多任务
内存	8GB RAM 此大小通常足够一个约占 100MB 磁盘空间的单个模型进行常见的编辑会话。该评估基于内部测试和客户报告。不同模型对计算机资源的使用情况和性能特性各不相同 在一次性升级过程中，旧版 Revit 软件创建的模型可能需要更多的可用内存
视频显示器分辨率	最低要求：1280×1024 真彩色显示器 最高要求：超高清（4k）显示器
视频适配器	基本显卡：支持 24 位色的显示适配器 高级显卡：支持 DirectX® 11 和 Shader Model 5 的显卡，最少有 4GB 视频内存

（续）

磁盘空间	30GB 可用磁盘空间
介质	通过下载安装或者通过 DVD9 或 USB 密钥安装
指针设备	Microsoft 鼠标兼容的指针设备或 3Dconnexion®兼容设备
NET Framework	NET Framework 版本 4.8 或更高版本
浏览器	IE 10（或更高版本）
连接	Internet 连接，用于许可注册和必备组件下载

2. 性价比优先配置：平衡价格和性能（表 3.3-2）

表 3.3-2 Revit2021 性价比优先配置方案

操作系统	64 位 Windows 10
CPU	单核或多核 Intel® Xeon®或 i 系列处理器，或者采用 SSE2 技术的同等 AMD®处理器。建议尽可能使用高主频 CPU Revit®软件产品将使用多个内核执行许多任务
内存	16GB RAM 此大小通常足够一个约占 300MB 磁盘空间的单个模型进行常见的编辑会话。该评估基于内部测试和客户报告。不同模型对计算机资源的使用情况和性能特性会各不相同 在一次性升级过程中，旧版 Revit 软件创建的模型可能需要更多的可用内存
视频显示器分辨率	最低要求：1680 × 1050 真彩色显示器 最高要求：超高清（4k）显示器
视频适配器	支持 DirectX 11 和 Shader Model 5 的显卡，最少有 4GB 视频内存
磁盘空间	30GB 可用磁盘空间
介质	通过下载安装或者通过 DVD9 或 USB 密钥安装
指针设备	Microsoft 鼠标兼容的指针设备或 3Dconnexion®兼容设备
NET Framework	NET Framework 版本 4.8 或更高版本
浏览器	IE 10 或更高版本
连接	Internet 连接，用于许可注册和必备组件下载

3. 性能优先配置：大型、复杂的模型（表 3.3-3）

表 3.3-3 Revit2021 性能优先配置方案

操作系统	64 位 Windows 10
CPU	单核或多核 Intel® Xeon®或 i 系列处理器，或者采用 SSE2 技术的同等 AMD®处理器。建议尽可能使用高主频 CPU Revit®软件产品将使用多个内核执行许多任务
内存	32GB RAM 此大小通常足够一个约占 700MB 磁盘空间的单个模型进行常见的编辑会话。该评估基于内部测试和客户报告。不同模型对计算机资源的使用情况和性能特性各不相同 在一次性升级过程中，旧版 Revit 软件创建的模型可能需要更多的可用内存
视频显示器分辨率	最低要求：1920 × 1200 真彩色显示器 最高要求：超高清（4k）显示器

（续）

视频适配器	支持DirectX® 11和Shader Model 5的显卡，最少有4GB视频内存
磁盘空间	30GB可用磁盘空间 10000+RPM硬盘（用于点云交互）或固态驱动器
介质	通过下载安装或者通过DVD9或USB密钥安装
指针设备	Microsoft鼠标兼容的指针设备或3Dconnexion®兼容设备
NET Framework	NET Framework版本4.8或更高版本
浏览器	IE 10或更高版本
连接	Internet连接，用于许可注册和必备组件下载

3.3.2 Lumion11.3的系统要求

作为一个三维渲染软件，Lumion不同于其他CAD软件，它极度依赖显卡，尤其是对于一些Lumion高级功能。除了对于显卡的特殊要求，Lumion对于内存和互联网连接也有要求。例如，对于Lumion 11.3的系统要求，Act-3D公司在官网给出了三种配置方案：最低配置（Minimum requirements）、建议配置（Recommended requirements）和高端配置（High-end requirements）。

1. 最低配置（表3.3-4）

表3.3-4 Lumion11.3最低配置方案

Internet连接	运行Lumion的PC必须连接到internet
显卡	在G3DMark得分为7000或更高并带有最新驱动程序的GPU（如Nvidia GeForce RTX 1650、AMD Radeon RX 470或更高版本）
图形卡存储器	4GB或更多
操作系统	最新的Windows 10 64位
CPU	在CPUMark上单线程得分2000或更高的Intel/AMD处理器（如AMD Ryzen 5 1500X、Intel Core i7-3770K或更高版本）
屏幕分辨率	1920×1080像素
系统内存（RAM）	16GB或更多
硬盘驱动器	SATA3 SSD或HDD
硬盘空间	Windows用户账户和文档文件夹所在的驱动器中至少有40GB的可用磁盘空间

一般不建议购买或使用此配置的计算机，因为它只能处理简单的项目，例如：含Lumion模型和纹理的小公园或住宅建筑。此配置计算机将无法处理Lumion的高端功能。如果用户发现计算机接近这些最低要求，则软件公司建议升级。如果用户正在考虑购买一台新计算机，为了充分利用Lumion，软件公司建议购买“建议配置”的计算机。

2. 建议配置（表3.3-5）

表3.3-5 Lumion11.3建议配置方案

Internet连接	运行Lumion的PC必须连接到internet
显卡	在G3DMark得分为14000或更高并带有最新驱动程序的GPU（如Nvidia GeForce RTX 2070、AMD Radeon RX 5700XT或更高版本）

（续）

图形卡存储器	8GB 或更多
操作系统	64 位 Windows 10
CPU	在 CPUMark 上单线程得分 2200 或更高的 Intel/AMD 处理器（如 AMD Ryzen 5 2600、Intel Core i7-4790 或更高版本）
屏幕分辨率	1920×1080 像素
系统内存（RAM）	32GB 或更多
硬盘驱动器	SATA3 SSD 或 NVME m.2 存储
硬盘空间	Windows 用户账户和文档文件夹所在的驱动器中至少有 40GB 的可用磁盘空间

具有这种硬件的个人计算机可以处理复杂的设计和项目，例如：一个由开放街道地图 OpenStreetMap 或其他简单的模型组成小公园或城市的一部分；一个由几个模型和高清纹理组成的具有内部细节的大房子；一个单体住宅或商业建筑模型并配有部分景观。如果用户正在考虑为使用 Lumion 购买一台新计算机，软件公司建议它至少具有上面列出的硬件。

3. 高端配置（表 3.3-6）

表 3.3-6　Lumion11.3 高端配置方案

Internet 连接	运行 Lumion 的 PC 必须连接到 internet
显卡	在 G3DMark 得分为 20000 或更高并带有最新驱动程序的 GPU（如 Nvidia GeForce RTX 3080 或更高版本）
图形卡存储器	11GB 或更多
操作系统	64 位 Windows 10
CPU	在 CPUMark 上单线程得分 2600 或更高的 Intel/AMD 处理器（如 AMD Ryzen 7 3700X、Intel Core i7-7700K 或更高版本）
屏幕分辨率	最小 1920×1080 像素
系统内存（RAM）	64GB 或更多
硬盘驱动器	SATA3 SSD 或 NVME m.2 硬盘驱动器
硬盘空间	Windows 用户账户和文档文件夹所在的驱动器中至少有 40GB 的可用磁盘空间

拥有以上硬件的个人计算机可以处理超复杂的设计和具有若干高端功能的项目，例如：精细的城市、机场或体育场；内部由许多模型和高清纹理组成的精细多层建筑；具有高端 Lumion 功能（例如精细树和 3D 草）的精细景观。

第4章 BIM技术在项目前期策划、设计阶段的应用

4.1 BIM技术在项目前期策划、设计阶段的应用概述

项目全生命周期的建设程序是从项目的前期策划、方案设计开始的（图4.1-1）。

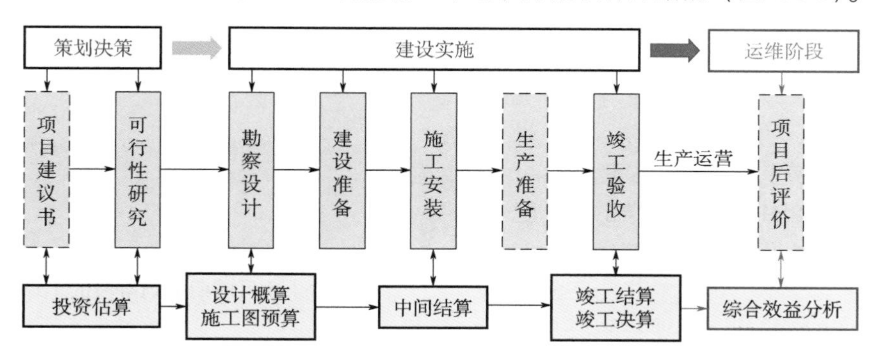

图4.1-1 项目全生命周期的建设流程

项目前期策划、设计阶段，在整个项目全过程中起着关键性的作用，决策是否科学、正确、合理，直接影响项目的成本和功能。而项目方案是否优化、设计质量是否优良，又直接影响后续实施阶段的质量、进度和投资，并且对招标投标、设备采购、运维管理都有着决定性的影响。尽管设计费在建设工程全过程费用中的比例不大，但资料显示，设计阶段对工程造价的影响可达75%以上。可以从麦克利米曲线（Macleamy）（图4.1-2）看出，影响项目费用最大的阶段就是项目前期策划、设计阶段，而费用的优化在前期设计是最低的，随着阶段的进展，在项目后期优化对于成本和功能逐渐变小，而优化设计的费用却逐渐增加。

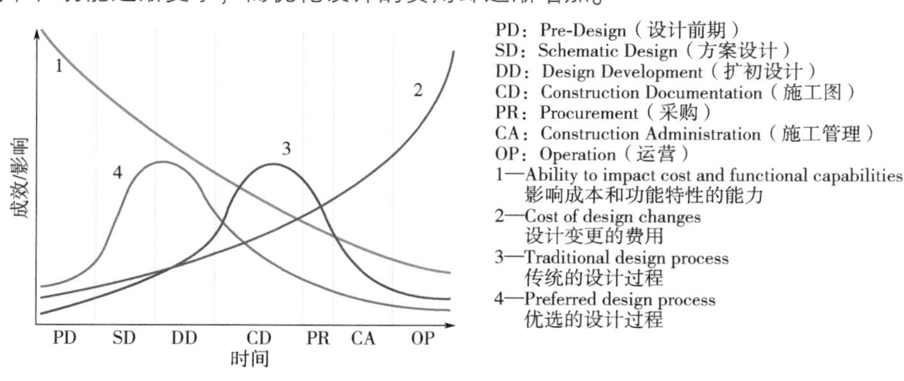

图4.1-2 麦克利米曲线（Macleamy）

4.1.1 项目前期策划阶段的任务及 BIM 技术应用点

项目前期策划是根据拟建项目的投资设想与总目标要求，对拟建项目进行技术、经济、环境等多角度的综合分析评价，最终做出是否投资项目的决策，并选择和确定项目建设的优化方案。

项目前期策划阶段的工作任务是对项目建设的必要性、可行性进行论证分析，并根据评审结果进行决策，见图 4.1-3。

阶段	工作任务
投资机会研究	·寻求发现项目有价值的投资机会，为项目的投资方向和项目设想提出合理化建议
项目建议书	·论证项目建设的必要性、项目建设条件的可行性、项目建设盈利的可能性
可行性研究报告	·论证项目建设的可行性，技术上的先进性和适用性，经济上的盈利性和合理性
项目评审决策	·可行性研究报告，为项目投资者最终决策提供直接依据
项目估算	·项目投资估算分析，为方案选择投资决策提供证据

图 4.1-3　项目前期策划阶段的工作任务

项目决策阶段是在实地调研、搜集资料、交流沟通的基础上，对技术、经济、环境等各方面条件，以及对建设方案分析对比论证，形成多方共识达成一致的阶段。

建筑师在此阶段主要任务是与投资者或建设方探讨建设的愿景和目标，对现场实地进行考察，初步形成建筑方案。

建筑师应用 BIM 软件把抽象的多个建筑空间范式或场地环境模板构筑出来，在一定软件平台支撑下，可以对这些空间和环境进行各种方案重组，以期找到更加符合业主或者使用者预期的建筑方案，这就是 BIM 技术在项目前期策划阶段应用的优势。

图 4.1-4　BIM 技术在项目策划阶段的主要应用点

BIM 技术在项目前期策划阶段的主要应用点是现状建模、场地分析、方案策划、成本估算等，如图 4.1-4 所示。

4.1.2 建筑工程三个设计阶段的主要任务

建筑工程设计一般分为三个阶段：方案设计阶段、初步设计阶段（或扩大初步设计阶段，简称扩初设计阶段）和施工图设计阶段。规模较大、功能复杂的建筑通常都会有扩大初步设计阶段；相反，规模较小、技术要求较低的小型建筑，经有关部门同意，在设计方案审批后可以直接进行施工图设计。更加复杂的项目，在施工图阶段还要进行专项深化设计，如钢结构深化设计、机电深化设计、幕墙深化设计、人防工程专项设计、建筑节能专项设计、绿建评估专项设计等。

建筑工程设计由五个专业组成：建筑专业、结构专业、给水排水专业、电气专业、暖通专业。每个专业在设计过程中，也相应分为上述三个阶段。

在上述三个阶段设计中，每个专业侧重点不同。建筑专业在整个设计中是龙头，起着主导作用，其他专业都是围绕着建筑的功能需求而设计的。结构专业就像人体骨架起着支撑、稳定的作用，主要满足建筑的安全性、适用性、耐久性以及稳定性，给水排水、暖通、电气专业就像人体的各个系统、神经、器官等，保证建筑各个方面功能的正常工作。尽管在各个专业中，建筑、结构为主，设备专业为辅；但其实每一个专业为完成建筑功能的需求，都在相互协调配合，缺一不可。

1. 方案设计阶段主要任务

每个专业都有方案设计阶段，各专业在方案设计阶段的任务是确定各专业总体方案，也就是概念设计。

概念设计的含义：其实就是确定各专业设计的总体方案，依据设计师多年的实践阅历、经验总结以及理论知识，从整体上把握来确定合理的设计方案，不管是建筑、结构还是机电设备专业，概念设计都是一种思想和理念，是贯穿全部设计过程的一种设计方法。通过概念设计可以实现感性认识与理性认识的协调统一并升华到整个设计。

比如说，结构设计有三个环节：概念设计、结构计算、抗震构造。其中，概念设计至关重要，它关系到结构设计方案的选型、结构体系以及结构的性能分析，对下一步设计成果是否合理、是否满足建筑功能以及实施阶段具有关键性作用。

建筑方案设计阶段主要是指从建筑项目的需求出发，根据建筑项目的设计条件研究分析，对满足建筑功能、性能以及外观造型创意表达提出总体空间架构设想，为项目设计后续阶段的工作提供依据及指导性的文件，并对建筑的总体方案进行初步的评价、优化和确定。

方案设计阶段各专业的主要任务如图 4. 1-5 所示。

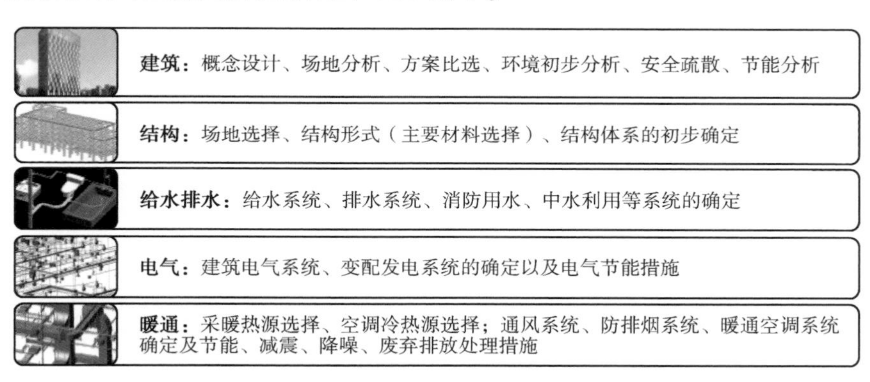

图 4. 1-5　方案设计阶段各专业的主要任务

2. 初步设计阶段主要任务

初步设计阶段是对方案设计阶段的进一步深化分析，介于方案设计阶段和施工图设计阶段之间，起着承上启下的作用。初步设计阶段各专业的主要任务如图 4. 1-6 所示。

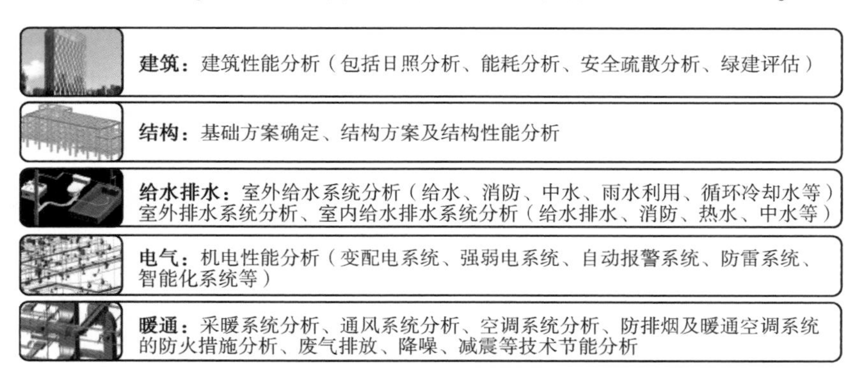

图 4. 1-6　初步设计阶段各专业的主要任务

3. 施工图设计阶段主要任务

施工图是设计各专业交付设计成果的阶段，是设计与施工的桥梁。各专业在初步设计确定的方案基础上，进一步深化设计、完善各专业模型，完成施工图优化设计。

施工图设计阶段各专业的主要任务有以下几方面内容：

1）各专业协同设计。

2）各专业间错漏碰撞检查。

3）施工图出图。

4）工程预算编制。

4.1.3　BIM技术在各阶段的应用要点

从传统的二维CAD制图转变为BIM技术应用设计后，完成一个可持续设计的BIM项目时需要把有特殊专业素养的顾问团队和承包商纳入设计团队里。BIM技术应用需要这样的团队来完成建筑全生命周期内的可持续设计和评估。在这样的设计团队里，建筑专业是龙头专业，起到方案决策和统筹协调各专业之间协同设计的作用。BIM技术在项目中的应用，建筑师在发挥自己决策作用时，有更多的可量化、可视化的参考依据。

基于BIM技术在设计阶段的应用价值，已在第2章分析过，本章主要讲BIM在设计各阶段的主要应用，见表4.1-1。

表4.1-1　BIM在设计各阶段的应用要点

设计阶段	BIM在设计各阶段的应用要点
方案设计阶段	1）3D模拟场地现状分析 2）可视化方案的比选 3）总平面规划的优化 4）参数化成本的估算
初步设计阶段	1）建筑性能分析，如日照、采光、通风、安全疏散等 2）绿色建筑分析 3）结构性能分析
施工图设计阶段	1）各专业协同设计 2）各专业错漏碰缺检查 3）综合管线碰撞检查 4）一体化施工图

1. BIM在方案设计阶段主要应用

（1）场地现状分析

主要分析场地现状特点和周边环境情况及地质地貌特征，以及在竖向设计、交通组织、防火设计、景观绿化、环境保护等方面分析方案的可行性以及所采取的具体措施。

（2）方案构思比选

主要对建筑群体和单体的空间处理、平面功能布局、竖向构成，以及立面造型等方案构思比选。

（3）环境初步分析

主要针对建筑性能的初步分析，如建筑物的日照分析、采光分析、通风分析等。

（4）交通流线、安全疏散分析

主要对建筑的功能布局和各种出入口、垂直交通运输设施（如楼梯、电梯、自动扶梯）的布置以及建筑内部交通组织、无障碍设计、防火和安全疏散设计等的分析。

（5）节能概述

主要概述建筑节能以及围护结构节能措施。

此外，如建筑在声学、建筑防护、电磁波屏蔽以及人防地下室等方面有特殊要求时，应作相应的分析说明。

2. 初步设计阶段

初步设计阶段是对方案设计阶段的深化分析，其工作重点是建筑物的性能分析，包括日照分析、能耗分析、安全疏散分析、绿色评估。有声学、光学要求的，还要进行声、光学的分析。结构专业需要进行抗风、抗震性能分析，设备专业需要对机电性能进行分析等。

3. 施工图设计阶段

施工图设计阶段主要体现在各专业协调设计以及错漏碰缺、管线综合碰撞检查、施工图一体化出图。

4.2 BIM 技术在建筑方案设计阶段的应用

随着建筑行业对工作流程、工作效率和设计目的提出越来越高的要求，BIM 技术在建筑方案设计阶段中的概念设计、场地分析、方案比选、环境初评、安全疏散、节能分析等环节的应用越来越广泛，同时也带来更多的社会效益。BIM 技术的应用，可以提供更精准的可视化设计，参数化建模可以自动修正低级错误，任何时候都可以快速生成设计文件，同时在早期可以进行多专业的协同设计，通过统计工具可以对设计进行规范验证和成本估算。下面将结合具体的操作分别讲述 BIM 技术在该阶段的应用。

4.2.1 BIM-3D 模拟场地分析

1. Revit Architecture 场地建模——完成建筑场地建模、场地功能布局

Revit Architecture 提供场地建模工具，在建筑方案设计阶段可以实现场地地形建模、建筑功能分区、场地平整设计与土方计算。场地建模工具以不同的方式生成场地地形地貌，场地地形具有 3D 视图模式，这样大大减少了地形建模时间，并且能够快速直观地满足建筑师对场地地形进行信息化建模的需求（图 4.2-1）。

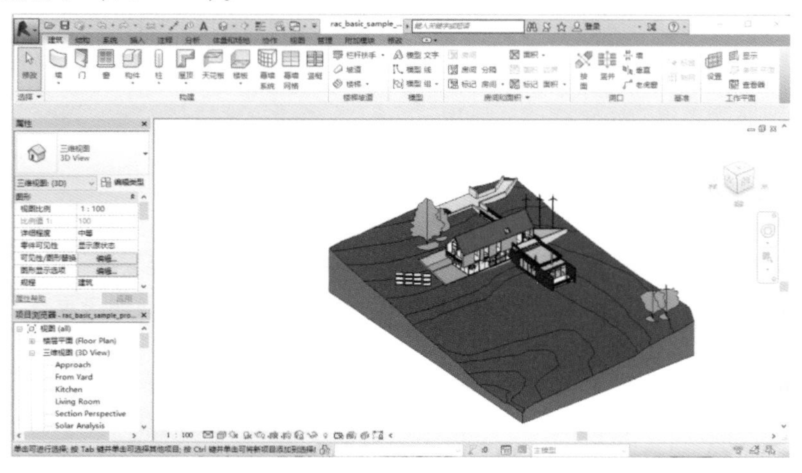

图 4.2-1　坡地场地建模

同时，Revit 还可以在场地模型上划分子面域，通过场地构件、停车场构件、建筑地坪等命令布置道路、绿地、广场、建筑地坪、停车场、场地红线，从而对场地进行简单功能分区，并且可以在三维视图中直接显示布置结果。

建筑师可以在三维空间里观察到不同功能布局方式，从而可以快速地协调与地貌之间的问题，优化场地功能布局。当地形是山地或者复杂的地形地貌时，仅靠建筑师个人的想象和手绘是难以全面、综合地整合建筑场地布局中出现的各种问题和矛盾的，而 BIM 软件强大的场地建模工具模块提供了方便、快捷的路径，在建筑设计策划和概念设计阶段，可以协助建筑师或者建筑设计团队，通过新的技术完成对场地的设计和可视化的模拟（图 4. 2-2）。

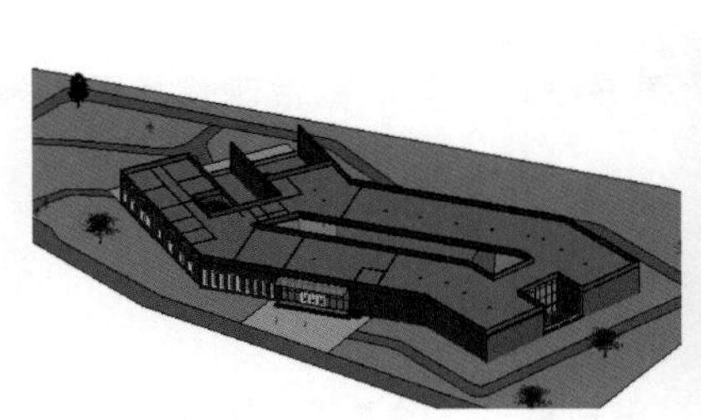

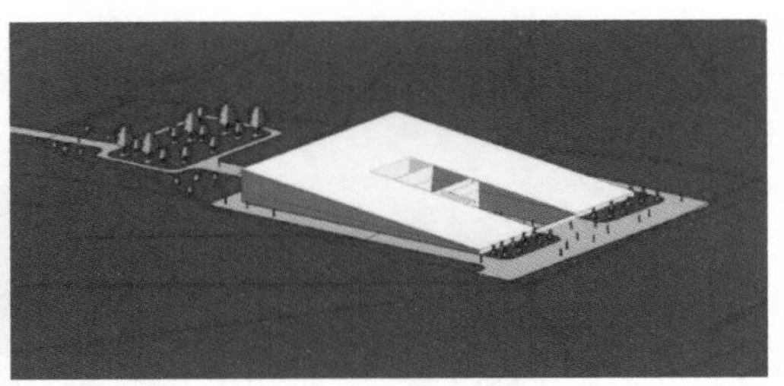

图 4. 2-2　场地功能分区

建筑师可以根据 Revit Architecture 中的场地建模模块，完成场地设计和场地功能分区。以博物馆建筑设计为例，此设计为学生课程设计作业，项目任务书中对场地设计提出了相应的要求。根据建筑设计的要求和前期对场地相关信息的建模和统计，学生运用场地模块命令，首先通过导入 DWG 等高线数据文件创建场地地形，在此基础上创建场地地坪，并绘制地块红线，然后运用“子面域”“拆分表面”工具对场地进行功能分区，根据上述设计要求，对不同区域指定不同的材质，完成绿地、建筑布局、道路、广场、停车场、出入口等功能区块的绘制。这种可视化的工作流程和方法，为学生进行前期方案的布局，提供了 3D 模式地形图、平面及空间功能分区图，以及统计相应的场地平整土石方量信息，同时为早期成本控制和下一步方案的深化奠定了基础（图 4. 2-3）。

<地形明细表>

A
表面积
219135.80
2880.47
4374.78
183960.99
2876.94
4375.81
4147.20

<地形明细表>

A	B	C	D	E	F	G	H	I	J	K
IfcGUID	URL	净剪切/填充	表面积	投影面积	拆除的阶段	标记	类型 IfcGUID	类型注释	创建的阶段	合计
		0.00	219135.80	219078.66	新构造				新构造	1
		0.00	2880.47	2880.47	新构造				新构造	1
		0.00	4374.78	4374.78	新构造				新构造	1
		57541.30	183960.99	183161.06	无				新构造	1
		0.00	2876.94	2876.43	无				新构造	1
		0.00	4375.81	4374.78	无				新构造	1
		0.00	4147.20	4147.20	无				新构造	1

图 4. 2-3　场地土石方量和面积信息统计

2. Revit Architecture 场地建模——平整土石方量信息统计

在实际工程中，需要将原始地形进行开挖平整才能达到设计标高要求。在平整场地的过程中，土石方填挖量的多少，对建筑造价会产生直接的影响，也是方案前期决策要考虑的重要因素之一。

Revit Architecture 不仅可以进行场地地形建模可视化，还可以布置场地设计所需要的建筑红线、建筑基面。在完成场地设计的同时，通过“地形明细表”视图，查看已经统计和计算好的各种平整场地后的土石方量信息，包括投影面积、表面积、填方、挖方和净填方量。利用明细表的统计功能，不仅可以统计和计算项目中的平整场地产生的各种土石方量信息，还能与项目信息实时关联，使 BIM 数据综合利用、实时互动，操作过程简单方便，只需要切换不同的视图，也就是在可视化的场地及场地功能布局的基础上，实时了解不同场地设计方案对造价的影响和对环境的破坏程度。形式—功能—成本量化后之间的密切关联，使建筑师和设计团队可以在更早的决策阶段把可持续发展的设计理念融合进来，对要进行绿色建筑设计的项目，就可以在建筑设计策划、方案设计阶段进行更早地布局和考量。有研究表明，在设计早期阶段更早融合绿色建筑设计的理念，方案在最终实现设计意图方面才会更加高效和具有可行性（图 4.2-4）。

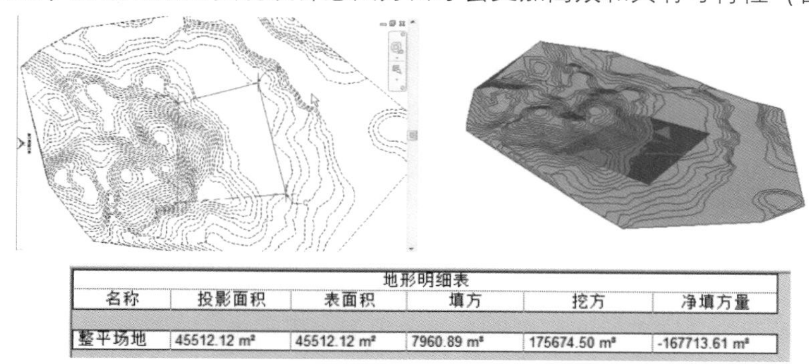

地形明细表					
名称	投影面积	表面积	填方	挖方	净填方量
整平场地	45512.12 m²	45512.12 m²	7960.89 m³	175674.50 m³	-167713.61 m³

图 4.2-4　场地红线、场地平整、场地土石方量计算

4.2.2　可视化方案的比选

通过 Revit Architecture 建立的项目文件中，包括设计中所需要的全部信息，如建筑的三维模型、平立剖面及节点详图以及明细表中的统计信息。在 Revit 参数化引擎的作用下，所有跟族相关联的参数信息以及视图，只要模型发生变化，所关联的所有信息都会自动更新。这种由参数化构件组成的虚拟三维建筑模型，可以在二维、三维（室外、室内）、明细表之间自由切换、同步显示，并且可以随着模型的不断发展和深入，生成平面图、立面图、剖面图、明细表、轴测图、透视图等更加详细、直接的各种视图（图 4.2-5）。BIM 软件的可视化具有强大的功能，将建筑功能、体量与空间形态关联起来，建筑师可以设置不同的视点对建筑空间进行观察，通过动画漫游可以对建筑的空间序列进行推敲和模拟。三维模型的可视化有非常广泛的用途，好的可视化可以使项目团队中不同专业、不同角色、不同领域的专家对当下的设计有更好的理解，从而快速地提出自己的专业建议。同时，一方面专业化和风格化的建筑室内外效果图更具有良好的视觉表现性，在业主与客户沟通上，在市场营销方面都可以取得高效和良好的收益；另一方面，标准、符合制图规范的图纸也可以使施工人员能准确理解设计意图并准确地建造出来。三维模型在后期也可以用于碰撞检查，包括空间与结构之间的碰撞，设备与结构之间的碰撞检查（图 4.2-6）。

图 4.2-5　室内空间可视化、建筑日照分析可视化

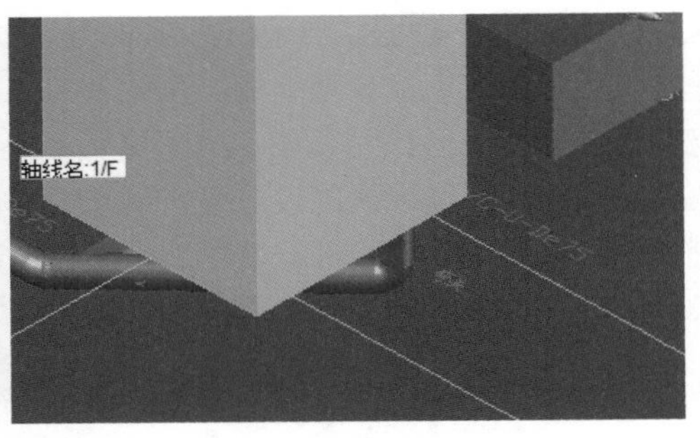

图 4.2-6　部分三维碰撞优化前后对比

BIM-4D 是指在 3D 的基础上加上时间顺序，主要体现在以下两个方面：动画和施工顺序模拟。动画一种是漫游动画，选择好路径和视角模拟人穿行在空间中的视觉动画，另一种是在性能分析中应用，比如日照分析中，选定好建筑的经度、纬度和时间，实时模拟日光追踪分析（图 4.2-5）。施工模拟也被称为 4D 模拟动画，利用 Navisworks 中提供的 TimeLiner 模块为场景中每一个选择集中的图元定义施工时间、日期及任务类型，根据施工进度生成具有施工顺序信息的 4D 信息模型，并根据施工时间安排，利用 Navisworks 提供的动画展示工具，生成用于展示项目施工场地布置及施工过程的模拟动画。

以学生博物馆设计课程作业为例，在 Revit 中运用场地模块进行场地设计功能布局，通过建筑不同视图，自动生成进行可视化方案比较分析。博物馆设计有以下要求：

1）新建博物馆建筑的建筑密度不应超过 40%，绿地率不小于 35%，建筑高度小于 24m。

2）基地入口数量应根据建筑规模和使用需要确定，且观众出入口应与藏品、展品进出口分开设置。

3）人流、车流、物流组织应合理；藏品、展品的运输线路和装卸场地应安全、隐蔽，且不受观众活动的干扰。

4）观众出入口广场应设有供观众集散的空地，空地面积应通过计算得出。

5）特大型馆、大型馆建筑的观众出入口到城市道路出入口的距离不宜小于 20m，主入口广场宜设置供观众避雨遮阳的设施。

6）建筑与相邻基地之间应按防火、安全要求留出空地和道路，藏品保存场所的建筑物宜设环形消防车道。

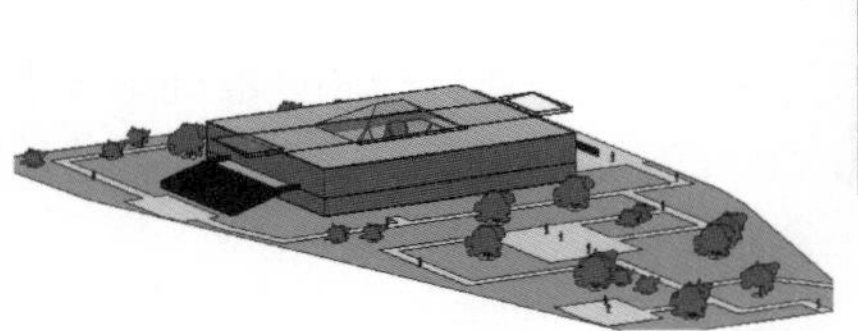

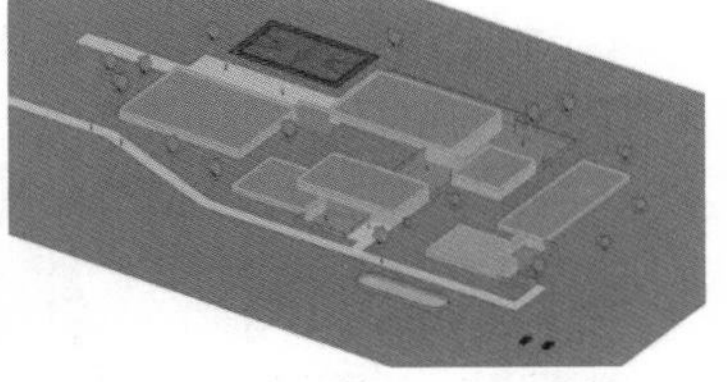

图 4.2-7　博物馆建筑设计方案比对

学生对以上场地设计要求进行分析之后，通过体量建模和场地模块创建生成了地表地形，并在之上完成了场地功能的布局，通过 Revit 视图的可视化，实现方案的比选（图 4.2-7）。在三维视图中，方案一是集中式布局，场地布局中道路、广场、景观等按中轴对称布置。建筑空间主要集中在地面之上，满足限高 24m 的要求；方案二是分散式布局，场地布局依托建筑自由式布置，建筑主要功能放置在地面之下，达到与周边环境相协调的设计要求，同时结合场地填挖统计，经过比选，方案二较有优势。不过设计方案的比选是一个复杂综合的过程，一个方案的最终选定是多方面综合因素影响的结果，两个方案要经过后续的发展和细化，从性能、空间、可持续设计等方面综合考量后，才能做出最后的决策。

4.2.3 总平面规划的优化

总平面规划是根据建筑控制性详细规划的要求，将建筑物四周一定范围内原有和拆除的建筑物、构筑物连同其周围的地形地物状况，用水平投影方法和相应的图例所画出的图样。BIM 技术在总平面规划方面的应用体现在以下几方面：

1）可以进行场地、建筑单体体量、道路系统、停车场、广场、环境等方面的设计，将这些设计进行可视化比对优选方案。

2）通过 BIM 中的统计功能，对场地面积、建筑面积统计后的指标进行分析，以验证与设计意图的一致性。

3）利用 BIM 自带的日照分析功能和第三方性能分析软件，对场地的日照、风环境、水利用进行模拟和分析。

经过上述操作，使总平面规划在日照、土地资源利用、绿化、区域环境影响、设计意图验证等方面进行优化和比对。根据《民用建筑设计统一标准》（GB 50352—2019）规定：不同功能的建筑在进行总平面规划时，要满足不同的设计要求。

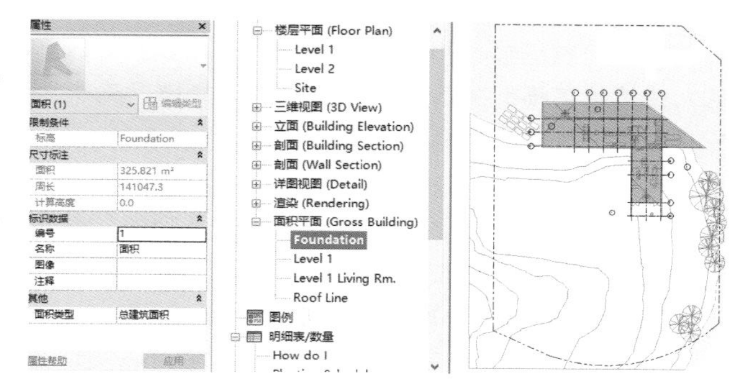

图 4.2-8 Revit 中的面积平面工具

BIM 相关软件的应用，可以使设计要求可视化和量化，从而达到优化的目的。Revit 是 BIM 软件中一款应用较广的软件，通过 Revit 进行场地建模后，还可以进行面积指标控制（图 4.2-8）、日照通风分析和场地平整成本控制，具体操作见表 4.2-1。

表 4.2-1 总平面优化对照表

总平面规划优化内容	《民用建筑设计统一标准》（GB 50352—2019）条文规定	Revit + 分析软件概念阶段分析软件
对比控规面积指标	1）应满足城乡规划的要求，并与周围环境相协调 2）建筑基地内建筑物的布局应符合控制性详细规划对建筑控制线的规定	1）运用 Revit 中的面积平面工具进行场地面积、楼层面积、屋顶面积的计算和统计（图 4.2-8） 2）Revit 中场地部分提供添加建筑地坪与绘制建筑红线功能
日照、通风	1）建筑基地应选择在地质环境条件安全，且可获得天然采光、自然通风等卫生条件的地段 2）新建建筑物或构筑物应满足周边建筑物的日照标准 3）建筑周围环境的空气、土壤、水体等不应构成对人体的危害	1）Revit + Ectect Analysis 进行场地室外风环境和日照模拟分析 2）Revit 自带的日照分析功能进行日照分析
场地平整成本控制	建筑应结合当地的自然与地理环境特征，集约利用资源，严格控制对自然和生态环境的不利影响	Revit 中地形明细表统计进行场地基地填挖土石方量统计(图 4.2-8)

4.2.4 参数化成本的估算

1. 参数化建模

在西方文艺复兴时期，许多建筑师的设计都是从建筑形式入手，把各种建筑元素依托在形式上，并使其具有一定的象征意义。但随着建筑行业流程、设计方式和交付方式的改变，在设计的早期阶段需要多专业、性能分析顾问、工程师、建造商、供应商、业主等各方代表参与进来。其中，工程师和建造商必须要考虑设计方案实现和建造，以及成本控制等问题。这就需要在建筑模型中加入除形式以外的建造级别的信息。参数化设计是实现这些诉求的工具和路径，可以把建筑模型更好地转化成生产能力，与建造、施工连接成一体。

参数化设计不同于传统 CAD 二维设计。传统 CAD 系统采用类似绘图系统的方式表达对象，把对象表达成用户定义的多边形，在不同的图层里进行不同深度的图纸绘制和设计。参数化建模最早被制造业开发出来，它不表示形式属性，如立方体、球体等，而是通过确定几何形状以及一些非几何特征参数和规则来表示对象。参数可以共享，并且与规则一起可以与其他应用相关联。建筑信息模型是基于对象的参数化建模。因此，主要的 BIM 建筑设计工具会提供软件中预定义的族，这些预定义的族都是参数化的对象，并且是有内嵌规则的。

在 Revit Architecture 中参数化设计包含两个部分：参数化图元和参数化修改引擎。图元都是以“族”形式出现的，这些构件通过一系列的参数定义。参数化修改引擎允许用户对任意部位的修改，可以自动修改其他相关联的部分。

2. 参数化形体外拓展——成本估算

Revit Architecture 中的参数化修改引擎可以实现图元修改后与其相关联的部分自动修改，无须自己手动修改。材料的数量统计是成本估算的基础。Revit 中的“材质提取”明细表工具适用于统计项目中各对象材质，并可以生成材质统计明细表，同时可以自动在明细表视图中显示各类材质汇总体积，以达到成本估算的目的。“材质提取”明细表工具是参数化设计中参数化修改引擎的应用，只要 BIM 模型中的任意一个图元有修改，在材料明细统计表中就会发生变化，实时更新无须手动。如在 Revit 中完成墙体建模后，设置好墙体材质和参数后可以在明细表视图中直接生成墙材质明细，见图 4.2-9。

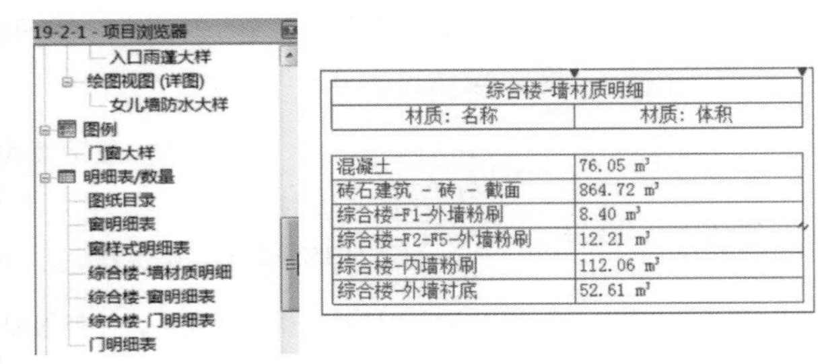

综合楼-墙材质明细	
材质：名称	材质：体积
混凝土	76.05 m³
砖石建筑 - 砖 - 截面	864.72 m³
综合楼-F1-外墙粉刷	8.40 m³
综合楼-F2-F5-外墙粉刷	12.21 m³
综合楼-内墙粉刷	112.06 m³
综合楼-外墙衬底	52.61 m³

图 4.2-9 墙体材质明细表

4.3 BIM 技术在初步设计阶段的应用

在项目初步设计阶段，设计师基于项目数字模型中的信息，通过管理信息和分析信息，从而优化建筑设计，对项目设计阶段的决策产生影响。设计师被认为是设计中最重要的优化者，非常善于权衡和整合。在项目的初步设计阶段，要平衡一系列问题，包括建筑形式、建筑系统和环境影响等。传统设计模式通常依托的是设计者的经验和能力，基于 BIM 技术的初步设计阶段主要依托数字化工具（例如电子表格和模拟软件）对具体问题进行分析，达到优化的目的。这些数字化工具是 BIM 的拓展应用，可以根据不同的设计目的进行各种性能分析。下面列举了可以在初步设计阶段利用BIM技术进行分析的要点，见表4.3-1。

表4.3-1 在初步设计阶段利用BIM技术进行分析的要点

内容	设计与措施	采用软件
日照	太阳轨迹示意图、遮阳和阴影（城市的规划、窗户百叶设计和日照采光分析）、室内照度	Revit 日光追踪 Ecotect Analysis 斯维尔绿建软件
通风	室内通风分析，包括自然通风、机械通风	Ectect Analysis 中 winair 插件
	利用流体动力学进行场地通风分析	
安全疏散	防火安全（烟雾模拟、防火疏散）；人的运动模型，包括入口、电梯排队情况	Vissim Pathfinder
成本估算	为场地平整和停车布局进行的填挖优化	Revit 场地模块 Revit 明细表
	规范审核	
资源能耗	水资源分析，包括地表径流、雨水收集	Revit 明细表 Revit-Tally 插件
	可再生能源利用：光伏和风、地源供热与制冷、二氧化碳排放、碳核算	
	可回收物、绿色材料追踪、二氧化碳排放、碳核算	

运用BIM技术进行的性能分析，在建筑设计中的应用可以满足不同规模和不同类型建筑的各种精度要求。这些与设计有关的软件，大部分都跟绿建设计有关，被称为“绿色BIM”工具，这就要求在建筑设计过程中，实施可持续设计的方法，遵循从外到内的设计方法，即环境系统—建筑系统—建筑形式等不同维度。

4.3.1 建筑性能分析

绿色建筑设计是控制建筑物各项技术性能最有效的手段之一。如果能在策划阶段或者是初步设计阶段就考虑可持续发展生态的技术因素，就会奠定整个设计的生态基调，才能使绿色技术手段成功实施。BIM模型是参数化模型，其中包含了大量的参数化信息，这些信息除了形式信息以外，还包含材料数量统计、材料性能、材料构造方式等，这些信息可被应用于绿色建筑分析以及施工建造等。在Revit中建造的BIM模型，可以通过gbXML数据格式将模型数据导入绿色分析软件中进行分析。

1. 日照分析

1987年，由世界环境与发展委员会在提交给联合国的报告中，对可持续发展提供了最佳定义：在不损害未来人类发展需要的前提下，满足当代人的需要的发展。一个可持续建筑会在设计和施工过程中降低对环境造成的影响。超越LEED标准的建筑设计和施工解决方案被定义为生态建筑。在现在的建筑行业里有关绿色建筑的表述有所不同，“绿色”“可持续”“生态设计”经常被用来互换。三者之间涵盖的内容虽然有所不同，但其共通之处是：建筑应在坚持以人为本的基础上，保护环境，节约资源，实现人类社会与生态环境的可持续发展。作为高耗能的建筑行业首当其冲的要进行变革，从设计到施工都要进行“绿色”设计。BIM思想与绿色设计有很强的关联，BIM系列软件中除了参数化建模以外，有大量的可以进行逐时分析的绿色功能。其中与日照有关的分析有模拟太阳辐射、日照轨迹和能耗分析等。在初步设计阶段会对项目进行日照分析，以反映日照和阴影对室内外空间和场地的影响。为了能够正确进行分析，需要关注以下几个方面：

1）要确定太阳与建筑的正确位置关系，也就是要在软件中确定建筑朝向。

2）创造一系列遮阳方法或者允许一些光照进入建筑空间，来帮助建筑师表达太阳与建筑形式、空间之间的关系。

3）要关注阴影情况可能对室外场地及周边建筑产生的遮挡和影响。

朝向即建筑面对的方向，朝向影响到冬季建筑物能够获得多少太阳得热，夏季因为不需要太阳得热而需要付出一定的制冷量，朝向还会影响通过建筑物的气流量，不同朝向风压也不同。建筑朝向是在建筑设计初始阶段就要首先考虑的因素，所有绿色软件的分析都是建立在项目正确的地理位置、正南方向以及盛行风的主导风向等气候地理基础上的。建筑朝向是保证建筑物能源负荷低的基础性因素。在炎热的气候条件下，采用必要的遮阳措施，可以减少直射进入室内的光线量，保持室内凉爽；在寒冷的气候条件下，需要更多阳光直射室内和围护构件，这样可以降低吸收太阳辐射降低建筑物的热负荷。经过大量的分析和总结，在北半球，如果建筑的四边之中只有一边开窗，能耗要求最低的朝向一定是窗户朝南。无论建筑处在寒冷地区还是炎热地区，如果窗户需要开在两面相对的墙体上，在南墙和北墙面上开窗的建筑能耗低于在东、西墙面上开窗的能耗。这样的节能效果在温暖的气候中更为显著。

方便建筑师进行日照分析的软件有很多，如 Virtual Environment、Insign、Autodesk Ecotect Analysis 以及 Revit Architecture 自带的绿色建筑分析工具。下面介绍其中几种软件在实际操作中的应用过程。

在 Revit 里首先要设定项目的地理位置，在后续的日照分析中以建筑的真实地理位置及朝向作为分析基础，气候信息的获得依赖项目的真实地理位置。设置了建筑的正北方向后，打开阴影和设置太阳方位，打开日光路径后可以查看日照静态分析和动态分析。在便捷的多视图切换过程中，建筑师可以查看各个方向上日照对建筑形式和场地的影响，从而提高工作效率，也可以更好地与团队中的其他专家进行良好而有意义的沟通。Autodesk Ecotect Analysis 是一款专业、全面的概念化建筑性能分析工具，它本身具有强大的建模功能，还可以通过 gbXML 数据格式与 Revit Architecture 中的建筑模型协同工作。Autodesk Ecotect Analysis 提供了许多逐时性分析功能，如光照、日照阴影、太阳辐射、遮阳、热舒适度、可视度分析等，而且得到的分析结果是逐时的、可视化的，方便建筑师高效、直接地在初步设计阶段把握绿色设计各项指标（图 4.3-1）。目前，国内的斯维尔分析软件也可以进行精细的日照分析（图 4.3-2）。

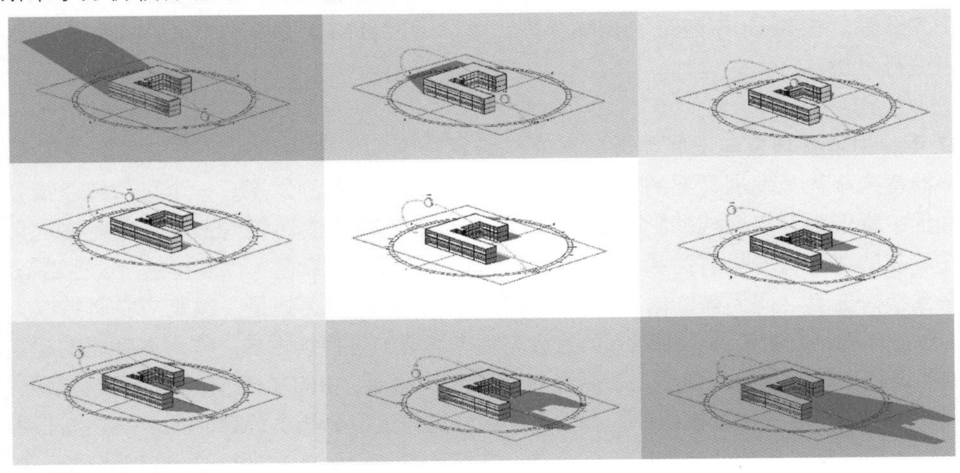

图 4.3-1　Revit 中日照分析

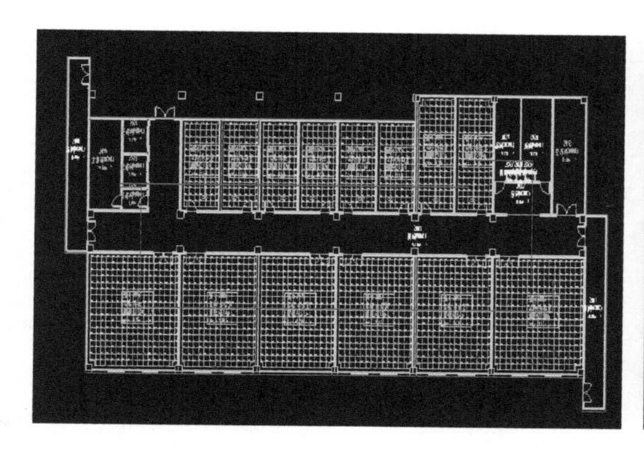
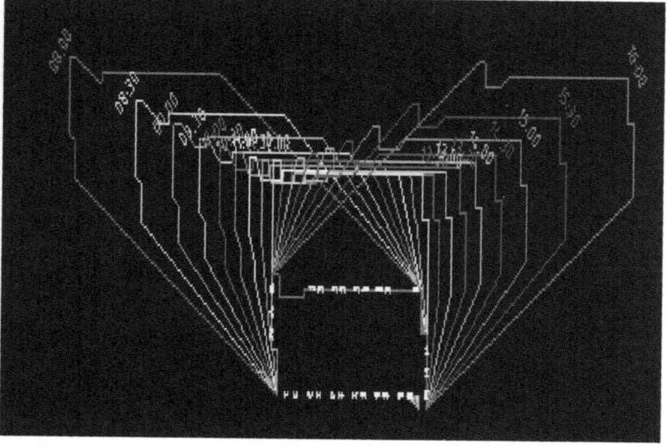

图 4. 3-2　斯维尔分析软件中的建筑日照分析

2. 自然采光分析

在建筑能耗的各个组成部分中，照明的能耗较大，在我国建筑采光设计标准和绿建评价标准中，都要求在设计阶段尽量充分利用自然光照明。在《建筑采光设计标准》（GB 50033—2013）中对建筑采光设计的总体原则表述如下：为了在建筑采光设计中，贯彻国家的法律法规和技术经济政策，充分利用天然采光，创造良好光环境、节约能源、保护环境和构建绿色建筑，制定本标准。根据国标惯例，即使不是绿色建筑，采光设计的标准也是要充分利用天然采光，一方面利于人类的视觉工作和身心健康，另一方面也有利于节能环保。

在充分利用自然光的设计标准要求下，建筑设计的过程中如何进行天然采光的设计、分析、统计和量化就成为建筑师及其团队所要面临的任务和挑战。BIM 及相关分析软件中，可进行可视化的逐时、逐月量化分析。在软件 Autodesk Ectect Analysis 中可以通过基本参数，如基本光度单位、采光系数、设计天空照度、室外临界照度的设置，进行临界照度分析、设计天空照度分析、高级采光分析、人工照明分析。其中，在高级采光分析中可以进行光控节能照明分析和全自然采光百分比分析。

全自然采光百分比是指建筑中的某一点被定义为全年工作时间中单独依靠自然采光就能达到的最小照度的时间百分比。在软件 Autodesk Ectect Analysis 中，全自然采光百分比与建筑所在纬度有关，经过软件模拟分析后，可以反作用于建筑设计过程中，进行建筑开窗大小设计和建筑方位设计（图 4. 3-3）。如设计一栋办公大楼从充分利用自然采光的角度入手，在空间布局上如果将内廊式变成中庭式，通过使用软件进行模拟，就可以发现室内功能用房满足采光系数的面积会有显著增加。

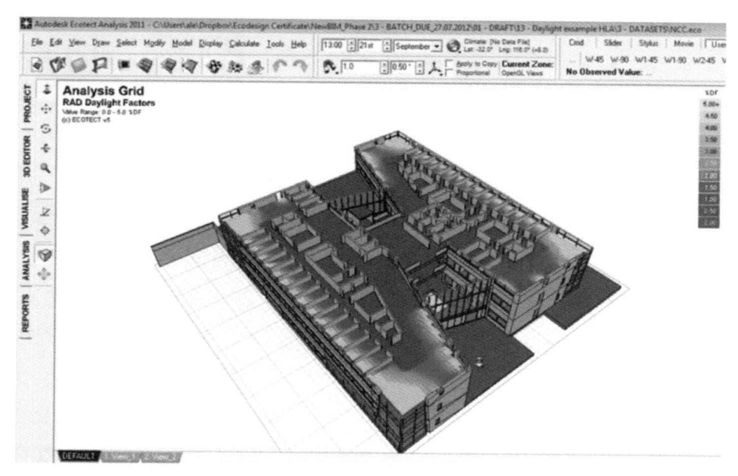

图 4. 3-3　Autodesk Ectect Analysis 室内光环境模拟

3. 建筑风环境分析

在《民用建筑绿色性能计算标准》（JGJ/T 449—2018）中指出室外物理环境性能应包括室外风环境、热岛强度、环境噪声、日照和室外幕墙光污染等内容。由此可见，室外风环境的研究是评估建筑室外物理环境的重要因素。风环境处理不当，会产生涡旋和死角，无法形成自然通风，不利于人类的身体健康，同时也不利于污染物的排放。在现代城市中建筑密度较大，建筑高度较高，不同类型和规模的建筑同处于城市空间中，相互之间的影响会造成区域性风环境的差异。目前，在建筑设计行业中对风环境的分析研究需要专业的顾问团队，通过计算机模拟软件对建筑所处周边的风环境进行计算和量化分析。通过分析结果进而修改建筑设计方案，引导建筑设计在场地规划层面寻求更加节能和绿色的方案。在计算机模拟分析方面，通常采用基于流体动力学 CFD 概念下开发的相关软件，如 Phoenics、Fluent 中的 Airpak 模块、Autodesk Ecotect Analysis 中 WINAIR 模块，这些软件可以在建筑模型的基础上进行逐时风环境分析（图 4.3-4）。

在建筑室外风环境分析中，首先需要关注建筑所在区域气候特点，我国幅员辽阔，不同区位的风环境有不同的气候性特点。其次，风作用于建筑会产生不同的作用，在分析过程中要重点研究以下几个方面：

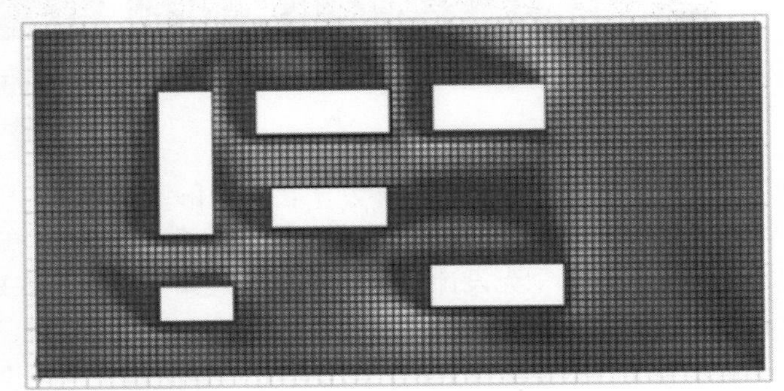

图 4.3-4　Autodesk Ectect Analysis 中 WINAIR 风环境模拟

1）冲刷效应：当风吹向建筑实墙面时，风无法通过，被建筑遮挡后将形成向下的强气流直接冲刷地面。

2）边角增强效应：当平行强风垂直吹向建筑时，风会被迫分成三股分别向两侧及顶部流动，在建筑拐角处，就会形成强风。

3）巷道风增强效应：在街道两侧形成排的连续界面建筑时，会使通过街道的风速增强。

4）建筑遮挡效应：当建筑有前后遮挡关系时，建筑高度前低后高，会使通过底层建筑顶部的风流加强并且会在前面低层建筑的背后形成涡旋。

5）建筑自身效应：当建筑为上大下小高层建筑时，上部被建筑遮挡的风流会改变方向变成垂直向下，这种变化会引起风速的增强，对下层小体量或者架空的空间产生影响。当上部为实体下部为底层架空的建筑，上部被遮挡风流也会从底部通过，形成强风速气流。

4. 交通、安全疏散分析

（1）BIM + Vissim

Vissim 是用于研究复杂交通问题的重要工具，是研究智能交通运输系统的重要工具和手段。通过 Vissim 可以仿真模拟交通流时间和空间变化，可以清晰地辅助分析车辆、行人、道路和交通的特征，从而进行有效的交通规划、交通组织、交通能源节约与物资运输流量合理化设置。Vissim 是一款微观交通流仿真软件系统，用于交通系统的各种运行分析。该软件系统能分析在车道类型交通组成、交通信号控制、停让控制等众多条件下的交通运行情况，具有分析评价、优化交通网络、设计方案比较等功能。Vissim 仿真软件内部由交通仿真器和信号状态器两部分组成，它们之间通过接口交换检测器数据和状态信息。Vissim 可以在线生成可视化交通运行状况，也可以离线输出各种统计数据，如行程安排和排队情况等（图 4.3-5）。

BIM + Vissim 可以对居住区、公建等大规模大体量建筑或建筑群，在场地入口选择、场地车流分析、场地地面停车方式、地库车辆停车车流和停车方式以及消防车道的分布等方面进行模拟和分析。在做这样的模拟仿真分析之前，需要建筑师对场地车流类型、数量、规模的信息充分掌握，并完成场地功能布局，即完成精确的场地模型和建筑体量模型。把 BIM 建筑模型中的道路和车网系统导入 Vissim 软件中，通过设置各种信息参数（车辆构成、车流量、仿真参数），进行交织区慢速交通行为、交通设计方案对比、行人的建模和仿真、道路交通和行人之间的互动等方面的模拟与分析。

图 4.3-5　交通模拟

在建筑初步设计阶段通过 BIM + Vissim 方式的仿真模拟，可解决以下问题：

1）建筑外部空间与城市空间之间，场地主次入口选择、视线遮挡、交通控制与碰撞的检测和模拟，实现可视化的仿真效果。

2）场地内部车流、行人、消防车等在无信号灯控制之下的通行情况模拟，以实现不同方案之间的直观比较。

3）大型地面停车场和地下停车库中，实现车流路径设计和重要交织区的车流控制的模拟和检测。

4）大型地面停车场和地下停车库中，不同停车方式（斜停、垂直停车、立体停车），对车流流速的影响。

（2）BIM + Pathfinder

Pathfinder 是一款基于人员疏散和移动模拟的仿真器。利用透明化功能来更好地显示密集人群在楼层中的疏散情况，提供了高性能的可视化 3D 模拟过程。在清晰透明化的视图中可以看到人员在前往楼梯进行疏散的过程。Pathfinder 还提供了 2D 时间关系曲线图的 CSV 文件和记录楼层疏散时间和出入口流通率的文本文件，该图能显示出建筑物内的人员数量随时间的变化（图 4.3-6）。

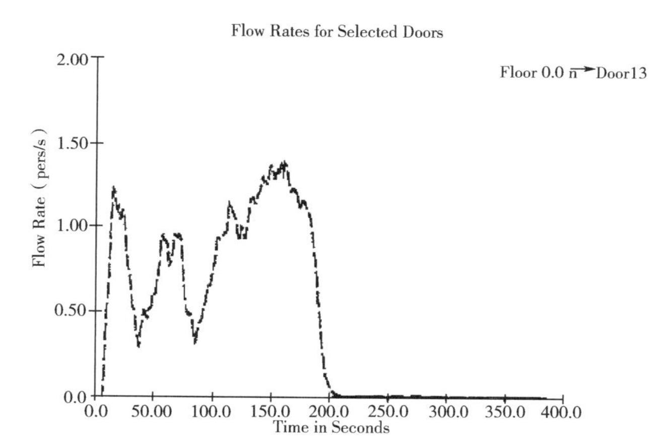

图 4.3-6　时间关系曲线图

Pathfinder 能够导入图像和几何文件，支持多种图像格式，如 DXF、DWG、FDS、PyroSim 格式，目前不支持 BIM 文件 RVT 格式。在 BIM + Pathfinder 应用过程中，要实现从 BIM 模型到 Pathfinder 的应用，需要经过文件格式的转换，有以下两种途径：

1）在 Revit Architecture 中打开 RVT 文件，直接另存为 DWG 文件再导入 Pathfinder 中。本方案操作简单，但在格式转换过程中，容易丢失材料信息和结构信息。

2）在 Revit Architecture 中打开 RVT 文件，另存为 FBX 文件，再导入 CAD 中，另存为 DWG 格式。此方案需要同时打开 Revit Architecture、CAD 进行交互操作，过程相对复杂，但能保留较多的 BIM 模型信息。

在 Pathfinder 中可创建楼层，绘制平面分隔房间，进行建筑空间建模。在导入图像后，需要经过运动空间绘制（楼梯、斜坡、扶梯、电梯）、创建人员（添加动作、去航点的动作、去房间的动作、通过电梯逃生的动作、等待动作等设置)、控制点操作、模拟操作(路径参数、行为参数、被困人员解救参数)完成整个建筑的消防疏散仿真模拟过程(图4.3-7)。

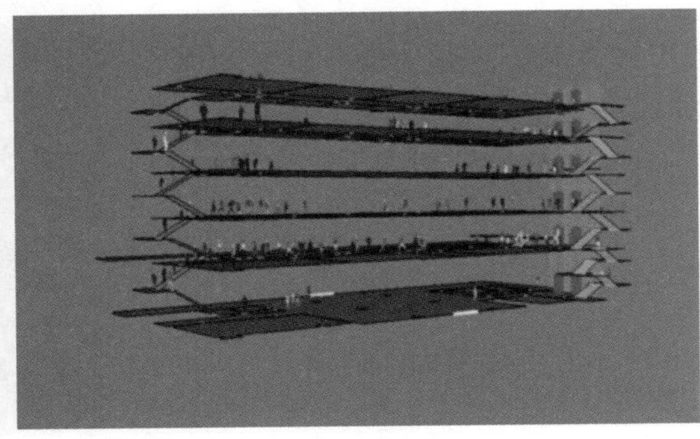

图4.3-7　消防疏散模拟

通过BIM+Pathfinder的仿真模拟和时间关系曲线图,建筑师可以检测出现有空间是否满足消防疏散要求,具体可以从以下几个方面入手:

1)消防疏散走廊在满足规范要求的前提下,空间是否合理,人员通行是否流畅,一定要避免紧急情况下发生踩踏事件。

2)满足双向疏散时,可以通过模拟检测两侧疏散是否流畅,疏散时间是否相差太大。要保证两侧疏散人流相对均匀,同时可以检验疏散空间的走廊尺度是否满足疏散要求。

3)对于人员密集型场所或者中大型空间,要重点进行空间人员疏散模拟。重点观测门的数量和门的宽窄不同所引起的疏散流量变化,房间最远点人员的疏散人流和时间。

4)一楼大厅疏散楼梯距离疏散门的疏散人流、疏散时间。

4.3.2　绿色建筑分析

1. 绿色建筑评价与标准概述

20世纪70年代绿色建筑运动从美国兴起,美国建筑师学会成立了能源委员会,从提高能源利用率的角度,帮助美国建筑师和政府机构,建造绿色低能耗建筑,以"拯救危险的地球"。1992—1998年,由美国能源环境保护署编著颁布的《环境资源指南(ERG)》为建筑师提供了一份可以用于进行绿色建筑设计的参考标准。这份文件比较了不同建筑材料、产品和系统带给环境的影响,并且为建筑材料从最初的提取到生产再到最后的报废处理以及重新使用的整个过程中,所有可能对环境产生的影响设置了统一的衡量标准。这就实现了在建筑全生命周期内长期、持续的对环境作用进行量化评估。早期绿色建筑的含义是建造一座对自然环境影响较小的建筑,如今"可持续建筑"的理念逐渐有取代"绿色"建筑设计的趋势,可持续建筑设计需要在更加宽广的环境系统里评估对环境的影响。生态建筑意味着:从运营角度,全年给环境带来的影响为零,所需的能源和水源能够自给自足,所产生的垃圾和废物能够自我清洁。不难看出,无论是绿色建筑、可持续建筑、生态建筑的最终目的都是要设计一栋满足使用者要求、性能良好、不损害环境、有益人类健康、满足业主预算的建筑,这就是建筑的终极目标。随着人类对可接受的环境的认知程度,对自身健康认知的不断深化,绿色建筑的标准是一个不断演进的过程。绿色建筑设计是一个从外向内的设计过程,把建筑和环境考虑成一个整体进行规划。这个过程也是一个整合设计的过程,在项目初期所有参与者包括甲方、建筑师、工程师、咨询团队和承包商都以合作的方式在项目中发挥自己的能量。在建筑的全生命周期里,无论哪个阶段,建筑活动对环境系统产生的影响，都会通过能耗的量化分析，反作用在建筑形式和建筑系统上。也就是说，在建筑设计的各个阶段里，都可以通过不同深度的能耗分析来设计建筑形式和建筑系统（图4.3-8）。

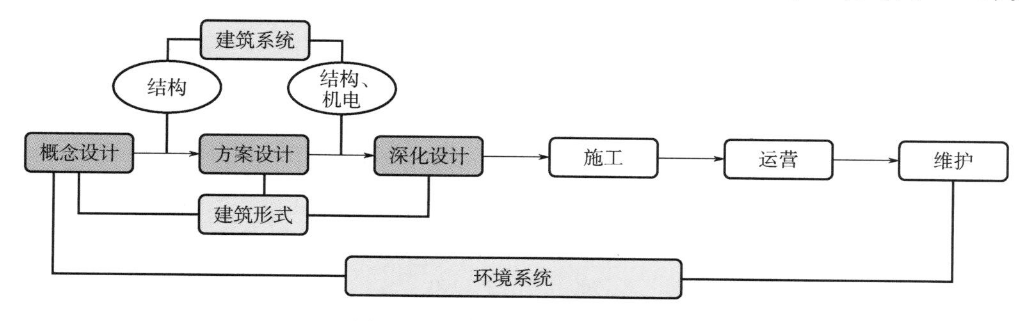

图4.3-8　建筑活动与绿色设计

在我国标准《绿色建筑评价标准》（GB/T 50378—2019）中，对绿色建筑的定义是“在全生命周期内，节约资源、保护环境、减少污染，为人们提供健康、适用、高效的使用空间，最大限度地实现人与自然和谐共生的高质量建筑”。在这个定义中体现了建筑节能、可持续发展理念以及“以人为本”的健康居住概念。绿色建筑就是从建筑各方面对环境影响的高度入手，不是为了满足功能和建筑居住空间去牺牲环境，也不是一味地依附自然环境而牺牲人类的居住空间，而是在两者之间通过评估、分析、设计、整合、施工、运营和维护等建筑全生命周期内的协同设计。BIM技术的应用，使可持续发展理念能够更好落实，完成和建成对环境影响最小的、高质量、低能耗建筑。以上所说绿色建筑仅是一个抽象的概念，那么在实际项目中达到什么样的标准才能称作绿色建筑呢？答案是要具备绿色性能。绿色性能涉及建筑安全耐久、健康舒适、生活便利、资源节约（节地、节能、节水、节材）和环境宜居等方面的综合性能。绿色建筑评价应遵循因地制宜的原则，结合建筑所在地域的气候、环境、资源、经济和文化等特点，对建筑全生命期的绿色性能进行综合评价。绿色建筑包括了建筑节能、可持续设计理念、健康的居住空间等概念，把这些丰富的内涵落实到项目实践中就分解成可以进行定量分析的绿色性能计算标准，其中包括室外物理环境、建筑节能与碳排放、室内环境质量三个方面（图4.3-9）。

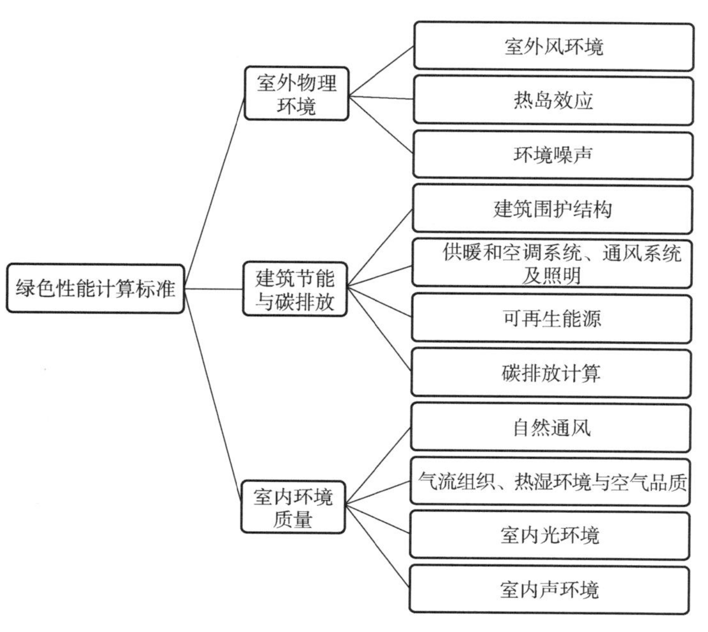

图4.3-9　绿色性能计算标准

根据我国标准《绿色建筑评价标准》（GB/T 50378—2019），绿色建筑评价与等级划分方法如下：

1）绿色建筑评价指标体系应由安全耐久、健康舒适、生活便利、资源节约、环境宜居5类指标组成，且每类指标均包括控制项和评分项。

2）评价指标体系还统一设置加分项。控制项的评定结果应为达标或不达标；评分项和加分项的评定结果应为分值。

3）对于多功能的综合性单体建筑，应按标准全部评价条文逐条对适用的区域进行评价，确定各条文的得分。

4）绿色建筑评价的分值要符合表 4.3-2 的规定。

表 4.3-2　绿色建筑评价分值表

	控制项基础分值	评价指标评分项满分值					提高与创新加项满分值
		安全耐久	健康舒适	生活便利	资源节约	环境宜居	
预评价分值	400	100	100	70	200	100	100
评价分值	400	100	100	100	200	100	100

绿色建筑评价的总得分应按下式进行计算：

$$Q = (Q_0 + Q_1 + Q_2 + Q_3 + Q_4 + Q_5 + Q_A)/10$$

式中　Q——总得分；

Q_0——总控制项基础分值，当满足所有控制项的要求时取 400 分；

$Q_1 \sim Q_5$——评价指标体系 5 类指标（安全耐久、健康舒适、生活便利、资源节约、环境宜居）评分项得分；

Q_A——提高与创新加分项得分。

绿色建筑划分应为基本级、一星级、二星级、三星级 4 个等级。

当满足所有控制项要求时，绿色建筑等级应为基本级。

绿色建筑星级等级应按下列规定确定：

1）一星级、二星级、三星级 3 个等级的绿色建筑均应满足本标准全部控制项的要求，且每类指标的评分项得分不应少于其评分项满分值的 30%。

2）一星级、二星级、三星级 3 个等级的绿色建筑均应进行全装修，全装修工程质量、选用材料及产品质量应符合国家现行有关标准的规定。

3）当总得分分别达到 60 分、70 分、85 分且应满足表 4.3-3 的要求时，绿色建筑等级分别为一星级、二星级、三星级。

表 4.3-3　绿色性能计算标准

	一星级	二星级	三星级
围护结构热工性能的提高比例，或建筑供暖空调负荷降低比例	围护结构提高 5%，或负荷降低 5%	围护结构提高 10%，或负荷降低 10%	围护结构提高 20%，或负荷降低 15%
严寒和寒冷地区住宅建筑外窗传热系数降低比例	5%	10%	20%
节水器具用水效率等级	3 级	2 级	
住宅建筑隔声性能	—	室外与卧室之间、分户墙（楼板）	
室内主要空气污染物浓度降低比例	10%	20%	
外窗气密性能	符合国家现行相关节能设计标准的规定，且外窗洞口与外窗本体的结合部位应严密		

2. 绿色建筑设计

要进行绿色建筑设计，需要改变传统设计思维，改变工作流程、应用 BIM 技术。在设计过程中需要考虑除功能、形式以外的环境因素、建造因素，因此在绿色建筑设计过程中可以采用以下工作顺序：

(1) 了解当地的气候和地域特点

了解气候特点需要广泛搜集科学数据，包括当地的位置、光照、风候、湿度、温度、植物和动物等内容。BIM 软件中的绿色分析都是建立在项目真实地理位置上的，因此项目团队最先要弄清楚的就是项目场地的经度和纬度。很多 BIM 软件中的项目位置可以选择获得此信息。太阳光照包括该区域基本的日照角度和日晒强度。日照角度与建筑物正南方向的位置信息结合起来就可以给建筑选择合适的建筑朝向。利用基本高度和方位角可以确定外部遮阳深度和遮阳方式。温度和舒适度结合的数据可以帮助优化遮阳设计，在制冷季节挡住多余的热量，在供暖季节获取太阳热量，又不会造成眩光。根据当地的降雨量，通过计算建筑物表层面积，就可以算出径流，为后续的重新利用提供数据。风和风向也为建筑朝向的选择提供了参考。

(2) 了解建筑类型

特定的建筑类型如何适应其周围环境，为了找出最合适的资源节约型策略，需要研究除了建筑朝向之外的建筑物的另外两个几何特性：建筑面积和建筑外表面积，这两个特性对能耗的影响较大。建筑面积越大不仅需要更多的建筑材料，还需要更多的能耗来满足采暖、制冷、采光、通风等需求。这些能耗都与建筑面积成正比。外表面积是指接触室外环境的建筑外表面积，也称为气候边界。冬季建筑的热量散失与建筑的外表面积成正比，夏季外表面积对制冷的需求影响也很大。假设相同的建筑面积下，不同建筑体型，可以通过外表面积与面积的比值（面积系数）来衡量其能耗量。L 形平面常见于居住建筑和公共建筑中，面积系数为 2.33，同样面积的简单正方形面积系数为 2.15。带有庭院的方形平面，面积系数是 2，没有方形庭院的建筑，面积系数为 1.71。C 形平面建筑，面积系数与方形庭院相当。因此，复杂形体比简单的方形或长方形建筑的造价和能耗要高（图 4.3-10）。

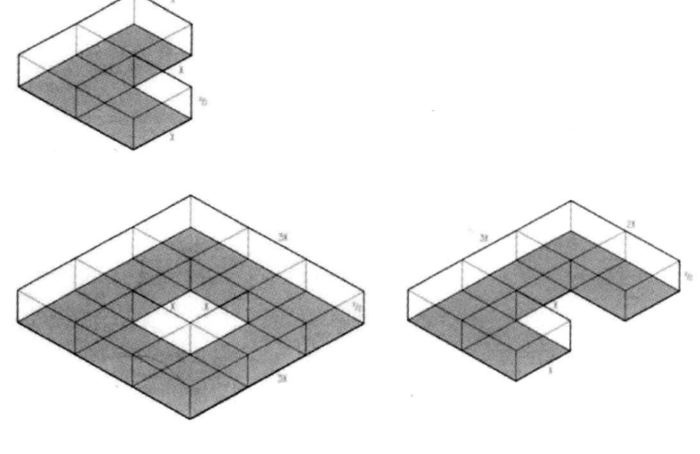

图 4.3-10　不同平面形式的面积系数

(3) 降低资源能耗需求

减少和压缩使用空间。简化装修，减少材料的使用量。所有材料的生产过程都要经过提取、制造、装配、运输和安装，在这个过程所产生的能耗被称为内含能。

(4) 使用免费的自然系统/本地资源

通过减少使用建筑材料可以减少材料内含能的消耗。取而代之的可以是自然能源和可回收利用的材料，如风能、太阳能、雨水的收集利用等。

(5) 使用高效的人造系统

选择尺寸正确、高效、灵活的机械系统，如照明、空调、制冷、供暖系统等。

(6) 抵消其他的负面影响

项目设计完成后，使用的材料所包含的内含能会被折算成二氧化碳来衡量对环境产生的影响。通过一些补偿措施抵消材料内含能对环境产生的负面影响。

3. 基于 BIM 技术的 CFD 模拟分析

CFD 是计算流体动力学的简称，是通过计算机数值计算和图像显示，对包含流体流动和热传导等相关物理现象系统所做的分析。CFD 是在流动基本方程控制下对流动的数值模拟。通过这种数值模拟，可以得到流场内各个位置上的基本物理量（如速度、压力、温度、浓度等）的分布，以及这些物理量随时间变化的情况。采用 CFD 算法可以建立反映工程问题和物理问题本质的数学模型，通过研究发现其算法有一定的规律性和系统性，通过编制程序进行计算完成数学模型下的数字计算，就大大减少了计算复杂问题的时间，提高了工作效率。把 CFD 算法运用在建筑工程领域可以发挥重要的作用，如风荷载对高层建筑物稳定性及结构性能的影响分析、室内的空气流动及环境分析等。常用的 CFD 商用软件有 Phoenics、Fluent 等。Fluent 是目前处于世界领先地位的 CFD 软件之一。Fluent 是一个用于模拟和分析在复杂几何区域内的流体流动与热交换问题的专用 CFD 软件，简单来说就是一个求解器，通过固定程序的设计输入相应参数，进行 CFD 算法计算得到结果。Fluent 在建筑设计、材料加工、环境保护等方面有着广泛的应用。Phoenics 是世界上第一款计算流体动力学与传热学的商用软件，它具有 CAD 接口，可以读入任何 CAD 软件图形，同时最大限度地向用户开放了程序，用户可以根据需要添加用户程序和用户模型。

4. 基于 BIM 技术的能耗模拟分析

LCA 生命周期评价，国际标准化组织对其定义为：对一个产品系统的生命中输入、输出及其潜在环境影响的汇编和评价，美国环保局对 LCA 的定义是：从地球上获取原材料开始，到最终所有的残留废弃物质返归地球为止，采用的一种测评任何一种产品或由人类活动所带来的污染排放对环境影响的方法。LCA 的理念落实到建筑行业，也就是要评估建筑从无到有以后，以及后续的运营和维护，对环境所带来的各种显性和隐性的影响。通过这种评估可以完整、系统地评估建筑业对全球环境的影响和改变。

广义的建筑能耗是指建筑材料制造、建筑施工和建筑使用的全过程能耗。运行能耗包括建筑环境（如供暖、通风、空调和照明等）和各类人员活动（如办公、炊事等）能耗。在《建筑能耗数据分类及表示方法》（JG/T 358—2012）中，建筑运行能耗按用途分为供暖用能、供冷用能、生活热水用能、风机用能、炊事用能、照明用能、家电/办公用能、电梯用能、信息机房设备用能、建筑服务设备用能以及其他专用设备用能。对于运行能耗，eQUEST、Ecotect Analysis 等软件可以进行基于 BIM 模型的全生命周期评估。除了运行能耗以外，建筑材料制造、运输、施工的能耗被称作“内含能”，属于静态物理属性，目前 Autodesk 公司的一款基于 Revit 平台的 Tally 插件，可以进行建筑材料内含能的量化分析，达到分析建筑材料带来的全生命周期环境影响的目的。

(1) Revit + Ecotect 应用

Ecotect Analysis 是 Autodesk 公司旗下的软件，是一款比较全面的概念化建筑性能分析工具，提供了即时性分析功能：光照与遮阳、太阳辐射、热舒适度、可视度分析等，其分析结果是逐时的、可视化的，适合建筑师在设计不同的阶段进行建筑各种性能分析。在建筑设计的概念设计阶段，BIM 建筑模型主要完成场地建模、场地功能分区、建筑体量构建，计算数据统计有填挖土石方量。基于建筑模型此阶段所能提供的信息参数，导入 Ecotect 中，主要进行区域信息识别，进行和气候条件等相关的分析（如日照与遮阳），在概念设计阶段，能耗分析主要集中在外部环境。在初步设计阶段，BIM 建筑模型中继续深化场地设计，建筑体量转变为建筑空间构筑，把概念设计的体量细化为建筑内部空间设计的深度。在计算数据统计上可以得到场地面积、不同建筑空间的面积、屋顶面积等，结合 Ecotect 可以进行外部环境以及室内空间的分析。在深化设计阶段里，BIM 建筑模型提供完整的建筑内外部模型，结合 Ecotect 可以进行室内外的能耗，包含气象、运行能耗的分析，进行方案比对和绿建标准评测。

（2）BIM-LCA 分析模块 Revit-Tally 插件应用

Tally 是 Autodesk 公司的一款基于 Revit 平台下的生命周期评价插件，生命周期清单数据库源于北美的评价标准。Tally 可以对 Revit 模型进行单体评价，也可以进行基于构件层面的方案比选。Tally 会自动读取模型构件的静态物理属性，之后便可以对不同构件族的每层材料确定 LCA 基础参数，LCA 是不同建筑材料所带来的环境影响。当使用 BIM 模型时，Tally 可以将 BIM 图元或者族与以 PE INTERNATIONAL 的软件 Gabi 为基础的 LCA 数据库关联。Gabi 拥有 LCA 最大的环境数据集，该数据库将材料属性、装配细节、工程和建筑规范与环境影响数据结合起来。Tally 插件严格遵循 LCA 四步评价流程，其研究的目标与范围为建筑空间形态与材料的比选。清单分析与影响评价有 ODP（对于臭氧层的破坏）、EP（水体富营养化）、GWP（温室效应）、AP（酸雨趋势）、SFP（粉尘烟雾颗粒）、PED（初级能源需求）、RE（可再生能源）、NRE（不可再生能源）8 项指标，其目的是将建筑方案的设计、运输、施工、运维阶段产生的环境负荷进行量化。结果解释有上述 8 项指标，经 Tally 计算以柱状图形式展示。

Tally 能够在建筑设计阶段完成对建筑材料带来的环境影响评估，对建筑设计的决策影响有以下几个方面：

1）尝试选择不同建筑材料，比较对环境影响的程度。

2）通过调整建筑功能空间、结构形式，减少高能耗建筑材料的使用比例。

5. 基于 BIM 技术的光学模拟分析

基于 BIM 技术的光学环境的模拟主要是指建筑室内光环境的模拟，光环境的模拟旨在建筑 BIM 模型基础上进行分析，分析结果可以指导建筑室内光环境的设计，并且可以计算是否能够节约能耗。建筑节能是世界建筑发展的方向，经统计在照明场所较多的建筑中照明能耗占到总发电能耗的 40%，因此充分地利用自然光线，合理使用机械照明可以达到很好的节能效果。从建筑设计的角度出发，在设计过程中如何通过模拟和分析，得到舒适且满足使用的室内光环境，是基于 BIM 模拟光环境的目的。在《绿色建筑评价标准》（GB/T 50378—2019）中，有关室内光环境的评价标准是充分利用天然光，总评价分值为 12 分，并按下列规则分别评分并累计：

1）住宅建筑室内主要功能空间至少 60% 面积比例区域，其采光照度值不低于 300lx 的小时数平均不少于 8h/d，得 9 分。

2）公共建筑按下列规则分别评分并累计：

①内区采光系数满足采光要求的面积比例达到 60%，得 3 分。

②地下空间平均采光系数不小于 0.5% 的面积与地下室首层面积的比例达到 10% 以上，得 3 分。

3）主要功能房有眩光控制措施，得 3 分。根据《绿色建筑评价标准》（GB/T 50378—2019）技术细则对以上条文的解释说明如下：

①住宅建筑的主要功能空间包括卧室、起居室等，宿舍建筑的主要功能用房为宿舍。

②根据现行国家标准《建筑采光设计标准》（GB 50033—2013）中的规定，公共建筑的主要

功能空间见表4.3-4。

表4.3-4　采光设计要求主要场所

建筑类型	采光等级	场所名称	侧面采光		顶部采光	
			采光系数标准值（%）	室内天然光照度标准值/lx	采光系数标准值（%）	室内天然光照度标准值/lx
教育类建筑	3	专用教室、实验室、阶梯教室、教师办公室	3.0	450		
医疗建筑	3	诊室、药房、治疗室、化验室	3.0	450	2.0	300
	4	医生办公室（护士室）、候诊室、挂号处、综合大厅	2.0	300	1.0	150
办公建筑	2	设计室、绘图室	4.0	600		
	3	办公室、会议室	3.0	450		
	4	复印室、档案室	2.0	300		
图书馆建筑	3	阅览室、开架书库	3.0	450	2.0	300
	4	目录室	2.0	300	1.0	150
旅馆建筑	3	会议室	3.0	450	2.0	300
	4	大堂、客房、餐厅、健身房	2.0	300	1.0	150
博物馆建筑	3	文物修复室、标本制作室、书画装裱室	3.0	450	2.0	300
	4	陈列室、展厅、门厅	2.0	300	1.0	150
展览建筑	3	展厅（单层及顶层）	3.0	450	2.0	300
	4	登录厅、连接通道	2.0	300	1.0	150
交通建筑	3	进站厅、候机（车）厅	3.0	450	2.0	300
	4	出站厅、连接通道、自动扶梯	2.0	300	1.0	150
体育建筑	4	体育馆场地、观众入口、大厅、休息厅、运动员休息室、治疗室、贵宾室、裁判用房	2.0	300	1.0	150

在充分利用天然光资源的同时，要采取措施进行窗的不舒服眩光控制和采光设计。其中，包括可以根据太阳角度进行自动调节的百叶、窗帘盒、调光玻璃等措施。在进行采光设计时，为避免眩光，在作业区会减少或者避免直射阳光，但这一标准与建筑设计中一些功能用房的日照要求相冲突。这时根据太阳位置可自动调节的措施，就能充分地发挥自身优势，满足建筑空间光环境的设计要求。可活动的百叶可自动根据需要进行调节，以避免太阳光直接射入室内。在冬季寒冷的白天，可以将百叶片收叠在一起，让窗洞完全敞开，以接纳太阳直射光线和太阳辐射，满足自然采光和得热的要求；在冬季夜间不采光时，将百叶片放成垂直状态，使窗洞完全被它遮住，以减少光线和热量的外泄，降低电能和热能损耗。同时，它还通过光线的反射，增加射向顶棚的光通量，有利于提高顶棚的亮度和室内深处的照度。

4）结合《绿色建筑评价标准》（GB/T 50378—2019），通过软件对建筑的室内光环境进行模拟（图 4.3-11），得出室内光环境分布图，结合 BIM 建筑模型的各层平面图，可以进行以下设计优化：

①对满足《绿色建筑评价标准》（GB/T 50378—2019）照度要求的主要功能场所，进行空间面积统计。

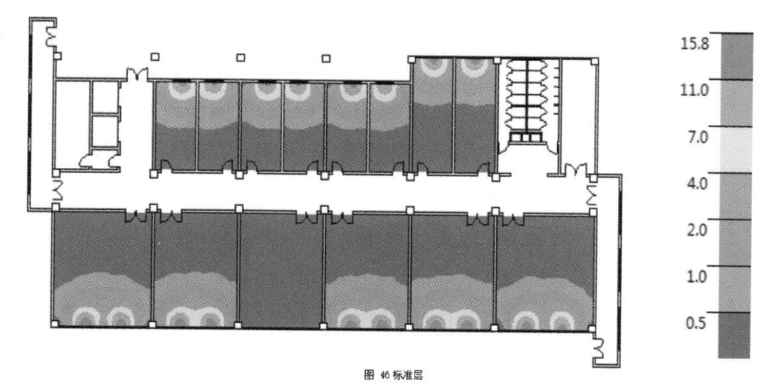

图 4.3-11　斯维尔绿建软件室内光环境模拟

②对无法自然采光的地下空间，满足采光系数不低于 0.5% 的空间和地下室总平面的面积进行统计。

③根据窗的不舒适眩光计算，调整窗户形式包括窗台高度、窗扇高度以及窗外遮阳形式等。借助于光学模拟软件可以完成上述数据的统计和计算。Ectect Analysis 可以针对自然采光、人工照明提供精确的模拟结果（包括采光系数、照度、亮度），也可对建筑节能照明提供一定的分析。国内的斯维尔绿建软件也可以提供精确的室内光环境模拟结果。在室内光环境的模拟过程中，除了要统计主要功能场所中满足绿色建筑设计标准光环境的室内面积，还要进行窗的不舒适眩光计算。根据《建筑采光设计标准》（GB 50033—2013）中的规定，窗的不舒适眩光计算要通过窗的不舒适眩光指数（DGI）值来体现。这些要求在国内的斯维尔绿建软件中都是可以实现的

4.3.3　结构性能分析

1. 结构设计概述

结构设计阶段一般分三个阶段：方案设计阶段、初步设计阶段、施工图阶段。

一般多高层结构设计分三个环节：概念设计、结构计算、抗震措施及构造措施制订。

（1）概念设计

概念设计是基于定性的分析，主要是立足于工程抗震基本理论及长期工程抗震经验的总结。从总体上把握抗震设计的基本原则，正确地解决总体方案、结构布置、材料使用和细部构造等，以便达到合理抗震设计的目的。概念设计尽管不需要计算，但是在设计中起着关键性的作用，是对整体方案的把控。

（2）结构计算

结构计算是定量计算分析。一般是通过建立结构模型，对整体结构方案进行计算分析，看是否满足结构功能（安全性、适用性、耐久性、稳定性）的要求。

（3）抗震措施及构造措施制订

抗震措施及构造措施是从保证结构整体性、加强局部薄弱环节等意义上保证抗震计算结果的有效性，弥补计算的不足，从而实现强柱弱梁、强剪弱弯、强节点弱杆件，满足抗震延性设计的基本要求和目的。

结构设计三个必要环节在结构设计三个阶段如何体现的呢？

2. 结构设计各阶段的任务要点

（1）结构设计方案设计阶段

结构设计的方案设计阶段主要任务：根据建筑方案的艺术效果及功能要求，结构工程师对

上部结构方案、基础选型进行初步确定，也就是从选择结构形式（如混凝土结构、钢结构还是砖混结构等）以及结构抗侧力体系（框架结构、框剪结构、剪力墙结构等）方面，来确定项目的结构整体方案。方案设计阶段也就是概念设计阶段。

基于 BIM 技术在这一阶段的应用，结构工程师可以直观地利用建筑三维空间展示效果图，与建筑师很好地沟通协调，初步确定结构方案。

（2）结构设计初步设计阶段

结构设计的初步设计阶段主要任务如下：

1）进一步论证方案设计阶段初步确定的上部结构方案、基础方案的合理性。

2）结构性能分析计算。采用相应的结构计算分析软件（如 PKPMCAD、YJK、广厦结构 CAD、ETABS、STAAD、Robot 等）进行结构建模，结构计算分析，根据计算结果分析判断结构方案的合理性，如不合理，再对方案在结构模型中进行修改调整，直至满足结构规范要求的性能控制指标，比如周期、周期比、位移角、层间位移比、轴压比、剪重比、层间刚度比、层间受剪承载力比、刚重比等。

3）对不规则、薄弱环节及复杂部位给出合理的处理措施。

结构设计的初步设计阶段，也就是结构设计计算性能分析环节。本节主要介绍 BIM 技术在结构性能分析方面的应用。

（3）结构设计施工图阶段

结构设计施工图阶段是结构设计成果以施工图的形成提交给甲方，是施工前期招标投标、实施阶段的依据。其设计成果主要有以下几方面内容：

1）所有构件的细部设计及构件配筋计算是否满足安全性、适用性、耐久性的要求。

2）绘制结构梁、板、柱、墙、基础、楼梯施工图及大样节点详图。

3）编制结构设计总说明。

3. 目前主流的结构分析软件

BIM 帮助结构工程师创建、分析更加协调和可靠的模型，目前主流的 BIM 核心建模软件 Revit 可与结构分析软件，例如 PKPM、YJK、Robot、STAAD、ETABS、广厦结构 CAD 等双向并联，如图 4.3-12 所示。

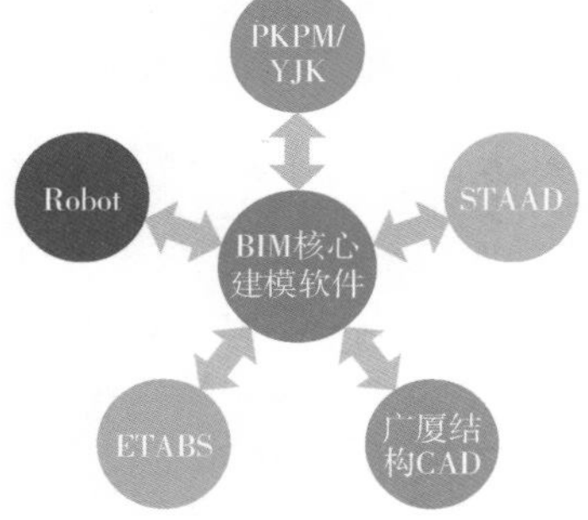

图 4.3-12　结构分析类软件（双箭头表示模型信息可以互相传递）

4. 结构设计基本流程

下面以 PKPM 结构系列软件为例，介绍结构设计基本流程，见表 4.3-5。

表 4.3-5　结构设计基本流程

结构设计阶段	结构设计基本流程		结构分析及绘图软件选取
方案设计阶段（概念设计）	结构方案确定		结构形式、结构体系及基础方案的选择
初步设计阶段（结构性能分析）	结构计算	上部结构分析计算	上部结构建模（PMCAD）
			上部结构整体分析计算（SATWE）
		下部基础分析计算	采用基础设计 JCCAD 进行建模并计算
		楼梯计算	采用基础设计 LTCAD 进行建模并计算

（续）

结构设计阶段	结构设计基本流程	结构分析及绘图软件选取
施工图设计阶段	结构施工图绘制	结构设计总说明
		基础施工图（JCCAD）
		结构平面施工图（PMCAD）
		结构墙、梁、柱施工图（墙、梁、板）
		楼梯施工图（LTCAD）
		结构节点详图

5. 结构性能分析

结构性能分析主要是通过结构性能分析软件对结构的功能进行计算分析，如结构的抗震、隔震、减震性能以及抗风性能，钢结构还有防火性能的分析等。

（1）结构分析程序三大模块

1）前处理模块。主要用于结构建模，如 PMCAD 功能之一为前处理模块。

这一阶段是通过人机交互方式对结构方案梁、板、柱、墙结构受力构件进行几何信息及荷载信息的输入。结构模型准确与否，直接影响第二阶段结构计算结果，因此结构建模是整个结构设计中的关键步骤，模型输入信息过程也是非常耗时费力的，当结构计算分析完方案不合适，还需要重新回到结构模型阶段进行调整。

2）结构分析与计算模块。主要用于结构分析计算，是结构计算的核心模块。如 SATWE、PMSAP、EPDA 等功能主要用于结构计算与分析。这一模块可接口前处理模块 PMCAD，对前处理信息进行校核检测，结构信息参数进行合理输入，并对计算结果分析，判断结构方案是否满足规范要求。

3）后处理模块。这一阶段主要是结构承载能力极限状态的设计和正常使用极限状态的设计，也就是荷载在结构上产生的效应 S 与结构构件本身抗力 R 的比较，当满足规范的要求后，进行构件的配筋设计并满足构造措施。然后进行施工图绘制，如墙、梁、柱施工图模块主要用于墙、梁、柱的施工图绘制，PMCAD 主要用于平面施工图的绘制。这一过程，人工干预程度低，主要由软件进行出图，人工编辑成清晰美观的施工图。

（2）BIM 技术在结构性能分析中的应用

基于 BIM 技术的信息化、参数化，只要将 BIM 模型导入相关性能分析软件，就可得到相应分析结果，节省了传统二维 CAD 时代需要结构专业设计师大量的机械性劳动。

采用 BIM 技术，使传统的前处理结构建模阶段过程也实现了自动化，BIM 软件可以自动将真实的构件关联关系简化成结构分析所需的简化关联关系，能够依据构件的属性自动区分结构构件和非结构构件，并将非结构构件转化成加载于结构构件上的荷载，从而实现了结构分析前处理的自动化，大大缩短了工作周期，提高了设计质量，并将结构计算结果存储在 BIM 模型或信息管理平台中，便于后续应用。

1）结构性能分析流程。采用计算机辅助设计程序进行结构设计，结构建模是前提，结构计算性能分析是关键，施工图绘制是结果。即建立结构模型是结构计算的基础和核心，对结构的抗震、抗风性能分析是灵魂。上部结构性能分析流程一般是结构建模、整体分析计算、计算结果分析与判断、结构方案的调整与确定，如图 4. 3-13 所示。

2）结构建模。结构建模，要以建筑模型为基础，尽量不影响建筑功能和美观。根据不同的结构形式，结构建模方式也不同。现在以 PKPM 系列结构设计软件为例，对于混凝土结构，传统的 PMCAD 建模方式，一般有以下三种：

①采用 PMCAD 模块建立结构模型。这是 PKPM 结构软件结构工程师最常用的建模方式之一。

②读取 APM 建筑模型。APM 是 PKPM系列软件中的建筑软件，其模型与 PMCAD 模型采用相同的数据结构，两个软件可以相互读取对方建立的模型，不需要接口程序。但建模中的侧重点不同，PMCAD 读取 APM 建筑模型时往往存在结构信息不准确的现象，因此需要调整。

③转换 AutoCAD 图形。即将 AutoCAD 软件的平面图转换为结构模型。

结构建模
1）结构受力构件（如梁、板、柱、墙）轴线定位；
2）各层受力构件几何信息及非几何信息的确定；
3）各层受力构件荷载信息的确定；
4）全楼组装形成三维结构图

整体分析计算
1）结构计算前期整体计算参数的确定；
2）对结构模型进行数检并生成计算数据；
3）进行结构整体性能分析计算；
4）进行结构构件承载能力分析

计算结果分析与判断
1）输出结构整体分析计算结果文本显示文件；
2）输出结构整体分析计算结果图形显示文件；
3）对整体计算控制参数的分析与判断

结构方案的调整与确定
对不满足控制参数要求的进行结构方案的调整

图 4. 3-13　上部结构整体性能分析流程

基于 Revit 软件的特点，可将建筑模型和方案设计的 CAD 文件通过导入或链接的方式加载到新建的结构样板中，而且可以将非结构构件直接转化为荷载。常用的建模方式有 CAD 图导入和直接建模方式，如图 4. 3-14 所示。

图 4. 3-14　结构建模方式

基于 BIM 技术在布置结构构件时，可以多个窗口或多显示器同时工作，将构件布置结果实时显示在其他专业三维模型中，及时修改因构件布置产生的碰撞，各专业模型完成后，还可以通过 BIM 平台协同工作，采用碰撞检测软件，查找定位模型之间的冲突之处。图 4. 3-15 所示是某五层办公楼组装后的结构整体三维模型。

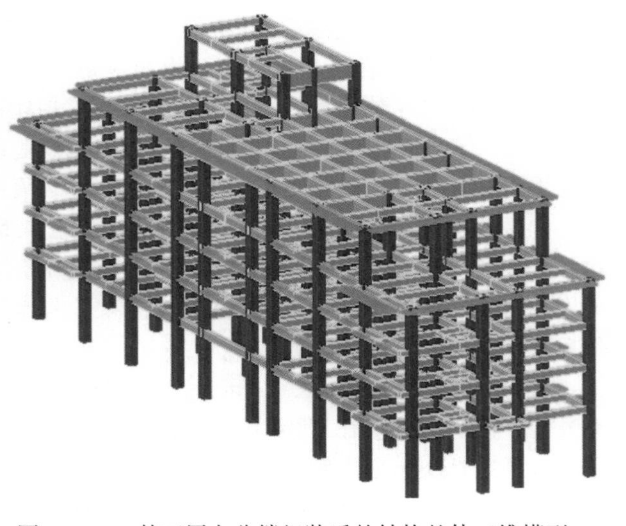

图 4. 3-15　某五层办公楼组装后的结构整体三维模型

结构建模完成之后，应选择合适的结构计算有限元分析软件进行结构整体分析计算。基于 BIM 平台数据共享的特点，选择有限元分析软件应考虑以下两点：

①具有对应 BIM 核心建模软件的数据交换接口。结构模型中的几何尺寸、荷载工况和边界约束条件等可以转换成结构有限元软件分析数据，避免在结构分析软件中重复建模。这种数据传递方式可以提高结构分析的效率。

②结构有限元分析软件能将经过计算分析后的模型反映到 BIM 建模软件中，以

便对原始模型进行更新或修改。

3）结构整体分析参数的合理确定。采用结构计算有限元分析软件进行结构分析时会遇到很多参数的设定，程序只能起到设计工具的作用，参数的选择需要设计人员根据规范的要求、工程的具体情况和软件对参数的限定自己判断。如果对设计程序中参数的取值不正确，计算结果也毫无意义。根据结构设计现行规范的要求：对结构分析软件的计算结果，必须进行分析判断，确认其合理、有效后方可作为工程设计的依据。

下面以 PKPM 系列结构设计软件 SATWE 为例进行结构整体分析计算。

整体分析计算参数主要有总信息、地震信息、风荷载信息、活荷载信息、调整信息、设计信息、材料信息、荷载组合和地下室信息等。

总信息见图 4. 3-16，地震信息见图 4. 3-17。

图 4. 3-16　总信息

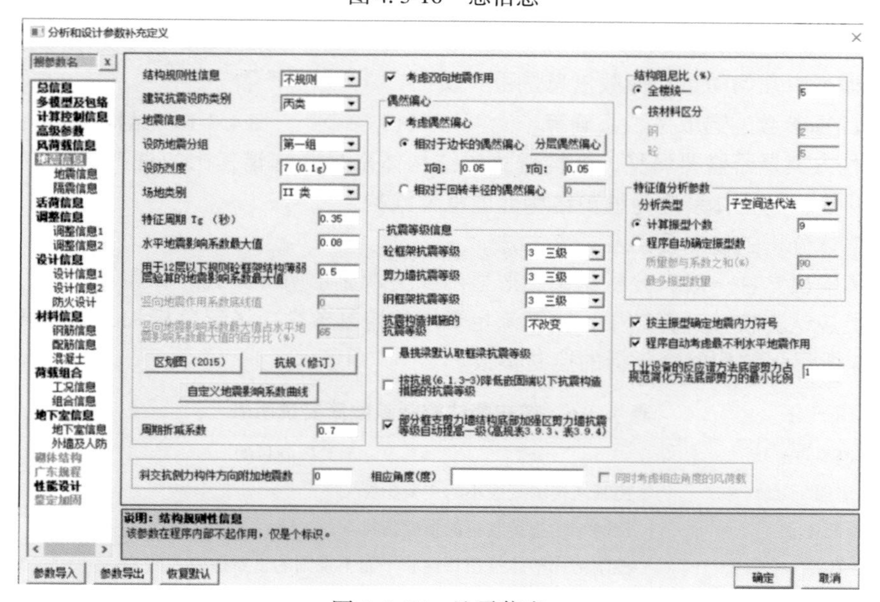

图 4. 3-17　地震信息

整体分析参数的确定必须依据国家颁布的现行结构设计规范，目前现行有关计算参数确定的结构设计规范，如《建筑结构荷载规范》（GB 50009—2012）、《建筑抗震设计规范》（GB 50011—2010）（2016 年版）、《建筑工程抗震设防分类标准》（GB 50223—2008）、《混凝土结构设计规范》（GB 50010—2010）、《高层建筑混凝土结构技术规程》（JGJ 3—2010）。

4）结构整体性能分析判断与调整。结构设计相关规范明确规定：所有计算机计算结果，应经分析判断确认其合理、有效后方可用于工程设计中。

因此，对计算结果的合理性、可靠性分析判断不仅是十分必要的，而且也是结构设计最主要的任务之一。设计人员必须依据扎实的力学概念和丰富的工程经验，首先对计算结果做到从结构整体分析，然后再到局部判别。

很多刚从事结构设计的人员，在结构计算完成后，往往先打开配筋结果看是否出现红字，一旦发现便马上进行截面的调整，直到红字不再显示，然后才去看结构整体控制参数是否合理，这就本末倒置了。

合理的结构整体方案往往对局部构件设计起到关键性的决定作用，比如：框架-剪力墙结构布置是否合理，对构件的计算结果影响甚大，剪力墙并非越多越好。剪力墙太多，刚度增大，相应的地震剪力也增加，构件的配筋也越大；反之，框架柱承担的地震力增加，附加轴力也相应增大，可能会引起轴压比不满足要求。因此，剪力墙的数量应控制到一个合适的比例。再如结构方案从概念设计方面看明显不合理或至少是局部不合理，若仅按局部构件的电算结果进行设计，结构将存在明显的安全隐患。因此，对结构电算结果的审查与分析，设计人员首先应从宏观总体上进行把握，重视概念设计，再到构件细节的控制。

结构性能分析主要是对结构的规则性、抗震性能、舒适度、稳定性几方面进行分析，如图 4. 3-18 所示。

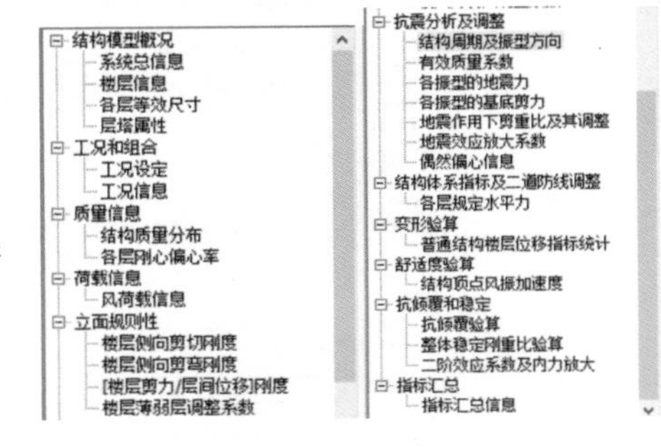

图 4. 3-18　结构性能分析对象

设计较为合理的结构，一般不应有太多的超限截面，基本上应能满足规范的各项要求。如果整体分析计算参数不满足要求，应对结构分析全过程进行审查。

①计算电算结果的审查要点。

a. 结构模型中几何信息和荷载信息是否有误；

b. 结构计算参数的选取是否正确等；

c. 对结构方案是否需要调整，结构形式或结构体系是否选错，比如框架结构中布置有钢筋混凝土电梯井筒，结构体系应为框剪结构而非框架结构。

②结构整体分析的控制要点及调整方法。

结构计算输出文件一般有分析结果图形显示和文本显示两种方式。

设计人员应认真校核计算结果，对不满足要求的控制参数应进行分析和必要的调整。

表 4. 3-6 所示为结构整体分析的控制参数。

表 4. 3-6　结构整体控制参数简要说明表

控制要点	控制目的
周期	控制结构刚度大小的主要指标
周期比	控制结构扭转效应的重要指标
位移比	控制结构整体抗扭特性和平面不规则的重要指标
层间位移角	控制结构整体刚度和竖向不规则的主要指标
层间刚度比	控制结构竖向不规则和判断薄弱层的重要指标

（续）

控制要点	控制目的
层间受剪承载力比	控制结构竖向不规则和判断薄弱层的重要指标
剪重比	主要控制各楼层最小控制剪力，确保结构安全
刚重比	控制结构整体稳定性的重要指标
轴压比	控制结构延性的主要指标

图 4.3-19 所示是某五层办公楼抗震性能分析中结构周期及振型分析结果，根据周期大小可以确定结构的刚柔性，周期越大，结构越柔，侧向变形越大。如框架结构，当在多遇地震作用下，层间位移角不满足规范要求 $U_e \leqslant 1/550$ 时，需要采取措施增大结构构件的刚度，如加大构件截面、加大混凝土强度等级等。

单位/s

1
0.9
0.8
0.7
0.6
0.5
0.4
0.3
0.2
0.1
0

0.9168（s）
0.8077（s）
0.7950（s）
0.3166（s）
0.2805（s）
0.2707（s）
0.1765（s）
0.1569（s）

振型1 振型2 振型3 振型4 振型5 振型6 振型7 振型8

图 4.3-19　结构周期及振型分析结果

注：图中蓝色表示侧振成分，红色表示扭振成分

根据周期比大小可以确定结构的规则性，是否出现过大的扭转。一般周期比不大于 0.9。

周期比为第一次出现扭转为主的周期与第一次出现平动为主的周期比值。本工程的周期比为 0.7950/0.9168 = 0.867，根据规范要求小于 0.9，满足要求。

若周期比大于 0.9，说明扭转成分太大，需要对结构方案进行调整。调整的原则一般是：加强外围结构的刚度或削弱内部刚度，以增强整体抗扭能力。如增大周边的剪力墙、柱的截面或数量，剪力墙尽量布置成 L 形、T 形和口字形，使其具有较好的抗扭刚度；或增大周边梁的截面高度，也可在楼板外伸凹槽处设置联系板或联系梁等。

图 4.3-20 所示是结构抗震分析第 8 振型曲线图。正常计算结果的振型曲线

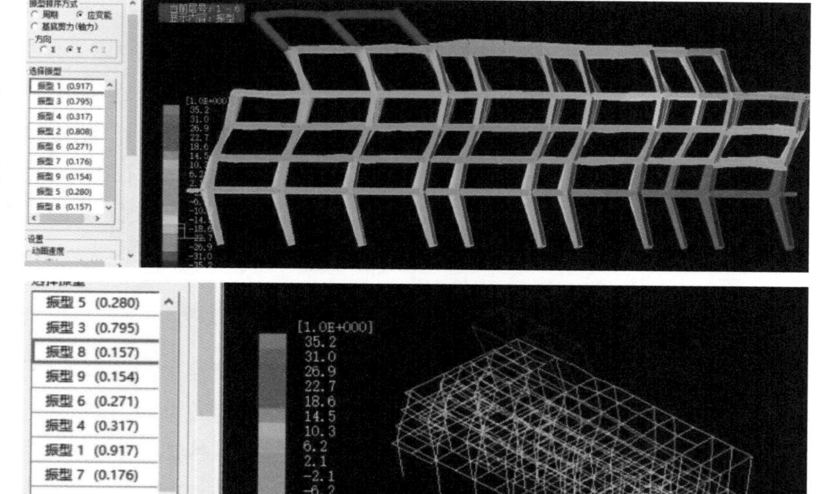

图 4.3-20　抗震设计性能分析振型曲线图

多为连续光滑曲线，当振型曲线有不光滑的畸变点，说明沿竖向有非常明显的刚度和质量突变。

（3）施工图设计出图

施工图阶段最终的成果文件是完成满足设备材料采购、非标准设备制作和施工要求的全套图纸。

Revit 软件是基于参数化设计的建模软件。建筑或结构模型完成后，可以通过各个标高的平面视图转换成施工图。后期设计发生变更时，无论是直接修改 Revit 项目浏览器的施工图，还是在三维模型中修改，其他视图相应位置的构件都会作相关联的修改。

通过 Revit 系列软件的项目浏览器可以高效管理设计图、施工图设计说明等图纸文件。详见施工图阶段详述。

4.4 BIM 技术在施工图设计阶段的应用

施工图设计阶段是各专业交付设计最终成果的阶段，也是项目设计“纸上谈兵”即将付诸实施的重要阶段，因此施工图设计阶段是设计与施工的桥梁。

施工图设计阶段，是在各专业初步设计基础上，进一步深化设计、完善各专业模型，完成施工图的优化设计阶段。

施工图设计阶段主要以施工图的形式表达建筑项目的设计意图，施工图出图前，各专业要相互协调，并经“三校（自校、互校、专业负责人校对）”“两审（主任工程师审核、总工审定）”“一会签”的质量控制程序，然后出图盖章交付甲方（建设单位），由中标的施工单位实施。

施工图设计阶段各专业的主要任务如下：

1）各专业协同设计及错漏碰缺的校审。

2）机电综合管线的布置与管线碰撞检测。

3）各专业施工图绘制出图。

4）工程预算的编制。

在设计过程中，传统的设计管理模式及 CAD 二维时代的设计制图方式，各专业间相互沟通协调不便、CAD 二维图不能直观表达实际建筑的空间关系，设计中错漏碰缺、设备专业管线打架现象时有发生，项目实施中变更层出不穷，造成成本增加、质量安全、进度拖延等一系列问题。

基于 BIM 技术的特性，可以很好地解决结构设计中存在的一系列问题。

下面从协同设计及错漏碰缺检测、机电管线综合布置及设备管线碰撞检测、一体化施工图及三维效果图方面的应用进行讲解。

4.4.1 BIM 技术在施工图阶段协同设计

协同设计，实际上是指设计过程中的一种沟通交流手段，也是建筑设计流程中的一种组织管理模式。建筑、结构、水暖电各专业之间经常要相互沟通协调，施工图交付甲方前，各专业要进行三校、两审、一会签的沟通协调，施工图审查交付后，各参与方要进行图纸会审的沟通协调。

各参建方、各专业之间之所以要进行协同作业，主要原因是在项目实施中，一是涉及参与的各个专业比较多，二是项目的最终成果又是各个专业设计的综合，但由于参与项目的人员专业分工不同、参与人员专业水平及经验也各不相同，或各专业参与人员沟通协调不到位，常常导致实际工程中变更、返工不断，甚至工程无法实现等一系列问题，严重影响工程质量、效率和成本控制等。

传统模式下的协同设计，是指各专业间在 CAD 二维时代沟通协调的方式，与目前推行的基于 BIM 技术的三维协同设计工作模式有什么不同呢，基于 BIM 技术协同设计又是如何实现的呢？下面逐一进行分析。

1. 传统 CAD 二维时代协同设计模式

根据各设计院内部出的建筑设计质量管理规定，传统 CAD 二维时代各专业沟通协同设计的程序如下：

1）建筑专业设计先行，将可满足其他专业设计的条件图（如建筑初步设计图或建筑施工图平、立、剖），以电子版或纸质文件的形式，提资给其他专业（如结构、给水排水、电气、暖通专业）。

2）各专业以书面形式相互提资，将设计过程中出现影响到其他专业的设计变更及时通知相应的专业。

3）接收到信息的各专业，将各文件落实到本专业的设计图中修改完善，并将修改后的文件，再以书面的形式反馈给原提资条件的专业。

4）工程设计实施过程中，有的需要根据工程变更情况，由项目负责人或总工程师、主任工程师、专业负责人等有关主持人召开各专业协调会，查找原因，寻求解决办法，然后进行相应的变更，采取合适的补救措施。

5）最后各专业施工图完成后，本专业进行三校两审，各专业间进行会签，直到各专业的图纸满足设计要求后，绘制施工图，出图盖章签字，按合同要求交付给甲方。

6）甲方再将全套施工图提交给有资质的施工图审查机构，审查合格后盖章。审查合格后的施工图才能交付中标的施工单位实施。

7）项目施工前，甲方组织各个参建方进行图纸会审协调沟通，其目的是尽量消除施工过程中出现的各种设计错漏碰缺失误。

由于 CAD 二维时代协同设计的过程都是单向进行的，并且是阶段性的，因此各专业的信息数据不能及时有效地传达。

比如说，结构专业负责人在校审设计人员结构计算或绘图中出现问题时，设计人员需要把结构模型发送给结构专业负责人，结构负责人需要采用同样的结构设计软件打开模型，然后一点一点检查设计人员结构建模中的几何信息和荷载信息，以及结构计算参数设置是否合理，然后再把截图做标记发送给设计人员，设计人员接到修改内容，再找到截图中相应问题，修改并重新调整模型或设计图，这么一版版传来传去，以为是最终版，结果不是，有时还需要一次次召开协调会议，这个过程费时费力，效率不高而且设计质量也很难保证。

在设计协调过程中，有时设计人员因路远赶时间等一系列因素，不按建筑设计管理流程，仅仅口头将设计中变化情况通知相应的专业，甚至有时忘记，即使一些信息化设施比较好的设计公司，利用公司内部的局域网和文件服务器，采用链接文件的形式，保持设计过程中设计图及时更新传递，但这仍然是一个单向过程，结构、机电向建筑反馈条件，仍然需要提供单独的设计条件图，专业的信息数据也不能及时有效地传达。

2. 传统 CAD 二维时代协同设计模式的弊端

传统设计协同设计模式下，各个专业的设计协调过程是相当复杂的，各专业设计软件自成一体，各自建模，任何两个专业之间都有可能产生相互的冲突，各专业间信息传递不到位，经常出现脱节、信息孤岛现象，又因 2D 施工图不具有可视化、一体化、信息化的特性，缺乏真实立体空间的直观性，对于复杂空间来说，各专业间所带来的冲突在二维图上很难反映出来，协同设计耗费了大量时间。

因此，在设计过程中，常常因设计周期短、设计人员责任心不强、各专业之间沟通不到位、三校两审一会签制度流于形式，各专业施工图之间或本专业之间，经常出现错漏碰缺、管线碰撞等问题，尤其是大型工程，水、暖、电设备各专业管线错综复杂、纵横交错，在管线布置时，由于各专业施工图是用 CAD 平台专业设计软件各自独立形成的二维平面图，很难做到相互间的协调。如：

1）建筑专业与结构专业，结构构件梁、柱、墙大小、位置、标高等影响到建筑功能的使用；如结构梁过高，影响门窗洞口大小、室内净高等。

2）设备专业与建筑、结构专业的冲突，如管线穿墙位置影响结构梁、柱、墙等受力构件的质量安全问题，或管线过低影响房间或走廊净高，影响到建筑的装修效果。

3）机电设备内部专业以及设备水、电、暖专业间的综合管线相互碰撞现象。

4）本专业之间出现的不协调，如建筑施工图各层平面与平立剖出现不一致现象。建筑平面图中梁、板、柱构件布置出现问题，见图 4.4-1。

模型错误修改前

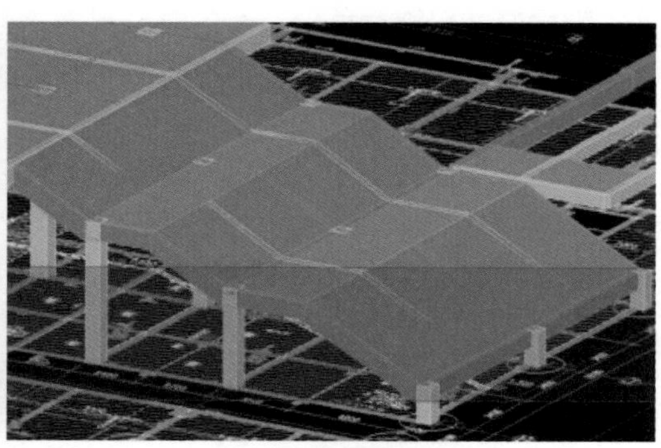

模型错误修改后

图 4.4-1　建筑平面图中梁、板、柱布置出现问题

诸如上述一系列问题，在 CAD 二维时代，施工时经常出现设计变更，严重影响工程的进度、质量和投资。

基于 BIM 设计平台使三维设计协同成为可能，工作方式由传统抽象的二维图形过渡到具体的三维空间，基于 BIM 技术特性应用于施工图阶段协同设计管理，可以很好地协调各专业之间或实施过程中出现的各种问题，而且模型的联动性对于设计修改来说极其便捷，见图 4.4-2。

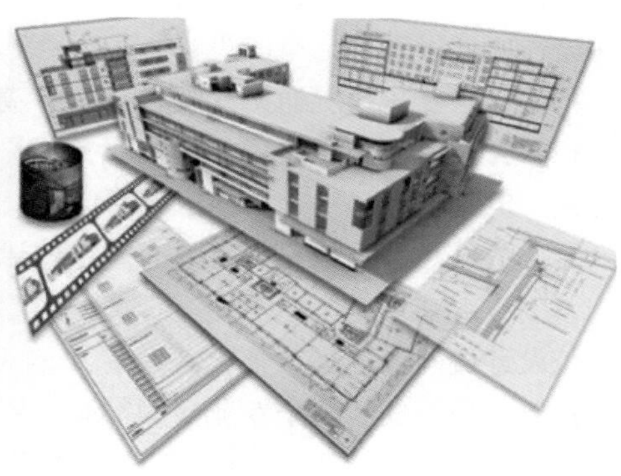

图 4.4-2　传统的 CAD 方式与 BIM 协调平台

其实，BIM的协同不仅仅用于设计阶段，而是贯穿于整个项目全生命周期的各个阶段。BIM电子文件，能够在参与项目的各建筑行业企业间共享。如建筑设计专业可以直接生成三维实体模型；结构专业则可取其中墙材料强度及墙上孔洞大小进行计算；设备专业可以据此进行建筑性能分析、声学分析、光学分析等；施工单位则可取其墙上混凝土类型、配筋等信息进行水泥等材料的备料及下料；开发商可取其中的造价、门窗类型工程量等信息进行工程造价总预算、产品订货等；而物业单位也可以进行可视化物业管理。BIM技术在整个建筑行业从上游到下游的各个企业间不断完善，从而实现项目全生命周期的信息化管理，最大化地实现BIM技术应用的意义。

3. 基于BIM技术在施工图阶段的协同设计

（1）协同设计的含义

BIM技术在施工图阶段的协同设计是指项目在设计过程中，各专业设计所有成员，通过协同软件（如Revit、ArchiCAD）共享同一个BIM模型数据源，将各专业设计的内容、成果、过程资料等在一个平台上共享，各专业设计人员能及时了解其他专业设计人员或本专业设计人员的最新设计动态，只要有任何修改和变更，都能同步修改。比如说，在三维模型中修改梁柱截面尺寸，在其他专业中都会体现，材料表、工程量计算也会随之自动更新。

其实，协同设计的过程，就是各专业设计成果信息在同一个平台实现共享不断完善的过程。基于BIM技术在施工图阶段的协同设计，就是借助BIM的可视化、信息参数化、一体化、协调特性，通过同一数字模型将建筑各阶段相互联系在一起，也就是说建筑、结构、给水排水、暖通、电气等各个专业基于同一个模型进行工作，各专业设计自己的模型，其他专业不需要等待提资，就可以立刻看到其他人的修改，并能直观地看到设计中的问题，及时沟通解决，从而在真正意义上实现三维集成协同设计。

BIM技术可以将不同工种之间的数据进行传递和共享，即把不同专业、不同功能的软件系统，如结构、给水排水等系统有机地结合起来，在设计期间采用非冲突、协作的方式，用统一的平台来规范各种信息的交流，保证系统内信息流的正常通畅，提高工作效率，改善项目品质。

（2）BIM协同设计功能的特征

1）模型数据共享，所有参与人员，在单一模型数据库内存取信息。

2）支持多专业多人，同时使用同一3D实体模型进行“多任务模式”的同步协同作业。

3）可以运用多媒体通信技术，促进不同地域参与者的异地协同工作，缩短时空距离。

4）可以对文档处理和工程项目设计进度进行综合管理。

（3）施工图阶段协同的参与方

项目的实施过程中，项目的参与方、各专业间都在不断进行着协调。主要参与方有：

1）项目设计各专业（建筑、结构、给水排水、暖通、电气）之间的协调。

2）本专业内部的协调。

3）设计单位与业主之间的协调。

项目参与方可基于BIM技术可视化、一体化、协调性、信息化等特性，在同一三维模型展示共享平台上，对设计项目进行沟通、交流、协调和优化设计，设计人员可以充分了解业主的需求和意图，各专业设计人员的修改也可同步进行，并可以通过碰撞检测软件（如Naviswork、Revit、广联达BIM审图软件等）进行错漏碰缺、管线综合碰撞的检查，并将检测结果及时传递给相应的专业人员，进行修改完善优化，以提高设计的质量，降低施工中的变更所引起的不必要损失。

（4）协同设计的价值体现

1）解决各个专业项目信息出现“不兼容”的现象。如管道与结构的冲突、预留洞口没留或尺寸不正确等。

2）减少施工过程的变更，降低施工过程中重复和浪费。

3）模型可视化程度高，可以方便各参与方之间的沟通协调。

4）利于项目实施人员之间的技术交底和任务交接的能力。

5）协同可以实现项目可视化、参数化、信息化动态管理。

6）BIM 技术的协同大大提高了项目实施与管理的效率。

图 4. 4-3 所示为传统 CAD 二维时代协同设计模式与 BIM 时代协同设计模式的对比。

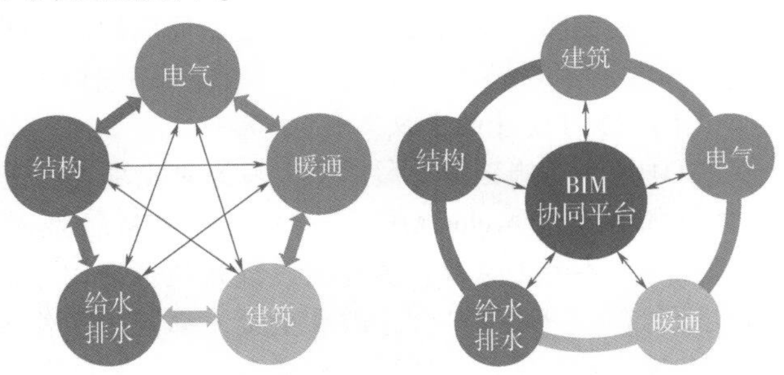

图 4. 4-3　传统 CAD 二维时代与 BIM 时代各专业协同设计模式的对比

4. BIM 协同设计的工作模式

在 BIM 协同设计过程中，通常存在以下两种工作模式：

（1）异步协同设计

异步协同设计是一种松散耦合的协同方式，是多专业设计人员在分散集成的平台上，围绕共同的任务进行协同设计工作，但各自有不同的工作空间，可以在不同的时间内进行工作。

（2）同步协同设计

同步协同设计是一种实时在线的协同工作，其特点是多专业设计人员在相同的时间内通过共享工作空间进行的设计活动，并且任何一个参与者都可以迅速地从其他设计人员那里得到反馈信息。也就是说，在线模型或图纸不再是改一版反馈意见再改一版，而是一边做设计，一边提出意见，可以多人提意见，还能进行在线讨论。

由于工程设计的复杂性和多样性，单一的同步或者异地异步协同模式，很难满足协同设计的需要，在 BIM 协同设计过程中，异步协同与同步协同往往交替出现，不同专业间的协同工作常采用异步协同模式，同一专业内的协同工作常采用同步协同模式，即采用共享的工作方式进行并行设计，见图 4. 4-4。

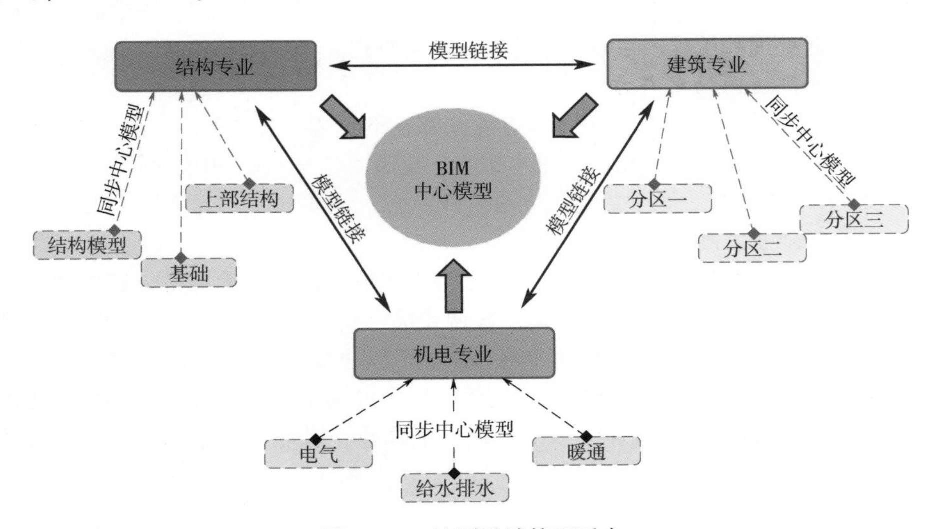

图 4. 4-4　协同设计管理平台

5. BIM 协同设计的实施流程

不管是 CAD 二维时代的沟通协调还是 BIM 时代的协同设计，项目实施前，协同的标准、规定等都应该有据可依，也就是企业或项目组应建立一套完整可行的实施流程，并将 BIM 标准纳入其中。基于 BIM 技术的协同设计实施流程，见图 4.4-5。

图 4.4-5　基于 BIM 技术的协同设计实施流程

（1）编制 BIM 协同设计标准（图 4.4-6）

图 4.4-6　BIM 设计协调标准

BIM 协同设计标准可以参照国家或地方 BIM 标准编制，一般主要包括以下内容：

1）BIM 项目执行计划模版。模版作用：帮助 BIM 项目负责人快速确认项目信息，确定项目目标，选用协同工作标准，并明确项目资源的需求。

2）BIM 项目协同工作标准。标准作用：保证各专业确立数据检验及专业间协调机制，保证各专业协同设计顺利进行。

3）数据互用性标准。明确适用于不同项目类型 BIM 相关软件、核心建模软件与专业分析软件之间的数据传输标准，以保证 BIM 技术在协同设计中顺利实现。

4）数据划分标准。确保项目工作的合理分解，为项目进度计划的制订及后期产值分配提供重要依据。事先规定建模的操作及深度，避免深度不够导致信息不足或信息丢失。

5）显示样式标准。主要为了形成统一的 BIM 设计成果表达方式，比如文字样式、线型宽度、模型样式、填充样式等。

6）文件夹结构及命名规则。建立文件夹命名及归档存储规则，以便项目数据的共享查询，有利于协同工作。

（2）制订 BIM 项目执行计划

制订 BIM 项目执行计划，是 BIM 协同设计标准手册中一项重要内容，项目执行计划的内容主要包括项目信息、项目目标、协同工作模式及项目资源需求等。

采用 BIM 做项目，资源多、要求高，项目组应全面分析考虑，预知项目实施过程中的重点、难点，协同工作的内容尽可能具体，这样才能保证项目的顺利完成。

（3）组建 BIM 项目设计团队

一般 BIM 项目设计团队由三大角色组成：BIM 项目经理、BIM 各专业设计师、BIM 项目协调人员。其职责具体如下：

1）BIM 项目经理。项目经理是最重要的角色。负责内外协调沟通及技术管理工作，制订项目具体 BIM 目标、工作流程和标准、管理项目团队、监督执行计划的实施等。因此，对 BIM 项目经理要求高，需要其有一定资历，经验丰富。不仅懂技术又要懂管理的复合型、应用型工程师才有资格担任。

2）BIM 各专业设计师。BIM 各专业设计师必须懂技术会 BIM 相关软件的操作，来展示自己的设计思路和成果。BIM 设计师按专业分为建筑 BIM 设计师、结构 BIM 设计师、机电设备 BIM 设计师等。

3）BIM 项目协调人员。BIM 项目协调人员是介于 BIM 项目经理和 BIM 各专业设计师之间的衔接角色。BIM 项目协调人员负责协同平台的搭建，在平台上具体实施 BIM 项目经理的管理意图，以及对软件、规范等的培训，模型审查，冲突协调等工作。BIM 项目协调人员可分为 BIM 构件管理员、协同平台管理员、冲突协调员。

（4）各专业设计任务分解

设计任务的分解，各专业根据项目复杂程度，按照一定的原则和方法进行分解，以便于各专业间或本专业间的协同设计。

（5）建立协同设计平台

协同平台是为了保证各专业内和专业之间信息模型的无缝衔接和及时沟通，这个平台可以是专门的平台软件，如 Revit、ArchiCAD，也可以利用 Windows 操作系统来实现。协同平台应具备的最基本功能之一是信息管理和人员管理。

1）信息管理。信息管理主要是信息的共享，即所有项目相关信息应统一放在一个平台上。比如设计标准、规范、图纸等文件，应当被授权的项目参与者共享使用。另外，还要做好信息安全的管理，BIM 项目中的很多信息是企业的核心技术，这些信息的外传会影响企业的核心竞争力，项目中很多信息是不易公开的，因此不能随便复制给其他公司使用。

2）人员管理。每个项目的参与人登录协同平台时需要进行身份认证，管理者可以方便地控制协同平台上每个人能做什么，不能做什么，监控每个人正在做什么和做过什么，来实现对项目参与者的管控，保证 BIM 项目的顺利实施。

（6）协同设计实施

基于 BIM 技术协同设计的实施，所有专业基于同一平台、统一流程、统一标准开展工作实现协同设计，项目各专业设计师各司其职，建立模型、沟通协调，修改完善，最终完成 BIM 模型的建立。

协同设计可选择 Revit、ArchiCAD 工具软件来实现。下面以 Revit 为例介绍项目协同设计的实施。

Revit 软件提供了专门的协同设计的工具，其中包括工作集和链接两部分内容。

1）工作集。当项目需要进行各专业协同设计时，可启动 Revit 中的“协作”。工作集是人为划分图元的集合。

在 BIM 的协作中，工作集是有权限设定的，可以通过给每一个不同的参与者赋予不同的权限，去修改自己负责的一部分设计，而不会不小心修改了其他人的设计，并且每个人可以在同意的前提下将自己的权限临时性地借给别人，让别人也能够方便地帮助他进行修改。

一般在给定时间内，只有授予权限的成员可以修改每一个工作集，团队成员可查看其他小组成员所拥有的工作集，不能对它们进行修改，但可以从不属于自己的工作集借用图元，编辑完成后保存到中心文件，再还给原来的工作集，如图 4.4-7 所示。

BIM 的协作中，工作集的协作流程一般为:

①项目负责人根据工程复杂程度及项目组成员数量，将设计模型划分为若干个组成部分，各部分之间不能重叠。

②将建筑中构件分配到相应的部分，制订编辑权限，同时将模型文件保存为设计中心文件。

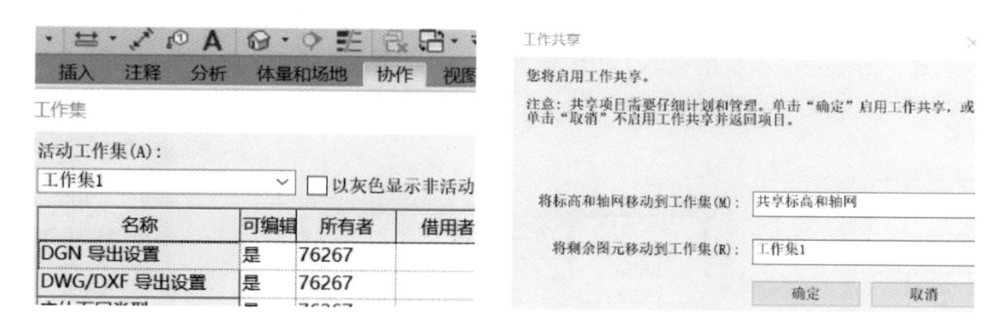

图 4.4-7　Revit“协作”共享工作集

③项目组成员可通过网络访问服务器的中心文件，通过“另存为”命令，得到各自需要编辑的部分，在本地计算机进行编辑修改深化设计；修改深化设计过程中，项目组成员可随时将自己的设计成果更新到设计中心文件中，以便其他成员及时查看，从而使设计工作保持一致。

2）链接。该方法适用于单体建筑或可以拆分为多个单体，且需要分别出图的建筑群项目，设计团队的建筑师各自完成一部分单体设计内容，并在总图（场地）文件中链接各自的 Revit 模型，实现阶段性协同设计。

对特大型项目，也可以在“链接”中使用“工作集”功能。两种方式结合，实现更大规模的协同设计。

在 Revit 软件中将建筑设计、结构、设备专业联系在一起，三个专业在同一平台下工作，整个工作流程为多专业同时进行，信息在不同的专业之间相互共享、连续。可以实现专业内、专业间的协同设计。

①建筑设计与结构设计的协同。基于 BIM 的建筑设计与结构设计的协同，比传统的二维模式结合更为紧密，避免设计重复和信息不一致，建筑专业可根据结构布置更好地考虑空间布置，结构可以根据建筑布置更清晰地布置荷载，增强建筑设计与结构设计的互动。

结构设计专业使用“复制/监视”模式来监控、修改信息模型。建筑设计专业也可以使用碰撞检查工具，以检查建筑构件是否与结构构件存在碰撞冲突。这种协作模式，可以有效地解决建筑设计与结构设计之间的矛盾，如图 4.4-8 所示。

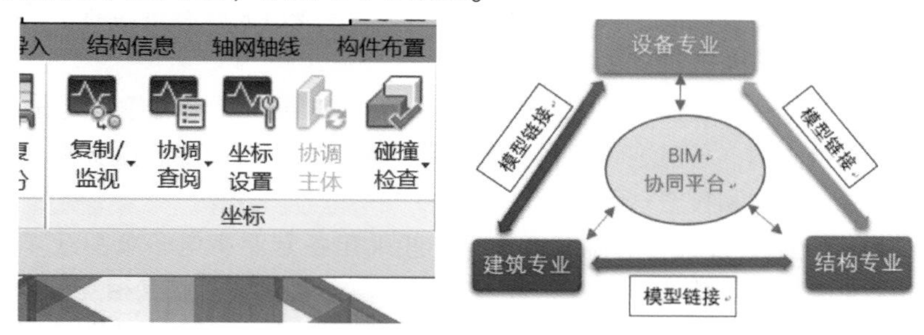

图 4.4-8　各专业协调链接

②建筑、结构设计与设备设计的协同。设备设计专业管线布局受到建筑空间造型与建筑、结构设计专业的制约，建筑、结构设计专业都可以链接设备模型，检查与建筑模型、结构模型是否存在冲突。通过多专业间的协同，错漏碰缺管线综合问题可在设计阶段很好地解决。

③本专业内的协同。建筑、结构、给水排水、电气、暖通各个专业内部协调，均可通过上述协调方式，实现专业内的沟通、交流、协调。

因此，在这种团队协同模式之下，不同专业之间以及本专业间，都能在设计过程中相互协调，相互沟通，形成一个有机的整体。BIM 技术协同设计模式下各专业之间软件与信息互用关系如图 4. 4-9 所示。

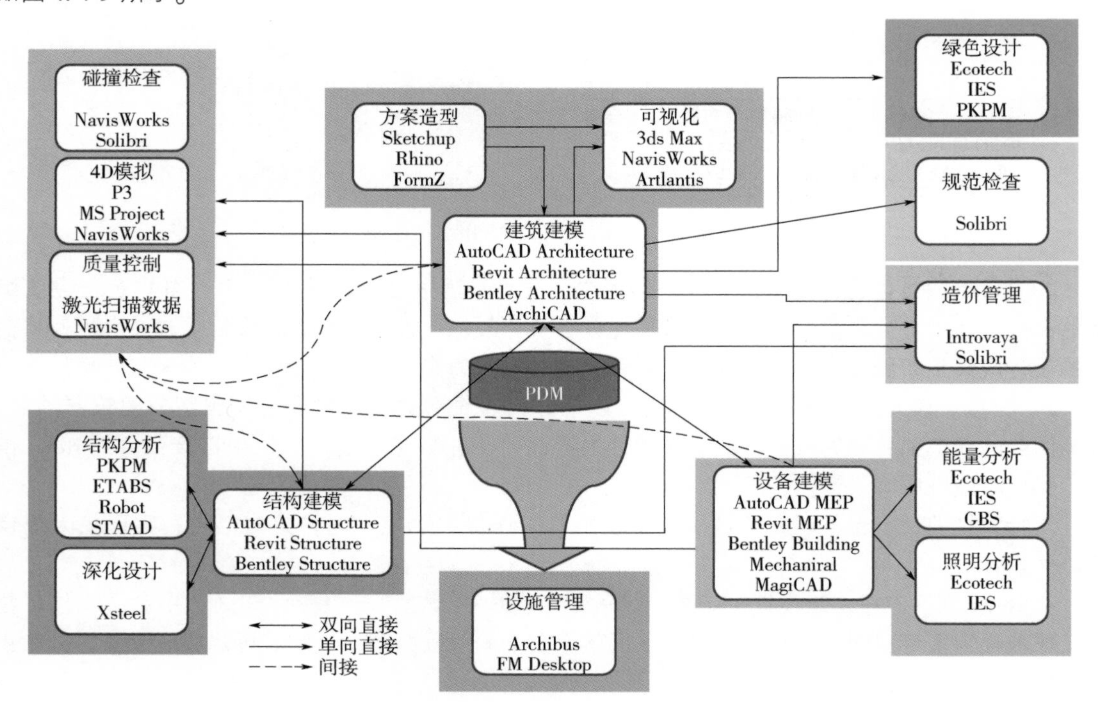

图 4. 4-9 BIM 技术协同设计模式下各专业之间软件与信息互用关系

4. 4. 2 机电设备管线综合与碰撞检测

上一节分析了协同设计在设计中的意义以及如何实现各专业间的协同设计，这一节介绍如何实现设计设备管线综合布置与错漏碰缺、冲突碰撞检测。

碰撞检查，也称为多专业协同、模型检测，是一个多专业协同检查的过程。将不同专业的模型集成在同一平台上并进行专业之间的碰撞检查。

无论是给水排水、电气、暖通专业内部自身或相互间的管线综合碰撞，还是设备专业与建筑、结构专业的冲突不协调，一旦在设计阶段控制不好，都会引起实施阶段的一次次变更、返工，产生工程的进展、质量和投资一系列问题。

传统 CAD 二维时代的管线综合与碰撞检查，一般采用各专业将电子版图纸复制到建筑底图上，根据标高要求完成各专业管线的标高，或者打印出各专业图纸一点点相互校审，因二维图不具有三维可视化直观的特性，在实施阶段经常会遇到错漏碰缺返工现象，不仅费时费力，而且重量隐患重重，成本增加。

基于 BIM 技术的碰撞检查具有显著的空间自动识别能力，可以大幅度提升工作的效率，是 BIM 技术在全生命周期中成功应用点之一。

其实，BIM 技术的初衷，也是基于设备管综及管线的碰撞检测这一目的而兴起的，行业中十个 BIM 项目，有九个都在做管线综合。

那么，机电管线综合如何排布才能满足规范要求，管线碰撞检测又如何实现呢?

1. 机电管线综合布置的意义

机电管线综合布置一般是在未施工前先根据施工图在计算机上进行图纸“预装配”模拟演示，其目的主要有以下几个：

1）对建筑物内机电管线进行最佳排位，最大程度减少管道所占空间，提高房间净空。

2）将施工中可能遇到的错漏碰缺预先在设计中解决，有效地避免机电管线的碰撞冲突，以保证施工的顺利进行。

3）管线的有序排布，也会给工程竣工后的维修和管理带来许多方便。

基于 BIM 技术的三维可视化特性以及构件的参数化、信息化、模拟性，在设计阶段便可以依据管线综合布置的原则进行管线的综合布置，项目参与者可以非常直观地观察到机电管线综合布置的状况，是否有管线碰撞以及影响建筑功能、结构安全的问题，从而对施工图进一步优化设计、深化设计，直至达到施工图的深度，满足现场施工的要求。

2. 机电管线综合布置的要求和原则

根据机电各专业现行规范及技术措施的要求，机电管线综合布置原则如下：

1）小管让大管，简单让复杂，管越大越优先。比如截面比较大的空调通风管道、排风排烟管道、冷却水管道、冷冻水主管道等所占空间较大，施工成本高，难度大，不易改动，应优先作布置。

暖通的风管如果不止一根，一般来说，排烟管宜高于其他风管；大风管宜高于小风管。两个风管如果只是在局部交叉，可以安装在同一标高，交叉的位置小风管绕大风管。

2）有压管道让无压管道。如生活污废水排水管、雨水排水管、冷凝水排水管等都是靠重力进行排水的，因此水平管段必须保持一定的坡度（0.5%～1%），这是排水顺利的充分必要条件。生活给水管道、消火栓系统给水管道、喷淋管道，当遇到以上无压排水管道交叉时，要采取翻弯、改变走向等方式进行避让。

3）冷水管避让热水管。因热水管往往需要保温且造价较高，尽量避免热水管过多翻弯而提高工程施工成本。

4）附件少的管道避让附件多的管道，尽可能利用公用支架，以使管道排布整齐。

5）可弯曲管避让不可弯曲管，分支管线让主干管线。

6）电气管线避热、避水。热水及蒸汽管道的四周不宜布置电气线路。在热水管道、蒸汽管道的附近、上方，因为有辐射热量，电缆、电线的绝缘层不宜受热，因此不宜布置。另外，水管的垂直下方，也不宜布置电气线路。

7）强、弱电分开设置。由于弱电线路，如电信信号、闭路电视、计算机网络和其他建筑智能线路等易受强电线路电磁场的干扰，因此强电线路与弱电线路不应敷设在同一个电缆槽内。必须保证强电桥架不能进入弱电间。

8）电缆（动力、自控、通信等）桥架与输送液体的管线宜分开布置或布置在其上方，尽量避免水电共架，当业主方允许水电共架时，保证电气管线走上方，水管线走下方；桥架不宜穿楼梯间、空调机房、管井、风井等，遇到后尽量绕行。

9）强电桥架要靠近配电间的位置安装，如果强电桥架与弱电桥架上下安装时，优先考虑强电桥架放在上方。电缆桥架应敷设在易燃易爆气体管和热力管道的下方。

10）水系统管路不允许进入电气用房，如高低压电房，控制室，电梯机房，强、弱电间。

11）地下室所有管路尽量不要穿过防火卷帘位置，如空间不足应选择绕行。

12）公共走道内考虑到安装空间小桥架、喷淋在最上面，风管、水管在下面，遇见冲突，电管和水管让通风管，电管让水管。

13）管线综合应以暖通专业为主，水电专业为辅，因为暖通的风管最大。水暖电如果出现冲突时，由项目经理进行协调。最后由专人进行汇总，绘制最终的管线综合图纸。

14）冷凝水应考虑坡度，吊顶的实际安装高度通常由冷凝水的最低点决定。

15）空调水平干管宜高于风机盘管。

16）一般性管道避让动力性管道。由于动力性管道本身对于建筑功能的保证和影响范围都较大，为了保证整体的利益，一般性管道应避让动力性管道。

17）检修难度小的管线让检修难度大的管线、常态让易燃易爆。

18）同等情况下造价低让造价高的管线。对于不属于以上情况的管线，如发生位置冲突应以管线改造所产生的成本作为避让的依据。

3. 机电管线综合布置间距的要求

根据各专业现行规范及技术措施，机电管线间距的要求一般有以下几点：

1）强电间桥架水平间距为100～200mm，交叉间距200～400mm。

2）弱电间桥架水平间距为100～300mm，交叉间距200～400mm。

3）强弱电间桥架水平、交叉间距为300～400mm。

4）强弱电桥架为强电桥架在上。

5）桥架过梁、桥架顶板距梁下为50～200mm。

6）桥架上方不宜有水管、腐蚀性气体管道、热力管道，如存在应采取防水、防腐措施，且间距要求500mm（无保温热力管道间距1000mm）。

7）平行管道间净距应满足管子焊接、隔热层及组成件安装维修的要求。管道上凸出部位之间的净距离不应小于25mm。

8）无法兰不隔热的管道间的距离应满足焊接和检验的要求，其距离不应小于50mm。

9）管道的凸出部或管道隔热层的外壁最凸出部分，距管架或构架的支柱、建筑物的墙壁的净距离不应小于100mm，并考虑螺栓拧紧所需的空间。

10）管廊内吊顶标高以上预留250mm的装修空间。

图4.4-10和图4.4-11所示为综合管线系统分析图和管线综合布置图。

4. 管线碰撞检测

专业间的冲突碰撞检测，一般是通过软件提供的空间冲突检查功能查找两个专业构件之间空间冲突可疑点，软件可以在发现可疑点时向操作者报警，经人工确认该冲突。

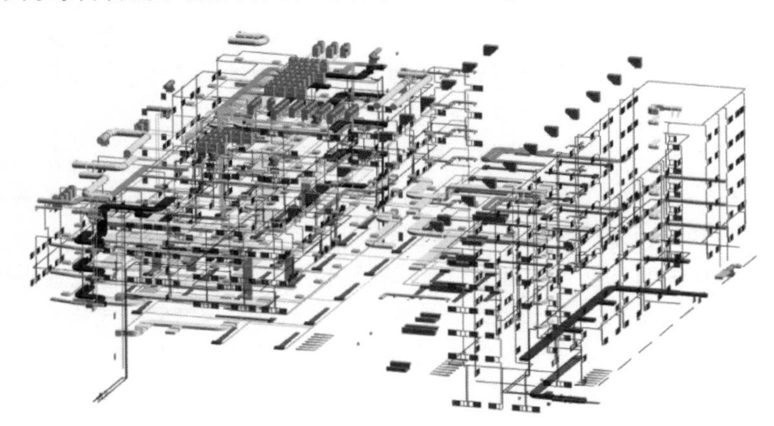

图4.4-10　综合管线系统分析图

冲突碰撞检测从施工图设计阶段开始，随着各专业设计深度的进展，反复进行“冲突检查—确认修改—更新模型”，直到所有碰撞冲突点都被检查出来并修正完善，当检查所发现的冲突数为零，碰撞检查通过。

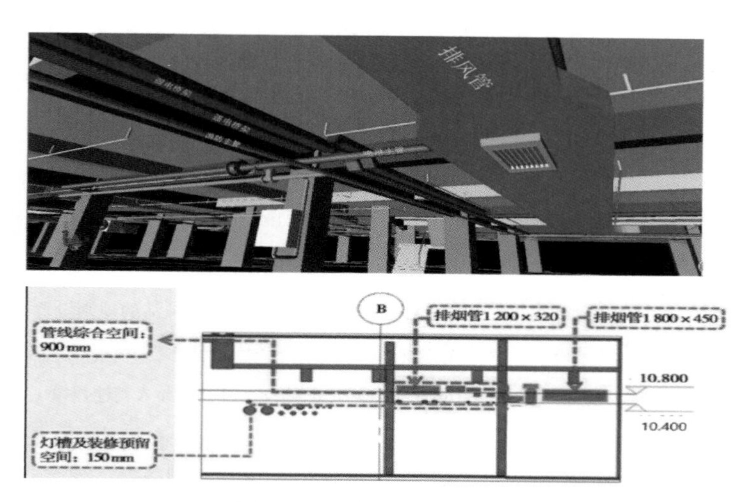

图 4. 4-11　管线综合布置图

在冲突检查过程中，是需要计划与组织管理的，一般冲突检查人员也称作“BIM 协调工程师”，主要负责对检查结果进行记录、提交、跟踪提醒与覆盖确认。

(1) 碰撞检测的实施流程

图 4. 4-12 所示是碰撞检测实施流程。

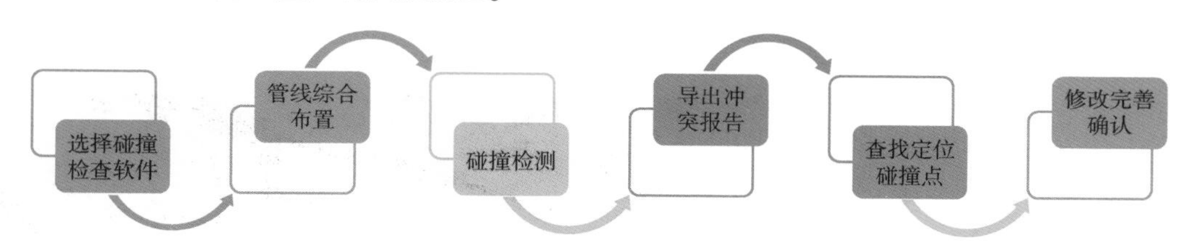

图 4. 4-12　管线碰撞检测实施流程

(2) 碰撞检查软件选择

一般碰撞检查软件本身不建立三维模型，需要从其他三维设计软件，如 Revit、ArchiCAD、MagiCAD、Tekla、Bentley 等建模软件导入三维模型。因此，基于 BIM 技术的碰撞检测软件，应具备三维图形技术并支持三维模型的导入功能这一最基本要求，同时还应具备以下几个特征：

1) 支持不同的碰撞检查规则，比如同文件的模型是否参加碰撞，参与碰撞的构件的类型等。

2) 具有高效的模型浏览功能。碰撞检查软件集成了各个专业的模型，比单专业的设计软件需要支持的模型更多，对模型的显示效率及功能要求更高。

3) 具有与设计软件互动功能。也就是碰撞检查的结果如何返回到设计软件中，使设计师能快速查找到碰撞的位置并进行修改。目前，碰撞检查软件与设计软件的互动分为以下两种方式：

①通过软件之间的通信，在同一台计算机上的碰撞检查软件与设计软件进行直接通信，在设计软件中定位发生碰撞的构件。

②导出碰撞结果文件。碰撞检测完导出为结果文件，在设计软件中可以加载该结果文件，定位发生碰撞的构件。

目前，常见的碰撞检查软件包括 Autodesk 的 Navisworks、美国天宝公司的 Tekla BIMSight、芬兰的 Solibri 等。多数的机电深化设计软件也包含了碰撞检查模块，比如 MagiCAD、Revit MEP 等。

国内软件包括广联达公司的 BIM 审图软件及鲁班 BIM 解决方案中的碰撞检查模块等。表 4. 4-1 所示为常见碰撞检查软件。

表 4. 4-1　常见碰撞检查软件

软件名称	说明
Navisworks	支持市面上常见的 BIM 建模工具，包括 Revit、Bentley、ArchiCAD、MagiCAD、Tekla 等。“硬碰撞”效率高
Solibri	与 ArchiCAD、Tekla、MagiCAD 接口良好，Solibri 具有灵活的规则设置，可以通过扩展规则检查模型的合法性及部分建筑规范，如无障碍设计规范等
Tekla BIMSight	与 Tekla 钢结构深化设计集成接口好，也可以通过 IFC 导入其他建模工具生成的模型
广联达 BIM 审图软件	对广联达算量软件有很好的接口，与 Revit 有专用插件接口，支持 IFC 标准。可以导入 ArchiCAD、MagiCAD、Tekla 等软件的模型数据。除了“硬碰撞”，还支持模型合法性检测等“软碰撞”功能
鲁班碰撞检查模块	属于鲁班 RIM 解决方案中的一个模块，支持鲁班算量建模结果
MagiCAD 碰撞检查模块	属于 MagiCAD 的一个功能模块，将碰撞检查与调整优化集成在同一个软件中，处理机电系统内部碰撞效率很高
Revit MEP 碰撞检查功能模块	Revit 软件的一个功能，将碰撞检查与调整优化集成在同一个软件中，处理机电系统内部碰撞效率很高

碰撞检查软件除了判断实体之间的硬碰（也称为硬碰撞），也有部分软件进行了模型是否符合规范、是否符合施工要求的检测（也称为软碰撞），比如芬兰的 Solibri软件在软碰撞方面功能丰富，Solibri 提供了缺陷检测、建筑与结构的一致性检测、部分建筑规范（如无障碍规范的检测）等。目前，软碰撞检查还不如硬碰撞检查成熟，但却是将来发展的重点。

（3）机电管线综合布置

设备各专业按照管线综合布线原则，进行各专业间的管线布置。某工程水电暖管线布置图如图 4. 4-13 ~ 图 4. 4-16。

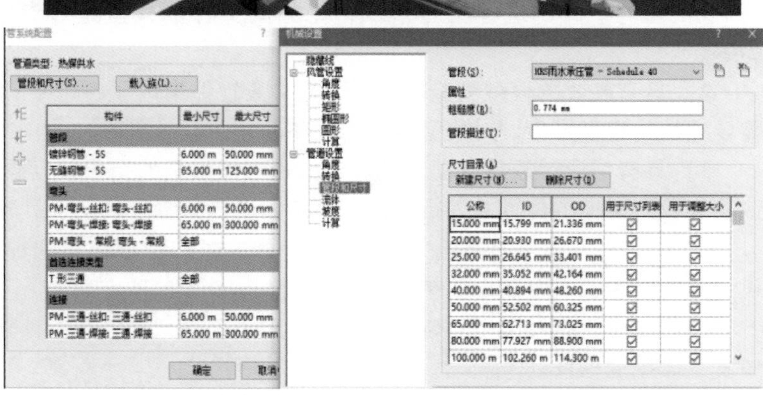

图 4. 4-13　某工程综合管线布置图

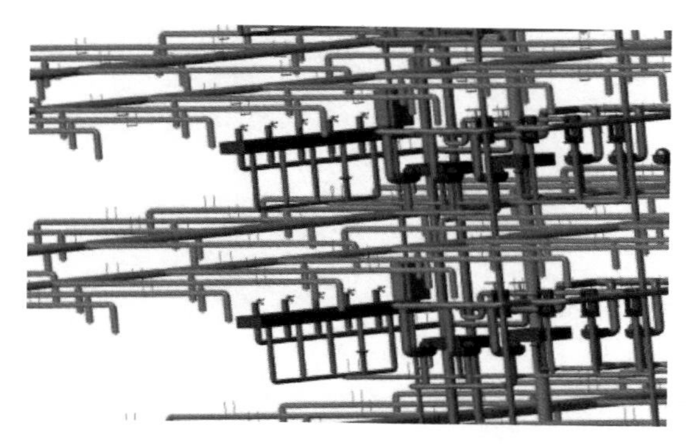
图 4.4-14　某工程给水排水管线布置图

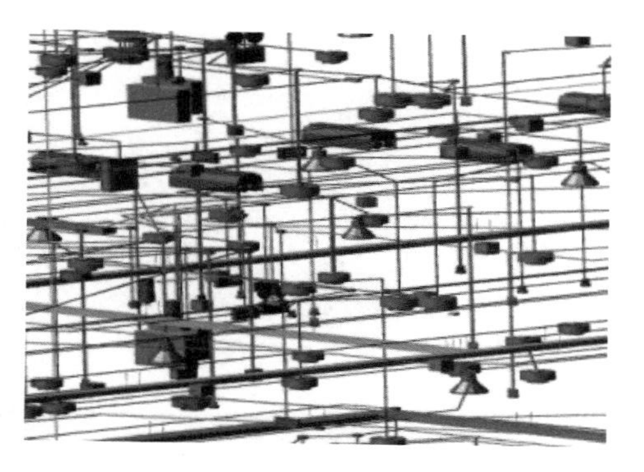
图 4.4-15　某工程电气管线布置图

(4) 运行碰撞检测

三维模型最大的特点之一就是可视化，在二维图上看不到的碰撞在三维图上就能直观地看到。碰撞检查是深化设计中十分重要的一部分，其作用是发现模型中图元间的冲突，再依次进行更改，后期运用到实际施工中可降低建筑变更及成本超限的风险，提高施工效率。

以 Revit 碰撞检查为例，Revit 碰撞检查功能是根据族类别进行碰撞，可以选择一个类别或多个类别一起检查，也可以针对链接模型内的族类进行检查。可以局部选中某一区域管道进行碰撞检查，也可以进行模型内碰撞检查，如图 4.4-17 所示。

图 4.4-16　某工程暖通管线布置图

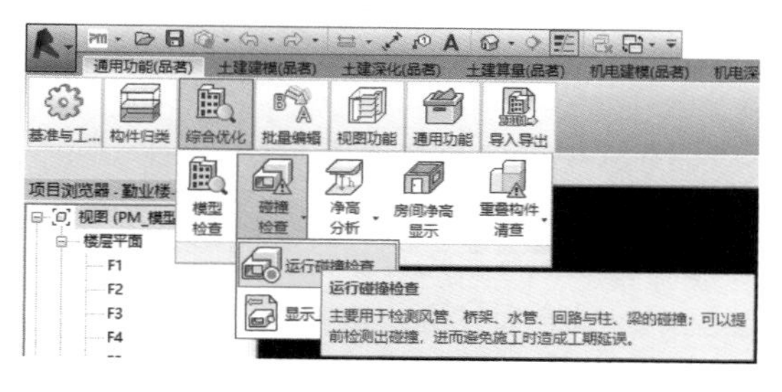

图 4.4-17　运行碰撞检测界面

(5) 导出碰撞冲突报告，进行修改确认

碰撞检查后，可以导出碰撞检测报告，冲突报告会显示碰撞构件的族类别、族名称、族类型 ID 号，根据 ID 号可以查找定位碰撞构件，也可以双击显示碰撞构件，调整管线后，单击刷新，查看是否还有碰撞存在，如图 4.4-18 ~ 图 4.4-21 所示。

	A	B	C	D	E
1	楼层	第一次碰撞	修改后碰撞	预留孔洞数量	净高检查
2	0	0	0	0	0
3	0基础层	26	20	4	58
4	’-2普通层	281	209	107	2373
5	-2	159	25	0	0
6	’-1普通层	371	267	96	841
7	-1	139	23	0	0
8	室外	139	108	140	1739
9	’1普通层	829	326	297	1355
10	1	109	59	0	26
11	’2普通层	839	345	216	1648
12	2	228	187	0	0
13	’3普通层	1072	437	329	1631
14	3	235	43	0	0
15	’4普通层	556	252	197	945
16	4	155	47	0	0
17	’5普通层	590	260	209	877
18	5	155	48	0	0
19	’6普通层	598	375	274	874
20	6	155	79	0	0
21	’7普通层	871	371	168	795
22	7	132	79	0	0
23	’8普通层	59	59	21	211
24	8	2	2	0	0
25	总计	7700	3621	2058	13373
26	现可能存在碰撞点		1563		
27	基础层	26	20	4	58

Sheet1

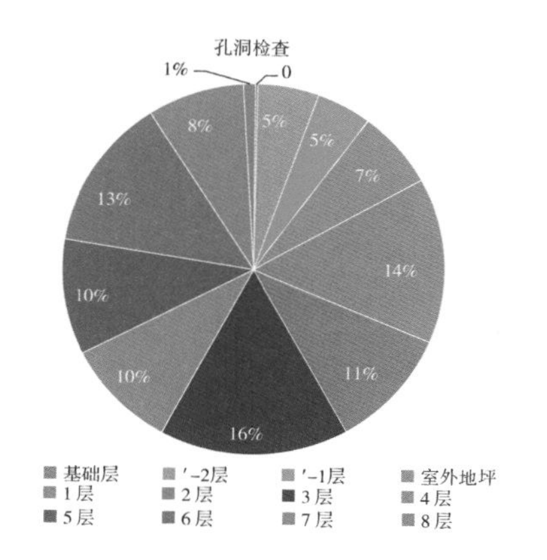

图 4.4-18　碰撞检测分析与调整

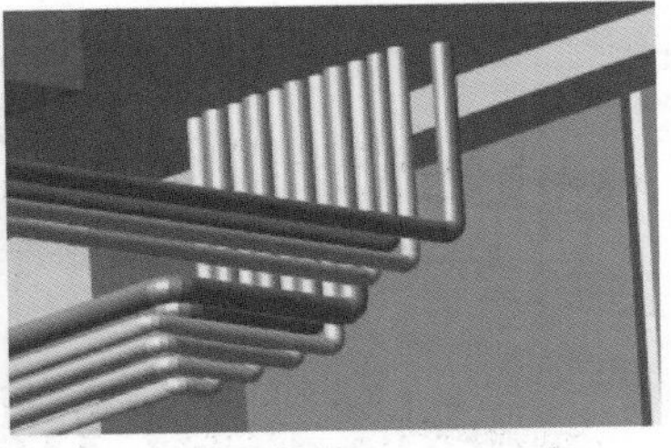

图 4. 4-19　修改前后空调管道穿过横梁

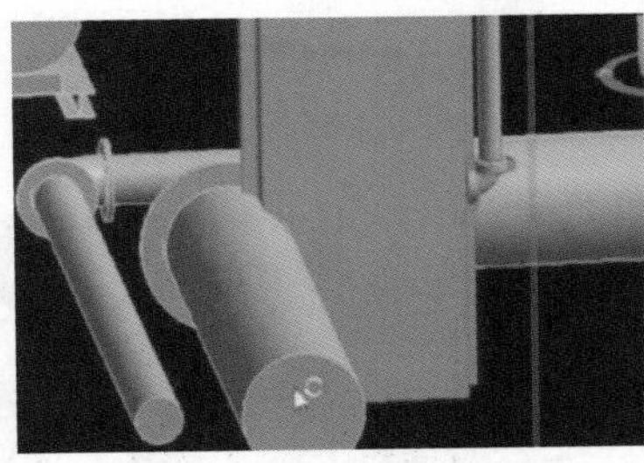
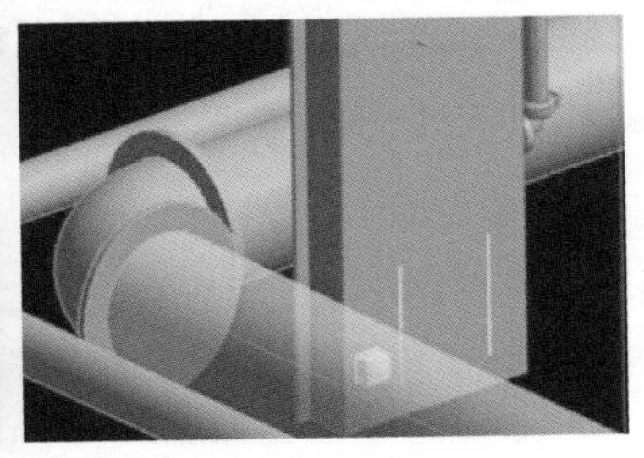

图 4. 4-20　修改前后管线碰撞的检测结果

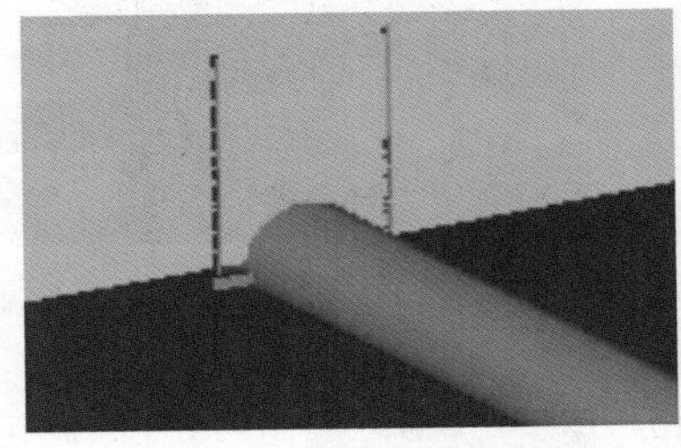
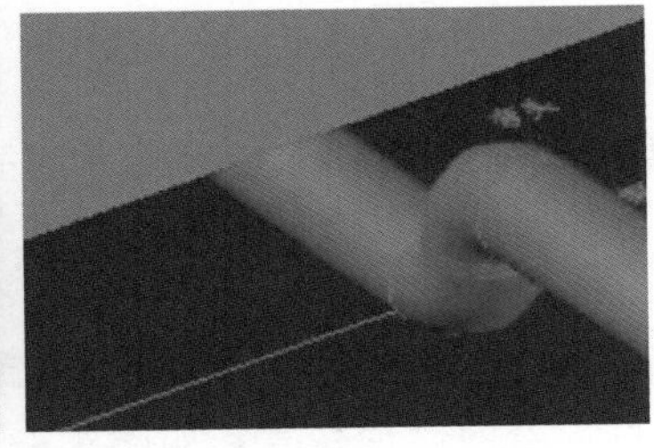

图 4. 4-21　修改前后管线碰梁的检测结果

（6）碰撞检测结果汇总分析

下面以 Luban BIM Works 预留孔洞检查功能，检测分析三维模型中管线与结构碰撞位置，结合施工验收标准自动计算出需要预留的孔洞大小，为用户提供检测结果报告，并且可以在三维模型中对其合理性进行定位反查和修改，如图 4. 4-22 和图 4. 4-23 所示。

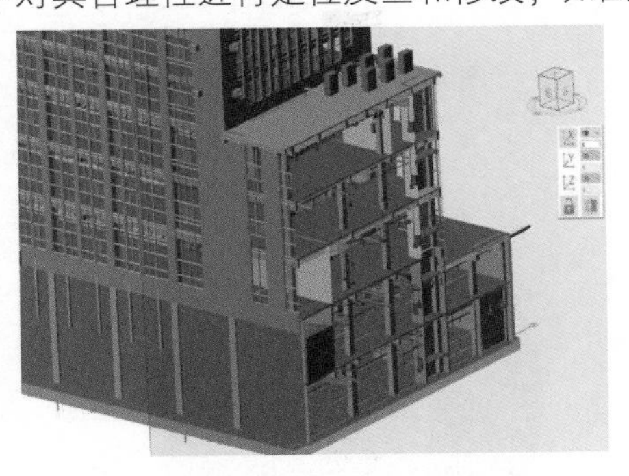

图 4. 4-22　预留孔洞检查

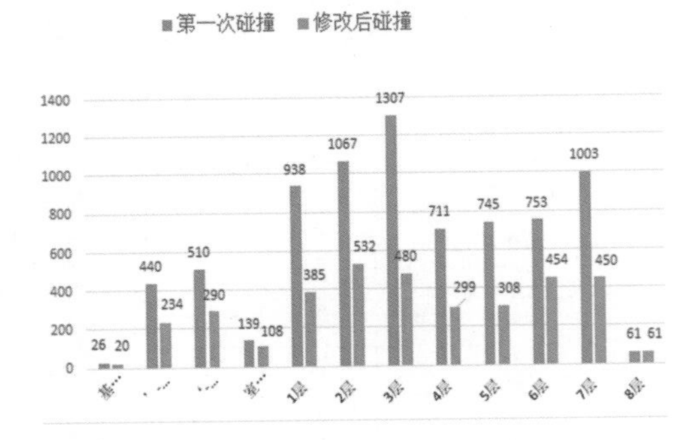

图 4. 4-23　预留孔洞检查修改前后分析

4. 4. 3　一体化施工图及三维效果图

设计师的设计理念及语言最终的表现形式，便是可以满足实施的施工图，施工图技术要求及深度要求，必须满足现行规范及《建筑工程设计文件编制深度规定》的要求，但传统的CAD二维时代，设计施工图存在很多不协调的设计缺陷，基于BIM模型自动生成的2D图及3D效果渲染图，是设计师理想中的施工图，设计过程中任何变化都是联动的，不会出现平立剖相互矛盾的现象，而且施工图出图前，各个专业已经协同设计，消除了设计错漏碰缺的现象以及管综的碰撞检查，因此基于BIM-3D模型直接导出的2D施工图，不仅设计质量大大提高，而且提高了设计人员的效率，降低了设计失误，从而提高了工程的质量和效率，降低了工程成本。下面以Revit工具软件，讲一下施工图生成的步骤。

1. Revit生成施工图的步骤

（1）图纸布置

使用Revit软件的“新建图纸”工具可以为项目创建图纸视图，指定图纸使用的标题栏、族，并将指定的视图布置在图纸视图中，形成最终施工图档。

（2）项目信息设置

除完成图纸名称、图纸编号外，还需要完成如项目名称等内容信息，在Revit软件“项目信息”工具中设置公用信息参数。

（3）图纸修订和版本控制

Revit可以记录追踪图纸修订信息，并将其发布到图纸上。

（4）图纸导出和打印

图纸布置完成后，利用打印机进行打印，或用虚拟打印机程序生成PDF格式文档，也可以把指定视图或图纸导出为CAD格式文件。

值得注意的是，Revit软件不支持图层概念，但可以设置各构件对象导出DWG时对应的图层，以方便在CAD中应用。

2. 一体化施工图及三维效果图展示

Revit软件自带的渲染功能，可以快速创建BIM模型各角度的渲染图，还具有3ds Max软件接口，支持将BIM模型导入并进一步完善。某建筑部分施工图及文博楼、勤业楼室内外三维渲染图如图4.4-24～图4.4-27所示。

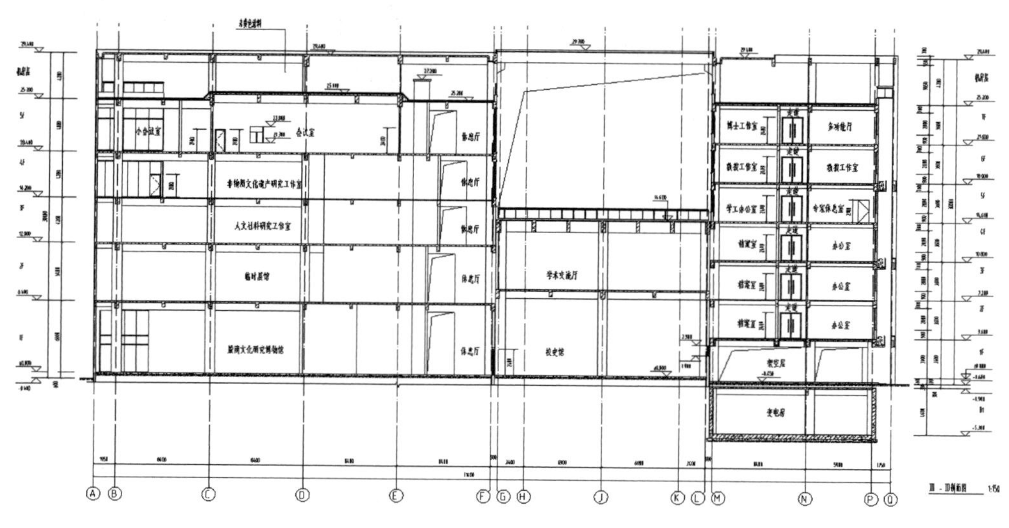

图4.4-24　剖面图

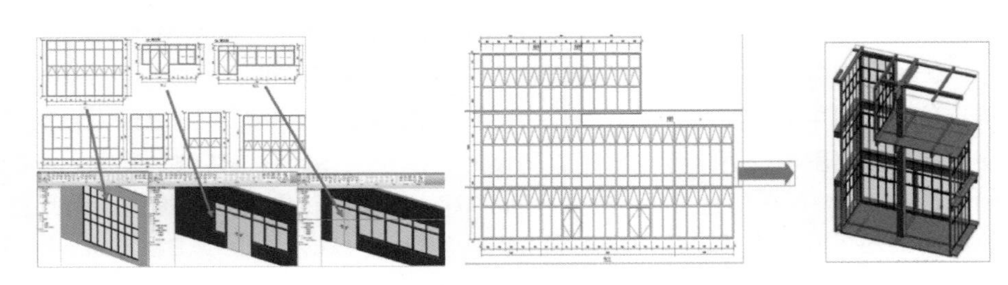

图 4.4-25　幕墙立面图与三维效果对照图

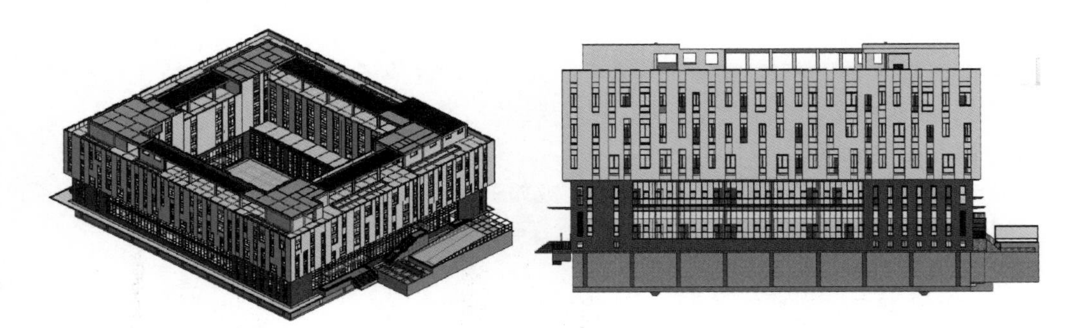

图 4.4-26　勤业楼三维效果图及主立面视图

图 4.4-27　文博楼三维室内外效果图

4.5　BIM 技术在建筑工程设计中的应用案例

本案例展示了一个运用 ArchiCAD 进行 BIM 建筑模型创建和斯维尔软件进行绿建分析的完整过程。该项目为某创新基地中心综合办公楼，项目过程中依据规划及建筑设计要求，完成建筑平面设计，即利用 CAD 绘制平面图。然后利用 ArchiCAD 软件完成建筑模型创建，从 CAD 平面图生成 BIM 建筑模型。模型建立后经过修改和调整，导入斯维尔软件开始进行绿色建筑分析应用。

4.5.1　BIM 技术在建筑性能分析中的应用案例

1. 工程概况

该办公楼位于南方某市风景秀丽新基地智造中心，规划地块总占地面积约 180 亩（1 亩 =

666.7m^2)。根据园区发展规划，园区内将大力引进高科技企业，重点打造“产学研创新要素集群”“高端制造产业集群”“配套人才社区集群”“教育培训集群”四大集群，将力争打造成为东莞市智能制造产业生态链示范园区、产业转型升级示范园区、产城融合科技社区。该办公楼总建筑面积控制在6000m^2内。楼层层数为6层，首层层高为4.5m，其余层高为3.8m。该办公楼布局：一楼有展示厅、报告厅；二楼为教室，大小间均有；三楼均为小教室；四楼为办公及会议用；五楼；六楼为6人宿舍间，同时还设有配电间、安防监控室、消防监控室、其他房间、洗手间、楼梯及安全消防走道等附属设施。结构类型为框架结构。建筑内的房间大小、各功能房间的相互组配、楼梯间的设置、走道的宽窄等内容均由根据给定的结构图布局、国家有关规定和所学专业知识确定。

2. 绿色性能分析步骤

(1) 创建BIM模型

1）利用CAD软件绘制建筑平面图（图4.5-1）。

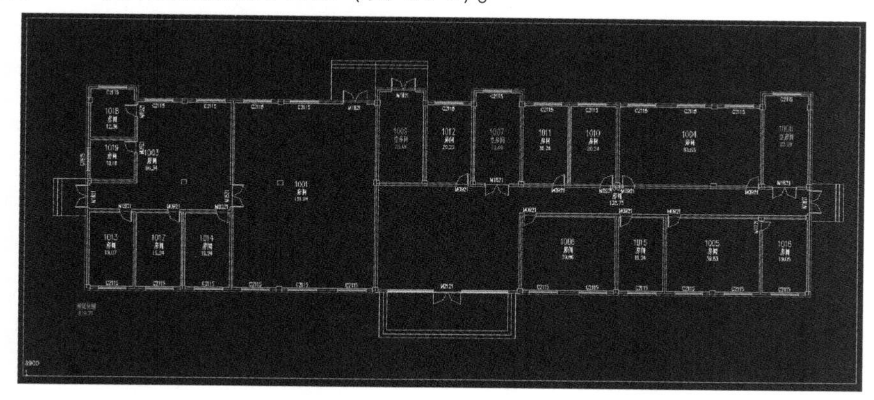

图4.5-1 CAD建筑平面图

2）将CAD平面图导入ArchiCAD软件，生成BIM模型（图4.5-2）。

图4.5-2 BIM模型

(2) 绿色建筑分析流程

1）将BIM模型导入到节能设计软件中，按照任务书要求进行应用分析，达到节能标准要求后，输出节能BIM模型和节能分析报告。

2）将节能 BIM 模型导入到日照分析软件中，按照任务书要求进行应用分析，达到日照标准要求后，输出日照 BIM 模型和日照分析报告。

3）将节能 BIM 模型导入到采光分析软件中，按照任务书要求进行应用分析，达到采光分析要求后，输出采光 BIM 模型和采光分析报告。

4）将节能 BIM 模型导入到暖通负荷分析软件中，按照任务书要求进行应用分析，达到暖通负荷要求后，输出暖通 BIM 模型和暖通负荷分析报告。

3. BIM 绿色性能分析要点

（1）日照分析

通过软件进行日照分析后，可以统计出每一个窗位的日照有效时间。结合相应的规范，如《民用建筑设计统一标准》（GB 50352—2019）、《中小学校设计规范》（GB 50099—2011）、《展览建筑设计规范》（JGJ 218—2010），进行有效日照时间的审核和判断。一楼、二楼窗日照分析表见表 4. 5-1。图 4. 5-3 所示为日照分析模型。图 4. 5-4 所示为日照分析报告书。

表 4. 5-1　一楼、二楼窗日照分析表

层号	窗位	窗台高/m	日照时间	总有效日照	朝向
1	1 ~ 11	1. 50 ~ 6. 00	08:00—16:00	08:00	正南
	12	1. 50	09:02—16:00	06:58	
	13 ~ 15	1. 50	08:00—12:00	04:00	正东
	16 ~ 24	1. 50	0	00:00	正北
	25 ~ 27	1. 50	12:00—16:00	04:00	正西
2	1 ~ 11	6. 0 ~ 9. 8	08:00—16:00	08:00	正南
	12	6. 0	09:02—16:00	06:58	
	13 ~ 15	6. 0	08:00—12:00	04:00	正东

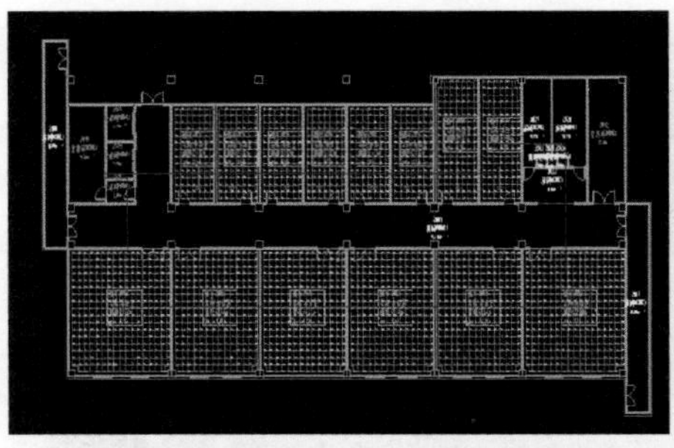
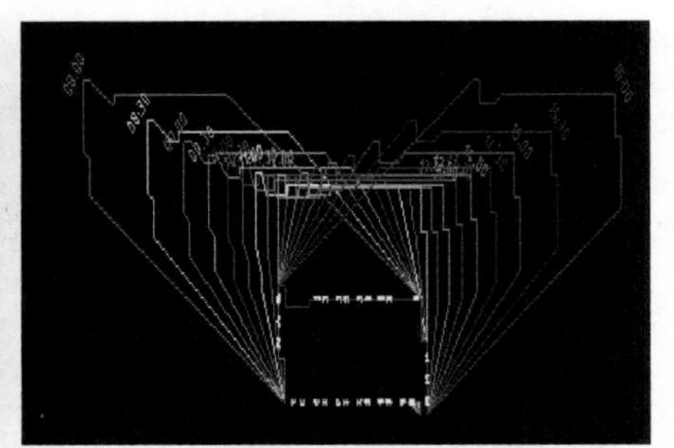
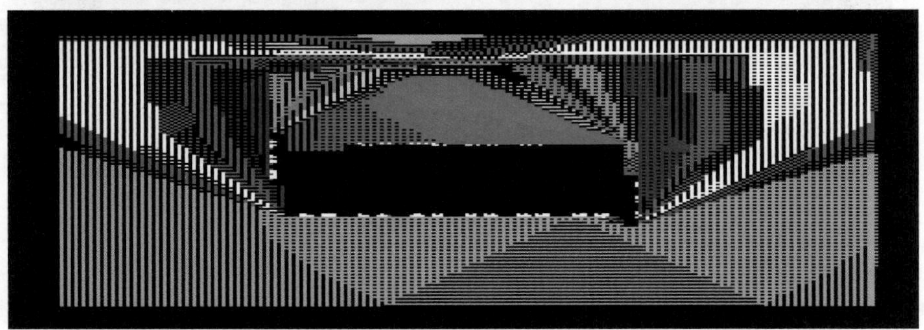

图 4. 5-3　日照分析模型

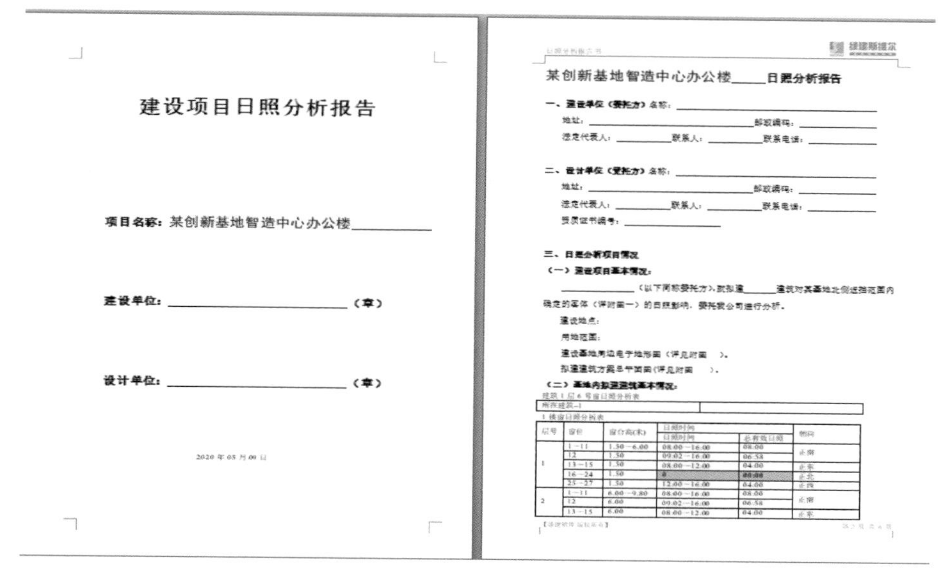

建设项目日照分析报告

项目名称：某创新基地智造中心办公楼

建设单位：______________（章）

设计单位：______________（章）

某创新基地智造中心办公楼_____日照分析报告

一、建设单位（委托方）名称：

地址：　　邮政编码：

法定代表人：　　联系人：　　联系电话：

二、设计单位（受托方）名称：

地址：　　邮政编码：

法定代表人：　　联系人：　　联系电话：

资质证书编号：

三、日照分析项目情况

（一）建设项目基本情况：

______（以下简称委托方），就拟建______建筑对其基地北侧迹范围内确定的客体（详附图一）的日照影响，委托我公司进行分析。

建设地点：

用地范围：

建设基地周边电子地形图（详见附图 ）。

拟建建筑方案总平面图（详见附图 ）。

（二）基地内拟建建筑基本情况：

1 楼窗日照分析表

层号	窗位	窗台高(米)	日照时间	总有效日照	朝向
1	1－11	1.50－6.00	08:00－16:00	08:00	正南
	12	1.50	09:02－16:00	06:58	
	13－15	1.50	08:00－12:00	04:00	正东
	16－24	1.50	0	00:00	正北
	25－27	1.50	12:00－16:00	04:00	正西
2	1－11	6.00－9.80	08:00－16:00	08:00	正南
	12	6.00	09:02－16:00	06:58	
	13－15	6.00	08:00－12:00	04:00	正东

图 4.5-4　日照分析报告书

（2）采光分析

1）采光效果分析彩图。采光系数分析彩图可以直观地反映建筑内各个房间的采光效果，本项目中各楼层房间的室内采光情况如图 4.5-5 所示。

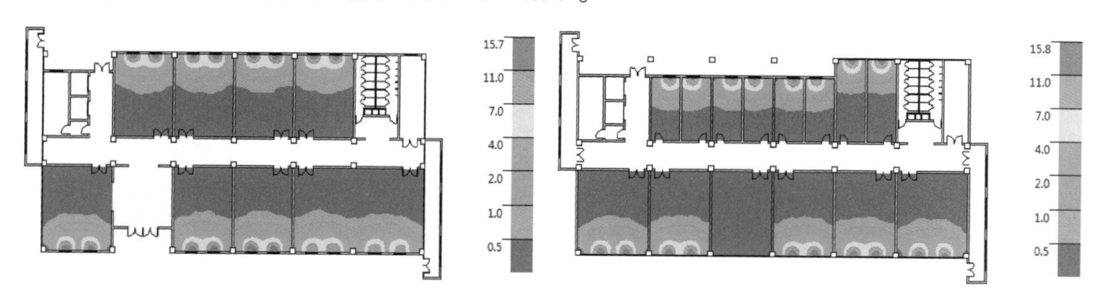

图 4.5-5　室内采光分析

2）采光达标率统计。通过对项目中主要功能房间采光系数的计算，求得各个主要功能房间的达标面积，统计全部达标面积除以建筑主要功能房间的总面积，最终得到单体建筑的达标率。采光达标统计表见表 4-5-2。

表 4.5-2　采光达标统计表

功能用房	位置	平均采光系数（%）	室内天然光设计照度/Lx	总面积	达标面积	达标率（%）
办公室	侧面	3.30	450	2386.80	758.80	32
宿舍	侧面	2.20	300	125.32	119.28	95
总计达标面积比例	80%					

3）眩光分析。计算参数选定后，利用门窗参数等进行不舒适眩光指数计算，结果见表 4.5-3。

表 4.5-3 眩光计算表

楼层	房间编号	房间类型	采光等级	采光类型	房间面积/m²	眩光指数 DGI	DGI 限值	结论
5	5031	卧室	Ⅳ	侧面	7.13	19.3	27	满足

通过计算分析，同时依据《建筑采光设计标准》（GB 50033—2013）对本项目的1个主要功能房间进行眩光分析计算，其中全部房间满足标准限值要求，根据《绿色建筑评价标准》（GB/T 50378—2019）的8.2.7条款要求，本项目合理控制眩光项得分为6分。

（3）节能分析——节能计算检查（表4.5-4）

表 4.5-4 节能计算检查表

检查项	计算值	标准要求	结论	可否性能权衡
屋顶构造		K应满足《广东省公共建筑节能设计标准》（DBJ 15-51—2020）中表4.3.1-2的规定	满足	
外墙构造	$K=0.64$；$D=3.26$	$K\leqslant 0.70$	满足	
挑空楼板构造	$K=0.59$	$K\leqslant 0.70$	满足	
供暖空调房间与非供暖空调房间之间的隔墙	$K=1.93$	$K\leqslant 1.8$	满足	可
供暖空调房间与非供暖空调房间之间的楼板	无	$K\leqslant 1.8$	无	
外门构造		$K\leqslant 2.5$	满足	
窗墙比		窗墙面积比（包括透光幕墙）不宜大于0.70	适宜	
外窗热工			满足	
天窗			需要	
有效通风换气面积	无通风换气装置	甲类建筑外窗有效通风换气面积不宜小于所在房间外墙面积的10%	适宜	可
非中空窗面积比		非中空玻璃的面积不应超过同一立面透光面积的15%	需要	
结论			满足	可

4.5.2 BIM技术在机电管线综合碰撞检测中的应用案例

下面以某工程讲述BIM技术在机电管线综合碰撞检测中的应用。

该工程是集办公和展览的一体化大型综合性建筑，基地位于安阳师范学院黄河大道校区内，文博楼东侧为校园入口道路，南侧紧邻弦歌大道，西侧为校内田径场。总建筑面积为25240.77m²，建筑基地占地面积4448.78m²。本工程北楼地上七层，地下一层，南楼地上五层，建筑高度为26.00m。

本建筑体型复杂且为连体，南北两侧建筑错层建造，中庭有大量的斜板，管线综合错综复杂，因此在学生参赛作品中被评估为较难。

该工程是采用软件Revit、HI BIM、品茗BIM算量软件、品茗BIM安装算量软件建立建筑、结构、钢筋、暖通、给水排水、电气模型，并进行工程量计算。采用Pro ject软件创建进度计划。

采用品茗 BIM-5D 软件对模型、造价信息、进度计划进行关联。

1. 建筑建模

建模初期，通过使用卫星图进行平面定位，结合 CAD 图进行建筑模型创建。在建模过程中便发现原有 CAD 施工图有很多错漏碰缺的设计失误，通过现场实地考察咨询一一得到解决，也印证了 BIM 技术在协同设计中的应用，见图 4.5-6。

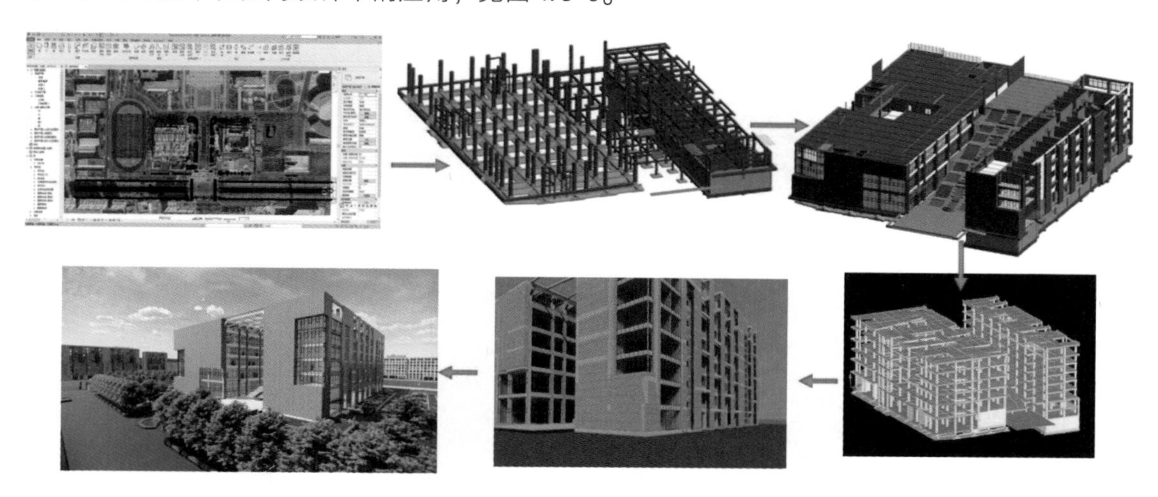

图 4.5-6 建筑模型创建过程

2. 结构钢筋模型创建

采用品茗 BIM 算量软件进行钢筋模型的建立，根据平法施工图集对结构中的复杂节点进行钢筋建模及优化，进行三维可视化技术交底，指导施工。在模型的建立过程中，发现原施工图有很多问题，诸如构件梁和构件板在同一个位置的尺寸不一样，钢筋绘制的顺序是分层依次建立，见图 4.5-7。

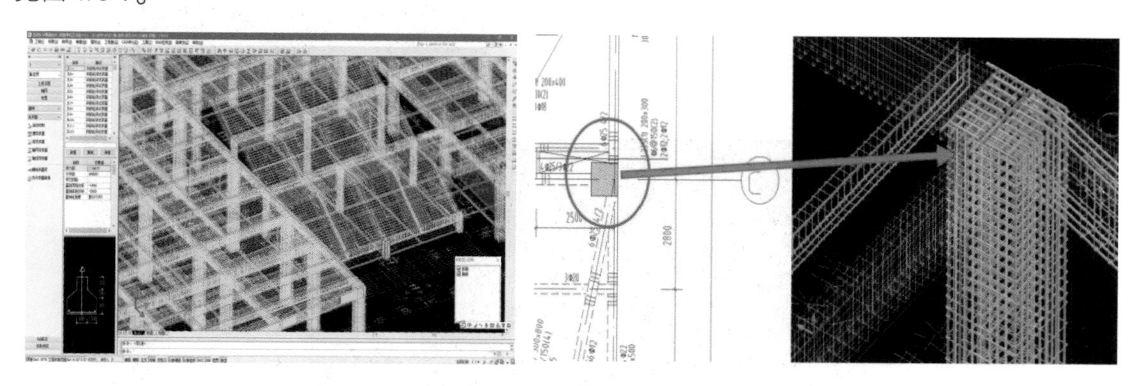

图 4.5-7 钢筋模型的创建及复杂钢筋节点的展示

3. 机电综合管线布置及碰撞检测

(1) 暖通专业管线布置

使用 HI BIM 软件进行暖通、VRV 多联机空调系统、消防通风系统进行模型建立，图纸中特殊构件单独建立族文件，根据图纸中要求新建管道材质尺寸类型，对碰撞点进行优化处理，见图 4.5-8。

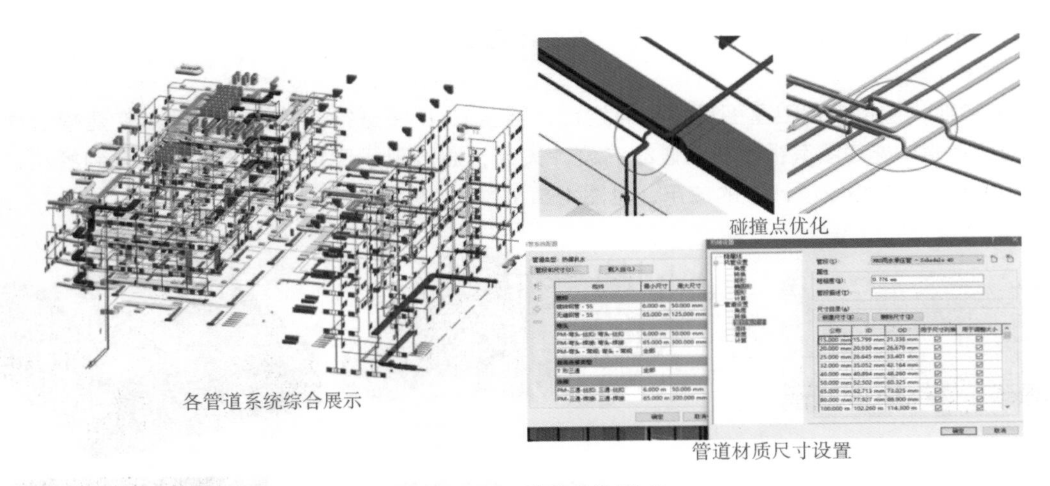

图 4.5-8　暖通系统模型

(2) 给水排水专业管线布置（图 4.5-9 和图 4.5-10）

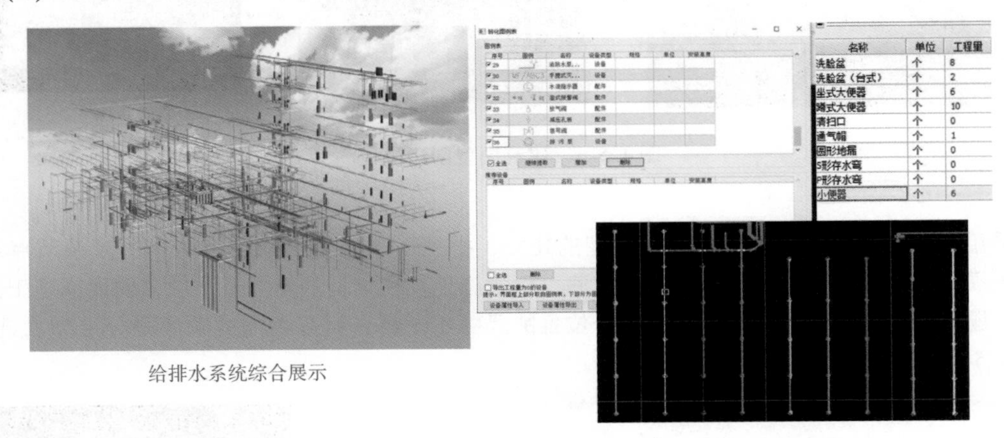

图 4.5-9　给水排水系统模型

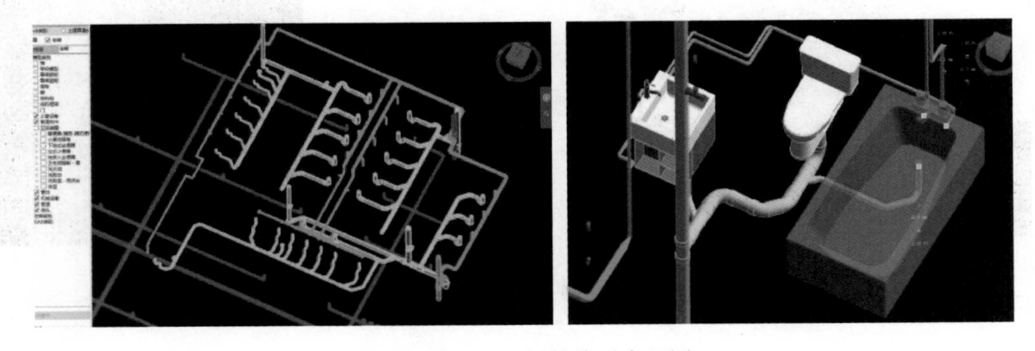

图 4.5-10　卫生间管线系布置图

(3) 电气专业线路布置

模型建立过程中，根据每层的强电、弱电、网线和消防系统 CAD 图，采用软件的分层功能进行制作，分层提取设备，分层绘制线路，并通过三维检查模型中出现的问题，如图 4.5-11 所示。

电气系统图模型

图 4. 5-11　电气系统模型

(4) 管线综合碰撞检测

1) 碰撞检测汇总表。碰撞检查过程完成后，各类图元间共有 2597 处碰撞点，系统会弹出碰撞各点位置的汇总表，如图 4. 5-12 所示，点击表格中的每一栏系统都会在模型中着重显示，然后再进行手动修改。

2) 管线间碰撞的修改。碰撞报告导出后，点击每一栏，系统可自动显示碰撞点处的三维视图，直接进行修改即可。在修改管道与管道之间的碰撞时，首先最简单的方法是调整其中一根管线的高度，使两根管线在竖直方向上错开。如图 4. 5-13 所示，该位置是 F1 标高上给水管与喷淋管和废水管之间的碰撞，修改方法是直接将给水管高度增加 200mm，形成如图 4. 5-14 所示修改后互不交叉的状态。

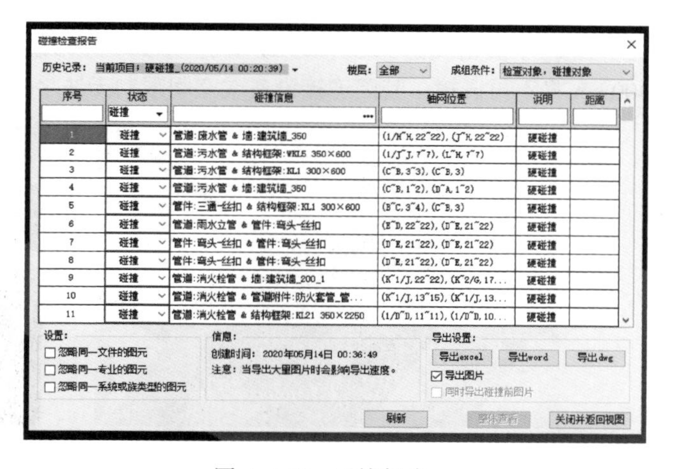

碰撞检查报告

历史记录：当前项目：硬碰撞_(2020/05/14 00:20:39)　楼层：全部　成组条件：检查对象，碰撞对象

序号	状态	碰撞信息	轴网位置	说明	距离
	碰撞				
1	碰撞	管道:废水管 & 墙:建筑墙_350	(1/H~H, 22~22), (J~H, 22~22)	硬碰撞	
2	碰撞	管道:污水管 & 结构框架:WKL5 350×600	(1/J~J, 7~7), (L~H, 7~7)	硬碰撞	
3	碰撞	管道:污水管 & 结构框架:KL1 300×600	(C~B, 3~3), (C~B, 3)	硬碰撞	
4	碰撞	管道:污水管 & 墙:建筑墙_350	(C~B, 1~2), (D~A, 1~2)	硬碰撞	
5	碰撞	管件:三通-丝扣 & 结构框架:KL1 300×600	(B~C, 3~4), (C~B, 3)	硬碰撞	
6	碰撞	管道:雨水立管 & 管件:弯头-丝扣	(E~D, 22~22), (D~E, 21~22)	硬碰撞	
7	碰撞	管件:弯头-丝扣 & 管件:弯头-丝扣	(D~E, 21~22), (D~E, 21~22)	硬碰撞	
8	碰撞	管件:弯头-丝扣 & 管件:弯头-丝扣	(D~E, 21~22), (D~E, 21~22)	硬碰撞	
9	碰撞	管道:消火栓管 & 墙:建筑墙_200_1	(K~1/J, 22~22), (K~2/G, 17...	硬碰撞	
10	碰撞	管道:消火栓管 & 管道附件:防火套管_管...	(K~1/J, 13~15), (K~1/J, 13...	硬碰撞	
11	碰撞	管道:消火栓管 & 结构框架:KL21 350×2250	(1/D~D, 11~11), (1/D~D, 10...	硬碰撞	

设置：
- ☐ 忽略同一文件的图元
- ☐ 忽略同一专业的图元
- ☐ 忽略同一系统或族类型的图元

信息：
创建时间：2020年05月14日 00:36:49
注意：当导出大量图片时会影响导出速度。

导出设置：
导出excel　导出word　导出dwg
☑ 导出图片
☐ 同时导出碰撞前图片

刷新　整体查看　关闭并返回视图

图 4. 5-12　碰撞报告

图 4. 5-13　修改前（一）

图 4. 5-14　修改后（一）

但也有一些管道由于连接着设备或考虑到房间净高无法再调整，这时就需要采用管线避让功能，使管线在竖直或水平方向上翻弯调整，从而避免对净高的影响。如图 4. 5-14 所示，同样是在 F1 标高上给水管与消火栓管碰撞，且给水管一端连接设备高度无法调整，采用管线避让功

能，如图 4. 5-15 所示，使给水管水平向右翻弯的方法，绕开消火栓管，从而修改此处碰撞，如图 4. 5-16 所示，这里需注意遵循有压管让无压管原则。

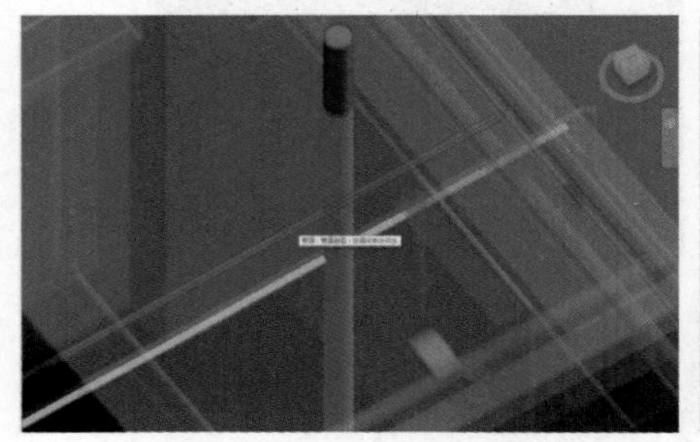

避让设置

图 4. 5-15　修改前（二）

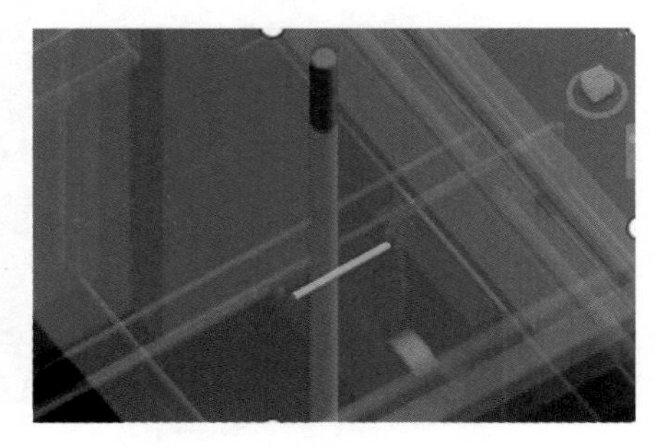

图 4. 5-16　修改后（二）

3）管道与主体结构碰撞的修改。当管道与主体结构碰撞时，一般采用平移。如图 4. 5-17 所示，该点是位于 F3 标高上卫生间污水管与墙之间的碰撞，如管道平移不影响其他管道或设备连接等因素可根据实际情况向左或向右平移即可修改。如图 4. 5-18 所示，将污水管向右平移 400mm 将不再碰撞；若因连接设备或空间限制无法平移时，则采取上述管道避让方式进行修改。

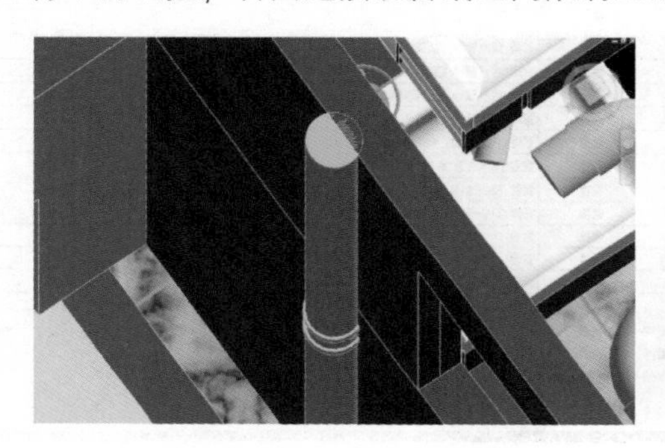

图 4. 5-17　修改前（三）

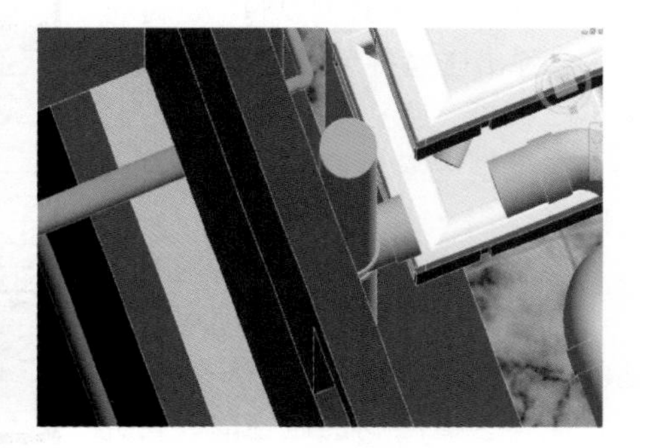

图 4. 5-18　修改后（三）

4）导出碰撞检测报告。最后由系统导出标明详细位置及碰撞图元的电子版报告，如图 4. 5-19 所示。

上次更新时间:

	A	B
1	管道 : 管道类型 : 消火栓管 - 标记 01P_J-5432 : ID 2946064	管道 : 管道类型 : 污水管 - 标记 01P_J-6430 : ID 2950844
2	管道 : 管道类型 : 污水管 - 标记 01P_J-5783 : ID 2947701	管道 : 管道类型 : 给水管 - 标记 J-1468 : ID 3428197
3	管道 : 管道类型 : 给水管 - 标记 01P_J-5866 : ID 2948155	管道 : 管道类型 : 镀锌钢管 - 标记 YL-1139 : ID 3082769
4	管道 : 管道类型 : 给水管 - 标记 01P_J-5879 : ID 2948223	管道 : 管道类型 : 污水管 - 标记 J-1633 : ID 3431885
5	管道 : 管道类型 : 雨水立管 - 标记 01P_J-5894 : ID 2948293	管道 : 管道类型 : 镀锌钢管 - 标记 68 : ID 3107163
6	管道 : 管道类型 : 消火栓管 - 标记 01P_J-5908 : ID 2948357	管道 : 管道类型 : 镀锌钢管 - 标记 704 : ID 3110344
7	管道 : 管道类型 : 消火栓管 - 标记 01P_J-5918 : ID 2948401	管道 : 管道类型 : 镀锌钢管 - 标记 332 : ID 3108083
8	管道 : 管道类型 : 消火栓管 - 标记 01P_J-5935 : ID 2948476	管道 : 管道类型 : 镀锌钢管 - 标记 781 : ID 3110575
9	管道 : 管道类型 : 消火栓管 - 标记 01P_J-5945 : ID 2948520	管道 : 管道类型 : 镀锌钢管 - 标记 509 : ID 3109582
10	管道 : 管道类型 : 消火栓管 - 标记 01P_J-5945 : ID 2948520	管道 : 管道类型 : 镀锌钢管 - 标记 527 : ID 3109654
11	管道 : 管道类型 : 消火栓管 - 标记 01P_J-5962 : ID 2948595	管道 : 管道类型 : 镀锌钢管 - 标记 975 : ID 3111157
12	管道 : 管道类型 : 污水管 - 标记 01P_J-6128 : ID 2949309	管道 : 管道类型 : 给水管 - 标记 YL-273 : ID 3064393
13	管道 : 管道类型 : 消火栓管 - 标记 01P_J-6213 : ID 2949657	管道 : 管道类型 : 镀锌钢管 - 标记 4900 : ID 3135075
14	管道 : 管道类型 : 消火栓管 - 标记 01P_J-6213 : ID 2949657	管道 : 管道类型 : 镀锌钢管 - 标记 4928 : ID 3135159
15	管道 : 管道类型 : 消火栓管 - 标记 01P_J-6215 : ID 2949663	管道 : 管道类型 : 镀锌钢管 - 标记 4928 : ID 3135159
16	管道 : 管道类型 : 消火栓管 - 标记 01P_J-6215 : ID 2949663	管道 : 管道类型 : 镀锌钢管 - 标记 4954 : ID 3135237
17	管道 : 管道类型 : 消火栓管 - 标记 01P_J-6215 : ID 2949663	管道 : 管道类型 : 镀锌钢管 - 标记 4985 : ID 3135330
18	管道 : 管道类型 : 消火栓管 - 标记 01P_J-6215 : ID 2949663	管道 : 管道类型 : 镀锌钢管 - 标记 5019 : ID 3135432
19	管道 : 管道类型 : 消火栓管 - 标记 01P_J-6219 : ID 2949675	管道 : 管道类型 : 镀锌钢管 - 标记 5019 : ID 3135432
20	管道 : 管道类型 : 消火栓管 - 标记 01P_J-6219 : ID 2949675	管道 : 管道类型 : 镀锌钢管 - 标记 5053 : ID 3135534
21	管道 : 管道类型 : 消火栓管 - 标记 01P_J-6219 : ID 2949675	管道 : 管道类型 : 镀锌钢管 - 标记 5086 : ID 3135633
22	管道 : 管道类型 : 消火栓管 - 标记 01P_J-6219 : ID 2949675	管道 : 管道类型 : 镀锌钢管 - 标记 5116 : ID 3135723
23	管道 : 管道类型 : 消火栓管 - 标记 01P_J-6219 : ID 2949675	管道 : 管道类型 : 镀锌钢管 - 标记 5143 : ID 3135804
24	管道 : 管道类型 : 消火栓管 - 标记 01P_J-6220 : ID 2949678	管道 : 管道类型 : 镀锌钢管 - 标记 4853 : ID 3134934

图 4. 5-19　报告截图

第5章 BIM技术在项目施工中的应用

5.1 BIM 技术在施工阶段的应用概述

土木施工是让建筑物或构筑物由物理描述变成现实的过程。施工阶段的基本依据是设计图和明细表。设计图和明细表的完整和准确是施工能够按时、按造价完成的基本保证。施工阶段会产生大量的信息，如产品来源、深化设计、加工、安装过程、施工排序和施工计划等。在传统信息创建和管理方式下，工程建造各阶段的信息都易发生损失，信息在各个阶段的传递过程中都有不同程度的流失。信息的再利用性极差，同一个项目需要不断重复地创建以前可能创建很多次的信息，浪费时间和重复纠错阻碍效率的提升。此外，部分工程越来越复杂，传统技术手段根本无法驾驭，各专业图纸之间的错漏碰缺问题日益突出。

利用 BIM 三维可视化的特性，设计师能够运用三维思考方式有效地完成建筑设计，方便向施工人员传递意图，大大降低了工人的培训难度。另外，交流障碍减少，同时降低由错误引起变更的概率。

基于 BIM 进行施工管理，有助于各参与方进行组织协调工作。BIM 使建筑、结构、给水排水、空调、电气等各个专业基于同一个模型进行工作，从而使真正意义上的三维集成协同成为可能。通过 BIM 建筑信息模型可在建筑物建造前期对各专业的碰撞问题进行协调，生成并提供协调数据，及早解决图纸错漏碰缺的问题，减少返工现象。

BIM 模型遵循“一次创建，多次使用”的原则，各参与方共享劳动成果。随着工程建造过程的推进，BIM 中的信息不断补充和完善，并形成一个最具时效性、合理性的虚拟建筑。BIM 技术的出现推动工程建造转向以全面数字化为特征的数字建造模式，成为各类信息技术的集大成者。数字建造以信息技术为基础，带动施工组织形式、管理模式、建造过程的变革，并最终带来建筑产品的变革。采用数字建造的目的是提高施工效率，提升工程管理的水平和技术手段。

在 BIM 技术支持下，工程建造活动包括两个过程：一个是物质建造的过程，另一个是管理施工中产生数字化产品的过程。物质建造过程是把设计图变成具体的实物。通过物质建造，将各种建筑材料（钢筋、石子、水泥、砂、型钢、铝合金、玻璃等）转化成为具备特定建筑功能的构件与空间。产品的数字化过程是随着项目不断推进不断完善的过程，从初步设计、施工图设计、深化设计到建筑安装再到运营维护，建设项目全生命周期不同阶段都有相对应的数字信息不断地被增加进来，形成一个完整的数字化产品。数字化产品承载着产品设计信息、建造安装信息、运营维修信息、管理绩效信息等。

在建筑施工的过程中应用数字化技术，在计算机系统就形成了数字工地。数字工地与 AI、大数据、无线通信等技术结合逐步完善智慧工地。数字工地与实体工地密不可分，体现在数字化建造模式下工程建造的“虚”与“实”的关系，以“虚”导“实”，即数字建造模式下的实体工地在数字工地的信息流驱动下，实现物质流和资金流的精益组织，工地按章操作，有序施工。

随着计算机的仿真应用，建筑施工可以在建造前先利用计算机进行模拟，提早解决可能出现的问题，规避返工。随着工程结构越来越复杂，施工中有限的施工空间和紧凑的时间安排使交叉作业过程难以避免，通过计算机仿真发现时间、空间的冲突，优化交叉作业的时间安排，避免空间碰撞的发生。以“BIM 模型”为载体的虚拟数字建筑就可以在计算机中进行各种模拟计算，实现工程施工的“先试后造”。通过“先试”环节发现潜在的问题并加以解决，从而可极大提高施工现场“后造”的效率和质量。BIM 技术在工程施工阶段的应用点见表 5.1-1。

表 5.1-1　BIM 技术在工程施工阶段的应用点

工程施工阶段	工程施工 BIM 应用
施工前	（1）可视化施工场地布置和管理 （2）专项施工方案模拟 （3）关键施工工艺模拟 （4）装修效果模拟
施工建造阶段	（1）质量控制 （2）BIM-4D 进度模拟施工 （3）BIM-5D 成本控制 （4）安全管理 （5）物料管理 （6）绿建管理 （7）工程变更管理
深化设计阶段	（1）管线综合深化设计 （2）土建结构深化设计 （3）钢结构深化设计 （4）玻璃幕墙深化设计 （5）预制构件深化设计 （6）建筑装修深化设计
安全管理的应用	（1）危险源检测 （2）现场安全教育 （3）VR 安全体验 （4）安全技术交底 （5）物联网安全警示
智慧工地建设	（1）智慧场地管理 （2）物流管理与规划 （3）人员定位与识别 （4）建筑机器人应用 （5）快速测量与建模
竣工交付阶段	（1）快速核查结算 （2）精准核对决算工程量 （3）辅助竣工验收和成果交付

5.2　BIM 技术在施工准备阶段的应用

基于 BIM 的虚拟建造是实际施工过程在计算机上的虚拟实现，以便发现实际建造中存在的或者可能出现的问题。它采用虚拟现实和结构仿真等技术，在高性能计算机硬件等设备及相关软件的支持下群组协同工作。通过BIM技术建立建筑物的几何模型和施工过程模型，可以实现对施工方案进行实时、交互和逼真的模拟，进而对已有的施工方案进行验证、优化和完善，逐步替代传统的施工方案编制方式和方案操作流程。在对施工过程进行三维模拟操作中，为各个参与方提供一种可控制、无破坏性、耗费小、低风险并允许多次重复的试验方法，能预知在实际施工过程中可能碰到的问题，提前避免和减少返工以及资源浪费的现象，优化施工方案，合理配置施工资源，节省施工成本，加快施工进度，控制施工质量，增强施工企业的核心竞争力。BIM在施工准备阶段的应用主要体现在施工现场临时设施规划。

5.2.1 可视化施工现场管理

基于BIM三维模型和各种临时设施，可以对施工场地进行布置。三维可视化场布可以更合理确定塔式起重机、加工厂地、库房和生活区等的位置，更易与业主进行可视化沟通协调，利于对施工场地进行优化。基于BIM技术的施工场布，可以结合施工方案、施工模拟和现场视频监测等数据，可视化检查施工的效果、优化施工过程和结果。这种优化降低了返工成本和管理成本，也降低了施工风险，增强了管理者对施工过程的控制能力。

1. 大型施工机械设施布置规划

(1) 塔式起重机布置规划

重型塔式起重机往往是大型工程中不可或缺的部分，它的运行范围和位置一直都是工程项目计划和场地布置的重要考虑因素之一。如今的BIM模型往往都是参数化的模型，利用BIM模型不仅可以展现塔式起重机的外形和姿态，也可以在空间上反映塔式起重机的占位及相互影响，如图5.2-1所示。

图5.2-1 BIM三维场地布置

(2) 施工电梯布置规划

在现有的建筑场地模型中，可以根据施工方案来虚拟布置施工电梯的平面位置，并根据BIM模型直观地判断出施工电梯所在的位置，与建筑物主体结构的连接关系，以及今后场地布置中人流、物流疏散通道的关系。还可以在施工前就了解今后外幕墙施工与施工电梯间的碰撞位置，以便及早地制定相关的外幕墙施工方案以及施工电梯的拆除方案。

(3) 混凝土泵布置规划

混凝土泵在超高层建筑施工垂直运输体系中占有极为重要的地位，担负着混凝土垂直与水平方向的输送任务。混凝土泵是一种有效的混凝土运输工具，它以泵为动力，沿管道输送混凝土，可以同时完成水平和垂直运输，将混凝土直接运送至浇筑地点。混凝土泵具有运送能力大、速度快、效率高、节省人力、能连续作业等特点。因此，它已成为施工现场运输混凝土最重要的一种方法。

要利用BIM技术来进行混凝土泵布置规划及混凝土浇捣方案的确定，首先需要建立较为完善的混凝土泵的模型，混凝土泵的模型除了需要具有泵车的基本尺寸以外，还需要具有其中的技术参数，而这些技术参数正是通过某种方式导入相关的计算软件，进行混凝土浇捣的计算。

2. 现场物流规划

施工现场是一个涉及各种需求的复杂场地，其中建筑行业对于物流也有自己特殊的需求。BIM 技术首先是一个信息收集系统，可以有效地将整个建筑物的相关信息录入收集并以直观的方式表现出来，但是其中的信息到底如何应用，必须结合相关的施工管理应用，下面先介绍现场物流管理如何收集和整理信息。

（1）材料的进场

建筑工程涉及各种材料，有些材料为半成品，有些材料是完成品，对于不同的材料既有通用要求，也有特殊要求。材料进场应该有效地收集其运输路线、堆放场地及材料本身的信息，其中材料本身信息包含以下几方面：

1）制造商的名称。

2）产品标识（如品牌名称、颜色、库存编号等）。

3）其他的必要标识信息。

（2）材料的存储

对于不同用途的材料，必须根据实际施工情况安排其储存场地，应该明确地收集其储存场地的信息和相关进出场信息。

3. 现场人流规划

利用工程项目信息集成化管理系统来分配和管理各种建筑物中的人流，采用三维模型来表现效果、检查碰撞、调整布局，最终形成可以直观展示的报告。这个过程是建立在 BIM 技术方案基础上，并在拥有比较完整的模型后，以现行的规范文件为标准进行的。模拟一般采用动画形式展现给施工管理人员，使相关人员来观察产生的问题，并适时地更新、修改方案和模型。

（1）现场总平面人流规划

需要考虑现场正常的进出安全通道和应急时的逃生通道，施工现场和生活区之间的通道连接等主要部分。施工现场布置分为平面布置和竖向布置，生活区规划主要是平面布置。在生活区需要按照总体策划的人数规划好办公区以及宿舍、食堂等生活区设施之间的人流。在施工区，要考虑进出办公区通道、生活区通道、安全区通道设施、现场人流安全设施等，并要随着不同施工阶段工况的改变相应地调整安全通道。

（2）交通道路模拟

需要结合 3D 场地、机械、设备模型，进行现场场地的机械运输路线规划模拟。交通道路模拟可提供图形的模拟设计和视频，以及三维可视化工具的分析结果。

（3）竖向人流模拟

通道设置在施工各阶段均不相同，需考虑人员的上下通道，并与总平面水平通道布局相衔接。考虑到正常通行的安全，应急时人员疏散通行的距离和速度，竖向通道位置均应与总平面的水平通道协调，考虑与水平通道口距离、起重机回转半径的安全范围、结构施工空间影响、物流的协调等。通过 BIM 模拟施工各阶段上下通道的状况，模拟出竖向交通人流的合理性、可靠性和安全性，满足项目施工各阶段进展的人员通行要求。

模型深度主要要求反映通道体型大小，构件基本形状和尺寸。与主体模型结合后，反映出空间位置的合理性，结构安全的可靠性，以及与结构的连接方式。

5.2.2 专项施工方案模拟

对于复杂工序，可利用 BIM 模型将复杂部位简单化、透明化，提前模拟方案编制后的现场施工状态。对BIM三维可视化模型进行分析，可以手动或自动对现场可能存在的危险源、安全隐患、消防隐患等提前排查，便于对施工工序进行合理排布。

虚拟施工是通过仿真技术虚拟现实。随着BIM的不断成熟，将BIM技术与虚拟施工技术相结合，利用BIM技术，在虚拟环境中建模、模拟、分析。通过BIM技术结合施工方案、施工模拟和现场视频监测，减少建筑质量问题、安全问题，减少返工和整改。通过模拟找到施工问题的解决方法，进而确定最佳设计和施工方案，用于指导真实的施工，最终大大降低返工成本和管理成本。机电工程项目往往比较复杂，需要进行专项施工方案模拟。

在机电工程项目中施工进度模拟优化主要利用Navisworks软件对整个施工机电设备进行虚拟拼装模拟，方便现场管理人员及时对部分施工节点进行预演及虚拟拼装，并有效控制进度。此外，利用三维动画对计划方案进行模拟拼装，更容易让人理解整个进度计划流程，对于不足的环节可加以修改完善，对于所提出的新方案可再次通过动画模拟进行优化，直至进度计划方案合理可行。

在机电设备项目中通过BIM的软件平台，采用立体动画的方式，配合施工进度，可精确描述专项工程概况及施工场地情况，依据相关的法律法规和规范性文件、标准、图集、施工组织设计等模拟专项工程施工进度计划、劳动力计划、材料与设备计划等，找出专项施工方案的薄弱环节，有针对性地编制安全保障措施，使施工安全保证措施的制定更直观、更具有可操作性。例如某超高层项目，结合项目特点拟在施工前将不同的施工方案模拟出来，如钢结构吊装方案、大型设备吊装方案、机电管线虚拟拼装方案等，向该项目管理者和专家讨论组提供分专业、总体、专项等特色化演示服务，给予其更为直观的感受，帮助确定更加合理的施工方案，为工程的顺利竣工提供保障。

所以，通过BIM软件平台可把经过各方充分沟通和交流后建立的四维可视化虚拟拼装模型作为施工阶段工程实施的指导性文件。通过基于BIM的3D模型演示，管理者可以更科学、更合理地制定施工方案，直接可视化施工的界面及顺序。

5.2.3 关键施工工艺模拟

基于BIM技术，能够提前对重要部位的安装进行三维动态展示，提供施工方案讨论和技术交流的虚拟现实信息，从而帮助施工人员选择合理的安装方案，同时可视化的动态展示有利于安装人员之间进行技术交底。

1. 混凝土构件的虚拟拼装

预制构件生产完成后，根据实际数据（如预埋件的实际位置、窗框的实际位置等参数）更新BIM模型，对预制构件的BIM模型进行修正。在预制构件出厂前，需要对修正的预制构件进行虚拟拼装，旨在检查生产中的细微偏差对安装精度的影响。若经虚拟拼装显示安装精度影响在可控范围内，则可出厂进行现场安装；反之，不合格的预制构件则需要重新加工。

出厂前的预拼装主要融合了生产中的实际偏差信息，其预拼装的结果反馈到实际生产中对生产过程工艺进行优化，同时对不合格的预制构件进行报废，可提高预制构件生产加工的精度和质量。

2. 钢构件的虚拟拼装

钢构件的虚拟拼装，首先要实现实物结构的虚拟化。实物虚拟化就是将真实的构件精确地转化为数字模型。通过实际尺寸与原BIM模型对比，在模型中显示实体偏差，输出实测实量数据，并在三维模型里逐个体现。用实物产品模型代替原有设计模型，形成实物模型组合，所有不协调和问题就都可以在模型中反映出来，也就代替了原有的预拼装工作。通过施工前大量的虚拟装配及吊装试验和优化，可以改进钢结构制作和安装施工方案，从而为后续钢构件的制作和安装工作铺平道路，减少因设计盲点及其他因素导致工程返工而引发的不必要的经济损失，提高施工效率。

钢构件的虚拟拼装对于钢结构加工企业来说是一个十分有帮助的BIM应用，其优势如下：

1）省去大块预拼装场地。

2）节省预拼装临时支撑措施。

3）降低劳动力使用。

4）缩短加工周期。

5.2.4 装修效果模拟

装饰工程的最重要功能是保护建筑结构和美化建筑。在传统领域，纯粹使用以3ds MAX为代表的可视化制作软件虽然可以制作出精美的装修模型，但此类模型仅仅可以满足业主的视觉预览需求，而并不具备指导装修施工的作用。针对工程技术重难点、样板间、精装修等，基于BIM模型，对精装修后的颜色、材质、工艺进行建模，并考虑灯光环境等，利用三维效果可以让各参与方直观看到效果，利于沟通协调，也降低了协调成本，如图5.2-2所示。

为了保证设计的效果和施工质量，模型是否美观是一项极为重要的指标。BIM装修模拟可以看到建筑空间装饰的整体效果，检查每个装饰构件的材质、色彩、造型等是否符合美学要求。根据建筑施工图及已有上游模型进行装饰方案设计，建立室内装饰设计BIM模型，可进行疏散分析、采光分析、照明分析、声环境分析、碰撞检查、物料统计、造价估算、概算等；进而实现制作构件加工方案、施工场地预布置、管线综合、专业协调、施工指导、工程造价管理等功能。

图5.2-2 装修效果模拟

利用BIM仿真最终装修效果，辅助方案沟通并优化装饰方案，准确高效地表达设计意图，提高决策效率，提升设计质量。借助BIM建模，使建筑装修设计想法更清晰直观地表现出来，通过直观的视觉表达审核模型表达的设计意图和造型是否正确、合理。主要检核的内容有材质、阴阳角、不同材质间的收口方式等。通过BIM模型，可以发现原本在二维图中难以发现的问题，如建筑使用功能不能满足、功能不匹配或不符合要求、构件无法安装等，并可对建筑装修造型的协调性和连续性进行检验。根据装修设计成果检验的结果，可对不合理设计进行修改和完善。

装修深化设计，通过虚拟装修场景直观反映室内装修装饰方案和施工阶段的信息，让业主提前感受装修效果，帮助业主提高设计沟通效率，减少了二次装修的成本。在装饰装修专业，利用VR技术制作室内精装模型，戴上VR头显，就可以身临其境地进入房间，犹如“走进”了“样板房”一样。BIM文件整合的数据包括构建信息、施工信息、运维信息等，如饰面构件尺寸、空间位置、材质等，同时还包含装饰装修使用的材料名称、性质及生产厂家，以及工艺设备的技术参数、运行操作手册、保养及维修手册、售后信息等，形成三维电子数据库。

5.3 BIM技术在施工建造阶段的应用

工程建造活动能否顺利进行，很大程度上取决于参与各方之间信息交流的效率和有效性，许多工程管理问题，如成本的增加、工期的延误等都与项目组织中各参与方之间的“信息沟通损失”有关。BIM技术善于管理大量复杂数据，方便进行沟通协作，是施工过程非常有力的管理工具。

5.3.1 质量控制

基于BIM的工程项目质量管理包括产品质量管理及技术质量管理。

1）产品质量管理。BIM模型可以管理全部的建筑构件、设备信息。利用各种BIM平台软件可以方便地检索、查验，并对现场施工产品进行记录、追踪、分析，监控施工过程、保证施工质量。

2）技术质量管理。通过三维可视化技术交底，可防止施工技术信息的传递出现偏差、失真与遗漏，避免实际做法和计划做法不一致的情况出现，减少不可预见情况的发生，监控施工质量。

在施工建造过程中，施工方要先与建筑、结构、机电各专业进行沟通，检查模型与设计方案差异，进行工程量统计的对比检查、设计模型的零碰撞检测和构件的材料、规格检查等方面。进行建筑、结构、机电各专业之间的碰撞检测分析工作，有碰撞问题及时提交业主，要求设计单位修改。下面仅对BIM在工程项目质量管理中的关键应用点进行具体介绍。

（1）碰撞检测

碰撞检测是BIM技术应用初期最易实现、最直观、最易产生价值的功能之一，也是利用BIM技术消除变更与返工的一项主要工作。前期的碰撞检测给项目施工带来显而易见的好处，规避了施工可能出现的问题，节约了施工成本，使BIM技术真正得到应用。

在复杂的工程中，存在种类繁多的机电管线与建筑结构的空间碰撞问题，碰撞结果输出的形式、碰撞问题描述的详细程度、找寻碰撞位置的方法，在BIM软件中有较成熟的应用方案。三维管线综合协调为工程的重要内容，根据深化设计的进度，进行建筑、结构、机电各工种之间的三维碰撞协调分析，对于体量较小的单体建筑，一次完成全部碰撞检测；对于体量较大的单体建筑，可采用分层分区的方式进行划分，逐次完成碰撞检测。

（2）大体积混凝土测温

使用智能硬件测量大体积混凝土内部的温度，将测温数据传输汇总到分析平台上，实时监测混凝土内外温度变化，动态监测温度数据与变化曲线，避免出现结构质量事故。施工方根据温度变化情况，随时加强养护措施，确保大体积混凝土的施工质量，避免大体积混凝土浇筑后出现由于温度变化剧烈引起的温度裂缝。

（3）桩基数字化监测系统

采集施工过程中的各项原始数据，综合处理后得到“厘米级精度的桩位信息”“垂直度偏差值”“钻进深度值”“提钻速率”“钻进电流值”“灌浆量”等关键数据，实时显示在工业级车载终端上，辅助机手精准施工，提高成桩合格率，保障机手全天24h高效工作，提高生产效率。

运用BIM技术对建设项目进行质量控制，可以发挥工程信息集成化的发展优势，不仅可以方便合作各方的交流，提高管理效率，缩短工期；还能进行施工阶段的管理，合理安排材料进场，保证施工质量和进度，减少返工，达到节约成本的目的。

建筑工程项目在BIM技术的支撑下，可将施工工艺通过动画的方式展现出来，对项目的具体管理人员进行针对性的指导与培训，保证项目施工人员能够全面掌握具体施工过程中可能出现的施工方法、施工工艺方面的问题，进而为更好地保证施工质量打下坚实基础。同时，利用BIM技术可直接提交质量检验报告等文件，在进行审核时，可随时调用，较好地克服了传统的纸质文件相互传阅过程中存在的便捷性较差的问题，提高工作的质量和效率。

5.3.2　BIM-4D进度模拟施工

工程项目进度管理，是指全面分析工程项目的目标、各项工作内容、工作程序、持续时间和逻辑关系，力求拟订具体可行、经济合理的计划，并在计划实施过程中，通过采取各种有效的组织、指挥、协调和控制等措施，确保预定进度目标实现。一般情况下，工程项目进度管理的内容主要包括进度计划和进度控制两大部分。

进度控制的主要方式是通过收集进度实际进展情况，将之与基准进度计划进行比对分析、发现偏差并及时采取应对措施，确保工程项目总体进度目标的实现。施工进度管理是施工中一项重要的工作内容，直接关系到项目能否按时竣工，管理好施工进度不仅可以节约时间，而且可以节省成本，减少不必要的工程费用。

在传统的项目进度管理过程中，网络计划抽象难以理解和执行，不方便各专业之间的协调沟通，进度管理模式存在缺陷。BIM技术的引入，可减少变更和返工进度损失、加快生产计划及采购计划编制、加快竣工交付资料准备，从而提升了全过程的协同效率。

BIM在工程项目进度管理中的应用主要体现在以下五个方面：

（1）BIM施工进度模拟

BIM施工进度模拟通过将施工进度计划与建筑信息模型相链接，将时间信息与空间信息整合在一个数据模型中。这种模拟不仅直观、精确地反映建筑的施工过程，还能够实时追踪当前的进度状态，对各专业人员进行工作协调，分析影响进度的因素并制订应对措施，从而达到缩短工期、降低成本、提高质量的目标。

通过4D施工进度模拟，能够完成以下内容：基于BIM模型，对工程重点和难点的部位进行分析，提供切实可行的解决方案；依据模型，排订施工计划，划分流水段；编制BIM-4D施工进度编制计划；方便快捷地提取需要任何时间段的施工计划；对现场的施工进度做到按日管理。

（2）BIM施工安全与冲突分析系统

BIM施工安全与冲突分析系统应用主要体现在以下几方面：

1）时变结构和支撑体系的安全分析。通过IFC模型数据转换机制，由4D施工信息模型导入结构分析软件，进行施工期时变结构与支撑体系任意时间点的力学分析和安全性能评估。

2）施工过程进度/资源/成本的冲突分析。对比分析各施工段的实际进度与计划，可进行进度偏差和冲突分析及预警；自动提取任意节点的人力、材料、机械、成本，可进行资源对比分析和预警；根据清单计价和实际进度计算实际费用，动态分析任意时间点的成本及构成。

3）碰撞检测。基于施工现场4D时空模型，可对构件与管线、设施与结构等进行碰撞检测。

（3）BIM建筑施工优化系统

BIM建筑施工优化系统应用主要体现在以下几方面：

1）基于BIM和离散事件模拟的施工优化。通过对各项工序的模拟，得出工序工期、人力、机械、场地等资源的占用情况，对施工工期、资源配置以及场地布置进行优化，实现多个施工方案的优选。

2）基于过程优化的 4D 施工过程模拟。将 4D 施工管理与施工优化进行数据集成，实现了基于过程优化的 4D 施工可视化模拟。

(4) 三维技术交底及安装指导

通过三维模型让施工人员直观地了解自己的工作范围及技术要求，主要方法有两种：一种是虚拟施工和实际工程照片对比；另一种是将整个三维模型进行打印、视频展示、虚拟现实展示等，如图 5. 3-1 所示。

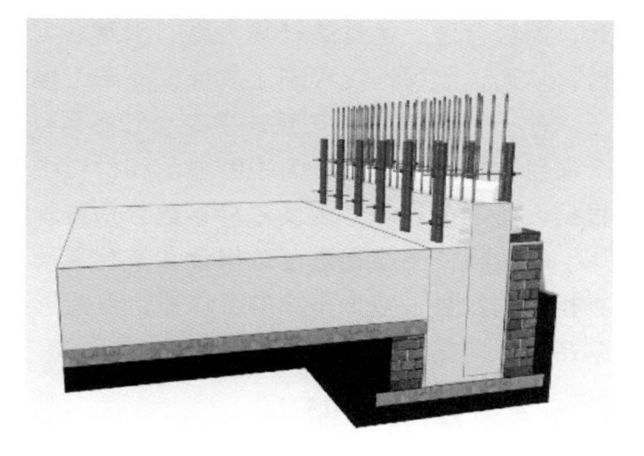

图 5. 3-1　三维技术交底

(5) 移动终端现场管理

采用无线移动、物联网、AI、VR 等技术，在施工现场直接进行可视化管理，提高交流效率和管理水平。

BIM-4D 进度模拟不但可以模拟整个项目的施工过程，还可以对复杂技术方案的施工过程和进度进行模拟，实现施工方案可视化交底，避免了由于语言文字和二维图交底引起的理解分歧和信息错漏等问题。施工进度模拟可以直观、精确地反映整个项目的施工过程和重要环节。在实现方式上，可以利用 BIM 软件如 Navisworks 等的仿真模拟功能，通过从 Revit 软件中导入. nwc格式的 BIM 模型，并且赋予其利用 Project 建立的项目进度计划的时间维度，从而实现了 BIM 计划管理。

BIM-4D 进度模拟结果可用于施工方案优化。施工方案优化主要通过对施工方案的经济、技术比较，选择最优的施工方案，达到加快施工进度并能保证施工质量和施工安全，降低消耗的目的。

施工方案的优化有助于提升施工质量和减少施工返工。通过三维可视化的 BIM 模型，沟通的效率大大提高，BIM 模型代替图纸成为施工过程中的交流工具，提升了施工方案优化的质量。

5. 3. 3　BIM-5D 成本控制

项目成本，即为项目建设完成所需要耗费的人力、物力和财力。项目成本控制作为一项专业性、技术性很强的工作，是决定工程建设项目投资效果的重要因素，也是决定建设项目能否顺利实施的关键因素。

基于 BIM 技术的工程项目成本控制可以在项目实施的各阶段进行应用，在招标投标阶段，招标方可以利用设计阶段建立的 BIM 模型，根据工程量计算规范和招标范围，由软件自动计算相应工程量，再利用 BIM 计价软件导入 BIM 工程量模型，快速准确地计算出招标控制价，并自动对应生成工程量清单。算量部分，BIM 相关软件中各构件都有各自的定义与功能，建立统一的标准便可将模型与算量相结合，大大降低算量成本，数据快速准确，BIM 也可实时检查汇总各节点成本，提供实时数据。

在施工阶段，BIM 模型可以从项目的进度安排、施工工序等多个维度展开对比，为项目进行动态成本控制提供及时、可靠依据。BIM 模型结合项目进度计划，可以比较任一时段内的预算成本与实际成本，对该阶段的盈亏情况进行分析，发现偏差及时修正。BIM 模型结合施工工序，可将某道工序的预算成本与实际成本进行对比，以此来分析与项目预期能否相符。BIM 技术能够对某一局部施工阶段的工程量进行自动计算，以指导项目资源的合理分配，最大限度节约项目成本。如果施工阶段出现设计变更的情况，利用 BIM 模型能够及时合理地优化、调配项目资源，以避免资源闲置、浪费等现象的产生。

BIM 平台对工程的结构、材料、人员方面的管理更加深入，因此可以更好地考虑各方面的因素，通过合理、优越的计算方法，对建设项目的材料供应、人员管理、资金流动进行合理的管控，从而达到保证工程施工质量、提高工程效率、节约工程成本的目的。

基于 BIM 软件，在管理多专业和多系统数据时，能够采用系统分类和构件类型等方式对整个项目数据进行管理，为视图显示和材料统计提供规则。例如，给水排水、电气、暖通专业可以根据设备的型号、外观及各种参数分别显示设备，方便计算材料用量。

传统模式下工程进度款申请和支付结算工作较为复杂，基于 BIM 能够快速准确地统计出各类构件的数量，减少预算的工作量，且能形象、快速地完成工程量拆分和重新汇总，为工程进度款结算工作提供技术支持。

5.3.4 安全管理

BIM 技术在施工安全管理中的应用主要有以下几个方面：

1）将 3D 模型以及 VR 技术用于识别危险因素并提出安全管理建议。施工现场的危险区域可以分为与建筑永久结构或临时设施有关，如洞口、临边、脚手架踏板等因边缘未设置防护或设置防护不规范而形成危险区域；可以利用 BIM 技术对这些区域进行自动识别或手动标识，进行安全管理。

2）与机械设施（如塔式起重机、电梯、吊篮等）有关的危险设备管理。主要是防止高处坠物和机械碰撞。塔式起重机安全管理主要是明确施工过程中各阶段塔式起重机的运行轨迹和回转半径，确保塔式起重机运行过程中塔式起重机之间、塔式起重机和建筑结构之间的距离满足安全需要，避免碰撞事故的发生。

3）将 4D 模型用于进行安全防护措施配置、安全防护措施的可靠性分析及在建结构的稳定性分析。

4）将 VR 等可视化技术用于工人安全培训，利用现代技术设备保护工人的安全。

例如可利用如图 5.3-2 所示单兵身体机能监测设备时刻关注危险工种从业人员的身体健康。采用 BIM 技术与数字化检测系统，通过软件整合，可实现各种施工监测，保障施工安全。下面将对 BIM 技术在工程项目安全管理中的具体应用进行介绍。

图 5.3-2　单兵身体机能监测

（1）施工准备阶段安全控制

在施工准备阶段，利用 BIM 进行与实践相关的安全分析，能够降低施工安全事故发生的可能性，如场布塔式起重机碰撞分析、施工场地危险源识别标识等。

（2）施工过程仿真模拟

仿真分析技术能够模拟建筑结构在施工过程中不同时段的力学性能和变形状态，对脚手架模板系统进行仿真分析和安全监测，可以指导安全维护措施的编制和执行，防止发生安全事故。

（3）智能化检测系统

通过对传统施工机械加装数据采集装置、视频监控装置进行数字化改造，对收集的数据与

BIM技术整合应用，解决传统施工管理的痛点：

1）高支模检测预警。

2）深基坑智能检测。

3）升降机和卸料平台安全检测。

4）塔式起重机视觉辅助。

5）护栏状态检测等。

（4）防坠落管理

施工过程中，建筑物可能会存在很多预留洞口和结构临边，高空作业很容易导致坠落伤害和物体打击等安全事故。利用BIM技术为高空作业提供防坠落保护措施，避免坠落伤亡事故，能很大程度降低项目的安全风险。

通过在BIM模型中的危险源存在部位建立坠落防护栏杆构件模型，能够清楚地识别坠落风险；BIM模型还可向承包商提供包括安装或拆卸栏杆的地点和日期等信息。

（6）塔式起重机安全管理

塔式起重机的布置不仅要满足施工需要，还要考虑安全问题。利用BIM技术结合施工进度对机械活动范围进行模拟，通过塔式起重机运行半径进行碰撞检测，根据碰撞检测结果，确定塔式起重机爬升进度的安排，安全管理的效果将会大大提高，从而避免安全事故的发生和经济损失。

（7）灾害应急管理

通过BIM软件可以很容易建立起三维可视化模型，能够直接提供疏散过程中所需的施工环境，包括施工项目内部的设施部署、管道设备的安放位置、起火点及周围环境、楼梯及安全通道的位置等，能够在真实的环境中进行三维模拟，验证疏散的可行性。

5.3.5 物料管理

材料部分出现的问题主要是无法实现限额领料，配料人员无法获得实时的材料数据，出现材料浪费。BIM可以拆分和汇总不同材料施工使用记录，配料人员可根据BIM的同类材料使用历史数据库来进行限额领料。

在物料管理中通过BIM模型，依据施工进度计划，以现场需求提出材料计划，组织施工物资按照工程进度需求有节奏地进场，使得现场不需堆积大量物资，既减小了工程施工对场地的依赖，又减少了资金占用量，方便现场管理。依据BIM模型，对于一些需要二次加工又方便运输的材料及构件，可采用工厂化生产，以减少单位物料的造价和运输等成本。同时在该工程中借助二维码技术，对一些贵重及成品材料及设备进行编码，材料出入库采用手持设备进行扫码即可完成，使库房管理变得简单快捷，有部分材料瞬间即可完成出入库管理工作。

基于4D-BIM的施工物料全过程管理系统实现了物料管理与BIM平台的无缝集成，数据与BIM模型双向链接，建立了清晰的业务逻辑和明确的数据交换关系，拓展了4D-BIM系统的数据收集渠道与管理手段，实现了对物料全过程的可视化跟踪，加强了物料管理过程控制。

智能地磅技术是利用物联网技术，通过地磅、摄像头、高拍仪、打印机等硬件集成，把手工录入业务数据变为系统自动采集，确保数据真实、准确、及时，同时减少物资管理人员的工作量。通过该系统的应用不仅极大地减少了人为干预，还加强了业务控制和降低了收发货风险，提高了工作效率，降低了工程材料成本，如图5.3-3所示。

基于BIM的物料管理平台通过BIM模型数据库管理各种材料和构件，项目各岗位人员及企业不同部门可以根据授权进行数据的查询、管理和分析。物料管理平台为项目部物料管理和决策提供数据支撑，具体表现如下：

（1）安装材料BIM模型数据库

图5.3-3　智能地磅技术

安装材料BIM模型数据库应用流程为建立模型、审核模型、提取数据、分析数据、运用数据。把分散在安装各专业手中的工程信息模型汇总到一起，形成三维机电模型，并将各专业模型链接到一起，形成安装材料BIM模型数据库，该数据库构成项目级机电应用的基础数据库。

（2）安装材料分类控制

材料的合理分类是材料管理的基础，安装材料BIM模型数据库可以容纳材料的全部属性信息。在进行数据建模时，各专业建模人员对施工所使用的各种材料属性，按其需用量的大小、占用资金多少及重要程度进行分类，科学、合理地进行控制。

根据安装工程材料的特点，对需用量大、占用资金多、专用或备料难度大的材料，必须严格按照设计施工图及BIM机电模型，逐项进行认真仔细的审核，做到规格、型号、数量完全准确。对管道、阀门等通用主材，可以根据BIM模型提供的数据，精确控制材料及使用数量。对资金占用少、需用量小、比较次要的辅助材料，可采用一般常规的计算公式及预算定额含量确定。

（3）用料交底

用BIM三维图、CAD图或者表格下料单等书面形式做好用料交底，做到物尽其用，减少浪费及边角料，把材料消耗降到最低限度。

（4）物资材料管理

运用BIM模型，结合施工程序及工程进度安排材料采购计划，不仅能保证工期与施工的连续性，而且能用好用活流动资金、降低库存、减少材料二次搬运。同时，材料员根据工程实际进度，方便提取施工各阶段材料用量，在下达施工任务书中，附上完成该项施工任务的限额领料单，作为发料部门的控制依据，实行对各班组限额发料，防止错发、多发、漏发等无计划用料，从源头上做到材料管理的“有的放矢”，减少施工班组对材料的浪费。

（5）材料变更清单

BIM模型在动态维护过程中，可以及时将变更图纸进行三维建模，将变更发生的材料、人工等费用准确、及时地计算出来，便于办理变更签证手续，保证工程变更签证的有效性。

5.3.6　绿色施工管理

绿色施工管理是指以绿色为目的、以BIM技术为手段，用绿色发展的理念和方式进行建筑的规划、设计，并在施工和运营阶段落实绿色指标，促进资源优化整合。绿色公共建筑尤其重视能源的节约和有效利用，同时这也是评价绿色建筑的重要指标。利用BIM技术设计的建筑在生活用水、供暖以及制冷等常规建筑能耗方面消耗非常低。BIM技术借助建筑能耗分析软件，结合建筑所在地区的气候数据信息，通过科学的模拟计算最大限度地调整和优化建筑工程的围护结构以及设置相应的参数，合理控制建筑工程预期节能标准。

同时还可以利用 BIM 建筑模型，确定建筑声源信息和声环境，发挥可视化的特点，对建筑室内混响声音、声学响应等数据进行动态化模拟分析，优化建筑厅堂的声场设计，为建筑工程提供更为充分的防噪设计数据，最大限度地减少建筑内部噪声。

BIM 技术软件还可以对室内热环境数据进行综合分析，例如监控建筑室内温度、湿度，同时和人体舒适度进行对比，然后利用专业设备来计算室内环境舒适度，最终设计出更接近于人体舒适度的室内热环境。为了减少建筑能耗，需要合理地控制日晒得热，即炎热的夏季尽可能减少日晒得热，降低室内温度，寒冷的冬季增加日晒得热，提高室内温度。可以利用 Revit 的日光轨迹对室内模型的光影效果进行模拟，直接获得可视化的分析结果，直观地看到不同季节室内的日光照射情况，通过不断改变窗高和窗台高来获得理想效果。

下面介绍以绿色为目的、以 BIM 技术为手段的施工阶段节地、节水、节材、节能管理。

（1）节地与室外环境

节地主要体现在建筑设计前期的场地分析、运营管理中的空间管理以及施工用地的合理利用。BIM 在施工节地中的主要应用内容有场地分析、土方量计算、施工用地管理及空间管理等。

（2）节水与水资源利用

BIM 技术节水方面的应用主要体现在场地排水设计、建筑的消防作业面分析、设置，最经济合理的消防器材以及规划每层排水地漏位置，雨水等非传统水源收集循环利用。另外，在施工中利用智能水表与 BIM 管理平台整合，对施工用水进行管控也能达到节水的目的。

（3）节材与材料资源利用

基于 BIM 技术，重点从钢材、混凝土、木材、模板、围护材料、装饰装修材料及生活办公用品材料七个主要方面进行施工节材与材料资源利用控制。通过 BIM-5D 实现材料采购的合理化、建筑垃圾减量化、可循环材料的多次利用化；优化钢筋配料，钢构件下料以及安装工程的预留、预埋，管线路径等措施，减少浪费；同时根据设计的要求，结合施工模拟，达到节约材料的目的。BIM 在施工节材中的主要应用内容有管线综合设计、复杂工程预加工与预拼装、物料跟踪等。

（4）节能与能源利用

在方案论证阶段，项目投资方可以使用 BIM 来评估设计方案的布局、视野、照明、安全、人体工程学、声学、纹理、色彩及规范的遵守情况。BIM 甚至可以做到建筑局部的细节推敲，迅速分析设计和施工中可能需要应对的问题。

5.3.7 工程变更管理

传统的设计变更带来的问题非常复杂，图纸与数据全部需要重新核算，BIM 的特点就在于将模型与图纸相关联，一旦发生设计变更，只需修改相应位置，整个模型与图纸都会统一自动更新，大大降低核算时间与成本。将 BIM 引入到工程变更数字信息化管理过程中，有助于实现现代工程建造项目的管理目标。BIM 技术在工程变更中的综合应用可以实现对工程变更中的信息与数据高效保存、及时共享的动态控制。任何一处、任何时刻发生的变更都可以通过修改模型，自动更新相应的内容到各个相关模型与文件中，为后期工程变更信息数据的提取和审核提供模型信息依据。

对于工程变更的发生，通过 BIM 软件形成工程变更动态追踪信息，能及时反馈到各个参与方的管理者手中。一旦工程变更发生，通过相应软件集成变更信息，相应的工程量、成本造价信息自动更新，使得工程变更数字信息化管理水平得到进一步的提高。

基于 BIM 的工程变更过程主要有以下几方面应用：

1）在变更方案编制环节，设计单位通过修改 BIM 模型，使模型与变更后的施工图一一对应，利用模型的自动算量功能，自动统计变更工程量，大大节省依图核算工程量的时间。

2）在变更方案评审环节，设计单位将编制的变更方案（可能多个）报业主方、监理单位和施工单位评审，各单位基于 BIM 模型，对变更引起的合同工程量（金额）变化、合同工期变化、施工可行性等进行综合评价，甄别出变更方案的优劣性，业主方可根据自身对工程变更影响的容忍度选择合适的变更方案；基于 BIM 统计工程量的精准性，可以准确核算出变更前后的工程量增减，解决了传统工程变更过程中施工单位上报变更工程量时“报增不报减”的问题。

3）在变更实施环节，施工单位可依据设计变更的 BIM 模型，完成施工 BIM 模型深化，进而模拟和指导施工；业主方利用 BIM 做好变更统计汇总，便于后期合同变更管理和工程结算，以及今后项目的审计追溯。

5.4　BIM 技术在深化设计阶段的应用

目前国内施工企业大多采用的是传统的施工技术，以二维 CAD 施工图为基础进行施工，深化设计主要根据 CAD 图凭经验设计或用详图软件画出加工详图，这项工作随着项目的复杂度增加，工作量巨大，效率低下。为了保证深化的加工详图正确，设计师必须认真检查每一张原图，以确保两者的一致性；再加上设计深度、生产制造、物流配送等流转环节，导致出错概率很大，耗时费力。

在工业建筑中，由于工程预制构件数量多，建筑构件深化设计的出图量大，采用传统方法手工出图工作量大，发生错误变更不可避免。采用 BIM 技术建立的信息模型深化设计完成之后，可以借助软件进行智能出图和自动更新，对图纸的模板做相应定制后就能自动生成需要的深化设计图，整个出图过程无须人工干预，而且有别于传统 CAD 创建的数据孤立的二维图，一旦模型数据发生修改，与其关联的所有图纸都将自动更新。

在安装工程中，建筑中的许多构件可以预先在加工厂加工，然后运到建筑施工现场，装配到建筑中（如门窗、预制混凝土构件和钢构件、机电管道等）。不在现场加工构件的工作方式能减少现场与其他施工人员和设备的冲突干扰，并能解决现场加工场地不足的问题；另外，由于构件已被提前加工制作，这样就能在需要的时候及时送到现场，不提前也不拖后，可加快构件的放置与安装。同时，基于 BIM 技术的数字化加工大大减少了因错误理解设计意图或与设计师交流不及时导致的加工错误。而且，工厂的加工环境和加工设备都比现场要好得多，工厂加工的构件质量也比现场加工的构件质量更有保障。

深化设计在整个项目中处于衔接初步设计与现场施工的中间环节。专业性深化设计主要涵盖土建结构、钢结构、幕墙、机电各专业、精装修等。项目深化设计可基于综合的 BIM 模型，对各个专业深化设计初步成果进行校核、集成、协调、修正及优化，并形成综合平面图、综合剖面图。基于 BIM 的深化设计在日益大型化、复杂化的工程中显露出相对于传统深化设计无可比拟的优越性，有别于传统的平面 2D 深化设计，基于 BIM 的深化设计更能提高施工图的深度、效率及准确性。

传统设计的沟通主要通过阅读 2D 平面图来交换意见，立体空间的想象则需要靠设计者的知识及经验积累。即使在讨论阶段获得了共识，在实际执行时也会经常发现有认知不一的情形出现，施工完成后若不符合使用者需求，还需重新施工。基于 BIM 的深化设计通过 BIM 技术的引入，使得每个专业的角色可以更加方便地通过立体模型来沟通，基于3D空间浏览设计，在立体空间所见即所得，快速明确地锁定症结点，通过BIM技术可更有效地检查出视觉上的盲点。因此，BIM模型在建筑项目中已经变成业务沟通的关键媒介，即使是不具备工程专业背景的人员，都能参与其中，工程团队各方均能给予较多正面的需求意见，减少设计变更次数。除了实时可视化的沟通，BIM深化设计导出的施工图还可以帮助各专业施工有序合理地进行，提高施工安装成功率，进而减少人力、材料以及时间上的浪费，在很大程度上降低施工成本。

5.4.1 管线综合深化设计

我国机电安装项目目前主要采用的是传统的施工方式，现场施工员对管线排布完成后，主要依靠大量人工在现场对各类管道、管件进行加工再将其安装，但这种方法需要在现场安排大量的操作工人，这给现场的日常管理带来了一定压力。其次，现场环境比较复杂，工作界面混乱，工人工作效率较低。再者，现场加工必定需要很多动火点，这无疑增加了现场的安全隐患。

机电模型可以分为通风空调、空调水、防排烟、给水排水、强电、弱电及消防等项目，借助BIM协同作业的方式分配给不同的BIM专业工程师同步建造模型，BIM专业工程师可以通过各项系统和建筑结构模型之间的参考链接方式进行模型问题检查。

深化设计员调整深化设计图，然后将图纸返回给BIM设计员；最后BIM设计员将三维模型按深化设计图进行调整，碰撞检测。如此反复，直至碰撞检测结果为“零”碰撞为止。

结合国内外BIM机电深化行业的经验，全方位碰撞检测时首先进行的应该是机电各专业与建筑结构之间的碰撞检测，在确保机电与建筑结构之间无碰撞之后再对模型进行综合机电管线间的碰撞检测。同时，根据碰撞检测结果对原设计进行综合管线调整，对碰撞检测过程中可能出现的误判，人为对报告进行审核调整，进而得出修改意见。

可以说，各专业间的碰撞交叉是深化设计阶段中无法避免的一个问题，但运用BIM技术则可以通过将各专业模型汇总到一起之后利用碰撞检测的功能，快速检测到并提示空间某一点的碰撞，同时以高亮做出显示，便于设计师快速定位和调整管路，从而极大地提高工作效率。图5.4-1所示为虚拟漫游检查管线。

图5.4-1 虚拟漫游检查管线

5.4.2 土建结构深化设计

1. 模板深化设计

在混凝土结构工程深化设计中，传统的模板及支撑工程设计耗时费力，技术人员会在模板支撑工程的设计环节花费大量的时间精力，不但要考虑安全性，同时还要考虑其经济性，计算绘图量十分之大。

使用BIM技术来辅助完成相关模板的设计工作，主要有两条途径：一是设定好一定的排列规则，利用BIM信息使用计算机编制有效程序自动完成一定的模板排列；二是利用BIM技术可视化的优点，将一些复杂的模板节点通过BIM模型进行模板的人工手动排布，并最终得出模板深化设计图。

2. 钢筋工程深化设计

钢筋工程也是钢筋混凝土结构施工工程中的一个关键环节，钢筋施工管理过程中会面临着许多的问题。在传统的钢筋工程施工过程中，钢筋切割出错率高，切错重切、切错材料等现象时有发生，造成了大量的浪费，钢筋的损耗率居高不下。

(1) 复杂节点的表现

在工程钢筋节点处非常密集、施工难度比较大的区域，有复杂的纵筋、箍筋、预应力筋甚至型钢。这些材料之间关系非常复杂，可以制作三维动画视频进行技术交底。

(2) 钢筋的数字化加工

对于三维空间曲面的结构，传统方式的钢筋加工机器已经很难加工，常规的二维图几乎无法表示。采用 BIM 软件将三维钢筋模型建立出来，同时以合适的格式传递给相关的三维钢筋弯折机器，可以顺利完成钢筋的加工。另外，对于大型工程，钢筋的加工需要大量的人力及时间，利用 BIM 模型传递给智能钢筋弯折机器自动加工，可以节省人力、空间、时间，降低施工成本。

5.4.3 钢结构深化设计

BIM 在钢结构深化设计中的应用主要体现在加速详图设计。深化设计和构件的制造对钢结构工程来说是非常重要的。钢结构企业要承接建筑设计以及结构设计的信息以完成这两项工作，而运输和现场安装的工作也要在这两项工作的基础下才能完成，钢结构工程的整体质量和能否实现都依靠准确的深化设计以及高精度的加工制造。

采用了 BIM 三维深化设计软件，设计高效而精确，出图也迅速便利。详图设计由于工期紧张、周期长，往往存在设计后期模型变更的可能。特别是异形空间结构，BIM 技术提高了工作效率和空间定位的准确性，还可以深化结果直接导入数字加工设备。

在钢结构制造行业中，很多企业都使用 Tekla Structures 作为深化设计的工具。Tekla Structures 的节点功能是以参数化设计为基础的，用户只需要输入节点中所要求的尺寸初值，软件就会根据节点数据库里预设好的根据钢结构节点设计原理确定的不变参数来完成节点的生产，而当构件的位置或截面改变时节点也进行相应的变化，大大提高了模型深化和出图的速度。

当遇到项目的结构复杂或者曲面较多的项目而数据库中没有适合的构件截面以及节点时，用户可以通过 Tekla Structures 的自定义节点功能来满足需求。这些功能可以很好地应对构件空间关系复杂和加工精度及现场安装精度要求高的项目。Tekla Structures 具有强大的图纸输出功能，能基于零件模型输出三维效果图、各轴线布置图、平面布置图、立面布置图、构件的施工图、零件大样图等。在利用软件绘制构件施工图时，软件会自动调出该构件的基本信息（数量、型材、尺寸、材质等）；用户也可以按自身要求定制模板，增加构件安装位置、方向以及工艺等信息。同时，Tekla Structures 带有图纸管理器，方便详图绘制人员管理钢结构工程的图纸状况。

5.4.4 玻璃幕墙深化设计

单元式幕墙的两大优点是工厂化和工期短。其中，工厂化的理念是将组成建筑外围护结构的材料，包括面板、支撑龙骨及配件附件等，在工厂内统一加工并集成在一起。工厂化建造对技术和管理的要求高，其工作流程和环节也比传统的现场施工要复杂得多。随着现代建筑形式的多元化和复杂化发展趋势，传统的 CAD 设计工具和技术方法越来越难满足日益个性化的建筑需求，且设计、加工、运输、安装所产生的数据信息量越来越庞大，各环节之间信息传递的速度和正确性对工程项目有重大影响。

工厂化集成可以将体系极其复杂的幕墙拼装过程简单化、模块化、流程化，在工厂内把各种材料、不同的复杂几何形态等集成在一个单元内，现场挂装即可。施工现场工作环节大量减少，出错风险降低。

运用BIM技术可以有效地解决工厂化集成过程前、中、后的信息创建、管理和传递的问题。运用BIM模型、三维构件图、加工制造、组装模拟等手段，即可为幕墙工厂集成阶段的工作提供有效支持。同时，BIM的应用还可将单元板块工厂集成过程中创建的信息传递至下一阶段的单元运输、板块存放等流程，并可进行全程跟踪和控制。

单元式幕墙的另一大优势是可大大缩短现场施工工期。在这方面，除了上面所描述的单元板块工厂化带来现场工作量减少的因素外，另一个方面就是可利用BIM，结合时间因素进行现场施工模拟，有效地组织现场施工工作，提高效率和工程质量。

幕墙作为建筑的外围护结构，也是建筑的外衣，是建筑的形象表达及功能实现的重要载体。幕墙设计作为建筑设计的深化和细化，对建筑设计理念应能够充分理解，同时更需要有与建筑设计匹配的实现工具以保证设计的延续性，从而更好地达到业主和建筑的设计目的。BIM技术的出现，可以有效地保证建筑设计向幕墙细部设计过渡时的建筑信息完整性和有效性，正确、真实、直观地传达建筑师的设计意图。尤其是对于一些大体量或复杂的现代建筑，信息的有效传递更是保证项目可实施性的关键因素。

建筑设计的BIM模型延续至幕墙设计时，能直观地表达建筑效果。但其所存储的信息仅限于初步设计阶段，尤其是对于材料、细部尺寸以及幕墙和主体结构之间的关系的信息都很少。而这些信息和构件细部等，都是在幕墙深化设计、加工过程中进行完善的，这一过程称为“创建工厂级幕墙BIM模型”。

幕墙深化设计是基于建筑设计效果和功能要求，满足相关法律法规及现行规范的要求，运用幕墙构造原理和方法，综合考虑幕墙制造及加工技术而进行的相关设计活动。BIM技术对幕墙深化设计具有重要的影响，包括建筑设计信息传达的可靠性大大提高，深化设计过程中更合理的幕墙方案的选择判定，深化设计出图等。幕墙深化设计师对建筑师设计理念的理解，信息传递的准确性、有效性，对幕墙深化设计的影响至关重要。幕墙深化设计阶段使用建筑设计提供的BIM模型，在招标投标阶段即能充分理解建筑设计意图，轻易把握设计细节，也有利于提高项目招标投标的报价准确性。建筑师的设计变更能充分得到响应，同时在设计过程中需要特别注意的事项，可以方便地在BIM模型中给予强调或说明，使幕墙设计师能充分理解建筑的每一处细节。同时，幕墙设计师还能基于对建筑设计的充分理解，对幕墙设计进行优化，并将优化的结果以3D的形式直观地表达出来，供业主和建筑师参考实施。

5.4.5 预制构件深化设计

建筑工业化已逐渐成为趋势，工业化建筑中采用大量的预制混凝土构件，这些预制构件采用工业化的生产方式，在工厂生产后运输到现场进行安装。预制构件的深化设计阶段是工业化建筑生产中非常重要的环节。由于预制混凝土构件是在工厂生产后运输到现场进行安装的，构件设计和生产的精确度就决定了其现场安装的准确度，所以要进行预制构件设计的“深化”工作，其目的是为了保证每个构件到现场都能准确地安装，不发生错漏碰缺。但是，一栋普通工业化建筑往往存在数千个预制构件，要保证每个预制构件到现场拼装不发生问题，靠人工进行校对和筛查显然是不可能的，但BIM技术可以很好地担负起这个责任，利用BIM模型，可以把可能发生在现场的冲突与碰撞在模型中进行事先消除。深化设计人员通过使用 BIM 软件对建筑模型进行碰撞检测，不仅可以发现构件之间是否存在干涉和碰撞，还可以检测构件的预埋钢筋之间是否存在冲突和碰撞，根据碰撞检测的结果，可以调整和修改构件的设计并完成深化设计图。

BIM 技术在预制加工管理方面的应用主要体现在钢筋准确下料、构件信息查询及出具构件加工详图上，具体内容如下：

（1）对结构施工图进行准确的钢筋下料

钢筋工程是房屋建筑工程中一个非常重要的分项工程，钢筋下料细部计算的正确性直接影响工程质量，关系到结构的安全。钢筋下料计算主要根据（《混凝土结构施工图平面整体表示方法制图规则和构造详图》）进行。这就要求钢筋下料计算人员必须根据详图及相关施工图准确分析，进行钢筋细部下料计算。这是一个复杂的过程，利用 BIM 技术可大大提高效率。

（2）构件详细信息查询

利用 BIM 数据库管理能力，检查和验收信息将被及时、完整地保存在 BIM 数据库内，并与数字构件整合。根据需要可对任意构件进行信息查询和统计分析，提高施工管理水平和效率。

（3）制作构件加工详图

利用 BIM 模型可以进行施工深化设计。BIM 相关软件可以辅助进行深化设计，并生成深化施工图。高质量的三维加工详图可用于技术交底，甚至直接导入数控机床进行加工，提高加工效率。

5.4.6 建筑装修深化设计

BIM 技术应用于装修施工管理时，引进其他领域的数字设备作为 BIM 设计施工的配套是不可忽略的手段，例如激光扫描测量、3D 打印、BIM 这三项技术，是开展建筑装修工程数字化设计与建造的必备技术，这些技术的有机结合将对今后装修行业工厂化制造技术产生深远的影响。BIM 技术在建筑装修深化设计中的应用，应该从数字化测量开始，没有数字化测量，就无法实现装修环境的模拟，深化设计也就无从入手。

基于 BIM 技术的可视化深化设计可以将材料选型、加工制造、现场安装实现同平台协调，其模拟性、优化性和可出图性的特点将各个领域、各个单位的技术联通起来，贯穿于整个施工过程，简化了建筑工程的施工程序。通过 BIM 技术进行信息共享和传递，可以使工程技术人员对各种建筑信息做出正确理解和高效应对。可见，BIM 提供了协同工作的基础，在提高生产效率、节约成本和缩短工期方面发挥了重要作用。

5.5 BIM 技术在安全教育虚拟场景的应用

5.5.1 施工安全教育的意义

1. 建筑工地容易发生安全问题的原因

（1）客观环境危险

施工现场的工作环境复杂，常常涉及繁杂的建筑物料、众多的施工机械、大量的施工人员，还有一些材料是易燃、易爆、有毒材料，以及高层结构施工涉及高空作业。项目施工场地平面布置的多样性与危险的不确定性导致施工场地存在较多的安全隐患。工地安全隐患多，控制不好就容易发生安全事故灾害。

（2）劳动者安全素质不足

随着我国城镇化建设的加快，大量剩余劳动力进入到“就业门槛”较低的建筑业。建筑业的劳动环境差，劳动强度高，建筑工人大多数为农民工，水平和层次各异。另外，施工人员的流动性大，培训成本效益比低，很多施工人员缺乏培训，凭经验施工。相应的施工人员操作能力和素质不足，缺乏操作技能。施工人员难以胜任自身的工作职责，进而影响到自身操作的安全效果。

（3）劳动者安全意识不足

一些施工从业人员安全意识不足，不重视安全作业的各项内容和流程，甚至抱有侥幸心理，认为错误的“经验”未发生事故，继续进行错误操作。

（4）施工企业投入不足

由于建筑市场的竞争激烈，有些建设单位在招标投标中恶意压价，承包单位中标后为了经济利益而削减安全措施费用。有的施工单位为了降低生产成本，安全经费投入不足，取消安全教育和培训。

施工过程中，项目部往往把进度目标放在第一位，把有限的资源优先用于进度控制上，导致生产设备、安全防护措施落后，施工环境得不到改善。

（5）安全培训和安全教育效果差

传统培训和安全教育易于形式化，培训也多集中于提高现场施工人员的安全意识上，能够切实消除安全隐患的方法提到的比较少，口号大于实际。培训方法单一，效果微乎其微。有些作业的工种，无证上岗易造成重大事故。

在以往的安全培训过程中，一般都是侧重于加强施工人员的安全意识，针对一些安全隐患以及应急措施等方面涉及不深，并且若过于强调安全培训，没有高效的培训方法也可能会对工程的工期造成一定影响，所以只是侧重于安全意识，进行大体上的安全培训便草草了之，这种方式的培训效果并不明显，人员安全操作规范仍得不到有效提高。而之后在安全培训过程中利用信息技术及网络技术，虽然能够以更加生动的方式开展，不过却缺少一定的实际联系性，在实际操作方面效果也未能达到预期的标准，导致安全培训形式化。

施工现场的安全教育是避免危险发生的一个很重要的环节。传统的安全教育培训往往设置安全体验区，多以高处坠落、物体打击等场景进行培训，内容形式过于单一，不够生动和全面，且极易造成安全管理成本增加。传统的安全教育方法趋向于被动式教育，例如组织工人开展安全教育课程，观看安全教育视频等，这种教育模式不利于工人直观地了解工程，工人不能切身感受到施工现场的危险性。

2. BIM 技术在安全教育的意义

将 BIM 技术用到安全培训上，能够更加形象化，通过建立好的模型动态跟踪施工现场安全隐患的变化，形象可视化地将安全管理人员所面临的风险因素展现出来，从而真正提高安全意识，同时利用 BIM 技术创建安全教育内容，虚拟施工方案、模拟机械操作方法的培训手段，培训效果显著，从而减少安全事故的发生概率。

通过 BIM 技术的运用，可以更加直观地将培训内容展现出来，由于 BIM 技术根据建筑信息整合与转化，所以更加贴近于建筑工程的实际情况以及流程和进度等，不仅能通过 BIM 技术来查看建筑施工的实时状态，还能够建立安全数据，让施工人员进行学习，不断加强施工人员的技术水平以及安全操作能力，进而避免安全问题的产生。

BIM 技术在施工现场人员安全教育培训的应用主要是利用其可视化和信息储备的特点，利用

BIM 技术所展现的三维现场布置和虚拟施工环境，在项目施工现场进行基于 BIM 的安全培训。新入场的施工人员不熟悉该项目的现场施工环境，增加了受到高风险伤害的概率，而利用建立好的 3D 模型和包括安全管理设备和物料在内的现场布置模型，通过漫游，可以再现真实的施工场景，使其身临其境，有了 BIM 技术的辅助，可以使其更快、更好地了解现场施工环境。

在传统的安全教育模式下加入 BIM 技术特色，具体策划如下：在新工人的三级安全教育中利用三维场地布置模型配合公司文化特色制作成的视频为施工人员讲解场区的布置和危险源以及需要注意的地方；在职工安全教育会议中利用建立好的 3D 模型和包含安全管理设备和物料的现场布置模型，通过漫游，可以再现真实的施工场景，令人身临其境；在平时的施工现场周教育中，项目经理或专职安全员带领施工人员在安全文化长廊进行现场安全的学习。

5.5.2 利用 BIM 技术对信息模型进行危险源检测

传统的安全交底是安全负责人将一些危险地段施工时应该注意的地方口头阐述给施工人员，并不能使施工人员留下较为深刻的印象，效果比较差，并且现场施工工种较多，人员素质水平不一，可能无法对每个施工人员的安全交底面面俱到。而应用 BIM 技术，可以将施工现场容易发生危险的地方在模型中和实际现场进行标识，并将正确的危险信息和安全交底信息及时传递给对应的施工人员。

利用 BIM + VR 技术对项目所建立信息模型的安全检测分析，快速查找出容易被忽视的临边洞口等安全隐患问题，并通过 VR 可视化技术对定型防护进行虚拟布置，还原现场的安全防护布置，为制订更为准确的现场安全设计方案提供了依据，从而改变了依靠个人经验对危险源进行检查，且在管理过程中数据和资料冗杂容易出错和信息传递滞后容易引发危险的局面。

新进的劳务班组通过在 VR 施工场地中的体验，能快速掌握项目施工场地的平面布置情况，各施工人员也能快速进入自己在项目中的角色。其不仅使建筑施工人员的操作规范化和标准化，减少了材料浪费，节约了人工成本，还提高了工作效率，增加了施工安全性，为建筑企业带来了显著的效益。

利用 BIM 模型可以拆解的特点，依次对 BIM 模型各部位潜在风险源进行筛查，确定危险源等级，对于存在风险的部位迅速定位模型，采取相应的管控措施，再根据管控措施，更新 BIM 模型信息，使设计、场布和防护措施更加合理。

5.5.3 展示施工场地布置情况、危险源

可以借助 BIM 模式构建三维场地布置模型，利用视频模型向新员工介绍施工场地布置情况、危险源以及需要注意的地方，通过这种场景再现的方式使员工及早地提升建筑施工安全意识，强化自我管理和安全防范措施。采用现场讲解是实施安全教育的有效方式，但是由于建筑施工过程本身具有一定的安全问题，对全部员工实施现场交接存在很多问题，容易影响建筑施工质量和效率。为此，应用 BIM 技术可以有效地改善这种情况，借助实景模拟，让员工身临其中，感受可能出现的安全隐患并介绍相关的解决措施。图 5.5-1 所示为三维场地布置。

图 5.5-1 三维场地布置

5.5.4 利用“BIM + VR”技术实现虚拟施工

利用“BIM + VR”技术实现虚拟施工，创造身临其境的虚拟空间，通过预先设定的各种交互情境，施工人员在虚拟空间中任意操作，再以传感器将信息传递到人的视觉、听觉、触觉，各种感官均受到刺激，使施工人员印象深刻，从而达到培训效果。利用 Navisworks 进行施工现场突发事件的应急救援模拟，以视频动画的方式展现出来，无论施工作业人员的知识背景、工程经验以及技术水平如何，都可以收到很好的效果，便于施工作业人员理解，使人印象深刻。

将 BIM 模型导入 VR 设备中，以沉浸式体验增强培训互动体验感受，强化专业技能水平，满足项目现场技术交底、观摩培训等多样化场景需求。工人通过 VR 设备进行体验式安全培训，利用虚拟施工技术模拟安全事故场景以达到身临其境的效果，同时安全员辅助教学对施工安全要点进行配套讲解，使工人在施工时能提高警惕远离危险源，并掌握危险发生时的应急处理方法以保证自身的安全，如图 5.5-2 所示。

图 5.5-2 VR 安全施工教育

采用“BIM + VR”技术对施工作业人员进行安全教育，根据不同的施工环境正确合格地使用施工机具，严格按照要求进行规范化、可视化安全教育与安全管理，通过语言、特效文字引导提示等技术手段产生沉浸式和互动式的体验效果，能极大地吸引被教育者。在进行安全教育的过程中，被教育者可以很真实地感受到危险发生的全过程，从而使安全教育工作效果显著。它不会受限于一些硬件设备，全程利用软件功能的扩展培训相关内容来促进视觉、听觉和触觉达到完美结合，从而形成一个完整且有效的培训内容。

5.5.5 利用二维码技术进行安全技术交底

在现有安全交底工作中，主要是通过二维码与辅助系统结合，根据建筑施工的实际特点和《中华人民共和国安全生产法》的相关要求，制订出安全技术交底二维码数据库，并依照建筑施工的关键节点，将安全交底相关信息下发到每个员工，提醒施工人员应该重视的危险源，强化建筑施工的总体安全保障。

图 5.5-3 二维码

为进一步保障安全交底的效果，可以利用二维码技术进行安全技术交底，将施工信息储存在二维码中并将其贴在施工现场的危险源处，施工人员用手机扫描二维码就可以获得安全交底的详细信息，从而方便施工人员正确施工，避免安全事故的发生，如图 5.5-3 所示。

5.5.6 基于物联网技术对施工员进行安全警示

基于 BIM 技术并结合 RFID 技术发展形成的预警系统模型能有效解决施工中的危险源辨识与管理问题，其基本原理是通过多种手段预先识别危险源，然后实时定位施工人员使其远离危险源。对于危险源的识别，可以在工地进行一次全面的安全排查，将排查中发现的安全隐患标记为危险区域。找出危险区域后需要定期地对危险区域进行安全检查，并将安全检查记录及时上传到 BIM 平台，安全检查记录缺乏更新的地点将被视为危险源，像临边、洞口、脚手架等一系列安全事故发生率高的危险区域可以适当增加安全检查频率。对于塔式起重机这种容易发生高空坠物和机械碰撞的设备，可以根据安全规范划定以机械位置为圆心、安全距离为半径的圆形危险区域。识别危险源之后，利用 RFID 技术进行施工人员的实时定位，将 RFID 标签安置于安全帽上，在定位工人的同时起到监督工人佩戴安全帽的作用，并且在危险源处安装 RFID 读写器，读写器识别到标签发出的信号后，会将信息上传到 BIM 平台进行处理并做出工人是否处于危险区域的判断，进而决定是否应该启动报警装置。启动报警装置后安全帽上的标签会发出警示，工人接到警报后需迅速离开危险源，否则 BIM 平台会把不安全信息发给管理者，管理者将前往现场查看。图 5.5-4 所示为智能安全帽。

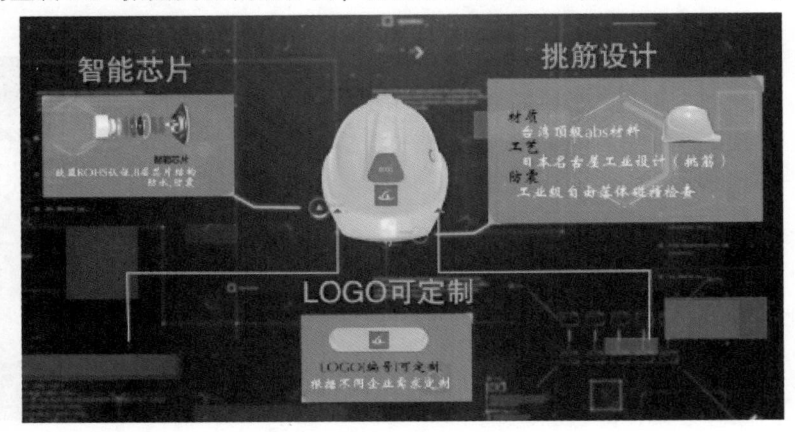

图 5.5-4 智能安全帽

5.6 BIM 技术在智慧工地与智慧建造中的应用

智慧工地是智慧城市理念在建筑施工行业的具体体现。智慧工地是建立在高度信息化基础上的一种支持对人和物全面感知，施工技术全面智能、工作互通互联、信息协同共享、决策科学分析、风险智慧预控的新型信息化手段，可以大大提升工程质量、施工安全，节约成本，提高施工现场决策能力和管理效率，实现工地的数字化、精细化、智慧化。它将云计算、大数据和 BIM 等信息技术与先进建造技术深度融合，顺应了时代和社会的发展需求，体现了建筑施工行业的创新变革。智慧工地是有效提高工程效率的突破口。

智慧工地让现场人员工作更智能化，让项目管理更精益化，让项目参建各方更协作化，让建筑产业链更扁平化，让行业监管与服务更高效化，让建筑业发展更现代化。

智慧工地是展现智慧城市理念的一种工程建设模式，是建立在工程建设过程中高度信息化的一种管理理念，支持智能化技术、施工感知、施工实时连接、科学决策、信息共享、信息协同、智慧控制风险的新型信息化管理理念。智慧工地理念紧绕人员、机器、材料、工法、环境等关键点，综合运用 BIM 技术、云技术、物联网、移动终端、大数据等，帮助决策和加快工程进度等，实现数字化管理。

BIM 作为智慧工地的重要核心技术，结合信息化、智能化手段，为项目精细化管理提供数据支持和技术支撑，在打造智慧工地的工程中具有不可替代的作用。

智慧工地的主要应用有技术管理、成本管理、安全管理、进度管理、材料管理和绿色施工。下面简要介绍几种应用。

5.6.1 智慧场布

智慧工地的建设可通过“BIM + GIS”技术进行项目前期场地的选址，结合 BIM 技术对施工场地进行功能分区，通过模型对大型机械的工作范围、工作人员和车辆的路线进行模拟，实现三区分离、人车分流，满足施工工程有序运行。

施工现场规划能够减少作业空间的冲突，优化空间利用效益，包括施工机械设施规划、现场物流与人流规划等。将 BIM 技术应用到施工现场临时设施规划阶段，可更好地指导施工，为施工企业降低施工风险与成本运营。譬如在大型工程中大型施工机械必不可少，重型塔式起重机的运行范围和位置一直都是工程项目计划和场地布置的重要考虑因素之一，而 BIM 可以实现在模型上展现塔式起重机的外形和姿态，配合 BIM 应用的塔式起重机排布就显得更加贴近实际。将 BIM 技术与物联网等技术集成，可实现基于 BIM 施工现场实时物资需求驱动的物流规划和供应。以 BIM 空间载体，集成建筑物中的人流分布数据，可进行施工现场各个空间的人流模拟、检查碰撞、调整布局，并以 3D 模型进行表现，如图 5.6-1 所示。

图 5.6-1　智慧场布

5.6.2 基于 BIM 及 RFID 技术的物流管理及规划

物流管控也是施工企业工作的重要内容。在没有 BIM 技术前，物流管控都是通过现场人为填写表格报告，负责管理人员不能够及时得到现场物流的实时情况，不仅无法验证运输、领料、安装信息的准确性，对之做出及时的控制管理，还会影响到项目整体实施效率，如图 5.6-2 所示。

图 5.6-2　物流管理

5.6.3 利用智能安全帽进行人员定位与信息识别

可通过服务器实现数据转发功能，管理人员可在中心操作计算机上实现对现场人员的调度和定位。同时结合电子地图系统（GIS系统）显示所有用户的实时定位信息及其当前状态情况并将信息保存到数据库供日后查询。检测到脱帽后，将该状态作为报警传输到软件平台并记录在数据库，管理人员即可据此作出应对，如图5.6-3所示。

图5.6-3 人员定位

5.6.4 建筑机器人应用

通过系统内置BIM模型，机器人根据模型数据自动放线，减少现场人员投入，并且可以结合BIM技术辅助施工验收，放线记录对接平台自动生成报告，极大地提升测量工作效率。仪器操作简单，自动化程度高，1人即可完成传统3人的工作，同时降低作业人员的专业技能要求，降低放线作业成本50%以上。

码垛工作站，利用智能机器人自动循环实现多种垛形的码垛和拆垛任务作业，可用于预制构件、周转架料码放和转移，减少人工投入，如图5.6-4所示。

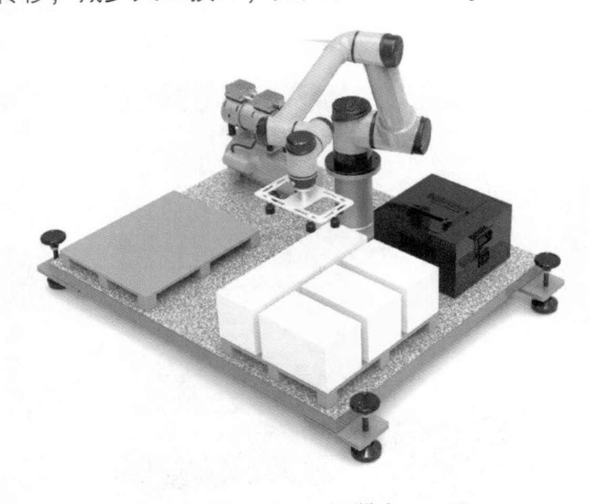

图5.6-4 机器人

5.6.5 快速测量和建模

三维激光扫描机器人，基于空间点云逆向建模，用于实测实量、基坑挖方量计算、钢结构变形测量、模板脚手架变形监测、建筑物沉降变形监测、机电管线安装校核等多种建筑工程常用场景，减少人员投入，提升工种效率，测量结束自动输出实测实量报告，减少人为干预，提升测量精度，如图 5.6-5 所示。

点云采集服务，以三维激光扫描仪获取的高精度、毫米级的点云数据和高清的全景照片为基础，对施工过程或竣工现场进行 1:1 的全彩实景复制，真实还原现场，为其他各分包专业或后期运维提供精确的基准数据。外业测量效率约是人工的 60 倍，内业资料处理效率约是人工的 600 倍（倾斜摄影建模约 $8km^2$/天，人工建模约 $0.013km^2$/天）。

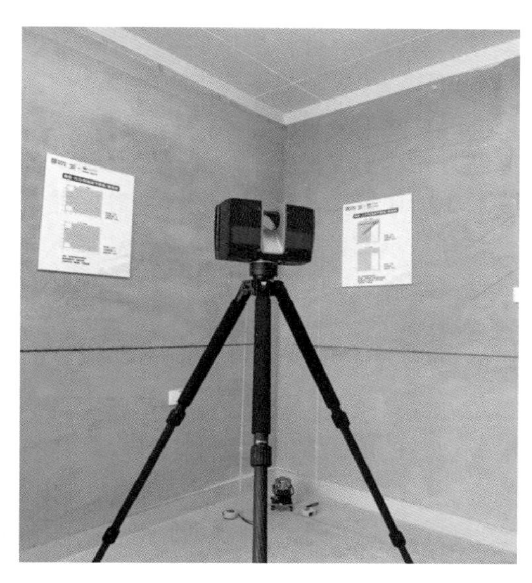

图 5.6-5 三维激光扫描机器人

5.7 BIM 技术在竣工交付阶段的应用

竣工验收与移交是建设阶段的最后一道工序，目前在竣工阶段主要存在着以下几方面问题：一是验收人员仅仅从质量方面进行验收，对使用功能方面的验收关注不够；二是验收过程中对整体项目的把控力度不大，譬如整体管线的排布是否满足设计、施工规范要求，是否美观，是否便于后期检修等，缺少直观的依据；三是竣工图难以反映现场的实际情况，给后期运维管理带来各种不可预见性，增加了运营维护管理难度。

通过完整的、有数据支撑的、可视化的竣工 BIM 模型与现场实际建成的建筑进行对比，可以较好地解决以上问题。BIM 技术在竣工交付阶段的应用具体如下：

5.7.1 快速核查结算依据

竣工结算的依据一般包含以下几方面内容：

1）《建设工程工程量清单计价规范》（GB 50500—2008）。

2）施工合同（工程合同）。

3）工程竣工图及资料。

4）双方确认的工程量。

5）双方确认追加（减）的工程价款。

6）双方确认的索赔、现场签证事项及价款。

7）投标文件。

8）招标文件。

9）其他依据。

在竣工结算阶段，对于设计变更，传统的办法是从项目开始对所有的变更等依据按时间顺序进行编号成表，各专业修改做好相关记录。其缺陷在于：①无法快速、形象地知道每一张变更单究竟修改了工程项目对应的哪些部位。②结算工程量是否包含设计变更只是依据表格记录，复核耗费时间。③结算审计往往要随身携带大量的资料。

BIM 的出现将改变以上传统方法的弊端，每一份变更的出现可依据变更修改 BIM 模型而持有相关记录，并且将技术核定单等原始资料“电子化”，将资料与 BIM 模型有机关联，通过 BIM 系统，工程项目变更的位置一览无余，各变更单位置对应的原始技术资料随时从云端调取，查阅资料，对照模型三维尺寸、属性等。在某项目集成于 BIM 系统的含变更的结算模型中，BIM 模型高亮显示部位就是变更位置，结算人员只需要单击高亮位置，相应的变更原始资料即可以被调阅。

5.7.2 精准核对决算工程量

在结算阶段，核对工程量是最主要、最核心的工作，其主要工程数量核对形式依据先后顺序分为以下四种。

1. 分区核对

分区核对处于核对数据的第一阶段，主要用于总量比对，一般预算员、BIM 工程师按照项目施工段的划分将主要工程量分区列出，形成对比分析表，如预算员采用手工计算则核对速度较慢，碰到参数的改动，往往需要一小时甚至更长的时间才可以完成，但是对于 BIM 工程师来讲，可能几分钟就完成重新计算，重新得出相关数据。施工实际用量的数据也是结算工程量的一个重要参考依据，但是对于历史数据来说，往往分区统计存在误差，所以往往只存在核对总量的价值，特别是钢筋数据。

2. 分部分项清单工程量核对

分部分项清单工程量核对是在分区核对完成以后，确保主要工程量数据在总量上差异较小的前提下进行的。

如果 BIM 数据和手工数据需要比对，可通过 BIM 建模软件导入外部数据，在 BIM 建模软件中快速形成对比分析表，通过设置偏差百分率警戒值，可自动根据偏差百分率排序，迅速对数据偏差较大的分部分项工程项目进行锁定，再通过 BIM 软件的“反查”定位功能，对所对应的区域构件进行综合分析，确定项目最终划分，从而得出较合理的分部分项子目，而且通过对比分析表也可以对漏项进行对比检查。

3. BIM 模型综合应用查漏

由于目前项目承包管理模式（土建与机电往往不是同一家单位）和在传统手工计量的模式下，缺少对专业与专业之间相互影响的考虑将对实际结算工程量造成的一定偏差，或者由于相关工作人专业知识局限性，从而造成结算数据的偏差。

通过各专业 BIM 模型的综合应用，大大减少了以前由于计算能力不足、预算员施工经验不足造成的经济损失。

4. 大数据核对

大数据核对是在前三个阶段完成后的最后一道核对程序。项目高层管理人员依据一份大数据对比分析报告，可对项目结算报告作出分析，得出初步结论。BIM 完成后，可直接在云服务器上自动检索高度相似的工程进行云指标对比，查找漏项和偏差较大的项目。

5.7.3 辅助竣工验收和成果交付流程

BIM 在竣工阶段的应用除工程数量核对以外，还主要包括以下几方面：

1）验收人员根据设计、施工阶段的模型，直观、可视化地掌握整个工程的情况，包括建筑、结构、水、暖、电等各专业的设计情况，既有利于对使用功能、整体质量进行把关，同时又可以对局部进行细致的检查验收。

2）验收过程可以借助 BIM 模型对现场实际施工情况进行校核，譬如管线位置是否满足要求、是否有利于后期检修等。

3）通过竣工模型的搭建，可以将建设项目的设计、经济、管理等信息融合到一个模型中，便于后期的运维管理单位使用，更好、更快地检索到建设项目的各类信息，为运维管理提供有力保障。

施工方完成施工安装，同时提交业主 BIM 模型，即为竣工模型，通过审查后将其交付运维阶段，作为试运营方在运营阶段 BIM 实施的模型资料，为保证 BIM 工作质量，对竣工模型质量要求如下：

1）所提交的模型，必须都已经过碰撞检查，无碰撞问题存在。

2）严格按照规划的建模要求，在施工图模型 LOD300 深度等级的基础上添加施工信息和产品信息，将模型深化到 LOD500 深度等级。

3）严格保证 BIM 模型与二维 CAD 竣工图包含信息一致。

4）深化设计内容反映至模型。

5）施工过程中的临时结构反映至模型。

6）竣工模型在施工图模型 LOD300 深度等级的基础上添加以下信息：生产信息（生产厂家、生产日期等）、运输信息（进场信息、存储信息）、安装信息（浇筑、安装日期，操作单位）和产品信息（技术参数、供应商、产品合格证等）。

5.8 BIM 技术在施工阶段的应用案例

1. 工程概况

1）本工程为某高校行政办公楼，基地位于某师范学院黄河大道校区内，行政办公楼西侧为校园南门入口道路，南侧紧邻城市道路弦歌大道，东侧为校内预留用地。

2）本工程地上五层，地下一层，建筑高度为 21.800m，总建筑面积 20281.25m^2，建筑基底占地面积 3410.7m^2。

3）本工程属二类办公建筑，建筑耐火等级为一级，建筑工程设计规模为大型，建筑结构形式为框架结构，结构的设计使用年限为 50 年，抗震设防烈度为八度。

2. 土建建模

1）土建部分分为建筑、结构两大类，建筑又可细分为墙、门、窗等部分，首先进行建筑部分的建模。在建模工作开始前首先要对图纸进行详细阅读，根据图纸要求进行楼层设置、材质设置以及轴网和标高设置等。调整好数据之后运用品茗 HiBIM 软件中土建建模模块的转化建模功能链接 CAD 图进行转化，这里需要注意的是，一层的幕墙部分无法通过转化建模，需要根据图纸手动绘制，门窗部分根据图纸要求更改材质即可。然后进行结构部分建模，结构分为梁、板、柱等，建模仍然采用链接 CAD 图进行转化，系统转化过程中会有少数构件位置发生偏移和标高不准确的错误，这些可在三维图中根据图纸手动修改，更加直观。楼梯部分也要根据图纸设置踏面高度和梯面宽度。

2）建筑、结构建模完成后进行二次结构设计，包括过梁、圈梁的绘制、装饰装修等部分，其中装饰装修包括梁、板、柱、墙的饰面设置以及踢脚线设置。

3）最后进行模型优化，在综合优化模块中有净高分析和重叠构件清查，运用这两个功能使建模效果更加准确。土建模型如图 5.8-1 所示。

3. 给水排水系统建模

(1) 工程构成

给水排水系统是建筑中的重要组成部分，本工程设有给水系统、排水系统、消火栓系统、喷淋系统，管道共有给水管、污水管、废水管、雨水管、热水管、消火栓管、中水管、喷淋管八类，数量众多且排布方式较为复杂，所以在建模过程中需分类建模，避免混淆，再逐层进行管线连接。

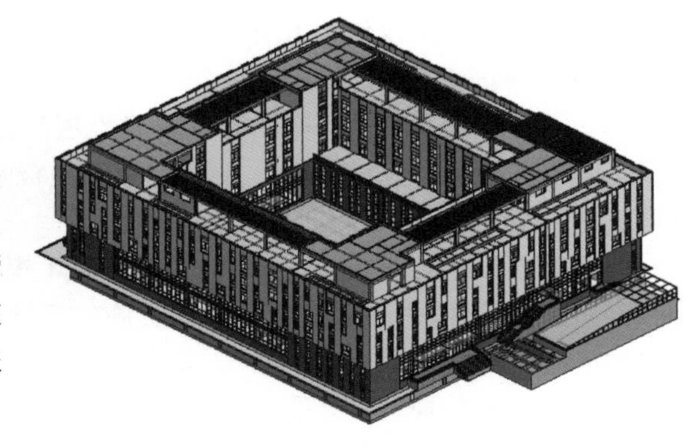

图 5.8-1　土建模型

(2) 建模前准备工作

本次建模主要采用品茗 HiBIM 软件，该软件是基于 Revit 软件打造的引擎，可以通过对 CAD 图层的提取实现图纸从二维到三维的转变。建模前第一步要将给水排水项目的图纸进行单张分割，方便接下来链接使用。第二步将软件的机电建模模块中系统设置的默认设置根据给水排水设计总说明更改为本项目要求的参数，如管道材质、不同管径对应的管件型号及适用范围等，这样在翻模时系统会自动按照所设置的参数进行转化。

(3) 建模过程及细节处理

在土建模型的基础上开始建模，由于图纸中将喷淋系统单独画出，所以可先转化除喷淋管以外的管道，之后再转化喷淋管。转化时运用转化建模功能（图 5.8-2）将对应楼层的 CAD 图链接进去，然后进行管道提取。提取时要分类依次提取标注、水平管边线、立管边线，系统根据提取的管道信息在对应位置自动生成管道。但是转化无法做到完全准确，部分管道位置会出现偏差，管道系统、直径和连接管道的管件也会产生与图纸不符的错误，这些地方都需要对应图纸手动更改。当图纸显示立管在某一标高上发生位置变化时，两段立管中间要用一段水平管进行过渡连接，水平管的高度要遵循给水及消防管在上、排水管在下原则，还要根据梁高或板高及暖通和电气系统中管道设置的高度进行计算，避免机电汇整后发生更多碰撞。全部管道提取完毕后要对照系统图进行管线连接，同样分类别进行，可使用显隐控制功能将其他类别的管道暂时隐藏，方便连接。此外，还需注意管道直径在某一标高上是否发生变化，例如系统图中显示给水管 JL—1 在 F4 标高上管径由 *DN*80 变为 *DN*65，这时就要检查模型的直

图 5.8-2　给水排水及消防管道提取

径是否一致；最后安装立管管件。喷淋系统建模时要注意设计总说明中的相关规定，如吊顶部分均采用吊顶型68°玻璃球喷头，不吊顶的办公室及地下车库采用直立型喷头，喷头安装的高度：其渡水盘与顶板的距离不应小于75mm且不大于150mm。自动喷水管道的吊架与喷头之间的距离应不小于300mm，距末端喷头距离不大于750mm等，这些在提取喷淋管道时需进行设置；其余步骤与上述基本一致。图5.8-3所示为给水排水及消防整体模型展示。

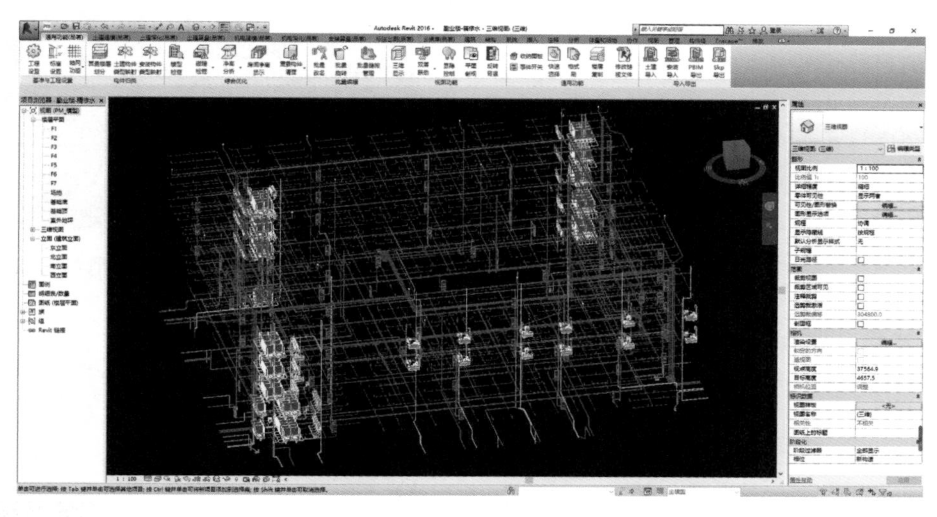

图5.8-3　给水排水及消防整体模型展示

(4) 卫生间设备放置

管线建模基本完成后进行设备放置及连接。楼中共设有卫生间28间，其中有14间位于办公室内。办公室外公共卫生间在一层至五层均有设置，设备数量较多，但管线较少，只有给水管和污水管，空间较大管线排布相对简单，设备摆放位置和高度根据图纸要求和管线位置进行设置，避免不美观或与日常使用习惯不符；其次注意设备的选择，这里一般要求有一个进水口一个出水口即可；最后需注意设备连接方式要按照卫生间给水排水详图：例如蹲便使用P弯连接，洗脸池、拖布池、小便池采用S弯连接，坐便器则无特殊连接方式，品茗HiBIM软件中提供了这三种卫浴连接方式，调整好管道位置后直接框选设备和管道，系统就可自动连接，如图5.8-4所示。

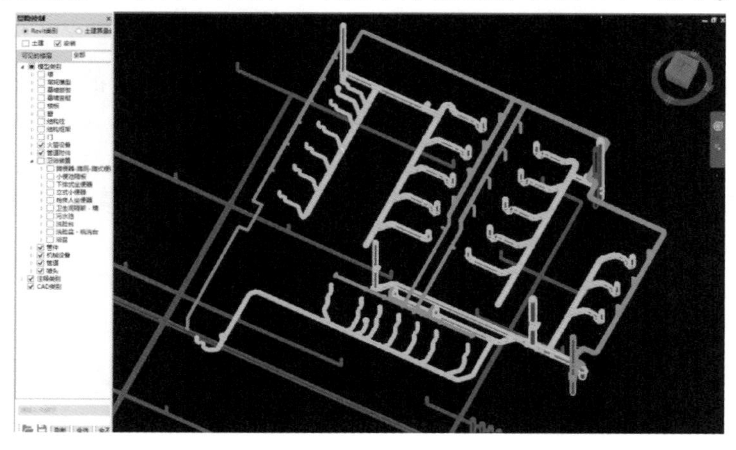

图5.8-4　卫生间管道排布放置效果

(5) 办公室室内卫生间排布

办公室室内卫生间与公共卫生间不同的是空间非常狭小，且只在三层和四层设置。设备放置时不仅要参照图纸位置还要给连接设备的管线预留足够的位置，但是实际操作时发现图纸上的连接方式在模型中空间不足无法放置，所以这里由自己进行手动设计排布方式，既要保证都能与设备正常连接又要避免堵塞，与主管连接时角度尽量为45°；另外，由于室内卫生间增设热水管，且同时与洗脸池、浴缸、热水器连接，所以在选择设备时要注意是否有两个进水口，否则无法正常使用，如图5.8-5所示。

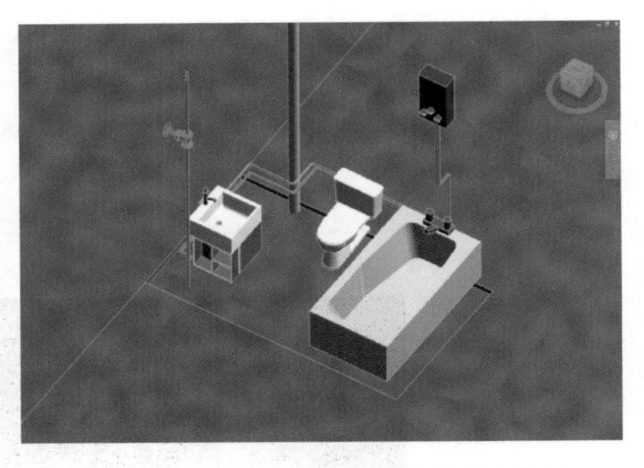

图5.8-5　办公室室内卫生间管线排布效果

4. 碰撞检查

(1) 建模完成后进行深化设计

三维模型相较二维模型最大的特点是能够立体地看设计，在二维上看不到的碰撞在三维上就能直观看到。碰撞检查是深化中十分重要的一部分，其作用是发现模型中图元间的冲突，再依次进行更改，后期运用到实际施工中可降低建筑变更及成本超限的风险，提高施工效率。本项目给水排水建模时管道数量较多，建模时管道高度也都暂时设置为同一数值，所以管道之间、管道与设备之间、管道与主体结构之间都会发生碰撞，为检查出这些碰撞点，品茗HiBIM软件中通用功能模块提供了碰撞检查功能，可根据选定图元类别自动识别碰撞点并进行局部展示，如图5.8-6所示。

图5.8-6　碰撞检查功能

(2) 碰撞对象检查

由于该模型中除了给水排水模型还有土建模型，因此两者间的碰撞也要进行修改。品茗HiBIM软件中碰撞分为硬碰撞和软碰撞，其中硬碰撞是指实体与实体间的交叉碰撞，软碰撞是指实体间并没有碰撞，但间距和空间无法满足相关施工要求，在该项目中采用硬碰撞。碰撞检查前可自行选取碰撞的图元类别，可先进行管道之间的碰撞，也可选择管道与土建模型的碰撞，甚至所有图元同时进行。碰撞时也可根据模型实际情况分楼层进行，这里需要注意的是土建类图元只需要在一定范围内选择，避免产生土建图元间的无效碰撞。

(3) 碰撞检查结果

碰撞检查过程完成后，各类图元间共有2597处碰撞点，系统会弹出碰撞各点位置的汇总表，点击表格中的每一栏系统都会在模型中着重显示，然后再进行手动修改。图5.8-7所示为碰撞报告。

(4) 管道间碰撞的修改

报告导出后点击每一栏系统可自动显示碰撞点处的三维视图，直接进行修改即可。在修改管道与管道之间的碰撞时，首先最简单的方法是调整其中一根管线的高度，使两根管线在竖直方向上错开。如图 5. 8-8 所示，该位置是 F1 标高上给水管与喷淋管和废水管之间的碰撞，修改方法是直接将给水管高度增加 200mm，形成互不交叉的状态。但也有一些管道由于连接着设备或考虑到房间净高无法再调整时，这时就需要采用管线避让功能，使管线在竖直或水平方向上翻弯调整，从而避免对净高的影响。同样是在 F1 标高上给水管与消火栓管碰撞，且给水管一端连接设备高度无法调整，采用管线避让使给水管水平向右翻弯的方法，绕开消火栓管，从而修改此处碰撞，这里需注意遵循有压管让无压管原则。

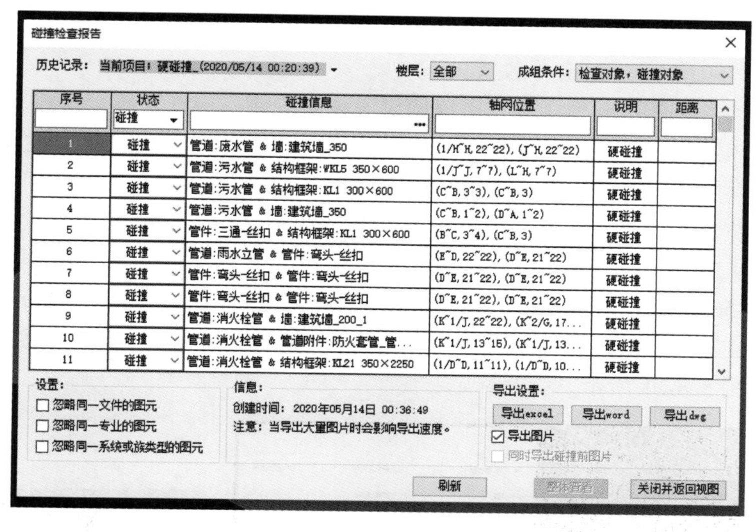

序号	状态	碰撞信息	轴网位置	说明	距离
1	碰撞	管道:废水管 & 墙:建筑墙_350	(1/H~H, 22~22), (J~H, 22~22)	硬碰撞	
2	碰撞	管道:污水管 & 结构框架:WKL5 350×600	(1/J~J, 7~7), (L~H, 7~7)	硬碰撞	
3	碰撞	管道:污水管 & 结构框架:KL1 300×600	(C~B, 3~3), (C~B, 3)	硬碰撞	
4	碰撞	管道:污水管 & 墙:建筑墙_350	(C~B, 1~2), (D~A, 1~2)	硬碰撞	
5	碰撞	管件:三通-丝扣 & 结构框架:KL1 300×600	(B~C, 3~4), (C~B, 3)	硬碰撞	
6	碰撞	管道:雨水立管 & 管件:弯头-丝扣	(E~D, 22~22), (D~E, 21~22)	硬碰撞	
7	碰撞	管件:弯头-丝扣 & 管件:弯头-丝扣	(D~E, 21~22), (D~E, 21~22)	硬碰撞	
8	碰撞	管件:弯头-丝扣 & 管件:弯头-丝扣	(D~E, 21~22), (D~E, 21~22)	硬碰撞	
9	碰撞	管道:消火栓管 & 墙:建筑墙_200_1	(K~1/J, 22~22), (K~2/G, 17...	硬碰撞	
10	碰撞	管道:消火栓管 & 管道附件:防火套管_管...	(K~1/J, 13~15), (K~1/J, 13...	硬碰撞	
11	碰撞	管道:消火栓管 & 结构框架:KL21 350×2250	(1/D~D, 11~11), (1/D~D, 10...	硬碰撞	

图 5. 8-7 碰撞报告

修改前

修改后

图 5. 8-8 管线避让

（5）管道与主体结构碰撞的修改

当管道与主体结构碰撞时，一般采用平移的方法，该点是位于 F3 标高上卫生间污水管与墙之间的碰撞，如管道平移不影响其他管道或设备连接等因素可根据实际情况向左或向右平移即可修改，将污水管向右平移 400mm 将不再碰撞。若因连接设备或空间限制无法平移时，则采取上述管道避让方式进行修改。

（6）报告导出

最后由系统导出标明详细位置及碰撞图元的电子版报告，如图 5. 8-9 所示。

上次更新时间:

	A	B
1	管道 : 管道类型 : 消火栓管 - 标记 01P_J-5432 : ID 2946064	管道 : 管道类型 : 污水管 - 标记 01P_J-6430 : ID 2950844
2	管道 : 管道类型 : 污水管 - 标记 01P_J-5783 : ID 2947701	管道 : 管道类型 : 给水管 - 标记 J-1468 : ID 3428197
3	管道 : 管道类型 : 给水管 - 标记 01P_J-5866 : ID 2948155	管道 : 管道类型 : 镀锌钢管 - 标记 YL-1139 : ID 3082769
4	管道 : 管道类型 : 给水管 - 标记 01P_J-5879 : ID 2948223	管道 : 管道类型 : 污水管 - 标记 J-1633 : ID 3431885
5	管道 : 管道类型 : 雨水立管 - 标记 01P_J-5894 : ID 2948293	管道 : 管道类型 : 镀锌钢管 - 标记 68 : ID 3107163
6	管道 : 管道类型 : 消火栓管 - 标记 01P_J-5908 : ID 2948357	管道 : 管道类型 : 镀锌钢管 - 标记 704 : ID 3110344
7	管道 : 管道类型 : 消火栓管 - 标记 01P_J-5918 : ID 2948401	管道 : 管道类型 : 镀锌钢管 - 标记 332 : ID 3108083
8	管道 : 管道类型 : 消火栓管 - 标记 01P_J-5935 : ID 2948476	管道 : 管道类型 : 镀锌钢管 - 标记 781 : ID 3110575
9	管道 : 管道类型 : 消火栓管 - 标记 01P_J-5945 : ID 2948520	管道 : 管道类型 : 镀锌钢管 - 标记 509 : ID 3109582
10	管道 : 管道类型 : 消火栓管 - 标记 01P_J-5945 : ID 2948520	管道 : 管道类型 : 镀锌钢管 - 标记 527 : ID 3109654
11	管道 : 管道类型 : 消火栓管 - 标记 01P_J-5962 : ID 2948595	管道 : 管道类型 : 镀锌钢管 - 标记 975 : ID 3111157
12	管道 : 管道类型 : 污水管 - 标记 01P_J-6128 : ID 2949309	管道 : 管道类型 : 给水管 - 标记 YL-273 : ID 3064393
13	管道 : 管道类型 : 消火栓管 - 标记 01P_J-6213 : ID 2949657	管道 : 管道类型 : 镀锌钢管 - 标记 4900 : ID 3135075
14	管道 : 管道类型 : 消火栓管 - 标记 01P_J-6213 : ID 2949657	管道 : 管道类型 : 镀锌钢管 - 标记 4928 : ID 3135159
15	管道 : 管道类型 : 消火栓管 - 标记 01P_J-6215 : ID 2949663	管道 : 管道类型 : 镀锌钢管 - 标记 4928 : ID 3135159
16	管道 : 管道类型 : 消火栓管 - 标记 01P_J-6215 : ID 2949663	管道 : 管道类型 : 镀锌钢管 - 标记 4954 : ID 3135237
17	管道 : 管道类型 : 消火栓管 - 标记 01P_J-6215 : ID 2949663	管道 : 管道类型 : 镀锌钢管 - 标记 4985 : ID 3135330
18	管道 : 管道类型 : 消火栓管 - 标记 01P_J-6215 : ID 2949663	管道 : 管道类型 : 镀锌钢管 - 标记 5019 : ID 3135432
19	管道 : 管道类型 : 消火栓管 - 标记 01P_J-6219 : ID 2949675	管道 : 管道类型 : 镀锌钢管 - 标记 5019 : ID 3135432
20	管道 : 管道类型 : 消火栓管 - 标记 01P_J-6219 : ID 2949675	管道 : 管道类型 : 镀锌钢管 - 标记 5053 : ID 3135534
21	管道 : 管道类型 : 消火栓管 - 标记 01P_J-6219 : ID 2949675	管道 : 管道类型 : 镀锌钢管 - 标记 5086 : ID 3135633
22	管道 : 管道类型 : 消火栓管 - 标记 01P_J-6219 : ID 2949675	管道 : 管道类型 : 镀锌钢管 - 标记 5116 : ID 3135723
23	管道 : 管道类型 : 消火栓管 - 标记 01P_J-6219 : ID 2949675	管道 : 管道类型 : 镀锌钢管 - 标记 5143 : ID 3135804
24	管道 : 管道类型 : 消火栓管 - 标记 01P_J-6220 : ID 2949678	管道 : 管道类型 : 镀锌钢管 - 标记 4853 : ID 3134934

图 5. 8-9 导出碰撞报告（截取）

5. 预留洞口、套管

(1) 开洞套管设置

在施工时为了便于管道敷设及设备安装，应在外墙、楼板、墙体、屋面等处按设计及规范要求做好预埋预留，避免主体工程施工完毕后强行开凿而影响主体结构。品茗 HiBIM 软件中开洞套管功能可自由选取需要开洞套管的管道类别及范围，一键开洞套管并生成详细报告。这里要注意本项目中给水排水设计说明有明确规定——套管尺寸要比通过管道大两号；管道穿越混凝土外墙时，应预埋刚性防水套管；卫生器具在楼板上的预留洞口尺寸为坐便器 200mm，其余为 150mm。一般情况下，楼板伸出套管长度为 50mm，屋顶为 300mm，内部为 100mm，这些要求需在高级设置中设置，设置完成后框选需要开洞套管的范围，然后等待系统运行，如图 5.8-10 和图 5.8-11 所示。

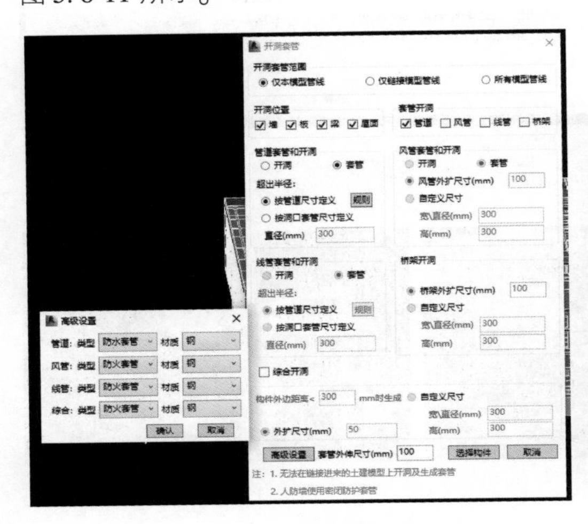

图 5.8-10　开洞套管设置

图 5.8-11　预留洞口

(2) 报告导出

系统生成标明详细位置及套管类型和材质的电子版报告，如图 5.8-12 所示。

序号	专业	构件A	构件B	洞/套管名称	套管类型与材质	孔洞/套管轴网位置	具体位置	离地高度
基础底								
1		楼板:地下室-楼板	管道:YL 71	圆形洞口DN150	洞/	L~B,11~11		1130
2		楼板:地下室-楼板	管道:YL 75	圆形洞口DN150	洞/	F~E,11~11		1130
3		楼板:地下室-楼板	管道:F 33	圆形洞口DN150	洞/	D~A,1~2		1130
4		楼板:地下室-楼板	管道:F 37	圆形洞口DN150	洞/	L~A,10~10		1130
5		楼板:地下室-楼板	管道:F 38	圆形洞口DN150	洞/	L~F,15~15		1130
6		楼板:地下室-楼板	管道:F 42	圆形洞口DN150	洞/	D~A,19~18		1130
7		楼板:地下室-楼板	管道:YL 71	圆形洞口DN150	洞/	L~B,11~11		1130
8		楼板:地下室-楼板	管道:YL 75	圆形洞口DN150	洞/	F~E,11~11		1130
9		楼板:地下室-楼板	管道:F 33	圆形洞口DN150	洞/	D~A,1~2		1130
10		楼板:地下室-楼板	管道:F 37	圆形洞口DN150	洞/	L~A,10~10		1130
11		楼板:地下室-楼板	管道:F 38	圆形洞口DN150	洞/	L~F,15~15		1130
12		楼板:地下室-楼板	管道:F 42	圆形洞口DN150	洞/	D~A,19~18		1130
13	给排水	楼板:地下室-楼板	管道:YL 71	防火套管_管道DN15	防火套管_管道/钢	L~1/E,1~2		1130
14	给排水	楼板:地下室-楼板	管道:YL 75	防火套管_管道DN15	防火套管_管道/钢	F~E,11~11		1130
基础顶								
15		标高:下标头	管道:LQH 299	圆形洞口DN300	洞/	1/K~K,11~11		3300
16		标高:下标头	管道:LQH 306	圆形洞口DN150	洞/	1/K~K,11~11		3700
17		标高:下标头	管道:LQH 306	圆形洞口DN150	洞/	J~2/G,11~11		3700
18		楼板:WB2 h=250	管道:LQH 306	圆形洞口DN150	洞/	H~D,15~15		3700
19		标高:下标头	管道:LQH 306	圆形洞口DN150	洞/	H~2/G,17~17		3700
20		楼板:WB2 h=250	管道:LQH 306	圆形洞口DN150	洞/	1/D~D,17~7		3700
21		标高:下标头	管道:LQH 304	圆形洞口DN200	洞/	K~1/J,19~19		3300
22		标高:下标头	管道:LQH 304	圆形洞口DN200	洞/	K~1/J,22~22		3300
23		标高:下标头	管道:LQH 29	圆形洞口DN300	洞/	K~1/J,19~19		3000
24		标高:下标头	管道:LQH 303	圆形洞口DN200	洞/	K~1/J,19~19		2800
25		标高:下标头	管道:LQG 29	圆形洞口DN300	洞/	K~1/J,19~19		3000
26		标高:下标头	管道:LQG 45	圆形洞口DN200	洞/	K~1/J,22~22		3300

图 5.8-12　导出开洞套管报告（截取）

6. 支吊架

（1）给水排水支吊架相关规范（图 5. 8-13）

抗震设防烈度为 6 度及 6 度以上地区的建筑机电管线必须设置抗震支吊架，来承受管道的自重和内部介质的重量，增加管道的刚度，避免过大的挠度和震动以及控制管道热移位，保证管道与连接设备的正常运行等。不同管道支吊架也有不同的规定，喷淋、消火栓管道：管道支架、吊架的安装位置不应妨碍喷头的喷水效果；管道支架、吊架与喷头之间的距离不宜小于 300mm；与末端喷头之间的距离不宜大于 750mm。配水支管上每一直管段、相邻两喷头之间的管段设置的吊架均不宜少于 1 个，吊架的间距不宜大于 3. 6m。沟槽式连接管道：横管吊架（托架）应设置在接头（刚性接头、挠性接头、支管接头）两侧和三通、四通、弯头、异径管等管件上下游连接接头的两侧，吊架（托架）与接头的净间距不宜小于 150mm 和大于 300mm；配水支管上每一段直管、相邻两喷头之间的管段设置的吊架均不宜少于一个，吊架的间距不宜大于 3. 6m。同时对各种直径、材质的管道支吊架的间距也有相关规范。本项目中所有管道的支吊架均按上述规范布置。

1.钢管管道支架的最大间距

公称直径/mm		15	20	25	32	40	50	70	80
支架最大间距	保温管	2	2.5	2.5	2.5	3	3	4	4
	不保温管	2.5	3	3.5	4	4.5	5	6	6

2.塑料管及复合管管道支架的最大间距

公称直径/mm		12	14	16	18	20	25	32	40
支架最大间距	立管	0.5	0.6	0.7	0.8	0.9	1.0	1.1	1.3
	水平管冷水管	0.4	0.4	0.5	0.5	0.6	0.7	0.8	0.9

图 5. 8-13 给水排水支吊架相关规范

（2）水平管及立管的支吊架设置

本项目需对给水管、污水管、废水管、雨水管、热水管、消火栓管、中水管、喷淋管分别进行支吊架。各类管道的水平管和立管的单根和多根都可进行支吊架，品茗 HiBIM 软件中支吊架功能可对各类管道进行一键布置吊架，其中水平管多根支吊架有门形和多层直角形两种样式，这里采用门形吊架对中水管进行布置；单根支吊架有门形、多层直角形、L 形和圆形四种样式，一般采用 L 形吊架。立管多根支吊架有穿楼板支架和单排单面支架；单根有单管角钢支架、单管圆钢支架、穿楼板支架和单排单面支架，这里同样采用单管角钢支架。注意软件自动识别布置完毕后要手动检查管道末端及管道转角处是否按设置生成吊架，避免疏漏，如图 5. 8-14 和图 5. 8-15 所示。

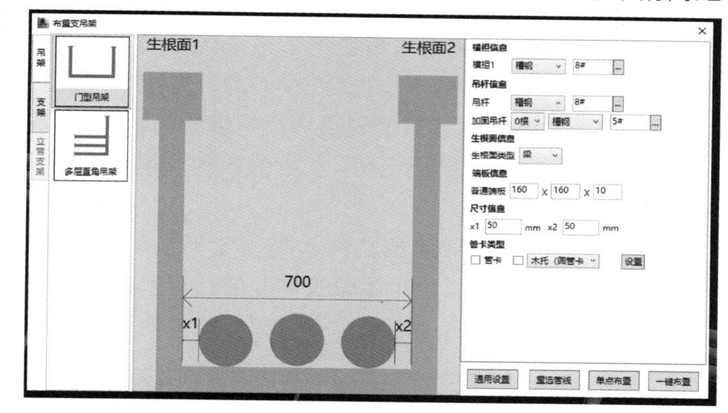

图 5. 8-14 多根水平管参数设置

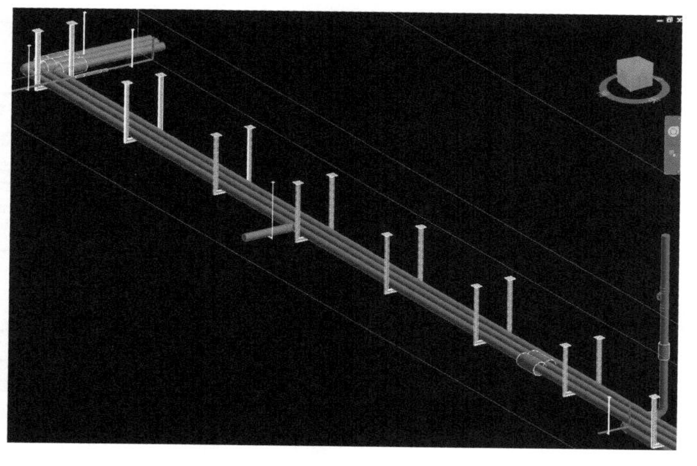

图 5. 8-15 多根水平管生成效果

第6章 BIM技术在工程造价中的应用

6.1 BIM技术在工程造价中的应用概述

6.1.1 工程造价的基本概念

1. 工程造价的含义

工程造价有以下两种含义：

1）第一种含义是从项目的投资方角度进行提出，是指建设一项工程预期开支或实际开支的全部固定资产投资费用。也就是一项工程通过建设形成相应的固定资产、无形资产所需用一次性费用的总和，即在建设项目中所形成的无形资产投资、固定资产投资以及流动资金在内的所有费用，并且这些费用都是一次性投入的，为整个建设项目的工程造价。

2）第二种是从承包商或者供应商等供给主体的角度来说，就是指工程的价格，即为拟建工程项目所预计或者说是实际必须发生的各种交易活动所花费的价格与工程承包过程中发生的合同价格。

通常是把工程造价的第二种含义认定为工程承发包价格。它是在建筑市场通过招标投标，由需求主体投资者和供给主体建筑商共同认可的价格。

建设工程造价推行全要素、全过程、全寿命周期的管理体系，如图6.1-1所示。

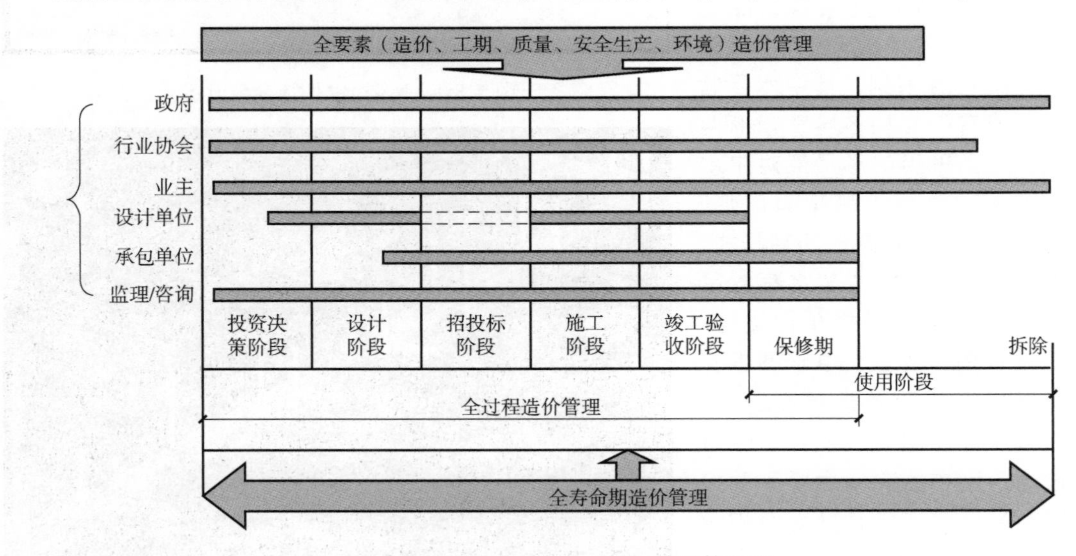

图6.1-1 建设工程全面造价管理体系图

2. 工程建设各阶段工程造价控制内容

工程项目建设分为项目投资决策阶段、设计阶段、招标投标阶段、施工准备及施工阶段、竣工验收阶段，以及后期运营维护阶段等，根据编制阶段、编制依据和编制目的等不同，各阶段编制的投资成果可分为建设项目的投资估算、设计概算、施工图预算、招标投标报价、施工预算、工程结算、竣工决算等。建设工程不同阶段对应不同的造价成果，分阶段多层次，如图 6.1-2 所示。

（1）投资估算

投资估算是指在项目建议书和可行性研究阶段，由建设单位或其委托的咨询机构根据项目建议、估算指标和类似工程的有关资料，对拟建工程所需投资预先测算和确定的过程。投资估算是决策、筹资和控制造价的主要依据。

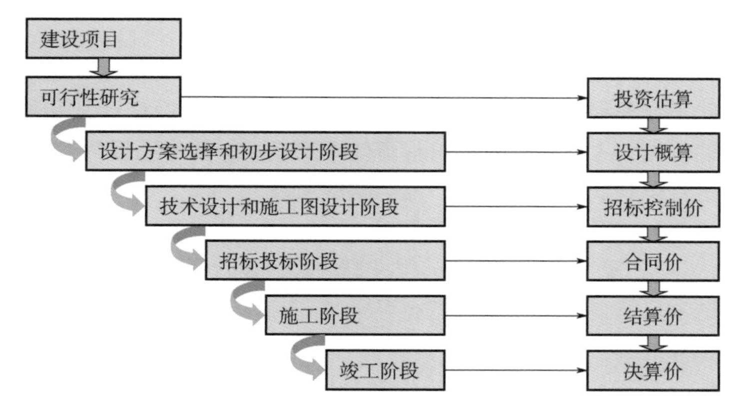

图 6.1-2　建设工程分阶段多层次造价成果
（各阶段造价成果互为基础和补充，前者控制后者，后者补充前者）

（2）设计概算

设计概算是设计文件的重要组成部分，是在投资估算的控制下由设计单位根据初步设计（或技术设计）图及说明、概算定额及概算编制办法、材料及设备市场价格等资料编制和确定的建设项目从筹建到交付使用所需全部费用的文件。概括来讲，就是根据设计要求对工程造价进行的概略计算。

（3）施工图预算

施工图预算是由设计单位在施工图完成后，根据施工图、现行预算定额及预算编制办法及地区人工、材料、机械、设备等预算价格编制和确定的建筑安装工程造价的技术经济文件。施工图预算应控制在设计概算确定的造价之内，不得超过设计概算。

勘察设计分为初步设计、技术设计和施工图设计三种，所以有一阶段、二阶段和三阶段设计之分。所谓一阶段设计，就是根据批准的可行性研究报告进行定测后，直接编制施工图文件；二阶段设计则是根据批准的可行性研究报告进行初测后，编制初步设计文件，再根据批准的初步设计文件进行定测后，编制施工图设计文件；三阶段设计则是在初步设计和施工图设计之间增加一个技术设计，其目的是为解决技术复杂又缺乏经验的建设项目的设计方案问题。

（4）招标投标价格

招标投标价格是指在工程招标投标阶段，由建设单位编制的招标标底，投标单位编制的投标报价及最终确定的合同价。

（5）施工预算

施工预算是指施工企业在工程实施阶段，根据施工定额（或劳动定额、材料消耗定额、机械台班使用定额）、工程施工组织设计、施工方案和降低工程成本技术措施等资料，计算和确定完成一个单位工程中所需的人工、材料、机械台班消耗量及其相应费用的经济文件。

（6）工程结算

工程结算是指承包商在工程实施过程中，依据承包合同中关于付款条件的规定和完成的工程量，并按照规定的程序向建设单位（业主）收取工程价款的一项经济活动。工程结算是该工程的实际价格，是支付工程价款的依据。

(7) 竣工决算

竣工决算是指在工程竣工验收交付使用阶段，由建设单位编制的建设项目从筹建到竣工验收、交付使用全过程中实际支付的全部建设费用。竣工决算是整个建设工程的最终价格，是作为建设单位财务部门汇总固定资产的主要依据。

3. 工程造价的作用

工程造价是项目财务分析和经济评价的重要依据，是项目决策的依据，正确的投资计划有助于合理和有效地使用资金；工程造价是制订投资计划和控制投资的依据，同时也是筹集资金的依据；工程造价是评价投资效果的指标，每个项目的造价自身形成一个指标体系；工程造价也是合理利润分配和调节产业结构的手段。

4. “三算”“三超”概念

“三算”：基本建设工程投资估算、设计概算和施工图预算，简称为“三算”。没有投资估算的项目不得批准立项和进行可行性研究；没有设计概算的项目不得批准初步设计；没有施工图预算的项目不准开工。

“三超”：建设工程造价在我国长期存在概算超估算、预算超概算、决算超预算的“三超”现象，严重困扰着建设工程投资效益和管理。工程造价的有效控制，就是在优化建设方案、设计方案的基础上，在建设程序的各个阶段，采用一定的方法和措施将工程造价的发生控制在合理的范围和核定的造价限额以内。具体来说，要用投资估算价控制设计方案的选择和初步设计概算造价；用概算造价控制技术设计和修正概算造价；用概算造价或修正概算造价控制施工图设计和预算造价。以求合理地使用人力、物力和财力，取得较好的投资效益。

6.1.2 工程计量与计价

1. 工程计量

工程造价的确定，应该以该工程所要完成的工程实体数量为依据，对工程实体的数量做出正确的计算，并以一定的计量单位表述，这就需要进行工程计量，即工程量的计算，以此作为确定工程造价的基础。

工程量是把设计图的内容按定额的分项工程或按结构构件项目划分，并按统一的计算规则进行计算，以物理计量单位或自然计量单位表示的实体数量。物理计量单位一般是指以公制度量表示的长度、面积、体积和重量等。如楼梯扶手以“米”为计量单位；墙面抹灰以“平方米”为计量单位；混凝土以“立方米”为计量单位；钢筋的加工、绑扎和安装以“吨”为计量单位等。自然计量单位主要是指以物体自身为计量单位来表示工程量。如砖砌污水斗以“个”为计量单位；设备安装工程以“台”“套”“组”“个”“件”等为计量单位。工程量是反映建设工程的工程内容的重要指标，是编制建设工程预算、计算直接费的原始数据，是施工作业计划、资源供应计划、建筑统计和经济核算的依据，也是编制工程建设计划和工程建设财务管理的重要依据。

2. 工程计价

工程计价是指根据工程图设计文件、建筑工程施工规范、清单计价规范等的规定，以及不同地区的行政法规要求，对工程造价及其构成内容进行估计确定的行为。工程计价的三要素为量、价、费。

工程计价方法分为定额计价与工程量清单计价。

(1) 定额计价

建设工程定额是指按照国家有关的产品标准、设计、施工验收规范、相关质量和安全评定标准，颁发的用于规定完成某一单位建筑合格产品所必需消耗的人工、材料、机械等的消耗量标准。定额具有科学性、指导性、稳定性、时效性、统一性的特征。定额计价，就是根据制定的工程定额，对工程产品价格实行统一有序的计价与管理，这也是我国长期采用的一种方法即概预算计价体制，这是一种部分保留计划经济特色的工程造价管理制度。图 6.1-3 所示为我国工程定额体系。

	施工定额	预算定额	概算定额	概算指标	投资估算指标
对象	施工过程或基本工序	分部分项工程或结构构件	扩大的分项工程或扩大的结构构件	单位工程	建设项目、单项工程、单位工程
用途	编制施工预算	编制施工图预算	编制扩大初步设计估算	编制初步设计估算	编制投资估算
项目划分	最细	细	较粗	粗	很粗
定额水平	平均先进	平均			
定额性质	生产性定额	计价性定额			

图 6.1-3 我国工程定额体系

(2) 工程量清单计价

工程量清单是指建设工程的分部分项工程项目、措施项目、其他项目、规费项目和税金项目的名称和相应数量等的明细清单。它是由招标人提供的一套注有拟建工程各实物工程名称、性质、特征、单位、数量及开办项目、税费等相关表格组成的文件。由具有编制招标文件能力的招标人，或受其委托具有相应资质的工程造价咨询人或工程招标代理人，依据计价规范及招标文件的有关要求，按照"五个统一"（项目编码、项目名称、项目特征、计量单位、工程量计算规则）的要求，结合设计文件和施工现场实际情况编制。其中，工程造价咨询人是指取得工程造价咨询资质等级证书，接受委托从事建设工程造价咨询活动的企业。

我国目前主要采用工程量清单计价模式，特别是普遍应用于招标投标阶段。在建设工程招标投标中，招标人自行或委托具有资质的中介机构编制反映工程实体消耗和措施性消耗的工程量清单，并作为招标文件的一部分提供给投标人，投标人根据招标人提供的工程量清单中所列清单项目自主报价，包括分部分项工程费、措施项目费、其他项目费、规费和税金。在工程招标中采用工程量清单计价是国际上较为通行的做法，在工程施工阶段，发包人与承包人也依据合同约定的清单内容进行造价管理。图 6.1-4 所示为工程量清单在建设工程发承包阶段、施工阶段的应用。

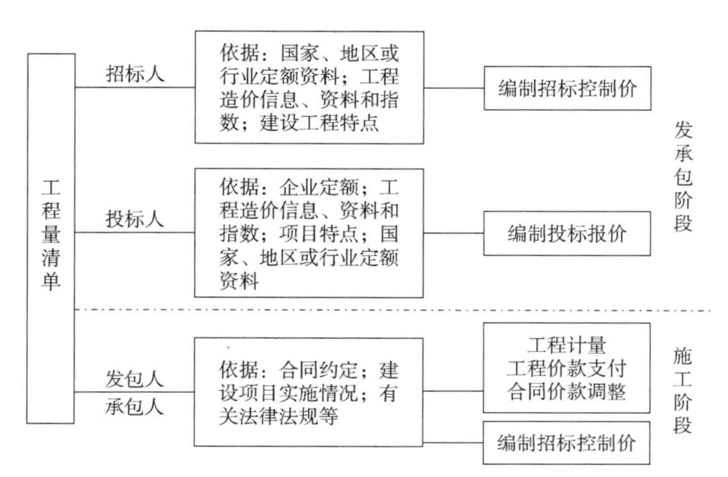

图 6.1-4 工程量清单在建设工程发承包阶段、施工阶段的应用

3. 我国工程造价计价的发展过程

(1) 定额计价

新中国成立后，我国概预算制度实行定额计价法，在计划经济时期，极大提高了我国工程造价管理水平，增加了投资效益，减少了浪费，是工程建设领域的一大进步。随着我国经济建设的高速发展，定额计价模式在市场经济中逐步暴露出了很多弊端。定额计价方式竞争报价中的价格因素是固定的，不利于价格竞争。定额更新速度赶不上市场变化，容易和市场脱节，不能很好地调节承发包双方之间的利益，同时对市场价格和需求等方面的反应也严重滞后，最终导致工程项目竣工结算价几乎都不能按中标价完成，从而导致利润降低。于是我国开始逐步改进计价模式，逐步推行工程量清单计价模式。

(2) 工程量清单计价

1998年，建设部在天津、顺德等城市进行的“工程量清单招标，合理低价中标”的试点。试点结果表明：推进建筑市场工程造价管理改革的重要途径，就是尽快地推行工程量清单计价。

2003年开始，我国的工程造价管理真正实现了整体的改革。2003年7月1日，全国都开始实行由建设部批准的《建设工程工程量清单计价规范》，该规范实现了我国计价模式从“量价合一”转变成为“量价分离”。

2008年，《建设工程工程量清单计价规范》(GB 50500—2008)发布，这是建设部在原有规范的基础上对其进行的补充和完善后的结果。通过工程量清单计价的实施证明了这是一种真正符合我国国情、能有效促进建筑业发展、加强我国市场竞争力的措施。

2013年，住房和城乡建设部再一次发布了更加完善的《建设工程工程量清单计价规范》(GB 50500—2013)，进行了不断地探索、改革和模仿，我国工程造价管理的模式越来越向市场化、标准化以及国际化的方向发展。

目前我国建设工程投标中，多采取工程量清单计价模式，施工单位可以根据自身实力，更大限度地自主合理报价。随着BIM技术的引入，在BIM模型中能够直接计算工程量，给出工程量清单，更加体现了清单计价模式的优势。

在这些年里，对于工程的定价，人们逐渐从计划经济思维向市场经济思维转变，《建设工程工程量清单计价规范》所涉及的范围也从开始的清单招标逐渐延伸到整个工程实施期间合同的管理和造价的控制过程，工程量清单的作用越来越大。

6.1.3 BIM技术对工程造价的影响及价值

1. 我国当前工程造价管理存在的主要问题

计价工程造价管理一直以来都是工程管理中的难点之一，经过长期发展和改进，现行的造价管理已经形成了一套相对成熟、稳定的工作系统。工程造价计价方式从大量的人工手算到造价软件的应用，经历了一个飞跃。预算软件的开发应用，大大减少了造价人员的计算量，提高了整体工程造价效率。例如预算材料价差调整，软件内置只要输入分项工程数量、市场价格、需用实际数量，材料价差自动就能计算出来。如果使用手工计算，必须对照定额，预算中的人工、材料价差的所含量非常复杂，容易出错。

但是随着经济发展，建筑行业迅猛发展，大中城市大型复杂工程剧增，由于工作方式和工具的限制，工程造价管理仍然存在很多问题，具体如下：

(1) 工程造价计价方式的局限性

目前工程造价计价方式局限性体现在工程量不能直接从设计文件中提取，需要对照施工图人工输入相应的信息；不同阶段工程重复计算存在差异，不精确，一旦工程发生变更，工程量计算数据要重新录入计算，耗时费力；项目缺乏准确有效的信息化应用，不能实现精细化管理，造成项目的成本动态控制比较困难。

(2) 数据信息积累不足

数据共享协同与积累困难。由于工程建设涉及很多单位，各单位造价工程师的数据难以共享，导致了业务合作效率低下，浪费了大量人力物力。此外，缺乏系统的数据库，数据积累还只是在专业人员的脑子里，资深专业人员所获得的数据也没有办法共享给企业内部其他人员。对于一些项目经验较少的单位不能很好把控前期投资额，没有较多具体的数据库支撑决策。

(3) 数据分析不精确

由于当前项目建设过程中，对工程质量越来越重视，因此这就需要在工程造价过程中能够对数据有一个精确的计算和分析。当前我国在工程造价中对数据分析的精细度达不到要求，在施工过程中实际投入成本和预算之间存在较大的差距，因此整个项目易出现预算超支现象。

(4) 全生命周期全过程造价控制力度不足

当前我国已有上百种工程造价软件，应用已基本普及，但是这些软件的功能基本在一个程度范围，前期工程量计算、招标投标阶段工程计价与竣工结算仍然是造价人员的工作重点。对于施工过程中及运维阶段的造价控制，还没有形成控制更严格、更简捷有效的运行系统。

2. BIM 技术对工程造价的影响

BIM 技术具有可视化、动态化、模拟化、协同化功能，相比传统工程造价管理，BIM 技术在造价管理中的应用，可以说是一次颠覆性的革命，其应用价值与优势显著。BIM 技术在工程造价管理中具有以下几方面优势和特点：

(1) BIM 技术有利于工程造价全过程管理

建筑工程全过程造价管理贯穿于决策、设计、招标投标、施工、结算五大阶段，每个阶段的管理都为最终项目投资效益服务。BIM 技术可发挥其自身优越性在工程各个阶段的造价管理中提供更好的服务：

1）决策阶段的估价管理。可利用云端共享系统，调用以往工程项目数据估算、审查当前工程费用，估算项目总投资金额，利用历史工程模型服务当前项目的估算，高效准确地估算出规划项目的总投资额，为投资决策提供准确依据。

2）设计阶段的概预算管理。项目设计阶段是控制工程造价的关键，BIM 技术历史模型数据可服务限额设计。可利用 BIM 模型数据，快速、准确地获取工程量，参考类似工程项目测算造价数据，进行概预算指标的控制。便于在设计阶段降低工程造价，实现限额设计的目标。

3）招标投标阶段的造价管理。招标投标各方可以利用 BIM 模型中的工程信息快速提取工程量，准确编制工程量清单，保证招标投标信息的完整性和可信性以及报价的合理性，尤其是施工单位，在招标投标期限较紧的情况下，对逐一核实难度较大的工程量清单时，可利用 BIM 模型迅速准确完成，减少计算误差，避免项目亏损，高质量完成投标工作。

4）施工阶段的造价管理。可定期对实际发生造价和目标值比对，分析纠偏优化。有利于对工程计量、工程变更、进度款支拨付、索赔管理和资金使用计划、投资控制进行全面管理，减少变更与返工情况。

5）竣工结算的造价管理。有利于快速准确计算出实际工程造价，从而提高结算决算的效率和准确性，提升结算进度与效率，减少经济纠纷。

(2) 直接提取工程量信息，提高计算精准度

BIM 技术可贯穿于项目的全生命周期，集成项目建造过程所需要的所有信息，构成的超大数

据库满足各阶段信息读取与修改的需要，重点辅助项目的设计与施工，保证工程项目造价的精确性和管理目标的高效性。BIM 建模模型包含二维图中所有位置长度等信息，并包含了二维图中不包含的材料等信息，而这些背后是强大的数据库支撑。因此，计算机通过识别模型中的不同构件及模型几何物理信息（时间维度、空间维度等），对各种构件数量进行汇总统计。这种基于 BIM 三维模型的算量方法，自动计算工程量，每项数据来源清晰、透明，只要模型足够准确，不会多算或漏算，并可随 BIM 模型更改而自动更新工程量，将算量工作大幅度简化，精准度高，减少了因人为原因造成的计算错误，大量节约了人力工作量和时间消耗。

（3）*有利于设计变更控制*

应用 BIM 技术可以有效减少设计变更的发生，首先利用三维建模碰撞检查工具降低变更发生率；在设计变更发生时，同步算量模型，工程量会自动随之发生更改，避免了重复计算造成的误差等问题。容易获得变更对工程造价的影响分析，易于实现变更控制，全面控制设计变更引起的多方影响，提升建设项目造价管理水平与成本控制能力，有利于避免浪费与返工等现象发生。

（4）*有利于全过程成本控制*

建设项目管理控制过程中合理的实施计划可事半功倍，应用 BIM 技术建立三维模型可提供更好、更精确、更完善的数据基础，服务资金计划、人力计划、材料计划与设备设施计划等的编制与使用。BIM 模型可赋予工程量时间信息，显示不同时间段工程量与工程造价，有利于各类计划的编制，达到合理安排资源的目的，从而有利于工程管理控制过程中成本控制计划的编制与实施，有利于合理安排各项工作，高效利用人力物力资源与经济成本等。

（5）*数据信息统一，有利于造价动态控制*

工程造价的主要工作是工程概预算编制、工程量清单及控制价编制、施工阶段全过程造价控制、工程预决算及审计。同样一套施工图，从设计概算到最后的决算审计，往往因业主要求，会在不同阶段挑选不同的造价咨询公司，进行工程量计算、工程造价的编制，结果可能会产生较大差异。而 BIM 模型信息具有高度统一性，在建筑全生命周期内，任何一个阶段，工程量都是从模型直接提取的，工程量数据信息统一，而且信息化保存不容易发生丢失，有利于全过程造价动态控制。BIM 管理平台是高度信息化的，工程各阶段、参建单位各方都可以保存、跟踪，并随时可以扩充。

（6）*颠覆算量模式，促进造价行业转型*

应用 BIM 模型，可以直接提取工程量，无须建模，有了设计模型，便有了工程量。设计变更时工程量计算结果随着变更同时更新，并且可选择任意楼层、部位、时间段提出工程量进行计价，颠覆了传统的算量模式。造价业务工作重心由工程量计算计价，转向全过程工程造价咨询，这也是工程造价行业的发展方向。

BIM 技术双重改变了工程造价管理的思维和工作方式。在思维模式上由数字造价思维转变为模型造价思维；在工作方式上由基于单机的软件单专业分析转变为基于平台的多人协作作业。但是目前 BIM 造价控制软件的发展尚不能支撑全过程工程造价咨询的需求，部分咨询公司在应用 BIM 进行造价业务时体验不好，感觉麻烦却没有效益。目前这项工作依然处于探索阶段，尤其是在施工阶段造价控制方面的实际运用还有很多发展空间。因此，进一步探索和研究基于 BIM 的全过程工程造价咨询对建筑行业具有重大价值。

6.2 BIM 技术在工程各个阶段的造价应用

工程建设项目实施过程中，项目决策、设计、招标投标、施工、竣工验收等各阶段的造价控制任务和控制重点不同，BIM 技术在全过程造价控制中的应用还在逐步实施、改进、研发过程中。下面具体分析BIM技术在工程建设各阶段的应用。

6.2.1 BIM技术在决策阶段的造价应用

决策阶段各项技术指标均对项目的工程造价有较大影响，特别是建设标准水平的确定、建设地点的选择、工艺的评选、设备的选用等，直接关系到工程造价的高低，对工程造价的影响程度能达到80%～90%。因此，决策阶段项目决策的内容是决定工程造价的基础。决策阶段工程造价任务主要是投资估算和投资方案比选。

1. 基于BIM技术的投资估算

在确定建设意图之后，项目管理者需要通过收集各类项目资料，对各类情况进行调查，研究项目的组织、管理、经济和技术等，进而得出科学、合理的项目方案，为项目建设指明正确的方向和目标。在项目立项之前进行的是决策策划，业主通过编写项目建议书与可行性研究报告作为项目的审批依据，投资估算是项目建议书的重要组成部分。

在建设工程投资决策阶段，为了形成科学合理决策，相关人员需要完成大量的、全面的信息采集。而在BIM建筑模型中，本身就拥有与相应建筑工程密切相关的数据信息，可为形成合理的投资估算提供充足的数据信息参考。总体来看，在工程决策阶段的投资估算环节，BIM技术发挥出了较大作用。实践中，可以在BIM数据库中对相似建筑工程的历史数据信息进行提取，并在其基础上结合相应建筑工程的实际情况实施调整，形成需要的新建工程资料。同时，参考新建工程资料，可以更为准确、全面地完成项目工程量的计算；随后，对比BIM数据库中关于材料、人员、设备等施工因素的市场价格信息，结合估算指标，即可在工程决策阶段实现对新建项目的投资估算。

2. 基于BIM技术的投资方案比选

过去积累工程数据的方法往往是依靠图纸，并基于图纸抽取一些关键指标，但历史数据的结构化程度不够高，可计算能力不强，积累工作复杂，导致能积累的数据量很小。通过建立企业级甚至行业级的BIM数据库将为投资方案比选和确定带来巨大的价值。BIM模型具有丰富的构建信息、技术参数、工程量信息、成本信息、进度信息、材料信息等，在投资方案比选时，这些信息完全可以复原，并通过三维方式展现。BIM拥有可视化以及模拟化功能，在工程投资决策阶段，能够直观地显示出建筑三维模型，决策人员可以直接对不同方案的三维模型展开对比，并进行选择。BIM技术的优势还体现在能够根据新项目方案特点，对相似历史项目模型进行抽取、修改、更新，快速形成不同方案的模型，软件根据修改，自动计算不同方案的工程量、造价等指标数据，从而直观方便地进行方案比选。

应用BIM技术不仅可以快速估算出工程造价，还能比较工程指标，从而选择出当前最适合和最优化的方案，方便对既有建筑模型进行调整和对比，提高方案比选效率。

3. BIM技术在前期决策阶段的适用性分析

目前，住房和城乡建设部和各级建设管理部门都在推广BIM技术，但是在实际实施过程中还存在很多问题，甚至有些咨询公司和施工单位在应用BIM后，没有体验到BIM的优势和效益，反而感到更复杂。因此，在具体工程中，是否应用BIM，应用的范围和程度，都要结合工程实际需求和软件功能、效益进行考虑，让BIM技术真正发挥效力。图6.2-1所示为部分决策阶段BIM技术应用的判断标准。

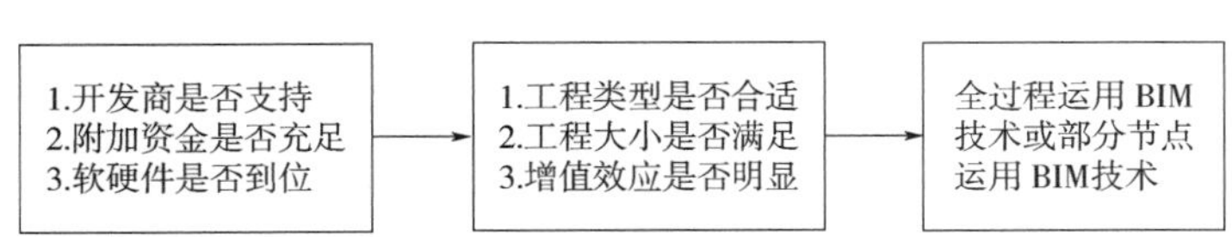

图6.2-1 BIM技术运用判断标准

6.2.2 BIM技术在设计阶段的造价应用

1. 工程算量

工程算量是一项基础性工作，在传统的计量计价过程中，造价人员需要阅读相应的设计图，找到图纸中各材料的属性，结合计算规则，手动建模算量。工程量的计算仍然是工程造价中最复杂、最耗时的部分。BIM技术恰好解决了这个难题，可以实现自动汇总工程量清单，更准确快速。BIM技术具体优势主要体现在以下几个方面：一是关联构件的扣减问题，任何建筑项目所包含的构件都不计其数，其中的相互关系也是各种各样，那么相连构件之间的扣减关系就变得极其复杂，传统的人工计量，一方面复杂、计算速度缓慢，另一方面等到后期变更复核校准更是杂乱无章，而BIM技术的工程计量可以依据所导入的模型，自动识别和扣减，既缩短了时间，又提高了精度。二是异形构件的计算问题，建筑业发展越来越快，各种工程项目层出不穷，异形构件比比皆是，计算工程量往往不知从何下手，而BIM技术在设置好构件的基本信息后，就可以依据构件参数和自带的计算规则，最大限度地把异形构件的工程量计算准确。利用BIM技术建立起的三维模型可以全面地加入工程建设的所有信息。根据模型能够自动生成符合国家工程量清单计价规范标准的工程量清单及报表，快速统计和查询各专业工程量，对材料计划、使用做到精细化控制，避免材料浪费。

下面以某中学综合楼工程的柱、梁建模与钢筋计算为例，分析BIM工程计量过程，此工程采用斯维尔公司系列软件。

首先在原有CAD图基础上，使用建模快手等快速建模软件进行快速建模翻模，然后导入斯维尔造价软件进行工程量计量。结构部分主要是对柱、梁、板构件的设置及布置，最简单的方法就是根据图纸对图中所示的相应构件进行依次建立和布置。但是这样布置速度相对来说要慢很多，也失去了应用软件的初衷。BIM for Revit套包软件能够利用软件将原有的设计图导入，对构件进行快速识别与布置。在识别过程中要注意对构件进行核查，查漏补缺。识别好构件之后要对构件进行构件查询，缺失错漏部分进行相应调整完善。

（1）柱

1）柱子三维模型的建立。本工程柱子截面为矩形。矩形柱可以在BIM for Revit套包软件中直接定义，或者利用软件识别选项卡中的识别柱子功能实现快速建立柱子三维模型。但是自动识别柱子容易出现标注提取错乱、钢筋提取不完整、识别错位等错误，识别柱子钢筋时要先导入柱表图纸然后再进行识别，识别完之后还需要进行标注和钢筋信息核对，必要时参照结构图进行修改。图6.2-2所示为建立的柱三维模型。

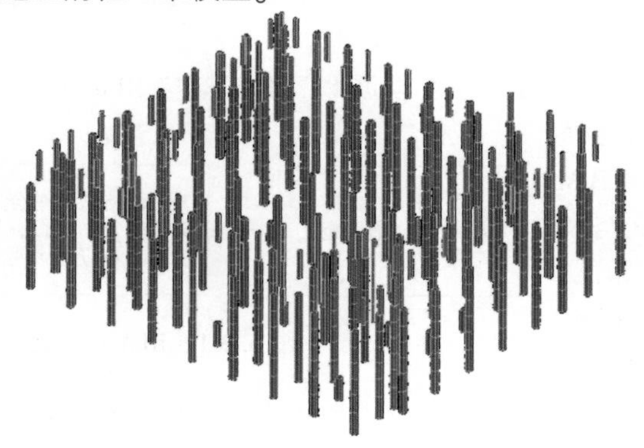

图6.2-2 柱三维模型

2）柱钢筋的计算。柱子中钢筋类型有纵筋、角筋、箍筋，所以对于不同层的柱钢筋计算方式也不同，斯维尔 BIM for Revit 套包软件可以同时实现土建和钢筋的算量，通过识别钢筋选项卡下的识别柱表来提取钢筋信息进行识别布置。图 6.2-3 所示为柱钢筋明细表示例。图 6.2-4 所示为柱钢筋计算设置。

序号	钢筋级别	根数	钢筋类型	长度(m)	重量(kg)	接头	接头数	统计条件	分组编号
1	A	10886	箍筋	5091	1220.219	绑扎	0	zj<=10	室内
2	A	8476	非箍筋	19963	9004.654	绑扎	126	zj<=10	室内
3	A	8476	非箍筋	19963	9004.654	绑扎	126	zj<=10	室内
4	C	65254	箍筋	135373	58098.85	绑扎	0	zj<=10	室内
5	C	2717	非箍筋	6655	3040.972	绑扎	16	zj<=10	室内
6	C	58	箍筋	117	104.656	绑扎	0	zj>10 and zj<=25	室内
7	C	353	非箍筋	3432	8810.994	双面焊	197	zj>10 and zj<=25	室内
8	C	3023	非箍筋	15555	59935.153	套筒	875	zj>10 and zj<=25	室内
9	C	3174	非箍筋	12763	37608.846	电渣焊	208	zj>10 and zj<=25	室内
10	C	899	非箍筋	9022	8717.036	绑扎	589	zj>10 and zj<=25	室内
11	C	700	非箍筋	3200	15471.353	套筒	246	zj>25	室内

图 6.2-3　柱钢筋明细表示例

	设置项目	设置值
1	公用	
2	抗震框架柱全程加密条件(mm) - ZJMSZ	Hn/max(B,H)<=4
3	柱/暗柱在基础插筋锚固区内的箍筋数量（保护层>5d)	间距500
4	柱/暗柱在基础插筋锚固区内的箍筋数量（保护层<=5c	间距min(5*D3,100)
5	梁(板)上柱/暗柱在插筋锚固区内的箍筋数量 - LBCJG	间距500
6	柱/暗柱第一个箍筋距楼板面的距离 - GJQT	50
7	柱/暗柱箍筋根数计算方式 - SZQZ	向上取整+1
8	柱/暗柱箍筋弯钩角度 - GJWG	135°
9	柱/暗柱纵筋搭接错开部位箍筋加密 - CKJM	是
10	柱/暗柱螺旋箍筋是否连续通过 - LXGJ	是
11	柱/暗柱圆形箍筋的搭接长度 - YGDJ	max(La,300)
12	柱纵筋错位搭接时,错开的长度(mm) - JTJL	(按规范计算)
13	层间变截面钢筋自动判断 - CJBJM	是
14	柱/暗柱在墙插筋锚固区内的箍筋数量 - QJGJS	间距100
15	柱	
16	柱搭接部位箍筋加密 - DJJM	是
17	上柱纵筋直径变大处理方式 - ZJBD	按规范
18	保护层厚度(mm) - CZ	(按规范计算)
19	柱纵筋搭接接头错开百分率 - DJL	50%
20	柱插筋中的箍筋类型 - GUJLX	非复合箍
21	柱纵筋搭接区长度(mm) - LLD	(按规范计算)
22	柱基础插筋弯折长度 - CJWZ	(按规范计算)
23	非抗震柱纵筋露出长度 - ZJLCC	(按规范计算)
24	抗震柱纵筋露出长度 - KZJLCC	(按规范计算)
25	纵筋搭接范围箍筋间距 - DJGJJL	min(5*D3,100)
26	不变截面上柱多出钢筋锚固 - SZDGJ	1.2*La
27	不变截面下柱多出钢筋锚固 - XZDGJ	MAX(1.2La-Hb,0)
28	地下一层比首层多出纵筋锚固 - DXZDGJ	MAX(0.5*1a-Hb+12*d,12*d)
29	箍筋加密区设置 - GJJM	(按规范计算)
30	抗震柱自动加密间距设置(mm) - SJMZ	S
31	柱纵筋伸入基础锚固形式 - ZJCMG	角筋伸入基底弯折
32	柱梁相交时柱箍筋加密区长度计算 - LZJSSZ	取并集
33	柱下基础锚固对象设置 - ZJMG	100%
34	柱钢筋同间距隔一布一布置时，间距表示 - GYBYPD	不同种钢筋之间的距离
35	暗柱	
36	暗柱搭接部位箍筋加密 - ADJJM	是
37	保护层厚度(mm) - CZ	(按规范计算)

图 6.2-4　柱钢筋计算设置

3）柱模型问题分析。柱模型建立过程中，当采用自动识别方式建模时，经常出现识别不准确，柱子会显示重复布置和尺寸会出现错误，多次重新绘制仍有此问题。经检查问题原因是柱子尺寸图层识别错误，导致绘制出来的柱子重复，重新对图层提取可解决此问题。或者将本层柱子全部选中，双击进入构件属性页面，可以对柱子尺寸进行手动统一设置，更加方便、快捷、准确。

（2）框架梁

1）梁三维模型的建立。本工程中有框架梁 KL、非框架梁 L、悬挑梁 XL、屋面框架梁 WKL。梁可以在 BIM for Revit 套包软件中直接手动输入尺寸定义，或者利用 BIM for Revit 识别选项卡中的识别梁功能达到快速建立梁三维模型。与柱子相似，用识别功能难免会出现识别错位、梁跨识别不完整等错误，自动识别完之后进行钢筋布置要进行原位标注的提取，这个过程极易出错。例如一般在集中标注中有梁上下部通长筋，但是个别部位因强度需要必须设置加筋，会在原位标注中显示，需要额外加上去。另外，结构图中给定的梁跨数可能在实际模型中不太适用，会显示“跨号异常”的错误提示，需要根据实际情况调整。图 6.2-5 所示为梁三维模型。

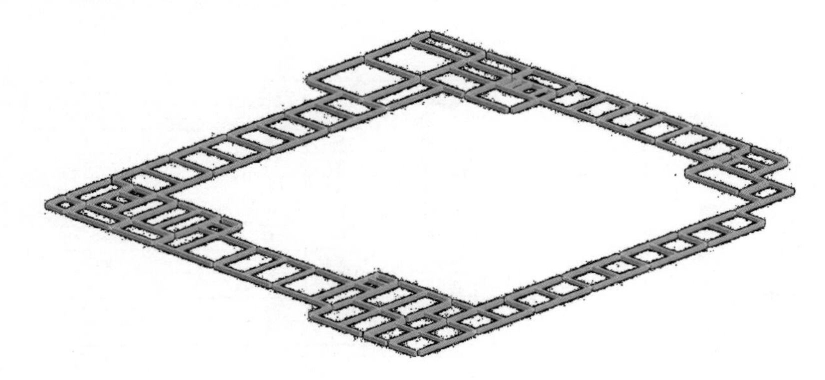

图 6.2-5　梁三维模型

2）梁钢筋的计算。梁钢筋有通长筋、侧面筋、架立筋、支座钢筋、箍筋、拉筋等。梁上部和下部通长筋按照梁净长加上锚入支座长度。图 6.2-6 所示为梁识别步骤示例。图 6.2-7 所示为梁搭接设置。图 6.2-8 所示为梁钢筋表。

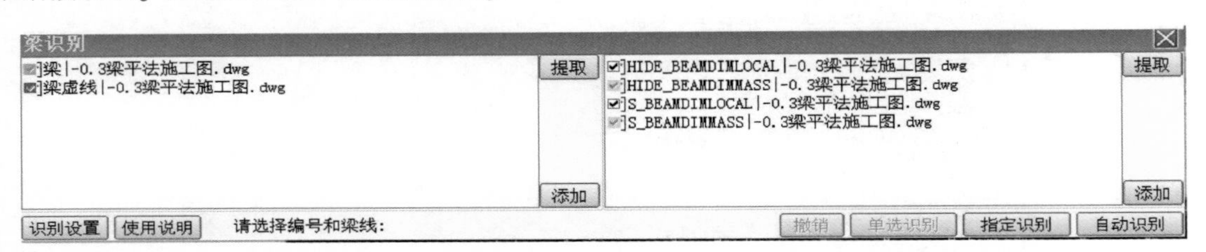

图 6.2-6　梁识别步骤示例

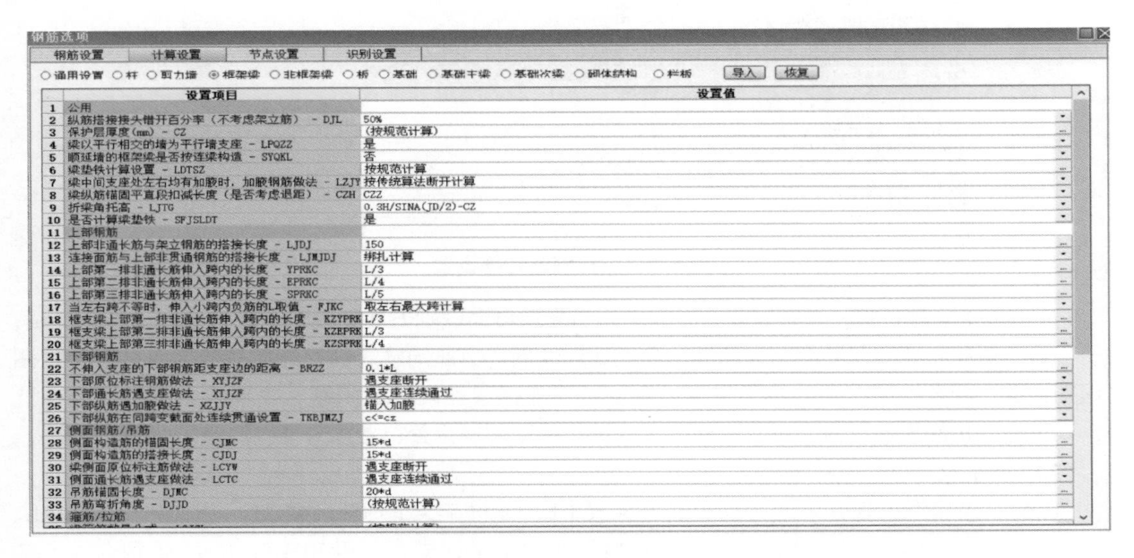

	设置项目	设置值
1	公用	
2	纵筋搭接接头错开百分率（不考虑架立筋） - DJL	50%
3	保护层厚度(mm) - CZ	(按规范计算)
4	梁以平行相交的墙为平行墙支座 - LPQZZ	是
5	顺延墙的框架梁是否按连梁构造 - SYQKL	否
6	梁垫铁计算设置 - LDTSZ	按规范计算
7	梁中间支座处左右均有加腋时，加腋钢筋做法 - LZJY	按传统算法断开计算
8	梁纵筋锚固平直段扣减长度（是否考虑退距） - CZH	CZZ
9	折梁角托高 - LJTG	0.3H/SINA(JD/2)-CZ
10	是否计算梁垫铁 - SFJSLDT	是
11	上部钢筋	
12	上部非通长筋与架立钢筋的搭接长度 - LJDJ	150
13	连接面筋与上部非贯通钢筋的搭接长度 - LJMJDJ	绑扎计算
14	上部第一排非通长筋伸入跨内的长度 - YPRKC	L/3
15	上部第二排非通长筋伸入跨内的长度 - EPRKC	L/4
16	上部第三排非通长筋伸入跨内的长度 - SPRKC	L/5
17	当左右跨不等时，伸入小跨内负筋的L取值 - FJKC	取左右最大跨计算
18	框支梁上部第一排非通长筋伸入跨内的长度 - KZYPRK	L/3
19	框支梁上部第二排非通长筋伸入跨内的长度 - KZEPRK	L/3
20	框支梁上部第三排非通长筋伸入跨内的长度 - KZSPRK	L/4
21	下部钢筋	
22	不伸入支座的下部钢筋距支座边的距离 - BRZZ	0.1*L
23	下部原位标注钢筋做法 - XYJZF	遇支座断开
24	下部通长筋遇支座做法 - XTJZF	遇支座连续通过
25	下部纵筋遇加腋做法 - XZJJY	锚入加腋
26	下部纵筋在同跨变截面处连续贯通设置 - TKBJMZJ	c<=cz
27	侧面钢筋/吊筋	
28	侧面构造筋的锚固长度 - CJMC	15*d
29	侧面构造筋的搭接长度 - CJDJ	15*d
30	梁侧面原位标注筋做法 - LCYW	遇支座断开
31	侧面通长筋遇支座做法 - LCTC	遇支座连续通过
32	吊筋锚固长度 - DJMC	20*d
33	吊筋弯折角度 - DJJD	(按规范计算)
34	箍筋/拉筋	

图 6.2-7　梁搭接设置

梁(连梁)表钢筋

	编号	结构类型	标高	楼层	顶标高	截面尺寸	面筋	底筋	腰筋	箍筋	拉筋
1	JZL1(1)	普通梁	3.8200000959	1		299.38752560	2C22	7C25 2/5	N6C12	C12@100/150	3*A6@300
2	JZL1(1A)	普通梁	7.77m~8.37m	2		250x600					
3	JZL2(1)	普通梁	7.72m~8.37m	2		250x650					
4	JZL3(1)	普通梁	7.72m~8.37m	2		250x650					
5	JZL4(2)	普通梁	3.82m~4.47m	1		300x650	2C20	5C22	N6C12	C8@100(2)	3*A6@200
6	JZL4(5)	普通梁	7.72m~8.37m	2		250x650					
7	JZL5(1)	普通梁	3.82m~4.47m	1		300x650	3C20	2C20/5C25	G6C12	C8@100(2)	3*A6@200
8	JZL5(5A)	普通梁	7.72m~8.37m	2		350x650					
9	KL1(2)	框架梁	3.88m~4.38m	1		300x500	2C22		G4C12	C8@100/200(	2*A6@400
10	KL1(9)	框架梁	7.67m~8.37m	2		350x700					
11	KL10(1A)	框架梁	7.72m~8.37m	2		350x650					
12	KL10(4)	框架梁	3.7m~4.45m	1		300x750	2C20		G4C12	C8@100/200(	2*A6@400
13	KL11(2)	框架梁	3.97m~4.47m	1		300x500	2C18			C8@100/200(	
14	KL11(2A)	框架梁	7.72m~8.37m	2		350x650					
15	KL12(1)	框架梁	7.77m~8.37m	2		350x600					
16	KL13(3)	框架梁	7.77m~8.37m	2		350x600					
17	KL13(4)	框架梁	2.07m~2.97m	1		350x900	2C22+(2C12)		G8C12	C8@100/200(	4*A6@400
18	KL14(1)	框架梁	7.72m~8.37m	2		350x650					
19	KL14(3)	框架梁	3.77m~4.47m	1		350x700	2C22+(2C12)	4C20	G4C12	C8@100/200(	2*A6@400
20	KL15(1)	框架梁	7.77m~8.37m	2		350x600					
21	KL15(2)	框架梁	3.97m~4.47m	1		300x500	2C20	4C18		C8@100/200(	
22	KL16(2)	框架梁	3.77m~4.47m	1		350x700	2C22+(2C12)		G4C12	C8@100/200(	2*A6@400

楼层: 所有楼层 ... 清空表格 识别表格 保存 模型数据 外部数据 导入 导出 布置

图 6.2-8 梁钢筋表

3）梁建模问题汇总。在“识别梁体”时，如果出现无法识别的梁体，软件会显示红色梁体，此时可以将整根梁删除，再用“布置梁体”手动布置梁。在提取梁体钢筋图层时也会出现梁体钢筋图层提取不完整而导致梁体钢筋布置不正确，当出现这种情况时就需要选中梁体点选钢筋布置进行梁体钢筋的手动布置。因此，在梁体绘制与钢筋布置的过程中不能过分依赖软件自动识别功能。更多情况下手动绘制具有更高的准确性和可操作性。

2. 基于 BIM 的工程计价

工程量计算完成后可以将文件导入到计价软件中，计价软件会自动汇总人工、材料、机械的消耗量，根据用户的设置计取并汇总价格形成分部分项工程费用、措施项目费用、其他项目费用，再根据所设定的费率形成规费和税金最终形成工程造价。

如果某一项价格需要调整，也不必一项项调整，软件可以实现统一调价，并重新汇总形成工程造价。同时，计价软件提供报表反查功能，对于有疑问的造价部位可以反查回去，快速找到问题根源并轻松更正。同样的软件最终会根据不同的工程造价信息汇总生成各类型报表提供给管理者使用。

以某小区工程应用广联达软件计价为例。

此工程土建组价应用软件广联达云计价 GCCP5.0。首先新建招标投标项目，新建项目后，将单位工程即应用广联达 BIM 土建计量平台 GTJ2018 导入 GCCP5.0，然后根据已有的清单以及图纸中对于各项施工内容的描述选择恰当的定额。定额编制的依据为《河南省房屋建筑与装饰工程预算定额（2016）》（HA 01—31—2016）。编制的预算文件包括合同预算以及成本预算。

1）合同预算文件。合同预算文件内容包括土石方工程、砌筑工程、混凝土及钢筋工程、楼地面装饰工程、门窗工程、天棚工程等。钢筋清单需要自行插入，不能通过软件导入。若有主要材料价格不能确定可以通过广材助手查询。全部清单组价完成后，可以得到合同预算价格。

2）成本预算文件。成本预算文件与合同预算文件主要区别在于合同预算是计算经营收入，成本预算是控制费用支出，两者之间费用差值就是利润。可以将合同预算文件的利润率调整为零，即可得到利润为零的成本预算文件。

3. 设计变更

按照传统造价模式，图纸出现问题需要设计变更时，设计人员做图纸变更，预算人员需要根据变更后的图纸重新修改模型后套价。当设计人员发现错误再将图纸进行变更修改后，预算人员又要根据变更图纸重新修改模型后算量套价，得到变更后的工程造价。在这一过程中，设计人员和预算人员之间的工作是呈流水线式的，两者的工作没有交集，期间并没有沟通和交流，导致很多时候预算人员并不能及时了解到设计人员的意图，在读图建立模型的过程当中可能会出现许多由于理解不同导致的人为错误。这些错误很难被检查出来并修改，所以造成最后的工程造价并不十分准确。这种成本预算模式导致预算人员将太多的精力花在了建模和改模型算量过程中，并没有多余的时间对项目进行了解和成本分析控制。

BIM 技术就是针对这些问题提出了解决办法。BIM 的信息集成化平台使各专业人员之间协同合作，预算人员不需要再根据设计人员的二维图建立模型算量，而是可以直接在设计人员设计出的 BIM 模型上提取工程量后直接套价，在快速计算成本的基础上又提高了成本数据的准确性，减少了人为原因的失误。当设计变更完成时，BIM 模型会自动改量，实现自动高效化。此外，BIM 数据库涵盖了大量的指标，例如混凝土指标、钢筋指标、各区域的造价指标等，为预算人员做工程预算提供了参考。BIM 技术的快速准确计量同时也使预算人员有更多的时间研究市场资源价格，多方对比，选取性价比高的资源，有效降低工程造价，实现成本控制。

4. 基于 BIM 的价值工程与限额设计

价值工程在建设工程的应用有利于提高建筑设计性能、降低建设成本。方案设计阶段选出最优设计方案后，价值工程优化的限额设计方法将进一步对方案进行价值优化和限额分配。利用 BIM 数据库，对工程量进行直接统计，从 BIM 模型的历史经验数据库中提取相关设计经济指标，帮助快速进行限额设计投资指标计算，提高设计的经济性和合理性。从 BIM 模型中提取到相应的项目参数和工程量数据，与指标数据库和概算数据库进行充分对照后，得到快速计算的准确概算价，核算设计指标的经济性。基于价值工程的角度并考虑全生命周期建造成本和使用成本，对设计方案进行优化调整，对初步设计各个阶段的专业成本进行限额分配，从中选择工程成本与功能相匹配的最佳方案，从而控制工程成本投资限额，实现项目价值最大化。

5. 碰撞检查

碰撞检查功能是目前 BIM 技术的主要应用点，在实际工程中应用最多，效益也最显著。

在设计阶段，由于各专业设计人员都只负责自己的设计部分，所以并不能及时了解到各个专业构件的空间布置，很多时候会产生冲突，二维图不能用于空间表达，这种冲突在 CAD 图中是很难被发现的。如果管线或者构件的碰撞在设计阶段没有被发现，到了施工过程中才被发现，然后再作出相应的调整和变更，由此产生的人力、物力、财力是相当可观的。通过 BIM 模型应用，通过多专业模型综合碰撞检查，及时发现设计图中存在的问题，以此降低后续施工阶段产生设计变更、返工的概率，进一步为项目成本控制提供保障。

通过设计阶段的碰撞检查，在设计阶段发现问题，减少了后期施工阶段变更。如某工程项目在设计阶段碰撞检查中发现管线与结构碰撞一共有 27 处，墙体碰撞有 66 处，天花板与结构碰撞有 35 处，其中需要修改的碰撞在设计阶段修改后，大大减少了到了施工阶段才发现错误而产生的变更费用，起到了控制成本的作用。该碰撞检查措施为项目节约了造价 23.25 万元，具体计算过程如图 6.2-9 所示。

编号	项目名称	节约造价/元
1	楼梯防火门开启方向	200 × 20=4000
2	预留洞口	75 × 2000=150000
3	玻璃幕墙埋件位置	8000
4	多余梁体	7500
5	卫生间设施对应错误	20000
6	管线间距错误	15000
7	管线打架	28000
8	总计	232500

图 6.2-9　某工程碰撞检查节约造价计算表

6. 基于 BIM 技术的协同工作

基于 BIM 技术的协同设计是指建立统一的设计标准，包括图层、颜色、线型、打印样式等，在此基础上，所有设计专业及人员在一个统一的平台上进行设计。当其中一个设计人员修改了一个地方后，其他设计人员可以在模型中看到此修改，通过云端传输，所有参与人员都可以随时看到最新的设计模型。这样减少了中间的图纸传递过程，各专业人员都可以在云端调取自己所需要的模型和数据，使设计工作越来越向智能化发展，减少了现行各专业之间（以及专业内部）由于沟通不畅或沟通不及时导致的错、漏、碰、缺，同时真正实现所有图纸信息元的单一性，实现一处修改其他自动修改，提升设计效率和设计质量。协同设计工作是以一种协作的方式，降低成本，更快地完成设计，对设计项目的规范化管理起到了重要作用。图 6. 2-10 所示为设计各专业基于 BIM 技术的协同工作。

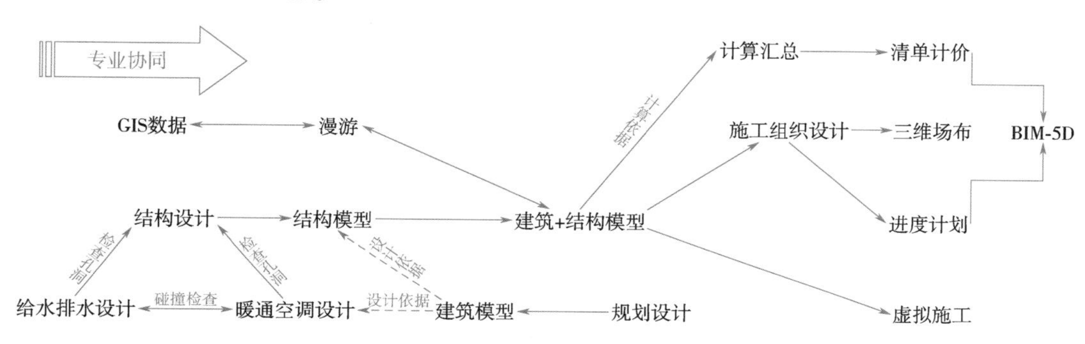

图 6. 2-10　设计各专业基于 BIM 技术的协同工作

6. 2. 3　BIM 技术在招标投标阶段的造价应用

1. 传统工程招标投标过程中的主要问题

在招标阶段，工程量清单的编制、招标控制价的确定是招标文件的重要组成部分，很多工程在招标时时间都比较紧，保证招标文件中工程量清单质量和编制速度是造价控制要点与难点。投标价以及其后形成的合同价都是以招标文件中的工程量清单为依据形成的，施工过程中的工程进度款支付及施工结算是以合同清单为依据。如果招标清单编制有漏项，必然会带来后期施工过程中的变更和签证，从而导致结算价的提升，增大造价控制难度。在编制招标文件工程造价过程中，造价人员要根据二维 CAD 图建模，计算工程量大，时间紧，任务重，是造价单位工作的痛点。

因此，需要有更好的方式与工具，能够更加有效地解决施工过程中发生变更多、索赔多、结算超预算等问题，保证招标工程量清单的完整性、准确性及合同清单价格的合理性，提高招标投标工作的效率和准确度。

2. BIM 在招标控制中的应用

BIM 模型可以直接提取出工程量，如果能采取正向 BIM 设计，BIM 建模工作由设计人员完成。造价人员从模型中可以直接得到工程量，经过调整和插件软件，BIM 模型还可以导入计价软件中进行计价，从而极大缩短工程量的计算时间，减少根据二维图计算工程量可能存在的错误，显著提高编制招标文件的准确率和效率。

3. BIM 在投标过程中的应用

（1）统一对工程量的认识，编制投标报价文件

BIM 模型的可视化，使投标单位可以更清楚地理解招标文件中的设计意图和工程内容，核对

工程量清单，从而能够根据自身施工能力编制更具有合理性和经济性的投标报价，一定程度上避免了后期施工过程中对于部分内容界定不清楚的情况发生。

（2）基于BIM技术的资源优化与资金计划

投标文件中施工组织设计编制占分比重也较大。建立BIM模型后，通过BIM-5D（三维＋时间＋成本）编制进度计划，将造价数据和进度关联，实现不同维度（时间、空间、流水段）的造价管理和分析。通过BIM技术对流水段的分析，自动关联并快速计算出资源需用量计划。投标单位可运用BIM技术优化施工方案，优化资源配置方案，提高投标文件编制效率和质量。通过BIM-5D中BIM模型与进度计划、造价计划相关联，形成视频动图，直观形象地向评标专家展示进度和资源计划，投标文件编制方式和编制质量将产生质的改变。

综上所述，工程项目在招标投标阶段应用BIM技术，是对现行招标投标模式的飞跃式进升，提升了工程项目投标报价的科学性和合理性，保证工程量清单编制的完整和准确，增强了工程项目招标投标管理的精细化和规范化。

6.2.4　BIM技术在施工阶段的造价应用

施工阶段造价控制主要内容为工程量计量、进度款支付、工程设计变更、工程签证与索赔。

1. 基于BIM-5D的进度计划与工程款支付

（1）BIM-5D

BIM-5D是利用BIM模型的数据集成能力，将项目进度、合同、成本、质量、安全、图纸、物料等信息整合并形象化地予以展示，可实现数据的形象化、过程化、档案化管理应用，为项目的进度管理、成本管控、物料管理等提供数据支撑，实现有效决策和精细化管理，从而达到减少施工变更、缩短工期、控制成本、提升质量的目的。

具体操作：将用三维算量软件做好的BIM建筑模型导入BIM-5D软件中，再导入成本计价文件和合同计价文件，将BIM模型上构件信息与计价成果文件分别进行关联，再导入进度计划将之与模型构件进行清单关联，从而完成动态进度管理和动态成本管理，得到施工管理的成果文件（图6.2-11）。

BIM-5D以BIM模型为基础，在模型构件中，赋予了施工进度信息、施工成本信息、施工资源信息和与施工组织有关的关键信息，可对项目的施工全过程进行仿真模拟，为项目的进展、材料消耗等提供数字化管理的基础，以实现节省资源、节约成本和提高施工及管理效率的目的。

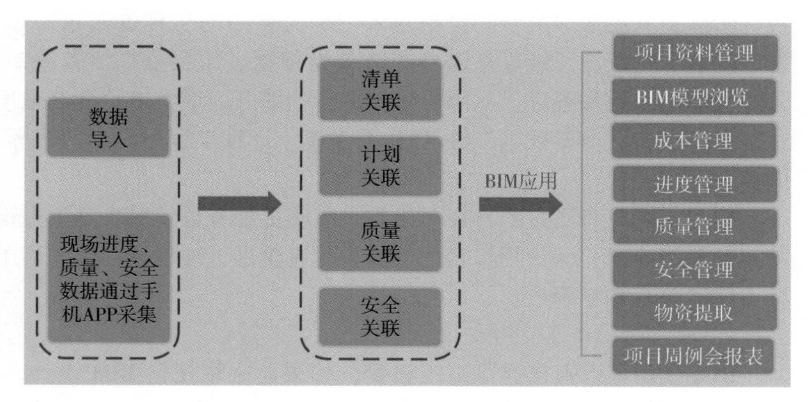

图6.2-11　BIM-5D造价应用

将BIM模型导入算量软件自动计算工程量，再导入计价软件，选择相应的清单定额规范进行套价计价。通过对土建、钢筋、消防、给水排水、电气、弱电、暖通等各专业进行计量计价，得出各项工程量及相关造价费用。

其中，鲁班造价软件支持一键实现“营改增”税制之前的自由切换。软件工程增加增值税计税模式，在增值税模式下，市场价直接读取除税价；人材机新增营改增模块，可以一键切换增值税或营业税模式；在人材机表中新增含税价、折算率和除税价 3 列，可以根据不同组合轻松算出对应价格。

（2）编制进度计划并与模型关联

根据工程项目内容和施工安排编制双代号时标网络进度计划图，根据图纸确定关键里程碑，并输出工作计划，为进度款支付做支撑。

模型与进度计划相关联（图 6.2-12），关联完模型后就得到了每层构件的计划开工和完工时间，要想得出进度对比图必须根据实际施工情况设置每个阶段的实际开工和完工时间。

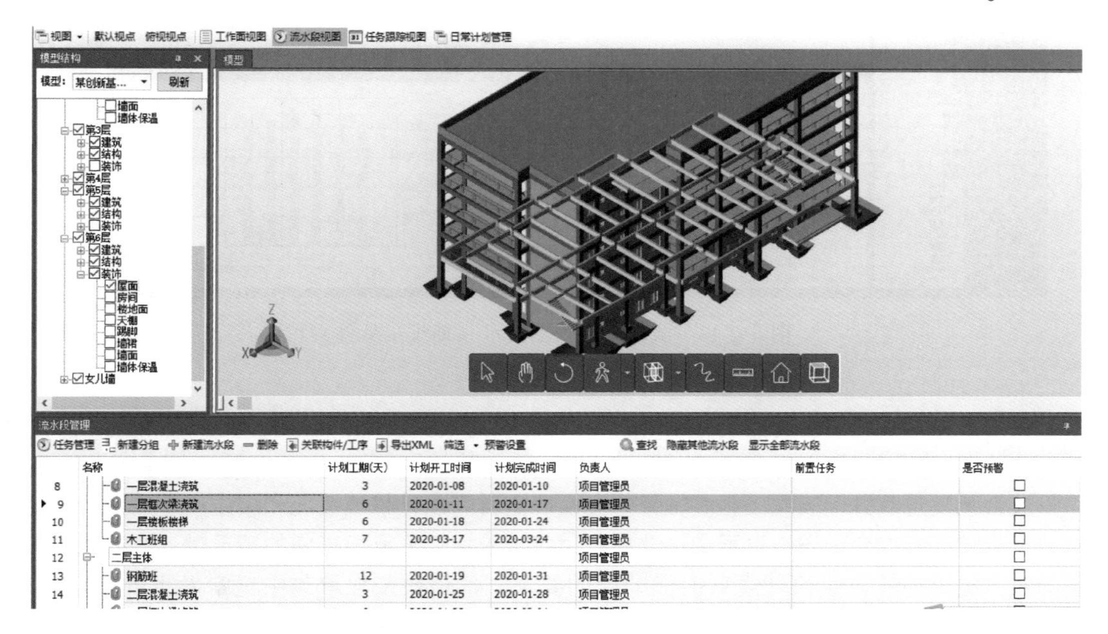

图 6.2-12　模型与进度计划相关联

（3）动态统计工程量及进度款支付

施工过程可进行进度、资源、成本的冲突分析。通过动态展现各施工段的实际进度与计划进度的对比关系，实现进度偏差和冲突分析及预警；指定任意日期，即可自动计算所需人力、材料、机械、成本等资源，并进行对比分析和预警；根据清单计价和实际进度计算实际费用，动态分析任意时间点的成本及其影响。

在分期结算过程中，各期实际工程量累计数据是结算的重要参考，系统动态地查询与统计实际工程量可以为施工阶段工程款结算提供数据支持。例如，系统根据计划进度和实际进度信息动态计算任意 WBS 节点任意时间段内每日计划工程量、计划工程量累计、每日实际工程量、实际工程量累计，可使施工管理者实时掌握工程量的计划完工和实际完工情况。

将统计后的已完工程量进行计价，得出已完工程量进度款，结合合同要求，形成中期进度款申请文件。传统模式下的工程进度款申请和支付结算工作较为复杂，基于 BIM 能够快速、准确、高效地统计出各类构件的工程量，且能形象、快速地完成工程量的拆分和重新汇总，为工程进度款结算工作提供技术支持。图 6.2-13 所示为成本动态视图展示（斯维尔软件）。

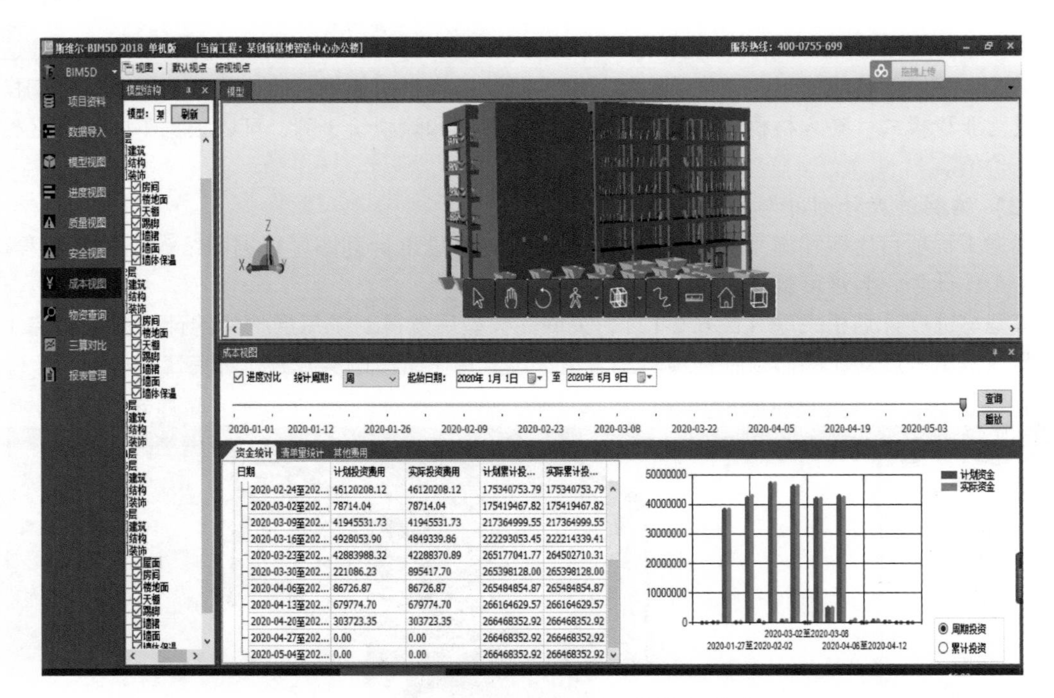

图 6.2-13　成本动态视图展示（斯维尔软件）

2. 基于 BIM 技术的工程造价签证、索赔

工程签证是指在施工合同履行过程中，承发包双方根据合同的约定，就合同价款之外的费用补偿、工期顺延以及因各种原因造成的损失赔偿达成的补充协议。工程签证按承发包合同约定，一般由承发包双方代表在工程签证单中签认确定合同以外事项情况和相应产生的造价变动。

工程索赔是指在合同履行过程中，非自己过错、应由对方承担责任的情况时，对造成的实际损失向对方提出经济补偿和（或）时间补偿的要求，索赔是工程承包中经常发生的正常现象。由于施工现场条件、气候条件变化、施工进度、物价变化以及合同条款、规范、标准文件和施工图的变更、差异、延误等因素影响，使得工程承包中不可避免出现索赔现象。

工程签证和索赔是图纸以外的工程量款，如果不注意加强管理，也可能对最后结算造成很大影响，出现工程结算严重超支现象。在工程建设中，只有规范并加强现场签证的管理，采取事前控制的手段并提高现场签证的质量，才能有效地降低实施阶段的工程造价，保证建设单位的资金得以高效利用，发挥最大的投资效益。

对于签证内容的审核，可以在 BIM-5D 软件中实现模型与现场实际情况进行对比分析，通过虚拟三维的模拟掌握实际偏差情况，从而确认签证内容的合理性。

3. 基于 BIM 技术的设计变更

当项目发生工程变更时，以往设计方式需要整体重新核算。BIM 技术由变更引起的模型变化与造价变化同步，可以用变更信息及时修正 BIM 模型，图纸和模型就会产生一致的变更，从而准确统计出变更的工程造价，大幅度减少核算时间和核算成本。造价工程师根据“项目当前造价 = 合同造价 + 变更工程造价”原理，可以动态监控建设项目的当前造价，为投资人批准变更提供专业意见和建议，协助投资人对投资进行严格的控制，做到充分利用建筑模型进行造价管理。基于 BIM 技术的设计变更应用见第 6.4.3 节。

将 BIM 模型数据上传到服务器端，项目管理团队通过互联网可以快速、准确获得工程量及工程变更数据，造价工程师、承包商、业主可使用网络共享的BIM数据模型实现网上工程量对量业务。

4. 基于BIM技术的限额领料控制

传统限额领料制度难以实现，主要是因为材料采购计划数据无依据，采购计划由采购员决定。当施工过程工期紧，领取材料数量无依据时，配料人员没有办法获取及时的原料数据而造成原料浪费，用量上限无法控制。

应用BIM技术为结合施工程序及工程形象进度周密安排材料采购计划提供条件，不仅能保证工期与施工的连续性，而且能用好、用活流动资金，降低库存，减少材料的二次搬运。同时，当基于BIM软件管理多专业和多系统数据时，能够采用系统分类和构件类型等方式对整个项目数据进行管理，为视图显示和材料统计提供规则。例如，给水排水、电气、暖通专业可以根据设备型号、外观及各种参数分别显示设备，方便计算材料用量。材料员可以根据工程实际进度提取施工各阶段材料用量，采用BIM三维图、CAD图或表格下料单等书面形式做好用料交底，防止班组"长料短用、整料零用"，在所下达的施工任务书中附上完成该项施工任务的限额领料单，作为发料部门的控制依据，对各班组限额发料，防止错发、多发、漏发，从源头上做到材料管理"有的放矢"，减少工作班组对材料的浪费，做到物尽其用，将材料浪费降到最低，从而节约成本，降低工程造价。

5. 基于BIM技术的分包管理

（1）基于BIM技术的派工单管理

基于BIM技术的派工单管理系统可以快速准确分析出按进度计划进行的工程量清单，提供准确的用工计划，同时系统不会重复派工，控制漏派工，实现基于准确数据的派工管理。派工单与BIM关联后，在可视化的BIM图形中，按区域开出派工单，系统自动区分和控制是否派工，减少了差错。

（2）分包结算和分包成本控制

作为施工单位，需要与下游分包单位进行结算。在这个过程中施工单位的角色成为甲方，供应商或分包方成为乙方。传统造价模式下，由于施工过程中人工、材料、机械的组织形式与传统造价理论中的定额或清单模式的组织形式存在差异，在工程量计算方面，分包计算方式与定额或清单中的工程量计算规则不同，双方结算单价的依据与一般预结算不同，容易产生结算价格差异。应用BIM模型统一算量，根据分包合同要求，建立分包合同清单与BIM模型的关系，明确分包范围和分包工程量清单，按照合同要求进行过程算量，为分包结算提供支撑，保证分包结算价格的统一和准确。

6. 砌体排布

以鲁班软件为例，通过Revit模型导入到鲁班排布软件中，可分析计算出实际工程中需要的砌块数量和各砌块型号。这样就有利于砌块的采购、加工、运输，从而提高砌块利用率，降低损耗，避免二次运输，降低工程成本。鲁班排布中对具体砌块排布方式进行显示，在对建筑工人进行砌块技术交底的同时，也能更加直观、可视化地了解到砌块排布的整体效果和更好地提高成品观赏性。

鲁班排布依据施工规范及现场经验，可快速批量对整栋或整层砖墙进行排布，提前模拟出符合施工现场的砌块排布方案，生成墙体立面排布图、平面编号图，统计出各规格砌块用量，帮助施工技术人员合理安排砌筑施工计划，指导现场施工。

鲁班算量LBIM可实现Revit模型导入，如果在设计阶段进行了BIM模型正向设计，可以减少建立模型带来的时间成本。砌体排布时充分考虑二次结构构件如构造柱马牙槎、圈梁、过梁等影响，结合现场实际经验与规范要求，使砌块排布结果更贴近现场。一键自动标注与墙相关联的构件尺寸，如门窗洞口尺寸、顶底部导墙高度、梁高板厚等，各构件尺寸、位置关系一目了然，同时支持批量输出为 CAD 图，包含砖墙编号、砌块工程量，指导现场施工。

通过砌体排布砌筑数据同鲁班土建的模型所测算砖墙工程量相对比（图 6. 2-14），从而更好优化模型、节省资源，为实际工程中的工程成本预算提供更好的支撑。从图 6. 2-14 左图中的对比可以看出，相同项目工程量下，采用鲁班排布能够更精确显示出工程砌块、灰缝用量，为工程人员物资采购、施工人员技术施工都有较为准确指导。通过模型反查功能，可以快速、准确地提前发现问题、定位砌筑问题根源，完善砌块砌筑的合理性，减少施工资源的浪费情况。

鲁班土建软件	鲁班排布软件
1. 8-9轴/D-E轴处200厚砌体墙工程量：6.32m³； 2. 根据鲁班土建计算书可得： 600 × 200 × 200砌块净用量263块 C25细石混凝土净用量0.24m³； 灰缝净用量0.548m³	砌块砖用量： 600 × 200 × 200 160块 530 × 200 × 200 6块 340 × 200 × 200 3块 180 × 200 × 200 9块 150 × 200 × 200 1块 C25细石混凝土净用量0.24m³ 灰缝净用量0.49m³

图 6. 2-14　鲁班土建软件和鲁班排布软件工程量对比

6. 2. 5　BIM 技术在竣工结算阶段的造价应用

结算工作中涉及的造价管理过程资料量很大，往往由于单据的不完整造成不必要的工作量。比如甲乙双方对施工合同现场签证等产生理解不一致，以及高估冒算现象等，导致结算一定程度上的“失真”。BIM 技术改进了工程量计算方法，更大程度保证了结算资料的完整和规范性，对于提高结算质量，加速结算速度，减轻结算人员的工作量，增强审核、审定透明度都具有十分重要的意义。竣工结算阶段 BIM 技术的造价应用体现在以下几方面：

（1）数据信息整理保存

在工程材料方面，BIM 模型信息储存比较完整，像规划信息、施工信息、成本信息等都会被包含在 BIM 模型中，能够便于对数据进行剖析，在很大程度上节约了竣工结算阶段的数据计算量，确保了得到信息的安全性、有效性和完好性。BIM 模型对于工程资料的保存和整理剖析有着传统方法不能比拟的优势。对于变更过的数据材料，BIM 模型会做出具体的记录，并可将核定单等原始材料进行电子化储存，通过 BIM 体系即可完成对工程项目改动内容的全方位把握，避免了因为人员活动性大、施工周期长、材料价格起浮大等因素导致的工程资料不完整、不精确。

（2）工程量计量应用

竣工结算阶段，施工单位能够直接在设计 BIM 三维模型上进行修正，相应地设计变更部分工程量也自动修改。在实际的工程量核对进程中，审核方和被审核方能够将各自的 BIM 模型置于 BIM 下的对量软件中，能够更加便利精确地找出两边结算工程量差异，进一步提升工程量的核对效率。

（3）竣工结算审计应用

BIM 在竣工结算审计阶段的应用首先是便于多方的工程量核对。BIM 包含建筑工程从规划设计到竣工结算、后期养护的各期造价数据，BIM 模型的统一使用，便于各建设方共同在模型基础上进行造价结算核对。建设单位只需要对送审的竣工结算 BIM 算量模型进行检查，核对工程量，无须自己再重新建模和核算，节约了工作时间，减少由此带来的差错和数据改动，进一步提高了竣工结算的效率和质量。同时有利于工程数据保存，一般建筑工程竣工结算核算完结后，大部分工程资料需要退回建筑单位归档保存。当再碰到相似的工程竣工结算审计项目时，不能以曾经的数据作为参考。而运用BIM模型能够在审计时对相关的数据进行剖析和抽取，构成电子文件进行保存。另一方面，电子材料的提取和保存也相对于传统的纸质材料更为便利。图6.2-15所示为基于BIM技术的进度报量。

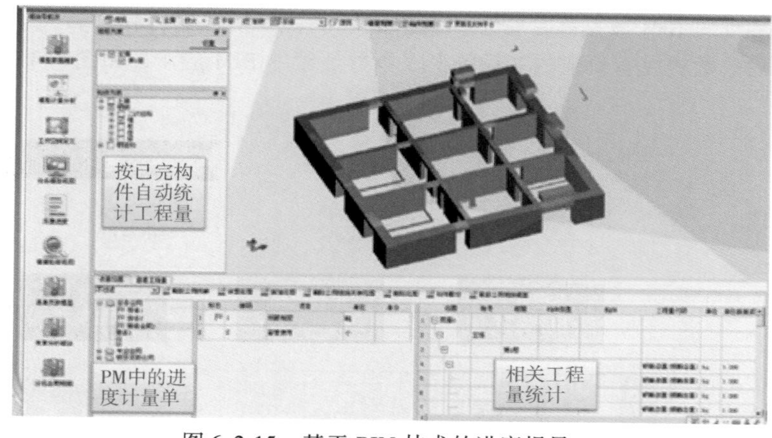

图6.2-15　基于BIM技术的进度报量

总之，将BIM技术运用到竣工结算阶段能够削减竣工结算阶段的人力和物力成本，提升竣工结算的质量和效率。同时，BIM技术也有利于对工程资料的储存，能够保存到最原始单据，避免了许多因素对于工程资料储存的影响，还能够将其运用于竣工结算审计中，进一步提高审计作业的效率和精确度。

6.3　BIM技术的造价软件创新及应用趋势

总体来看，BIM技术在造价管理上的应用大部分还聚焦在招标投标阶段的工程量计算和计价业务上，BIM在工程造价管理上还需要更多的研究开发与应用。目前，各软件公司都在BIM应用领域进行积极的创新与开发，BIM造价管理软件功能日趋完善。BIM技术在工程造价管理上的应用趋势在向BIM交换标准的统一化、BIM应用与数据管理的结合、基于云的造价全过程管理方向发展。

1. BIM交换标准的统一化

目前，不同BIM软件相互之间的数据传输与交换无法实现有效的互通互联。特别是针对造价管理的工程量计算，目前设计阶段的BIM模型很难得到复用，往往是施工单位根据图纸重新建立算量模型，即使现在很多算量软件已经能够导入CAD或三维模型，但是依然要进行大量的修改整合工作。

因此，BIM应用过程中需要建立数据标准化分类体系。BIM应用涉及信息很多，这些信息如果需要支撑数据中心的深加工和再利用，并升级为有用的知识，就需要将所有信息进行标准化，也就是建立标准化的编码体系，每一种资源都具有唯一的身份标识。这样在众多的BIM应用和交换过程中，这些资源和信息才能够被识别，不会因为软件不同、专业不同、语言不同引起信息转化错误问题。

2. BIM应用与数据管理的结合

BIM系统为项目的生产提供了大量的可供深加工和再利用的数据信息，是信息的生产者，这些海量信息除了能解决具体的某个业务问题之外，还可以支撑不同业务之间的管理协同。

目前，很多大型企业对于BIM应用还仍处在摸索阶段，中小企业还没有开始使用。能够搭建基于BIM技术的企业数据中心的企业还不多，因为数据中心需要的是海量数据，而海量数据的基础是BIM的广泛应用。只有BIM被广泛应用，才会不断产生有价值的数据，数据中心才能实现对 BIM 数据综合管理和利用的功能，包括数据存储、转化、清理、抽取、分析，并将处理后的数据以有价值的知识的形式指导后续的 BIM 应用，如图 6.3-1 所示。

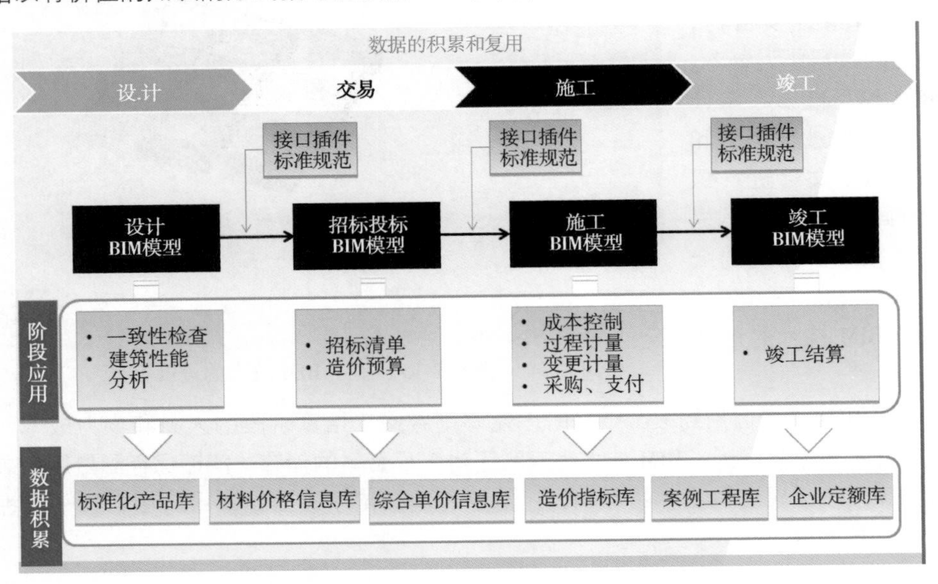

图 6.3-1　BIM 建筑信息数据积累和复用

3. 基于云的造价全过程管理（图 6.3-2）

BIM 技术的应用范围涉及了业主方、设计院、咨询单位、施工单位、监理单位、供应商等多方的协同。BIM 技术与项目管理系统集成应用必将成为以后 BIM 的一个趋势。BIM 技术的应用支持实现项目群管理。对标段、单项工程、单位工程进行统一管理，支持多个工地同时管理。

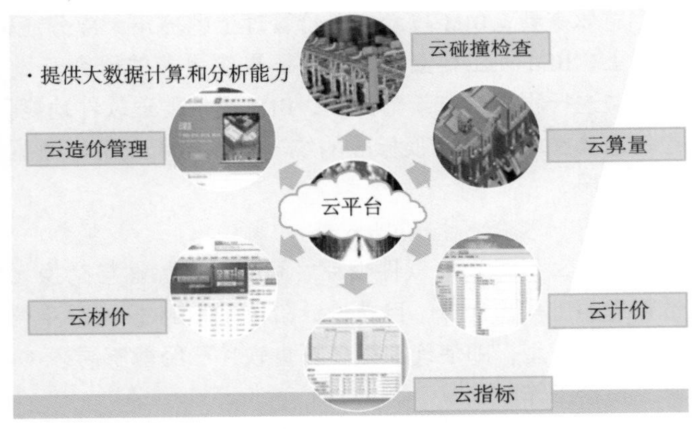

图 6.3-2　基于云的造价全过程管理

BIM 技术的云应用能够更好地支持实现全过程造价管理。可对投标书、进度审核预算书、结算书进行统一管理，并形成数据对比；提供施工合同、支付凭证、施工变更等工程附件管理；可实现云智能推送清单定额库、市场价、工程模板、取费模板；可调用云价格库中市场价；更多工程模板可直接通过云应用下载。实现成本测算、招标投标、签证管理、支付等全过程管理云应用。

目前，鲁班软件公司的“鲁班通”数据库即体现了实时远程数据库支持云智能推送清单定额库、企业定额库造价指标、工程模板、取费模板等。

随着信息技术和通信技术的发展，如 5G 网络技术和平板电脑、智能手机等终端设备的技术成熟与普及，企业或个人利用移动终端设备进行日常工作和生产作业成为可能。BIM 技术在“端”应用上将最终进入移动应用时代，基于移动应用的 BIM 应用不再受时间、空间限制，通过搭建 BIM 模型服务器，项目现场可以直接通过手机、Pad 等手持设备进行 BIM 模型和图纸浏览，进行变更洽商、设计交底、施工指导、质量检查、虚拟施工、沟通管理非常高效，并可以联网直接将结果发给相关方。

6.4 BIM技术在造价管理中的应用案例

6.4.1 案例1：某高校办公楼工程造价应用（品茗软件）

本案例工程为高校学生毕业设计大赛作品，参赛工程为某高校办公楼，总面积25240.77m^2，建筑基底占地面积4448.78m^2，属二类高层建筑，建筑高度为26.00m，包含建筑、结构、给水排水、暖通、电气5个专业。设计使用年限50年，抗震设防烈度为八度。

1. 工程计量与计价

（1）工程造价使用软件

工程建模与工程量计算使用Revit2018与品茗HIBIM软件。品茗HiBIM软件是基于Revit平台研发的一款集建模翻模、设计优化、工程算量于一体的建筑工程BIM应用软件。软件采用CAD导入方式，可以在Revit平台上进行快速翻模。软件可对设计原图不合理的地方进行查找并提供修改方案，并且支持对结果导出成各种形式的文档。软件结合了国内各地的清单及定额的计算规则，能快速、准确地计算出各种工期。建模之后套清单，算量软件里有一键套清单程序，但是套过之后会存在部分工程没有计算上的情况，这时候需要核对及手动添加调整。本工程采用品茗造价系列软件，所需软件见表6.4-1。

表6.4-1 本工程造价所用软件

软件名称	软件介绍
Autodesk Revit软件	Autodesk Revit软件是Autodesk公司在2002年推出的三维建模软件，目前该软件被全世界广泛用于建筑工程设计中，具有信息化、协调性和一体化的特点
品茗HiBIM软件	品茗HiBIM软件是一款集高效建模、二次结构深化、支吊架、机电预制、出图出量和综合优化于一体的建筑工程应用软件。可直接在Revit平台上对CAD图进行识别和校对，实现建筑结构模型快速翻模，进行机电预制及管线的综合优化，最终生成符合国家制图标准及出图规范要求的施工图
品茗BIM算量软件	品茗BIM算量软件将土建算量和钢筋算量二合一，数据模型一体化，提升了出量的效率。软件内置全国各地的清单定额库、计算规则和钢筋平法，包含多种三维模式，支持漫游和BIM动画录制
品茗BIM安装算量软件	品茗BIM安装算量软件是基于AutoCAD图形平台开发的工程量自动计算软件，软件通过手动布置或快速识别CAD电子图建模，建立真实的三维图形模型，辅以灵活开放的计算规则设置，完美解决给水排水、通风空调、电气、采暖等专业安装工程量计量需求
品茗胜算造价计控软件	品茗胜算造价计控软件支持清单计价和定额计价两种模式，并以国家标准清单计价为基础，全面支持电子招标投标应用，帮助工程造价单位和个人快速实现招标投标管理一体化
Microsoft Project软件	Microsoft Project是一个国际上享有盛誉的通用的项目管理工具软件，凝集了许多成熟的项目管理现代理论和方法，可以帮助项目管理者实现时间、资源、成本的计划、控制。在本项目中主要用来编制和导出项目施工进度计划
品茗BIM-5D	品茗BIM-5D是以BIM三维模型和数据为载体，关联施工过程中的进度、合同、成本、质量、安全、图纸、物料等信息，为项目提供数据支撑，实现有效决策和精细管理，从而达到以减少施工变更、缩短工期、控制成本、提升质量为目的的应用软件

(2) 工程量计算与工程计价

以办公楼内电气安装工程为例，本案例工程已有CAD图，电气图一共有4个分层，第一层是强电、第二次层是照明、第三层是有线线路、第四层是消防电，主要分为两个板块，普通的设备及线路和消防设备及线路。南路和中庭的电气是连在一起的，北楼的电气是独立的。

工程量计量过程是先把二维图运用Revit软件翻模，模型绘制顺序为南楼中庭的强电→弱电→有线电→消防电→北楼等，其中包括每层的设备识别→线路→桥架→电缆等。利用软件的分层功能进行制作，三维检查建造情况，进行分层提取设备，分层绘制线路。

已建立好的模型导入品茗安装算量软件，通过软件的一键套清单功能，计算出工程量。然后套清单和定额进行计价文件编制。

2. 编制施工进度计划

土建和安装模型全部绘制完成后，需要导入BIM-5D，让模型与造价与时间关联，对比合同价、成本价，以及预计工期与实际工期的不同。首先，要编制施工进度计划。本工程采用Project软件编制施工进度计划。办公楼项目幕墙装饰较多，工期计算较复杂，需要反复调整计算工期，最后完成施工进度计划。

3. BIM-5D关联

5D就是模型加上时间，再加上费用投资。在模型导入BIM-5D之后，需要将模型与时间和造价进行关联，生成施工进度动画、系列报表数据等。造价关联需要将模型中的相应构件与相应的合同价、成本价以及预算价里的造价关联，以保证在生成5D动画的时候，模型生成的进度与造价的上涨成正比状态。这一步所使用的软件为BIM-5D，关联之后的模型前端会出现小图标，造价成本也会变成绿色，而底部也会出现某个构件关联的详情。

4. 分期费用分析表等成果的导出

本工程的进度分析报告共18期。进度分析报告等成果是在BIM-5D软件里，把模型与时间进度和造价等关联之后，系统自动分析生成的一系列数据。进度报告以表格的形式来表述每一阶段进度款情况，包括合同价、结算价、目标成本价、实际成本价等，并且以更详细的报表表述每一期款项中具体到构件，例如矩形柱、矩形梁、有梁板、平板等的资金使用情况。

6.4.2 案例2：某高校实验楼BIM成本管控应用（鲁班软件）

本工程地上六层，局部四层和二层，结构总高度为24.370m，结构类型为钢筋混凝土框架结构；基础形式为柱下独立基础。结构安全等级为二级，设计使用年限为50年，建筑面积为12488.73m^2。

1. 进度计划

进度计划是施工组织设计的核心内容，它要保证建设工程按合同规定的期限交付使用。施工中的其他工作必须围绕着并适应施工进度计划的要求安排，所以进度计划对整个工程来说至关重要。通过BIM技术可以将工程项目进度管理与BIM模型相互结合，通过横道图和网络图等多种方法，为项目进度管理提供快速、准确、有效的计划安排，及时把控项目关键节点为项目计划提供整体数据支撑。图6.4-1所示为进度管理流程图。

将工程进程任务进行分解，编制施工进度计划表。在鲁班Plan中导入提前编制好的进度计划表，并且要检查每一列是否对应正确，在右侧会出现与进度计划相匹配的横道图，两种不同颜色的横道图分别表示计划工期和实际工期，横道图可以直观地表现计划工期与实际工期之间的偏差，在施工过程中可以帮助施工人员及时纠偏（图6.4-2）。

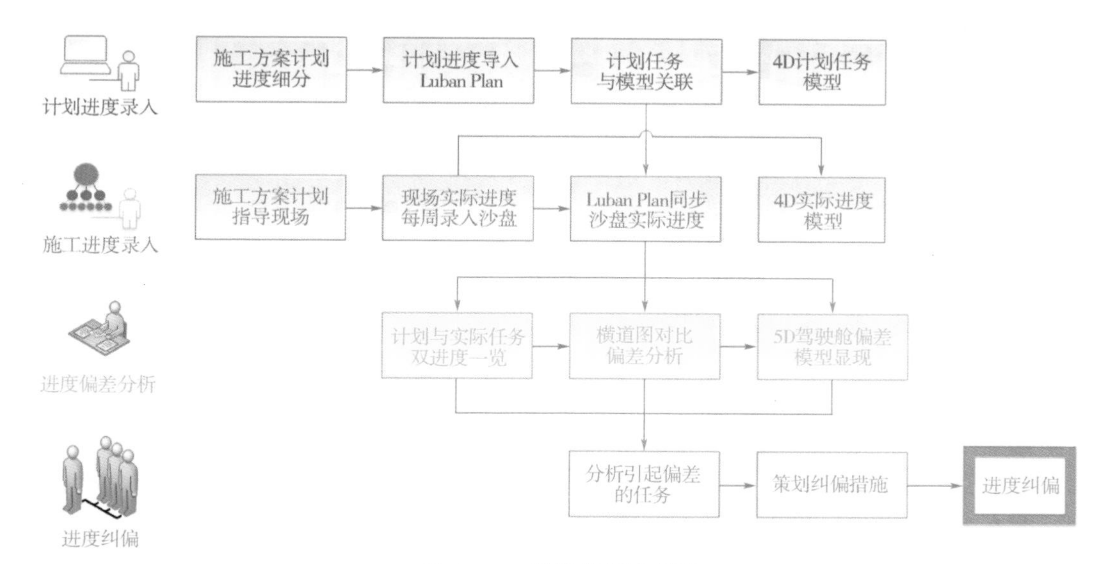

图 6.4-1　进度管理流程图

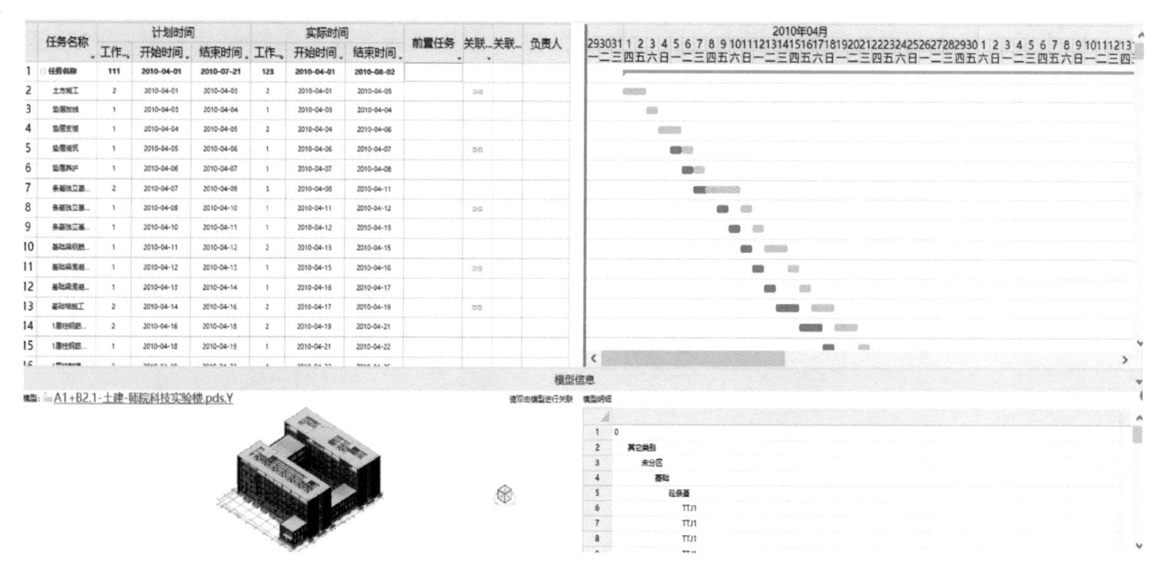

图 6.4-2　Luban Plan 详图

通过 BIM 技术建立进度计划与模型的关联，将原本二维的进度计划数据转化为可视的三维进度模型，可以形成进度计划驾驶舱，直观展示项目施工。每条任务都可以根据施工段和构件大小建立其与 BIM 模型的关联，任务关联的 BIM 模型数据即时地展示在软件界面中，可以方便查看是否关联。

鲁班进度计划充分发挥 BIM 模型的可视化优势，将原本二维的进度计划数据转化为可视的三维进度模型。除了静态模型展示，施工进度驾驶舱根据设置的时间轴动态地展示施工进度，同时可以手动自由调节时间轴和显示速率，显示不同阶段内项目施工进度模型情况，直观展示项目施工进展情况。

在管理计划界面内可查看所有的进度计划和各个进度计划的状态和修改信息，做到进度调整有据可查。依托 Builder 系统平台，所有相关的 BIM 模型发生变化都将通知客户端，让施工管理人员第一时间知晓模型变更。

2. 造价分析

在建模软件中套清单和定额，然后计算工程量并且输出造价表，在鲁班造价软件中导入输出的造价表，修改不足之处生成预算书。预算书完成之后，在报表统计中查看各种表格并导出成本管控所需要的表格。图 6.4-3 所示为成本分析柱状图。

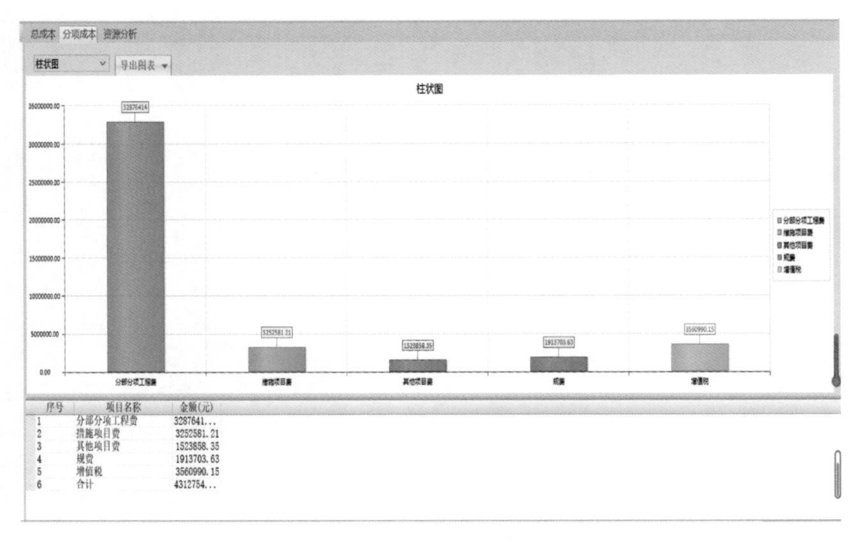

图 6.4-3　成本分析柱状图

3. 成本管控

成本管控是企业增加盈利的根本途径，直接服务于企业目标；成本管控是企业抵抗内外压力，求得生存的主要保障；成本管控是企业发展的基础，所以对工程项目进行成本管控是必不可少的环节。成本管控需要数据的支撑，很多数据一层一层地往上汇总，在这个过程中容易出错。因此，可以利用 BIM 技术及时有效地汇总数据，施工人员可以及时查收，避免不充分的沟通，提高工作效率。图 6.4-4 所示为成本管控流程图。

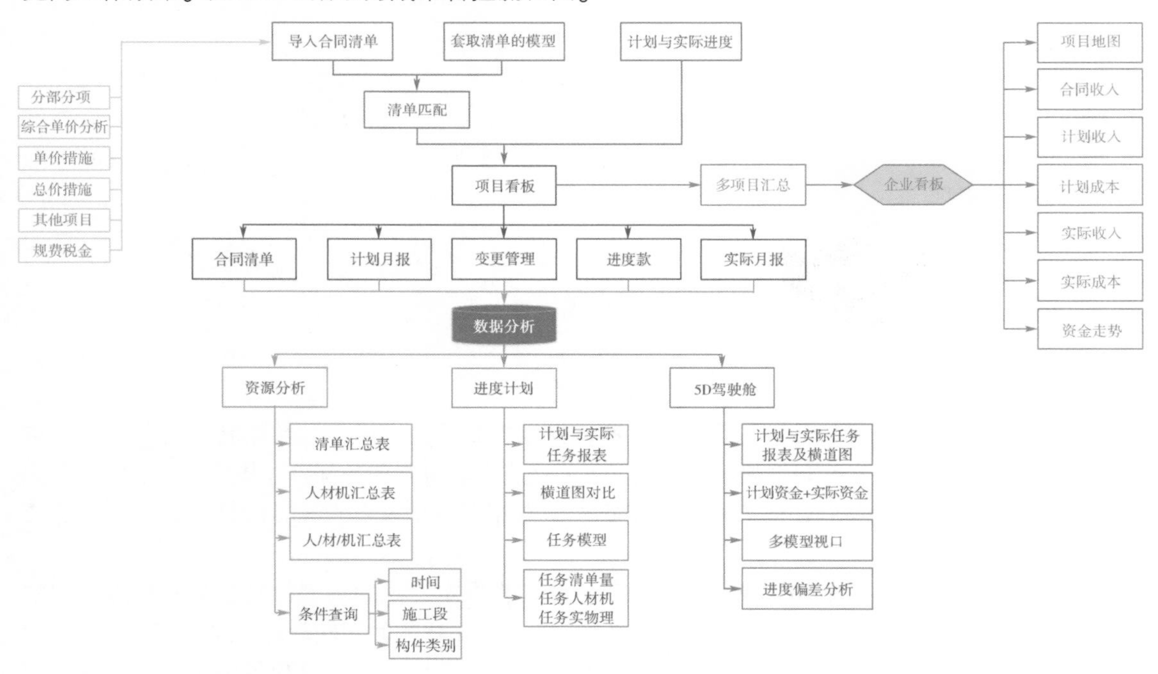

图 6.4-4　成本管控流程图

在合同清单任务栏中导入造价报表，在进度款任务栏中输入进度款项，即可在合同收入任务栏中查看本项目中的合同收入情况。

结合工程进度将工程划分成不同的工期，结合 BIM 模型自动生成进度款的功能帮助企业进行进度款的管理，为项目资金的周转提供强大的保障，合同内进度款见表 6.4-2。

表 6.4-2　合同内进度款

序号	汇总内容	合同金额/元	至本期累计完成		至上期累计完成		本期完成	
			比例（%）	金额/元	比例（%）	金额/元	比例（%）	金额/元
1	分部分项费	65752593.41	13.82%	9087235.32	7.27%	4781348.59	6.55%	4305886.73
2	措施项目费	5420004.17	21.52%	1166574.33	13.94%	755622.01	7.58%	410952.32
2.1	总价措施费	1643809.29	70.97%	1166574.33	45.97%	755622.01	25.00%	410952.32
3	其他项目费	1454553.79	70.97%	1032263.98	45.97%	668625.53	25.00%	363638.45
3.1	暂列金额	729479.74	70.97%	517695.30	45.97%	335325.36	25.00%	182369.94
3.2	专业工程暂估价	63800.33	70.97%	45277.65	45.97%	29327.57	25.00%	15950.08
3.3	计日工费用	3750.00	70.97%	2661.29	45.97%	1723.79	25.00%	937.50
3.4	总承服务费	657523.72	70.97%	466629.74	45.97%	302248.81	25.00%	164380.93
4	规费	2348695.61	70.97%	1666816.24	45.97%	1079642.34	25.00%	587173.90
4.1	社会保险费	1489416.73	70.97%	1057005.42	45.97%	684651.24	25.00%	372354.18
4.2	住房公积金	286426.29	70.97%	203270.27	45.97%	131663.70	25.00%	71606.57
4.3	工程排污费	572852.59	70.97%	406540.55	45.97%	263327.40	25.00%	143213.15
5	税金	3915572.48	70.97%	2778793.37	45.97%	1799900.25	25.00%	978893.12
合计		78891419.46		15731683.24		9085138.72		6646544.52

4. BIM-5D 驾驶舱

BIM-5D 驾驶舱将三维模型与施工进度计划以及工程造价结合起来，按照时间进程动态化地演示施工过程。同时，在施工过程中将计划进度与实际的施工进度进行比较，发现进度偏差时及时采取赶工措施，保证工程项目按时完成。发现投资偏差时及时分析原因，采取相应措施。

通过动态施工演示直观反映各个时期资金流动情况以及工程完成情况，便于发现其中潜在风险并及时在实际施工中加以防范，可显著降低施工成本，提高项目管理效率（图 6.4-5）。

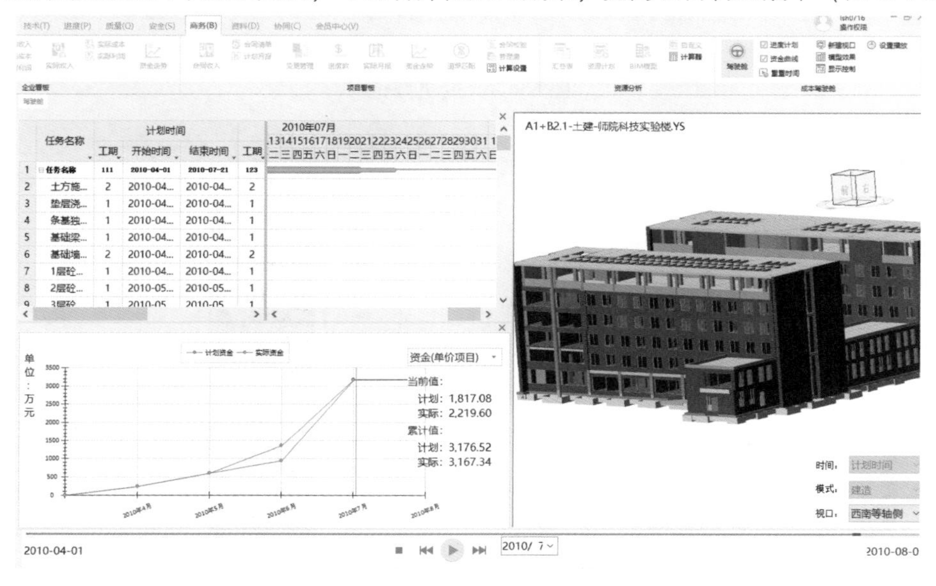

图 6.4-5　鲁班 BIM-5D 驾驶舱

6.4.3 案例3：基于BIM技术的工程设计变更（广联达软件）

某小区工程采用广联达软件进行造价管理。开始施工前，建设方要求进行设计变更，变更内容为将筏板基础阶段的筏板主筋变更，将筏板加密区间距由150mm变更为100mm。

1. 模型变更

为保证工程变更之后，施工单位依然能够得到准确的施工材料信息，需要对已经建立好的土建模型进行更改，将模型中筏板钢筋进行更换（图6.4-6）。

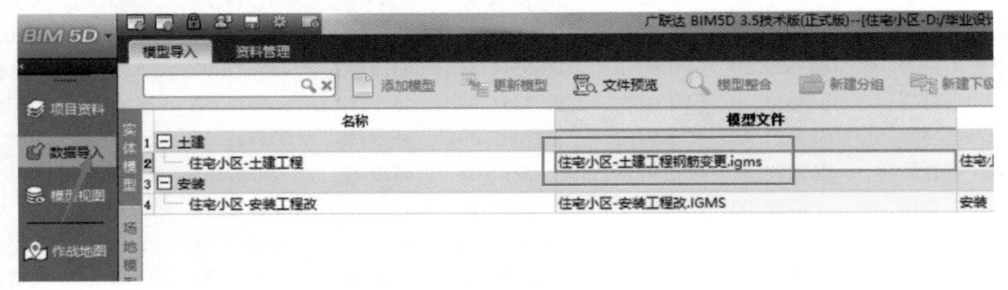

图6.4-6 导入变更后的土建模型

2. 变更登记

更改模型后，需要将变更后的模型重新导入BIM-5D。进行变更登记，并且导入变更后的模型文件之后，软件即开始应用更换后的模型，软件中统计的数据就是更新后的模型数据（图6.4-7）。由于只进行了模型更新，并没有删除模型，所以并不影响之前在这个软件中对于土建模型所做的各项操作。如图6.4-8所示，更新模型后，并没有影响进度计划关联。

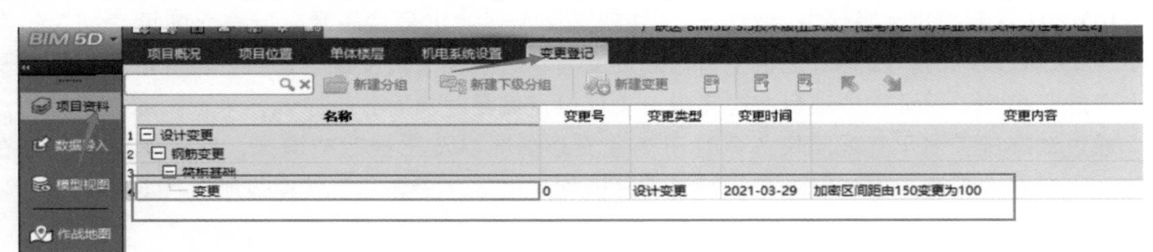

图6.4-7 变更登记

	任务名称	新增条目	关联标志	任务状态	前置任务	计
4	地下夹层结构施工		🏳	正常完成	204	202
5	首层一区剪力墙结构施工		🏳	正常完成	4	202
6	首层一区梁结构施工		🏳	正常完成	5	202
7	首层一区板结构施工		🏳	正常完成	6	202
8	首层一区楼梯结构施工		🏳	正常完成	7	202
9	首层二区剪力墙结构施工		🏳	正常完成	5	202
10	首层二区梁结构施工		🏳	正常完成	6,9	202
11	二层一区剪力墙结构施工		🏳	延迟完成	8,15	202
12	二层一区梁结构施工		🏳	正常完成	11,211	202
13	二层一区板结构施工		🏳	正常完成	12	202
14	二层一区楼梯结构施工		🏳	正常完成	13	202
15	首层二区板结构施工		🏳	正常完成	7,10	202
16	二层二区剪力墙结构施工		🏳	正常完成	11,211	202

图6.4-8 进度计划关联

3. 物资查询

可以在BIM-5D物资查询界面，进行钢筋物资查询（图6.4-9），由于基础阶段只划分了一个流水段，所以选中流水段1，点击查询后可以得到基础钢筋的工程量，在更新模型后进行查询，可以清楚地看出变更后钢筋工程量的改变。分别对变更前后模型进行物资查询后可以得到变更前钢筋量表（表6.4-3）和变更后钢筋量表（表6.4-4）。

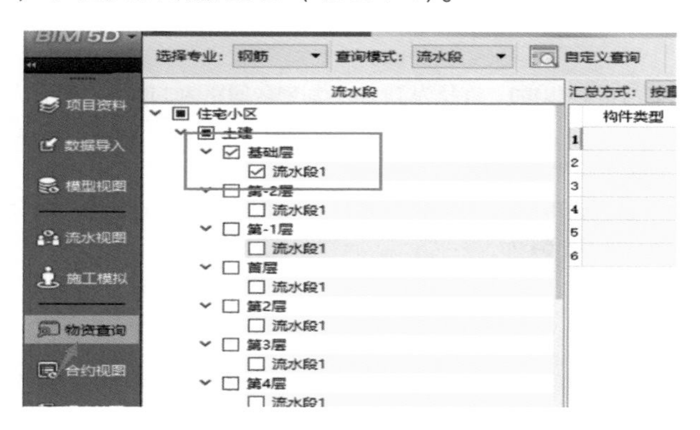

图6.4-9 物资查询

表6.4-3 变更前钢筋量表

构件类型	钢筋级别	钢筋直径/mm	质量/kg	机械连接个数	计划开始时间
钢筋	HRB400	18	56756.508	1136	2021年8月12日
钢筋	HRB400	14	926.922	0	2021年8月12日
钢筋	HRB400	12	793.943	0	2021年8月12日
钢筋	HRB400	10	468.982	0	2021年8月12日
钢筋	HRB400	8	127.63	0	2021年8月12日
钢筋	HPB300	6	7.306	0	2021年8月12日

表6.4-4 变更后钢筋量表

构件类型	钢筋级别	钢筋直径/mm	质量/kg	机械连接个数	计划开始时间
钢筋	HRB400	18	76815.164	1676	2021年8月12日
钢筋	HRB400	14	1273.905	0	2021年8月12日
钢筋	HRB400	12	793.943	0	2021年8月12日
钢筋	HRB400	10	468.982	0	2021年8月12日
钢筋	HRB400	8	127.63	0	2021年8月12日
钢筋	HPB300	6	7.306	0	2021年8月12日

4. 变更后造价变动

本次项目变更是筏板基础钢筋加密区间距由150mm变更为100mm，钢筋工程量增加，其造价也随之增加。应用广联达软件可以对变更价格进行快速计算，减少人工劳动量。从GTJ建模软件中进行模型变更，变更完成后通过软件进行汇总计算。依据《建设工程工程量清单计价规范》（GB 50500—2013）以及《河南省房屋建筑与装饰工程预算定额（2016）》（HA 01—31—2016）在广联达系列计价平台软件中进行清单与定额的套取，输入变更后钢筋工程量得到变更后钢筋价格，表6.4-5所示为工程设计变更后施工单位提交的工程变更签证单，作为后期结算依据。

表6.4-5　工程变更签证单

施工单位：

工程名称	××住宅小区	变更部位	筏板基础
变更依据		专业	钢筋

变更内容：

一、变更内容：筏板基础钢筋由HRB400，直径为18mm，加密区间距为150mm，变更为HRB400，直径为18mm，加密区间距为100mm。

二、变更理由：根据业主方要求工程设计变更

三、造价变更：现浇构件带肋钢筋HRB400以内直径18mm，变更前工程量39.746t，综合合价190323.32元，变更后工程量为59.805t，综合合价286375.64元

（计算表附后）

监理工程师核定意见：

情况属实，造价变更请业主审批

签证	施工单位	监理单位	建设单位
	技术负责人： 年　月　日	监理工程师： 总监理工程师： 年　月　日	现场代表： 年　月　日

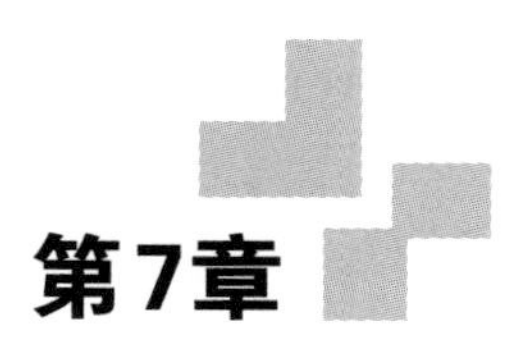

第7章 BIM技术在项目运维中的应用

7.1 运营与维护概述

运维工作涉及整个工程系统的方方面面。从专业的角度来看，可分为土建、给水排水、暖通、电气等不同专业；从功能角度来看，可分为消防及报警、设备监控、通信、办公等众多系统。一般意义上的物业设施与设备包括建筑给水排水、采暖通风及空调和建筑电气。

运维阶段是整个建筑全生命周期中时间最长、成本最高的阶段，是指建设项目完成竣工验收后投入使用直至项目拆除这一过程，其中包含了试运行阶段及运行维护阶段。业主和运营商在运维管理方面耗费的成本几乎占总成本的2/3，专业高效的运维管理将会给业主和运营商带来极大的经济效益。

7.1.1 运营与维护的概念

运维是运营与维护管理的简称，是由对房屋修缮和改造的物业管理演变而来，国际上多称之为设施管理，主要是指在建筑运营阶段对人、财、物、技等多因素的综合管理。这里的设施是广义上的，包括建筑物、附属设备乃至装饰和家具在内的所有硬件及其产生的服务；即综合利用多学科知识，集成人员、技术和流程等要素，确保建筑设施系统功能实现的过程。运营由英文Operation Management翻译而来，是指将相关要素保持在一定状态，从而支持业务开展。其含义较为广泛，涵盖业务运营、后勤服务、建筑设备和设施的运营等。维护（Maintenance）区别于日常操作的工作，是指使建筑设施能够以预期水准提供服务而进行的管理和操作。

传统的物业设备管理侧重于现场管理，主要是在物业管理过程中对水暖电设备进行维护保养，把各种设备能够正常运行作为工作目标，着眼于有故障的设备，具有“维持”的特点。但随着网络技术的运用和建筑智能化建设的推进，信息化的现代建筑设备更快地进入各种建筑，使物业管理范围内的设备设施形成庞大而复杂的系统，各项传统产业的业务也由于结合了信息技术而出现很大的变化。

目前针对建筑运维管理中普遍存在的诸如管理要求高、管理难度大、管理水平低、管理成本高等管理问题与挑战，迫切需要一种全新的方式来予以改善，而BIM技术为这些问题的解决指出了突破点。BIM技术在建筑运维阶段的应用，需要紧跟国内外最新的技术发展趋势，通过与更为成熟的“建筑智能化技术”、国家“十二五”大力发展的“物联网”技术以及先进的“云”技术等相互整合，实现对建筑从设计、施工阶段的各种理念、信息与数据的有效继承；同时将这些理念、信息与数据融合在建筑的运维管理阶段，结合各种信息化与智能化手段，为建筑高效、安全、舒适、经济的运维管理产生最大化的价值。

因此，基于BIM的建筑运维管理系统将包含一个大型的建筑全生命周期管理数据库，它包含了以模型为基础的建筑信息数据以及不断增量累积的建筑运维数据，同时针对建筑的运维管理需求提供各种管理功能。包括有针对建筑设备运行维护的设备管理，对建筑内各类资产进行管理的资产管理，管理建筑内空间使用情况的空间管理，以及提供更舒适工作与生活的环境管理，更高效能耗使用的能源管理等。

BIM 技术应用于此阶段主要是通过为设施管理员提供一个在数字化 3D 环境中检索、分析和处理建筑信息的平台，进而推进和完善设施的运营和维护。

BIM 运维的实现方式主要有以下三种：

(1) 基于常规运维软件开发支持 BIM 功能

国外此类应用众多，其中 Archibus 和 Maximo 在国内实际应用中份额和知名度较大。国内以 OA、ERP、BMS 或 IIS 为主要功能和核心功能，一般不支持 BIM 模型三维展示和数据分析功能。

(2) 基于 BIM 软件二次开发

BIM 运维应用中常见的是基于 BIM 软件进行二次开发，涉及 Autodesk Design Review、Navisworks 和 Revit 等软件。软件架构在国外商业软件之上，无法控制其数据核心的存储与管理，在性能和功能扩展上均会受限，长期成本较高。

(3) 自主开发

相对于二次开发，自主研发的运维平台更加灵活，可根据需要选择开发功能，并可从底层进行拓展和优化，选择搭建项目级或企业级平台。但由于受到研发能力的制约，距离功能完整的系统仍有一定的差距。

7.1.2 运营与维护的内容

BIM 在建筑运维管理中的应用如图 7.1-1 所示。

施工阶段及此前积累的 BIM 数据最终是需要为建筑物、构筑物增加附加价值的，需要在交付后的运营阶段再现数据的价值，或再处理交付前的各种数据信息，以便更好地服务于运营。

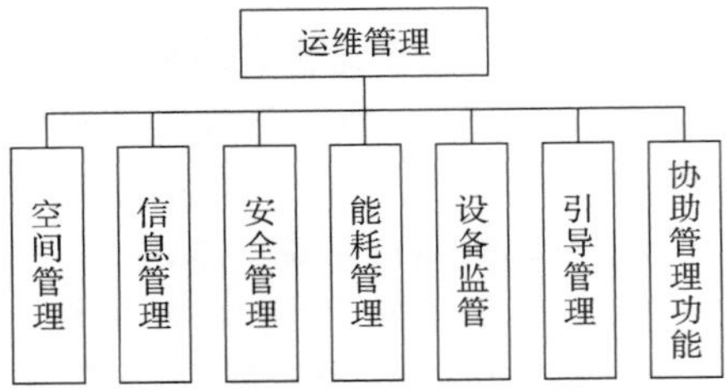

建筑行业工程竣工档案的交付目前主要采用纸质档案，其缺点是档案文件堆积如山，数据信息保存困难，容易损坏、丢失，查找使用麻烦。

运维管理
空间管理
信息管理
安全管理
能耗管理
设备监管
引导管理
协助管理功能

图 7.1-1 BIM 在建筑运维管理中的应用

运维管理系统的功能除了应满足用户需求外，还应具备处理 BIM 模型的功能。达到运维管理的主要目的，是实现设备、安全、能源、物业管理等多方面应用。

运营与维护一般需要建立运维数据库，运维数据库注意事项如下：针对竣工 BIM 模型构件数量多、全专业集成渲染难度高等问题，需要进行模型轻量化处理。BIM 模型轻量化是指在不改变模型文件结构属性的基础上，尽可能缩小 BIM 模型的体量，降低模型浏览的使用难度，使其更加适宜 WEB 端和移动端，同时能够流畅地对模型进行三维展示，并进行各项功能操作，从而进行 BIM 应用。

7.1.3 运营与维护的特点

运维管理工作比较分散，运维组织的各个部门在处理和交流信息时通常会受到阻碍，信息交互和协同性差，因数据集成、耦合而产生的更具价值的信息难以得到挖掘和发现，从而进一步影响运维决策的作出和优化。

基于BIM技术的可视化、协调性、模拟性、可出图性、优化性等特点，以及BIM模型中所包含信息的完备性、一致性、关联性等优势，在运维阶段，应用潜力巨大。

1. 运维管理信息集成

从某种程度上来说，BIM技术产生的主要目的就是要解决建筑全生命周期中信息丢失的问题，BIM模型集成了从设计、施工、运维直至终结的全生命期内的各种相关信息，随着建筑的发展不断地创建、使用、积累和完善。BIM运维模型是实体建筑在虚拟环境中的真实呈现，能够为设备管理、安全管理、能耗管理等常用运维管理系统提供信息数据，促进资源共享和业务协同。

2. 三维可视化管理

从运维管理方的角度来看，设备设施的定位是重复、费时、费力的低效工作。由于BIM模型中的每一个构件都是与现实建筑相对应的，因此利用BIM技术进行设备管理比传统方式更加直观、方便，省去了由二维图等文档资料转换为三维模型的思维理解过程，模型中的构件可以在现实建筑中相应位置进行定位，尤其是在暖通空调和给水排水等隐蔽工程中，能为运维管理人员提供直观的参考。当某设备发生故障时，通过可视化BIM模型可以迅速定位和查看设备信息，方便运维人员开展相关工作，这对于设施集中分布的区域来说尤为重要。

3. 建筑设备信息可计算

利用BIM模型可获取维修、保养等工作所需的各类工程量信息，并且可根据需要用表格或图形的形式进行直观表达。例如需统计建筑内某种规格的水管信息时，在生成的工程量表中，可查看所有水管的几何信息、型号属性信息等，可更方便地进行设备设施等资产的管理。

4. 各参与方协同管理

BIM技术可以有效地将运维的各参与人员结合起来，为项目管理提供可视化的决策平台，业主或运维管理方可以基于BIM平台实时掌握协作情况，沟通更加方便、高效。

5. 应急管理决策与模拟

在运维管理过程中，BIM模型可以协助运维人员识别潜在风险和定位紧急事件的发生。BIM模型中的空间信息也可以用于规划和设计疏散线路，培养紧急情况下运维人员的响应能力，从而提高应急决策制订的科学性。BIM也可以作为模拟工具来评估安全事故导致的损失，并且对应急方案进行讨论和测试，依据BIM模型不断进行优化，从而改进安全管理水平。

BIM和设施运维管理结合的三个最大制约条件就是设施运维管理顾问、技术专家和软件平台，只有横跨三个专业领域（信息技术开发、设施管理、BIM应用）的专家才能保证解决方案的完美实施。

7.2 BIM技术在运营与维护管理中的应用

7.2.1 空间管理

空间管理是指对空间和空间中的人员、设备进行的管理。物业空间管理主要体现在日常空间管理、翻新改造工程管理和应急管理三个方面。日常空间管理工作主要包括空间数据的存储和调用、空间使用情况、租赁管理、空间规划等。

物业空间的物理属性是指空间的三维立体尺寸。建筑空间是由不同种类的若干建筑元件围合而成的实体对象，而物业空间是包括空间家具、设备位置在内的建筑空间。物业空间的管理属性是指其战略空间的布局，需要职能人员根据使用者的需求进行预测、分配、规划管理以及物业中家具设备的安置与管理。物业空间管理的标准是高效率的管理方法和高质量的管理决策。管理者可以根据不同的管理需要设置报表的列项，例如房间名称、房间编号、使用面积、租期、期限、租用者信息等，系统会在模型建立的同时生成相应的表单。

基于 BIM 的空间运维管理，利用 BIM 模型建立房间、大厅等空间信息，支持在三维视图、列表等视图中查看房间属性信息，并进行房间使用的统一分配和统计分析。基于房间的运维需求，快速获取不同房间的差异性运维需求，辅助现场运维实施。BIM 技术更新容易，而且关联更新，大大降低了更新管理的难度和工作量。还可为每个空间生成二维码或蓝牙信标作为室内定位标签，支持通过扫描二维码或根据蓝牙信号自动定位维修请求等。

空间管理主要是指对全建筑物范围空间的规划使用管理，包括全建筑范围内每个房屋的空间数据管理，部门、人员占用、使用类别及属性信息、使用面积、信息变更管理等，提升了房屋使用和空间规划的合理性。

空间管理不但能够提高空间的利用率，降低单位空间的经营成本，也可以为空间内工作人员提供更舒适的环境，进而提高工作效率。通过 BIM 技术可以更有效地对当前空间的使用情况进行分析，寻求优化的可能性。通过设置传感器，可以实时监测人流情况，并在空间规划时考虑人流的影响，分析出人流密集区域，以便制订差异化的租金，从而最大限度地实现经营利润。运用 BIM 技术可以提前模拟空间的利用情况，并对人流进行模拟分析，对人流密集区域进行有效疏散，从而达到高效利用空间的效果。例如可以通过分析来制订电梯的运行计划以及疏散通道的开启计划等，节约因人流过于集中而造成的管理成本，并避免因人员密集而造成事故的可能性。

商业建筑需要进行租户管理，可以通过查询定位随时轻易查询到商户空间，并且可以查询到租户或商户信息，如租户名称、建筑面积、租约区间、租金、物业费用；系统可以提供收租提醒等客户定制化功能；同时还可以根据租户信息的变更，对数据进行实时调整和更新，形成一个快速共享的平台。

空间管理还包括车库管理。目前的车库管理系统基本都以计数和计时系统为主，只知道有多少空车位，不知道空余车位的具体位置。很多车主都是兜几个圈子找不到车位，容易造成车道堵塞和时间、能源等资源浪费。BIM 技术应用 RFID 技术将定位标签标记在车位卡上，车子停好之后系统自动记录和统计车位信息。通过该系统就可以在车库入口处通过屏幕显示出所有已经占用的车位和空着的车位等信息，一目了然；可以建立 BIM 运维系统，通过车位卡还可以在车库监控大屏幕上查询所在车的位置，这对于容易迷失方位的客人来说，是一个非常贴心的导航功能。

对任意空间和区域的设备设施情况进行拆分查看，结合终端设备进行物体及人员快速定位、各区域人流量分析和门禁管理。通过创建、查询空间分配方案或计划，协助运维管理人员进行空间定位、智能导航等，合理规划设备设施位置和人流路线。对空间使用信息如属性及使用面积、体积等进行数据分析都是 BIM 空间管理中的应用。

7.2.2 设施运维管理

设施运维管理是设施管理的基础性工作，是设施管理最重要的职能之一。设施运维管理保障了设施系统的正常运转和持续改进，为确保设施功能的完整实现提供了广泛的支持性工作。大量的运维管理活动表明，运维管理不仅是一项技术性的工作，也是包含了大量管理和经济的工作。设施运维管理的目标是确保为使用者提供安全、可靠、经济的设施系统运行与维护服务，保障和延长设施的预期使用寿命，提高设施的价值。所以设施运维管理人员要从多维度出发，统筹兼顾才能保证实现设施的运维管理工作的价值和意义。

设施运维管理从传统的物业管理范围内脱离出来，被视为新兴行业，称为物业设施管理（Facility Management，FM），定义为从建筑物业主、管理者和使用者的利益出发，对所有的设施与环境进行规划、管理的经营活动。这一经营管理活动的基础是为使用者提供服务，为管理人员提供创造性的工作条件以使其得以尊重和满足，为建筑物业主保证其投资的有效回报并不断地得到资产升值，为社会提供一个安全舒适的工作场所并为环境保护作出贡献。

设备监控主要是指对建筑中设备运行的监测和运行状态的控制调整。把原来地产中独立运行并现场操作的各设备，结合RFID等技术汇总到统一的管理平台上进行设备管控。在了解设备的实时运行状态的同时，可以进行远程管控。例如：通过RFID技术获取空调运行状态，检测是否运行异常，远程控制空调的开启、关闭和对合适温度的调节。对即将达到使用期限的设备及时预警和更换配件，防止安全事故的发生。

通过应用BIM模型集成海量的运维数据管理，进行数据的存储、备份与挖掘分析，以及设备的全生命周期管理。生成前瞻性维护计划，自动提醒维护人员，驱动维护流程，实现绿色医院建筑的主动式智慧维护管理，可通过室内定位与导航等技术，提高维修效率，降低操作错误率，保障设备运行的高可靠性，从而降低运维成本，为医院高效能运行提供基本保障。

设施运维管理可以给建筑管理方带来明显的效益。建筑运维管理者可以从BIM模型及相关的运维管理数据库中直观、快速、全面地获取设施相关信息文档，以及设备在运维中产生的相关数据信息等。用户可对相关设备发起相应的保修指令，为故障设备的保养和维修等制订专门的方案。

运维平台可实时监控建筑内照明系统、暖通系统、给水排水系统、消防系统及电梯系统等各末端设备的运行状态，也可监测建筑主体结构的安全状况，并对异常情况进行预警提醒；可录入或查询、更新设施的运维计划，对出现故障的构件进行维修管理，提供设备的型号、运行参数、故障状态、安装位置、维修人员等详细信息；可对相应构件的备件进行关联管理，包括备件采购、存储等功能，也可完成对各系统设备进行定时运行管理、运行目标参数设定、节能控制策略选择和设备参数采集等功能。

通过应用BIM软件建立建筑及设备的3D模型，可以将设计阶段和施工阶段产生的设备基本信息，如型号、参数、生产厂家及合格证等，对应地添加到设备的属性中去，并在设备管理过程中录入新产生的信息，如维护及维修信息等。模型可以将输入的所有设备信息进行有效整合，形成集合所有设备信息的BIM模型。通过BIM模型所特有的3D化表达方式，可以实时查看设备模型的运行状态，并在三维空间内进行设备的准确定位，帮助设备管理者有效地进行设备管理决策。

BIM运维系统通过导入机电设备BIM模型，展示各个系统的主要设备信息、逻辑结构以及物理结构。通过OPC等标准接口与BAS无缝对接，获取BA的实时监测数据，在数据库中备份BA系统获取的各类智能监测数据；同时与BIM模型中的构件对应，在三维视图中展示各个设备的运行情况和报警状态。如空调机组及过滤器状态、送风温湿度、CO_2及CO浓度的情况，通过不同颜色标识显示机组及过滤器的状态。系统以列表、趋势图等方式展示各监测点的历史监测数据，方便后台管理人员全方位掌握机组的运行情况，同时对其性能进行评估。

通过基于BIM的设备可视化搜索、展示、定位和监控，大幅度提高建筑的设备查询效率、定位准确程度以及应急响应速度，以应对越来越复杂的设备设施系统。基于BIM的拓扑结构查询，可以实现按楼层、按设备、按点位和按使用空间进行分类、分组显示，辅助分析故障源以及设备停机的影响范围。

1. 运行管理

BIM 技术和互联网的结合使机电系统运维管理步入了新纪元。基于 BIM 的互联网管理实现了通过三维建模的方法掌握整个系统中相关设备、设施、关键节点、房间温湿度、相关人员等全部信息，尤其对于可视化的系统资产管理可以达到减少成本、提高管理精度、避免意外损失和资产浪费等重大意义。

（1）可视化设备信息管理

介于传统信息整理录入的方式既不容易保存又不容易查阅，故越来越多的企业试图摆脱纸质保存信息方式，随着 BIM 技术和互联网的盛行，可视化资产管理越来越得到企业推崇。不仅是以三维模型为基础，储存信息更加便捷和轻松，可以将设计、施工到运维期间所有的信息录入，而且可以在 RFID 的资产标签中注入依据用户需要的详细设备运行参数和定期提醒装置，同时连接 BIM 三维模型系统，可以达到快速查阅、精确定位、定期维护的完美效果。

（2）可视化设备监控、查询、定位管理

系统的可视化资产管理中，对于大型设备、设施的实时监控、实时查询和实时定位是非常重要的一环，然而传统的运维管理一直无法实现，尤其是对高层建筑的分层管理，设备很难从空间上达到精准定位的效果，但是 BIM 和互联网的结合却可以轻松解决这个难题。

现代机电系统的运维管理通过 BIM 系统将整个物业的房间和空间进行划分，并对每个划分区域进行了详细的标记。系统可以根据维修人员的移动终端收集资产的定位信息和使用期间的各种指标数据，并随时通过网络跟监控中心进行数据传送等通信联系，通过 BIM 技术和网络及专业人员的配合，达到精准的监视、查询和定位的效果。

1）监视。基于 BIM 技术的设备信息系统已经完全可以取代如今的视频监视录像系统，该系统可以完全追踪设备或设施的全生命周期的使用情况。配合前期设计人员、安装人员的信息录入及维修人员的身份标签定位系统，可以了解资产从设计、施工到运维期间几乎所有的信息，并且系统会将这些信息智能分类，方便查阅。一旦发现无身份标签的工作人员移动或停止设备，监控系统中心会自动报警，并且将建筑信息模型的位置自动切换到该报警区域，方便管理人员检查并决策。

2）查询。不仅可以查询到该设备从设计、施工到运维期间所有的信息，还可以查询到该设备安置房间的温湿度，以方便管理人员根据房间人流变化，智能调整房间的温湿度，让房间内空气更加符合人体舒适度。

3）定位。随时定位被监视设备的位置及相关状态使用情况，根据现场 RFID 资产标签或专业人员传送过来的数据来进行数据分析，然后根据分析结果智能调整被监视设备运行，保证其可以时刻保持在良好的运行状态中，不仅可以预防突发事故，还可以延缓设备的使用寿命。

（3）设备运行和控制

所有设备是否正常运行都可以在 BIM 上直观显示，正常运行状况下颜色不会发生改变，但如果发生故障的情况下，RFID 标签或者是日常检查人员会通过互联网将问题反映给 BIM 控制中心，控制中心的管理人员收到报警提示后，会根据三维模型管道走向、历史监控数据等查明报警原因，并作出专业的决策。

（4）可视化资产安保及紧急预案管理

BIM 控制中心的建筑信息模型与 RFID 技术的完美结合可以让人们了解到该建筑物的安保关

键部位，即使是非建筑专业人员或者是对该建筑完全不了解的流动人员也可以根据提示，立刻采取正确的安保措施。当暖通空调系统发生火灾或漏水等意外时，BIM控制中心的管理人员只需紧急调离附近区域危险人员，然后再根据建筑信息模型中的管道走向和阀门位置，通过手机终端将总阀门位置信息发送给维修人员，便可以立即关闭该危险区域的水、暖、电等全部机电设施，待事故处理后再行开启即可。这样做不仅可以避免人员的伤亡，还可以让维修人员快速找到隐蔽区域的阀门位置，减少因事故而产生的额外损失。

2. 系统维护管理

系统维护管理更多的是以设备为中心，从购买、启用到运行等过程收集和检测出的所有信息，通过BIM和互联网将设备的所有基本信息都录入系统中，不仅可以实时观察设备的三维使用状态，还可以通过RFID资产标签和专业人员手机终端传送的数据了解该设备的使用状况，这些使用状况日渐积累得到的数据可以用来预测设备将来的运行状态和将要发生的运行故障，从而在设备发生故障前对设备进行维护或者更换。将BIM运用到大型设备的运行管理中，不仅可以查询到设备从出厂、安装到运维之间的所有信息，还可以通过计算机终端和维修人员的手机终端进行设备的自动提醒维护和保修，也可以进行设备的计划性维护等。

（1）设备信息查询

基于BIM和互联网的运维管理系统集成了对设备的搜索、查阅、定位、分享等功能。通过单机BIM模型中的设备，就可以查阅管道或者设备的所有信息，如供应商、使用年限、联系电话、免修年限、维护情况、维修人员、所在位置等，该管理系统可以对设备从购买、安装到使用等全生命周期进行管理，比如对即将超过使用年限的设备进行报警和更换，防止事故的发生；通过在管理界面中搜索设备的名称或者是厂家或者是其他描述字段，都可以查询到所有相应设备在计算机建筑信息模型中的准确定位；BIM控制中心的管理人员和高层也可以随时利用三维模型，来进行模型中设备的实时浏览和数据查看。另外，用户也可以将设备的所有数据进行导出和分享，操作非常简单和便捷。

（2）设备的报修

在运维管理中，设备的维修是最基本的，通常由日常检查人员发起，通过手机终端填写维修申报表，表格中不仅有申请人的姓名、报修日期、审批人等信息，还需要链接入维修点的定位或者将维修点的RFID标签码填入，这样维修申报表经过工程经理审批后，维修人员会进行专业维修且将维修结果通过手机终端反馈给申请人和管理者。同时整个维修周期也会被系统自动记录入暖通空调系统维修记录中。

（3）计划性维护

计划性维护和设备报修相辅相成，唯一区别是计划性维护是用户自己设定的根据年、月、日等不同的时间节点来进行的规律性行为，是具有一定的时间周期的。当设备的使用时间达到维护计划的时间节点时，系统会自动提醒用户，会将所有的信息发送到维修人员的手机终端，相关的维护人员手机终端上也会出现工作日程提醒，以确保计划性维护的正常进行。

设备维护计划的时间节点通常按照设备的使用年限、使用状态、使用数量等数据自动分析产生，维护计划的任务分配则是按照逐级细化的策略来确定。一般年度设备维护计划会按照区域来进行层级划分，月度维护计划则会详细分配到楼层，而更详细的周期维护计划，不仅要确定具体维护的是哪一台设备，还要明确显示维护人和维护时间等具体信息。

通过这种逐级细化的分配方法，系统运维管理人员只需要制订一个全年的系统维护计划，然后将内容输入计算机中，系统会自动匹配维护区域和维护人员，并且将维护内容通过手机终端发送到维护人员的手机终端，维护结果也会通过互联通传送到BIM控制中心的管理人员手机终端。这种弹性的分配方式，可以全面且定时地检查设备的运行情况，保证暖通空调系统的正常运行。

设施管理过程中，能够及时获取设施设备信息、查看设施空间部署情况，从而快速做出决策，在一定程度上提高设施管理水平。

当配套设备发生故障时，可以快速、准确地通过BIM模型对故障设备进行三维定位，帮助维护人员快速分析故障原因，调用并显示相应的解决方案分类提示。运行过程中发现故障时，填写故障现象、发生时间、已经采取的措施，提交给相关的故障处理人员；故障处理人员制订处理方案，上报主管领导批复；批复后进入故障排除，记录故障处理过程和处理结果。

设备与管道运维管理是指对建筑物内的全生命周期的设备与管线进行故障排查、能量监测、维修保养、改造等管理工作，目的是为了帮助为业主更好地利用建筑物，延长建筑物的寿命，实现更大的价值。

7.2.3 信息管理

信息管理是指对建筑所有信息以及运营产生的所有新信息的管理。通过对设备信息采集汇总，对BIM模型中的设备进行查询操作，可以快速检索设备的参数及信息，如设备厂商、维护情况、使用期限、联系方式以及设备位置等。

BIM应用主要是通过对建筑物及其附属设备、设施等相关资产进行数量、状态、折旧等资产管理行为，确认业主资产状况提高资产使用效率，减少资产闲置浪费，增强业主效益的管理行为。

除了在BIM模型中实现对建筑及设备属性和运行信息的集成之外，信息管理还可增加机器学习相关算法对原始数据及管理动作相关数据进行分析，从中发现信息价值，以安全逃生智能提示、设备故障预测、能耗控制等方式来为安全管理、设施运维管理、能耗管理等模块提供信息支持，以提高运维管理的智能化。

7.2.4 安全管理

安全管理是指对建筑中的安全问题排查和紧急事故的反馈管理。在运维管理中，客户的安全性永远是第一位的。

安全管理主要是指对建筑物内的人员、设备等资产可能面对的危害进行预防性的管理，包括但不限于对建筑视频监控、消防安全、应急报警、门禁系统、保安巡更、设备安全、停车系统等管理措施，目的是为了降低业主在使用建筑物及其中设备过程中的风险。

1. 日常巡检

传统运维模式下巡检、维保等日常运维数据大量依靠电子表格与纸质材料形式存在，非常容易被相关责任人篡改，信息真实性无法得到保证，导致责任追究困难，安全运维目标难以保障。BIM技术可以与定位技术结合，做到巡检数据真实可靠。

2. 入侵处理

一旦产生入侵事件，基于BIM的视频安保监控就能结合与协作BIM模型的其他子系统进行突发事件管理。BIM运维平台可以与现有的安防系统进行集成，以三维可视化模型为基础，集成人员定位、视频安防监控、入侵报警和出入口控制等系统，实现各系统之间的实时联动，结合BIM模型自动定位到异常空间位置，自动调取视频安防监控，达到智能化安防管理的目的。

当某处发生异常情况时，通过自动报警功能发起异常警报，并在模型相应位置进行显示，同时调取监控视频，周边的摄像头将自动转动到异常发生位置，提高响应效率。

3. 紧急安全事故处理

在实际发生紧急情况时，可以通过 BIM 运维管理平台直观了解到异常情况发生的位置，并及时就情况的严重程度进行判断，必要时可以通过安装在设备上的控制器关闭相关设备防止异常情况扩大。同时应用 BIM 模型的可视化优点可以快速找到逃生通道，并通过移动端的管理平台遥控指挥最近的安保人员开展组织疏散工作，帮助人员快速进入安全疏散通道进行疏离，从而极大地降低人员伤亡的可能性。应用 BIM 技术也可在日常经营活动中进行应急预案模拟，以便在实际险情出现后能做出快速、正确的决策。

一旦有突发事件发生，可以运用虚拟现实技术完成灾害仿真分析，提出科学应急处置预案，在发出警报的同时，利用安放监控屏幕进行视频监控调取，将最优疏散路线推送至疏散对象移动端，使人员根据模拟逃生路线得到疏散。

4. 火灾事故管理

火灾风险是指建筑物在面临火灾时的主要风险，研究火灾风险可以为火灾应急处置提供依据。

火灾发生前，利用 BIM 及相应火灾灾害分析模拟软件，模拟建筑中可能的灾害发生过程。通过多方案比选，分析最佳解决措施，制订应急预案、应急疏散和救援方案等。根据不同火灾工况下火灾蔓延情况指导制订、优化出相应的人员疏散路线，从而提高火灾发生后建筑的人员疏散效率。通过实时数据的获取、监控调用，利用智能化系统、BIM 数据和可视化展示方式，预警事故发生，显示疏散路径，制订或评估应急方案，以提高建筑的应急管理和弹性管理水平。

火灾发生时，烟感或温感传感器会发起警报，在模型中标定具体位置并标示出附近的灭火设备，启动消防喷淋系统。同时，防火卷帘、电梯控制、防排烟系统、火灾应急照明等系统也可进行联动控制，并在模型中提示最近的应急通道进行逃生。

传统的应急管理大多都是事后管理，即发生意外情况后再根据现场情况做出判断，一般处置过程存在滞后性，容易错过应急管理的黄金时间，造成不必要的人员伤亡。应用 BIM 技术可以通过对环境情况的监测，分析出各区域事故发生的可能性，并有针对性地采取措施将事故发生的可能性降低，将应急管理由被动变为主动。

7.2.5 能耗管理

在经营活动中建筑物的能耗在经营成本中一直占据很大的比例，降低建筑能耗在一定程度上即是降低经营成本，增加经营收益。

能耗管理是指对建筑的能耗进行显示、分析、远程控制，以达到节能目的的管理。能耗管理的目的是在建筑运维阶段最大限度地节约资源，达到有效利用资源、保护环境的目标，为人们提供舒适的办公和生活空间。

1. 能耗数据管理

通过安装具有传感功能的电表、水表、煤气表后，集成能耗监测系统，能实时采集能耗数据，提高数据采集的自动化、数字化水平。BIM 运维平台可基于 BIM 和物联网技术，通过传感器等收集能耗和设备运行数据，对建筑能耗进行实时监控和统计分析，形成能耗统计报表。

在管理系统中可以及时收集所有能源信息，并且通过开发的能源管理功能模块，对能源消耗情况进行自动统计分析，比如各区域，各个业主的每日水电气用量，每周水电气用量等；对收集到的信息进行统计分析并对异常能源使用情况进行警告或者标识。

2. 能耗监测

对接建筑能耗分项监测系统，实现能耗监测；实现基于 BIM 展示各供电回路控制的区域和设备；采用先进的能耗分类模型对各回路数据进行分项统计；支持根据时间和空间对空调、照明、动力等分项的能耗进行多维度的统计分析，包括昼夜峰谷比、季节峰谷比，诊断可能存在的能源浪费行为，辅助管理优化，达到减少能耗的目标。通过应用 BIM 技术，可以在 BIM 管理服务平台上实时查看各项设备的运行情况及当前状态下的能耗数值，有针对性地对能耗过大的设备进行检查，分析能耗过大的原因，及时进行维护，从关键环节入手，切实有效地解决能耗的浪费情况。

结合 BIM 模型的三维环境，在建筑中按楼宇、楼层、区域、科室多维度统计，以图表方式统计和分析院区、楼宇和各类设备能耗，并通过可切换统计时间、统计范围、统计类型等条件实现多维查询和统计，从而实现能耗的精细化管理。

3. 能耗分析优化

能耗分析优化主要是指对建筑物全部范围内进行电、水、暖通等能源使用的统计、分析，从而对建筑内各部门、各系统（设备用能、照明、动力等）等用能进行合理优化与改进，提高建筑能耗效率。

通过与云技术结合，并依托设备传感器和控制器的连接可以逐个分析设备的用能情况，同时与监控系统相结合，确定能否关闭部分设备以达到同样的运营效果，从而在满足各项需求的前提下达到能耗最小，通过对能耗数据的分析得到运行规律及指标限制，进而通过自动控制功能优化机电、水暖系统的启停运行及单设备设施的启停运行和负荷状态，减少能源浪费、降低运行成本。

例如在无人情况下降低电梯的运行速度、无人办公时关闭部分光源和空调源等。该技术也可以定期对设备的运行情况进行统计，通过与之前数据进行纵向对比，或在不同楼层中进行横向对比，掌握影响能耗的关键因素，有针对性地进行用能策略调整，从而最大限度地降低建筑能耗，节约经营成本。

7.3　BIM 技术在绿色运维中的应用案例

绿色运维就是指在建筑运维阶段最大限度地节约资源，包括节能、节水、节电等，达到有效利用资源，保护环境的目标，为人们提供舒适的办公和生活空间。

下面从医院和商场两个不同的角度介绍 BIM 技术在绿色运维中的运用。

7.3.1　BIM 技术在医院绿色运维中的应用案例

现代医院对其体量庞大的建筑空间、MEP（机电设备、电器、管线）、综合安全、能源消耗等专业的管理与应用也正日益受到传统医院后勤管理模式的掣肘，如何应用信息技术手段来解决传统管理方法所带来的专业分割、效率低下的现状，成为亟待解决的问题。图 7.3-1 所示为某医院 BIM 竣工模型解析。

在新建 BIM 运维系统时，需要与原系统进行整合或通信。医院一般已经有一系列医院医疗业务信息系统（如医院智能建筑管理系统、医院信息系统、电子病历系统、影像归档和通信系统、实验室信息系统、医院资源规划系统等），此类系统组成了医院医疗业务的信息架构和数据

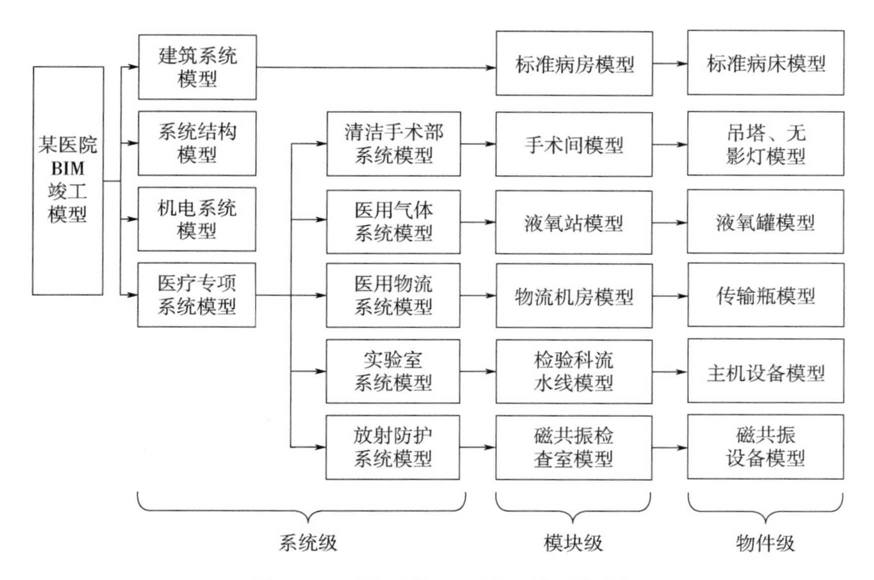

图 7.3-1　某医院 BIM 竣工模型解析

库，根据医护人员的医疗诊断行为面对患者提供服务。

从大型医院建筑全生命周期的角度分析，医院在运维阶段将 BIM 技术作为综合运维和安全管理的开发与应用将会很大程度地提高医院运行的管理效率，结合物联网的定位、感知、识别等技术，在现代医院运行过程中充分利用 BIM 技术优势，从而实现医院运行管理安全、高效、节能、优化空间等信息集成化与管理智能化的创新管理模式。

医院建筑运维管理既具备与其他公共建筑运维管理共性的需求，相对其他类别的公建又具有医疗行业独有的特点，具体如下：

1）医院建筑运维服务难度大。医院建筑内病患、家属、医护、科研、管理等人员密集且繁杂，在其内部活跃着各类医疗、教学、科研、预防、管理等活动，医院建筑内人员与高价值资产密集，运维服务难度大。

2）医院建筑运维品质要求高。医院建筑普遍都具有结构复杂、功能多样的特点，按医疗流程的需要，建筑划分为公共区域、专用区域、特殊区域等不同区域，因而对温度、室压、排风、排污、换气等要求各异，运维品质要求高。

3）医院建筑运维安全等级高。医院建筑能源形式多样，包括电、水、燃气、蒸汽，这些能源动力支持着诊室、手术室、病房、检查室等各类医疗、科研用房和设备的正常运转，关系着病患生命健康和重要医疗科研标本资料的安全，其运维安全保障要求高。

4）医院建筑运维专业化程度高。医院建筑内机电系统繁多，包括冷热源、给水排水、变配电、手术室净化空调系统、医用气体系统等各类专业机电系统，运维专业性和连续性要求高。

从医院建筑信息整体出发，结合各专业（建筑空间、MEP、综合安全、能耗管理、维修作业管理等）运维专业知识库，构建以 BIM 可视化平台为核心，连接 IOT（物联网）系统，通过纵贯医院运维全流程、全视野的可视化交互模式，集成各自独立的软硬件系统，实现“可视化、集成化、智能化”的医院综合运营管理目标，推动医院的运维管理理念的升级和综合收益的提升。医院运维的主要应用有以下几方面：

1. 房屋空间管理

基于精确的房屋空间可视化管理系统，结合既有的 BA 系统、安防/消防报警系统、HIS

（Hospital Information System）门诊数据、后勤维修作业以及能耗在线监测等系统，实现了相应的综合安全管理可视化、作业维修可视化、门诊医疗分布可视化、设备设施管理可视化等功能。可视化管理包括建筑与房屋空间可视化、设备管理可视化、管线管理可视化、综合安全可视化、能耗管理可视化等。

建立集中管理、高效协作的医院BIM可视化管理平台基于BIM可视化技术，建立医院可视化运行管理平台，将建筑空间、设备设施全生命周期管理数据结合起来，实现医院房屋资产与设备管道的精细化管理，跨专业的资源集成与协同管理，在大幅度提升资源协同管理效率的同时，节省人员运行成本。

实现医疗建筑房屋空间运维管理可视化完成医院房屋空间管理可视化，包括全建筑范围内每个房屋的空间数据管理，部门、人员占用、使用类别及属性信息、使用面积、信息变更等。并将房屋空间信息与绩效信息相关联，提升房屋使用和空间规划的合理性。实现医疗建筑设备管道运维管理可视化，建立基于BIM可视化的全专业设备设施与管线系统可视化管理，涵盖暖通、给水排水、医院气体、电气系统管线可视化。应用包括管线与设备、设施的关联，管线控制、流向、能耗点位、故障监测与排查、管线定位等可视化管理，提供管线运行管理的安全性与使用效率。

将建筑全生命周期管理的理念通过BIM技术实现至医疗建筑房屋空间管理中。BIM可视化管理支持4D建筑全生命周期数据信息可视化，即从建筑物交付运营开始，到当前日期所有的运营、维修、保养、改造及属性信息的变化，可以通过时间轴+BIM三维可视化数据进行管理，达到建筑信息管理4D可视化。实现医院建筑空间信息直观的全生命周期管理，提升建筑资产的使用效率，合理配置建筑空间分布。医院BIM可视化空间管理面向“医疗、医技、科研/教学、行政”医院四大主要业务对象，针对“临床、教学、科研、办公、物业、安全”等不同使用对象的空间管理体系。BIM可视化空间管理将BIM与医院的OA/HIS/HRP等数据相结合，建立全覆盖的医院空间信息，构建面向医院空间规划与改造、空间占用与绩效管理、统一的空间数据编码字典与其他系统的集成管理等，实现医院以BIM空间数据为核心的可视化管理。BIM空间管理可实现建筑空间属性信息可视化。

按空间使用类别属性可分为医疗用房、科研与教学用房、行政办公用房等。BIM应用可以显示空间面积、占用部门、空间尺寸与使用限制、建筑材料及装饰属性、后勤服务特性等信息，在BIM基础上可依据建筑物业空间的用途，在建筑物进行改造时，系统支持对应的改造图形化操作，并且对改造后的建筑物属性支持用户自行编辑；实现建筑维修、保养可视化：建筑空间的维修、保养作业系统与建筑空间管理相关联，自动获取建筑空间维修、保养的动态数据，为建筑全生命周期管理服务。空间管理不仅是为医院建筑房屋资产提供管理工具，同时也有实现各个应用系统可视化的门户作用。如病床管理、医疗设备管理、能耗管理、安全管理等。

2. 设备运行与安全管理

BIM与医院既有的BA系统和新安装的物联网设备大量的监控点进行实时数据对接，实现基于全院视频的设备实时运行与安全监控、环境监控等应用，大大简化了复杂设备运行管理的难度。医院的安全管理方面应用BIM技术是最重要的，然后是在设备设施全生命周期、能耗管理、灾害预案、医疗服务四方面的应用。

大型医院设备的安全运行不仅关系到医院的经济效益和相关人员的生命安全，更关系到社会的稳定与综合环境质量的综合评价。设备有效率的维护与延续使用效能有利于提高医院整体运行效率。科学、安全可靠、应用便捷的智能可视化医院设备运行与安全管理改变了传统的医院的设备运行与安全管理方法与理念的管理模式。改变传统运维部门各自为政分散管理的模式，以建筑整体为出发点，建设医院集中设备监测中心：对包括医院全部机电设备（如供配电系统、给水排水系统、暖通系统、电梯系统等），进行集中设备运行与安全监测与综合告警。旨在掌握医院运行的各机电设备系统的安全运行状态，重点包括各机电设备站房和重点设备，重点关注设备运行安全，第一时间掌握其告警问题点等情况。重点监测区域需做到各机电设备的全面监测。利用设备分布的可视化展示，将设备监测、监控仪表与 BIM 可视化系统关联，实时获取各设备系统（暖通、空调、供配电、给水排水、电梯等）的实时运行状况，对设备故障进行快速定位与故障原因正向、逆向快速排查，并能够实现设备与管道的运行系统（包括子系统）二维与三维实体效果的运行系统联动。可利用 BIM 模型对医院的全部设备运行与安全监控告警信息、能耗信息进行可视化展示，展示设备相关仪器、仪表及控制系统实时运行数据。

3. 室外管网及室内管线管理

基于 BIM 的管线管理可以精确到管件级精度的管线应用，实现了管线精细化管理。

完成建筑结构、设备设施、管线等全专业的 BIM 数据可视化，完成医院的 BIM 数据建设，包括建筑结构、暖通空调、消防、给水排水、医疗气体等专业的 BIM 数据。建筑基于房屋空间、设备—管线—末端设施的有机关联，为房屋空间、设备设施、管线、综合安全管理可视化提供基础数据支持。

通过 BIM 强大的信息存储和可视化功能，跟踪隐蔽工程的状态，BIM 可以随时追踪管线状态。可将医院的全部管道（包括暖通、空调、给水排水、生活热水等）的事故定位（二维码方式）与故障处理与 BIM 可视化系统进行有效关联，实现现场维修作业与事故排查三维可视化，对管道与相关设备的关联实现三维可视化；对每个区域（候机厅、到达厅、房间、公共区域、管井）的管道控制节点（阀门、监测仪表）实现三维可视化；实现对管线所处的具体位置进行精确定位，包括地下与墙体内的管线，以确定其相对位置并进行测量，用于管线故障维修、检修、保养及改造过程的精确定位与测量。对各类管理的生命周期进行管理：根据各类管线的类别、属性、材质、使用寿命周期，进行分类管理，对需要定期维护的管线进行预防式维护与保养，对达到使用寿命的管线进行及时更新。

4. 实现医院综合安全管理可视化

建立集成的安防/消防可视化监控系统，以 BIM 空间数据为基础，将中央监控视频、消防、门禁、保安巡更和停车管理等系统进行有机结合，实现跨安全专业的安防消防一体化监控体系，提升医院的综合安全管理快捷反应、协同联动和快速处置效率。

以 BIM 空间信息集成为基础，以 CCTV 视频监控系统为纽带，整合监控报警、消防、应急报警、门禁、巡更、设备安全报警联动等多类别的安全管理功能于一个综合的监控与指挥中心。最大限度地将报警与医院空间位置对应、报警与视频信号进行关联，将视频监控中心改造成为综合安全监控中心和应急指挥中心，并将设备安全监控也集成到中央监控体系。BIM 可视化安全管理正是将大型医院数以千计的监控摄像头全部与空间位置一一对应和关联，同时集成高清监控视频系统的报警信号，当任何地方的视频监控报警时，系统自动匹配相应的位置信息，同时在 BIM 三维场景中将相应的场景与视频信号调取出来，中控室监控人员则可以精准定位报警信息发生的位置与实时视频信息所反馈的状况，以确定是否要安排人工现场干预，快速反应。

从建筑运维安全管理上看，医院对安全的重视程度毋庸置疑，一站式监控中心通过智能可视化安全管理系统，是以智能感知报警、事故、案件精准定位、事故快速排查为目标的安全管理模式。安全管理不仅包括安防、消防体系，同时也包括设备运行安全、重点科室管理安全等。这种整合大大提升了医院安全的管理级别和资源优化的效率，为大型医院的综合安全管理建立了更为可行的保障体系。

5. 能耗管理

医院建筑的能耗密度较高，耗能量大，对医院建筑运用先进技术进行能耗管理意义重大，通过对医院建筑全部范围内进行电、水、暖等能源进行采集、统计、分析，从而对医院的各部门、各系统（设备用能、照明、动力等）等用能进行合理优化，进行能源监测管理。通过多维模型分析功能，形成建筑和业态两个维度的能耗模型分析，进行能耗对比及排名等，可以通过能源消耗分布的可视化展示，在BIM模型中进行全院能源消耗分布状况、能耗报警的可视化展示，进行分类能耗（设备、建筑、医疗、照明等）变化状况的展示（分类能耗计量仪器予以支持）。将集成能耗监测仪表与分区、部门的能耗对应可视化管理，对能耗告警、能耗与医院环境的联动管理进行可视化监控。提供对医院未来一段时间的能源消耗的预测服务，并支持主流的能效建模方法与能效分析算法，能够支持对重点耗能设备的能效展示。通过能耗专家分析功能，支持对医院能耗情况进行一键检查，对能耗情况进行综合评分，并提出可优化项目。

6. 作业维修管理可视化

实现医疗相关的运行管理可视化，包括医疗设备的全生命周期管理可视化、门诊管理可视化、病房/手术室/重要科室环境监测可视化等，为医疗运行提供实时的设备运行、诊疗动态、环境监测可视化管理。

7. 从为患者服务角度谈运维应用

3D院内精确导航，显示最佳行进路线，直观明确。3D导航能够直观体现住院病区所在楼层、床位位置，进行后勤食堂等服务功能定位，保障楼层应急疏散的路线导航。直观体现某一诊室的位置、预约排队信息和提示就诊时间。直观体现该检查设备的位置、检查注意事项、预约排队信息和提示就诊时间，减少寻找和等待的时间。车位库存量的实时显示，提示患者就诊的交通方案；就诊完成后通过3D室内导航精确找车。

7.3.2 BIM技术在大型商业建筑绿色运维中的应用案例

大型商业建筑与普通建筑相比，设施管理难度较大，传统设施管理方式已远不能满足大型商业建筑设施高效管理需求，迫切需要引入先进科学的信息化管理技术，以提高大型商业建筑设施管理水平。

我国大规模的建筑物被很快地建造起来，但是其运营效率很低（具体表现如能耗水平远超出发达国家）。在很多复杂的商业或工业建筑运维管理中，也普遍使用着和住宅一样简单的管理模式，以至于人们经常把运维管理等同于物业管理。对投资者而言，较低的运作水平无法得到较高的运营效益，大大影响建筑产品的品质，同样也在影响BIM的推广和应用。

1. 设备运维

建筑设备作为设施的重要组成部分，其维修成本占商业建筑运维成本的一半以上。因此，提高建筑设备的维修决策水平对于降低商业地产开发商的运营成本至关重要。对于庞大的商业建筑而言，建筑设备少则几百个多则上千个，而且建筑设备的运行状态和出现故障的频率是随机的，设备维修管理人员如果运用传统的维修决策方法不仅不能达到要求，而且费时费力。

建筑物设备和管线的维护与使用的管理方式，主要是日常的故障检查，以及使用期限之内的维修与调换。

设备监控可实现对建筑物设备的搜索、定位、信息查询等功能。在运维BIM模型中，通过对设备信息的集成，运用计算机对 BIM 模型中的设备进行操作可加速查询设备的所有信息，如生产厂商、使用寿命期限、联系方式、运行维护情况以及设备所在位置等。通过对设备运行周期的预警管理，可有效地防止事故的发生，利用终端设备和二维码、RFID 技术迅速地对发生故障的设备进行检修。

2. 空间管理

建筑空间管理：大型商业地产对空间的有效利用和租售是业主实现经济效益的有效手段，也是充分实现商业地产经济价值的表现。基于空间管理系统业主通过三维可视化直观地查询定位到每个租户的空间位置以及租户的信息，如租户名称、建筑面积、租约区间、租金情况、物业管理情况；可实现租户各种信息的提醒功能。同时根据租户信息的变化，实现对数据及时调整和更新。

建筑物各个系统的位置数据在运维管理中尤其重要，通过位置数据能确定管道出现故障的位置，确定建筑区域发生火情的位置进行有效疏散，建筑物重要资产是否被非法移走，商场安保措施的排布，商场租赁商家的空间管理，闭路电视系统所辐射的位置等。

3. 环境管理

BIM 环境管理需要对于建筑物某个点或者区域的数据能很快调出和集中显示处理、分析所有运维管理数据，如室内温度、湿度及室内和区域环境空气物质参数、光照和声音等，这也是传统商业地产项目运维很难实现的功能。BIM 技术可以方便快捷地管理环境的各种参数，为环境管理提供有力的技术支持。

4. 能源管理

对于商业地产项目有效地进行能源的运行管理是业主在运营管理中提高收益的一个主要方面。基于该系统通过 BIM 模型可以更方便地对租户的能源使用情况进行监控与管理，赋予每个能源使用记录表以传感功能，在管理系统中及时做好信息的收集处理，通过能源管理系统对能源消耗情况自动进行统计分析，并且可以对异常使用情况进行警告。

5. 安全管理

突发事件所带来的任何故障都会影响商场的正常营业，引发不必要的安全事故。对于这些日常管理中的隐患如果可提前预警并进行可视化的运维管理，可减少商场管理中大量的损失。如果对于突发事件应变的处置不当，对业主造成的不仅是经济方面的损失，更重要的是对一个开发品牌的负面影响。

突发事件发生前，可以运用虚拟现实技术完成灾害仿真分析，提出科学应急处置预案。一旦有突发事件发生，在发出警报的同时，利用安放监控屏幕进行视频监控调取，将最优疏散路线推送至疏散对象移动端，使人员根据模拟逃生路线得到疏散。对于大型商业地产项目，重要来宾访问活动的安保措施、临时活动和表演的区域安排、人员冲突的处理以及火灾安全疏导等情况是非常重要的事项。在运维管理中应提出预案从而对人员进行疏导、对安保人员进行调配、对进出车辆进行引导与管理、对设备管线进行日常维护、对建筑物消防区域进行管理等。

第8章 BIM技术在建设项目全生命周期一体化协同管理方面的应用

8.1 BIM 技术在建设项目全生命周期一体化管理概述

8.1.1 建设项目全生命周期一体化管理的概念

全生命周期理念在建筑领域具有非常活跃的运用，基本可以理解从建筑产生到报废各过程时间的总和，全称 Building Lifecycle Management，即 BLM，是建筑工程项目从决策设计到施工，再到运营维护，直至拆除为止的全过程。

工程管理涉及工程项目生命周期的全过程，即项目决策阶段、实施阶段和使用阶段，其中决策阶段包括项目建议书、可行性研究，实施阶段包括设计工作、建设准备、建设工程及使用前竣工验收等。

建设项目全生命周期管理模式将三个相互独立的管理过程 DM、PM 和 FM 通过集成化和统一化形成一个新的管理系统。其中，DM（Development Management）指的是项目前期的开发管理，PM（Project Management）指的是项目管理，FM（facility Management）指的是设施管理。集成化主要是指在管理理念、管理思想、管理目标、管理组织、管理方法和管理手段等方面的有机集成，并不是三个独立子系统的简单叠加。而统一化是指管理语言和管理规则的统一，以及管理信息系统的集成化。工程项目全生命管理的目标是项目全过程的目标，它不仅要反映建设期的目标，还要反映项目运营期的目标，是两种目标的有机统一。

按照传统观念，工程项目决策阶段的开发管理（DM）、实施阶段的项目管理（PM）和使用阶段的设施管理（FM）是各自独立的管理系统，事实上它们之间存在着十分紧密的联系。项目参与各方如果只顾自身利益，忽略项目的总目标，将导致许多难以克服的弊端。如在 DM 中所确定的项目目标是不合理的，就会使 PM 难以控制其目标的实现。如在 PM 中没有把握好工程的质量，就会造成 FM 的困难。如把 DM、PM 和 FM 集成为一个管理系统，这就形成了基于建设项目全生命周期管理（BLM）理念的工程项目全生命管理系统。建设项目全生命周期管理可避免上述 DM、PM 和 FM 相互独立的弊病，有利于工程项目的保值和增值。因此，全生命周期的项目管理是从项目规划一直到运营维护的整个生命周期的项目管理。

8.1.2 基于 BIM 技术工程建设项目全生命周期一体化管理优势

1. 传统建设工程项目管理存在的问题

传统建设工程项目的目标控制都以各参与方的项目管理为主要对象，项目管理的阶段性和局部性割裂了项目的内在联系，主要表现为管理活动在不同阶段上的非连续性和各参与方项目管理的相互独立性。具体体现在以下几方面：

（1）缺乏从全过程高度对建设工程项目进行前期决策

传统项目管理模式没有把建设工程项目的全过程环节融入前期决策，承包方不介入项目的前期策划和决策过程，造成项目的前期策划和建设过程脱节，导致建设过程中出现管理工作不连续、项目运行困难的现象。

（2）各参与方目标不一致

传统建设管理模式中，决策、设计、施工和试运行四个阶段在目标、服务内容、服务时间等方面都相对分离，但项目管理的项目过程组之间并不是离散的、一次性事件，而是相互重叠、跨越阶段相互影响和相互作用的。他们互相关联、密切配合，互为前提和结果。相互分离的管理模式不利于项目目标的实现。例如，勘察方的利益并未与项目成本的节约直接挂钩，勘察方利益与建造成本节约脱钩，使得勘察工作达不到应有的深度。许多问题在实施中才逐步暴露出来，往往需要进一步采取措施进行弥补，这势必会加大项目全生命周期成本。设计方也可能出现偏重功能形成、缺乏成本意识的情况。一般而言，设计阶段能够锁定项目成本的80%～90%，但由于设计方存在求稳、求保险的想法，至于经济不经济、浪费不浪费等考虑较少，难以实现成本的事先有效控制。

（3）项目管理职能割裂

由于各参与方的管理是相互独立的，项目的各职能管理子系统人员有不同的工作目标、范围和侧重点，分别针对自己的管理内容和管理目标进行，缺少从整体目标进行分析，但实际上任何一个参与方的问题往往会对其他参与方产生巨大影响。

综上所述，在传统建设工程项目管理模式下，项目实施过程是孤立的、缺乏系统化的整体思想，项目分工过细、协调难度大、交易成本高、项目实施过程不连续、参与者仅注重局部利益无法实现全面的优化，严重阻碍了项目整体目标的最大实现。

2. 建设项目全生命周期一体化管理的特点

建设工程全生命周期项目管理即是从项目规划一直到运营维护整个生命周期的项目管理，打破了项目管理各个阶段之间的界限，体现了下列几方面特点：

（1）信息共享

项目一体化以信息化为基础，建立项目信息一体化平台，要求各方、各阶段的信息透明与共享，使项目参与方能够以更低的信息成本获得足够多的、透明的工程信息。

（2）一体化管理

PLMT（全生命周期一体化项目管理组）作为主要管理方，承担项目全生命周期目标、费用、进度管理，同时在各阶段联系各项目参与方，共同达到一体化管理目标。

（3）各阶段融合

增强了前期决策的科学性，强调各参与方提前参与到项目中，设计阶段向决策阶段渗透，施工方参与到设计阶段，运营阶段向施工阶段渗透。

（4）目标一致

取得项目各参与方目标的一致，各方增强合作理念，为取得共同的长远利益克服短期行为，减少项目实施过程中的争执和冲突，实现技术和知识的互补，合力保证和扩大共同利益，提高建设工程项目管理效益。

3. 基于BIM技术的建设项目全生命周期一体化管理

全生命周期项目管理通过集成化管理，在统一的数据模型中将全部阶段的数据信息进行集成，将项目管理覆盖项目整个生命周期，从而达到统筹协调、信息共享、目标统一等构想。BIM 技术全生命周期应用理论，就是将建设项目从前期规划、图纸设计、招标投标、现场施工一直到运维管理乃至退役(拆除)的整个过程作为研究对象，将 BIM 技术在全生命周期的各个阶段根据实际情况进行不同程度的应用，从而实现生命周期全过程中的工程信息的无损传递、信息共享以及集成式管理，如图 8.1-1 所示。

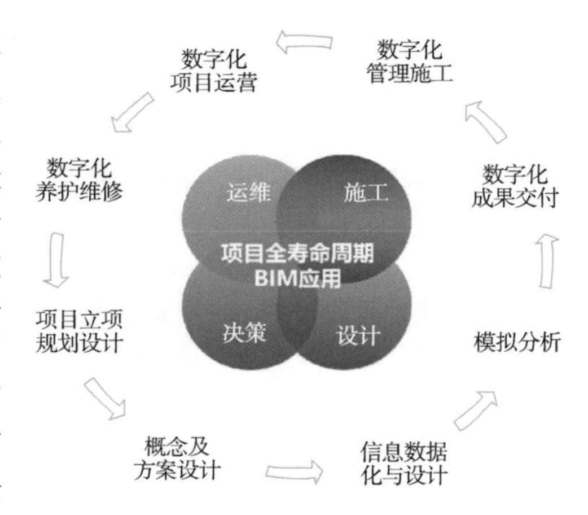

图 8.1-1　基于 BIM 技术的建设项目全生命周期建筑信息模型

BIM 技术可以将建筑物实体模型展示在相关方面前，实现了项目全生命周期中不同阶段下可视化，可以随时随地地进行效果展示及生成相关报表。项目全生命周期中，从项目投资决策到项目运营维护结束，参与方众多，协调工作量大，难度大。BIM 应用中各相关方负责各自范围内建筑信息模型的建立与完善，在 BIM 这个大的资源库中进行最后协同检查，最大限度上减少由于沟通不畅、信息不对称造成的浪费，达到协同工作效率的最高化。

项目全生命周期项目管理中实施 BIM 技术，对建设工程各建设主体的影响如下：

(1) 提高建设单位精细化管理能力

建设单位的项目管理是工程项目管理的核心，通过 BIM 信息平台，建设单位可以实现各参建方的实时沟通，制订 BIM 应用规划方案以及工程项目建设分阶段实施目标。通过统一的 BIM 技术应用标准及数据管理平台，为工程各参与方制定工作机制、流程、信息数据交互标准，实现在建筑信息模型中各参与方实时数据共享，进行方案的优化，为项目决策提高依据，为工程建设质量、安全、节能环保提供有力的技术支撑。

(2) 提升设计单位成果质量

建立基于 BIM 技术应用系统的统一的信息化管理数据平台，形成基于 BIM 的工程勘察设计流程与协同设计工作模式，构建基于 BIM 技术的工程设计管理系统，可以起到加速设计工作实施进度、提高勘察设计质量、保证设计方案合理可行的作用。

(3) 提升施工单位管理水平

通过搭建 BIM 集成管理平台，项目各参与方在施工过程的信息交流、沟通协作更加方便与准确，有利于各参建方的信息共享和协同工作，加强了施工企业以 BIM 技术为核心的项目管理信息化建设。通过施工过程的仿真模拟，实现技术可视化交底，施工人员和设计人员的沟通更清楚。应用 BIM 技术管理系统，开展 BIM 与云计算、物联网、数字监控以及智能化技术在施工过程中的融合应用，实现施工项目进度、质量、安全、资源和成本的集成管理，推进施工现场人员、设备、材料和环境的智慧管理。

(4) 促进运维单位管理发展

应用 BIM 对于运维阶段的价值是巨大的，但是目前运维管理还处于初级阶段，尚不能完全体现出 BIM 技术的优势。在运维阶段，可以研究基于 BIM 与物联网连接在运维过程中的应用模式，建立运维信息模型，制定相应的工作机制、流程、制度和交付标准，推动基于 BIM 的运营维护管理平台和软件的研发和应用，以期能够支持运维阶段的物业管理、运行维修、环境能耗监控、应急决策及预警等多方面的信息化管理，促进运维阶段管理快速发展。

8.2 BIM 技术的建设项目全生命周期一体化管理（PLIM）模式及运作方式

在传统建设项目管理模式下，项目参与者之间的关系通常为纵向的指令关系，各方在一定程度上彼此孤立，信息不流通。不同阶段上项目目标、计划、控制管理的主要对象不同，导致了管理活动的非连续性、相互独立性和项目的内在联系被割裂。而建设项目大型化的趋势导致了业主方的需求变化以及各参与方介入项目时间和角色的变化。如何采取适当的管理模式来解决管理问题，以适应新趋势下各方管理角色的变化，从而最大限度地提高项目管理效率，已经成为一个极为重要的研究课题。

8.2.1 建设项目全生命周期一体化管理 PLIM 模式的概念

建设项目全生命周期一体化管理 PLIM（Project Lifecycle Integration Management）模式是指由业主方牵头，专业咨询方全面负责，从各主要参与方中分别选出一两名专家一起组成全生命周期一体化项目管理组 PLMT（Project Lifecycle Management Team），将全生命周期中各主要参与方、各管理内容、各项目管理阶段有机结合起来，实现组织、资源、目标、责任和利益等一体化，相关参与方之间有效沟通和信息共享，以向业主方和其他利益相关方提供价值最大化的项目产品。

建设项目全生命周期一体化管理 PLIM 模式主要涵盖了三个方面：参与方一体化、管理要素一体化、管理过程一体化。参与方一体化的实现，有利于各方打破服务时间、服务范围和服务内容上的界限，促进管理过程一体化和管理要素一体化；管理过程一体化的实现，又要求打破管理阶段界面，对管理要素一体化的实施起到一定的促进作用；而管理要素一体化实施的同时反过来促进过程的一体化。在这个基础上，PLIM 模式下的项目组织结构、各阶段运作流程和项目管理一体化信息平台是实现 PLIM 模式的三个基本要素。

8.2.2 建设项目全生命周期一体化管理 PLIM 模式的组织结构

建设项目全生命周期一体化管理 PLIM 模式的核心在于项目的整体优化控制和集成化管理，强调项目利益高于一切，它着眼于建设工程项目全局，从实现项目管理的高效化、参与方的一体化出发，强调全生命周期中组织、过程、目标、责任体系的连续性和一致性，构建一种柔性化的项目管理机制，使参与各方在共同目标下彼此认同、相互理解、有效沟通、相互配合，形成一个和谐的超越传统组织边界的项目团队；通过建立信息一体化平台达到各过程合理衔接，实现信息和重要资源的共享。它体现了资源的优化配置，遵循了项目实施的客观规律，符合投资主体对项目管理的新需求，将成为国内外大型复杂项目建设管理的一种先进模式。

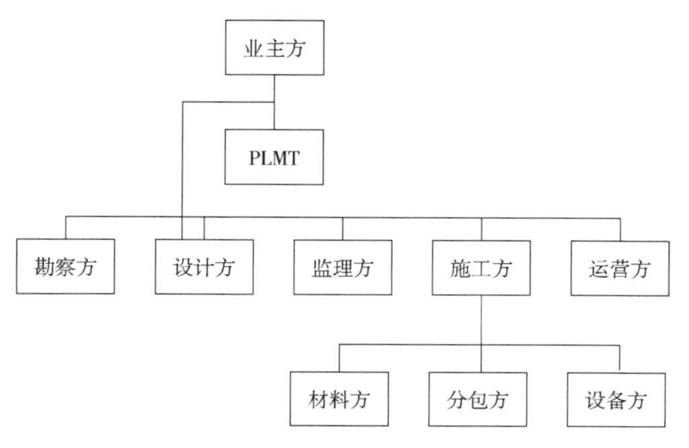

图 8.2-1　PLIM 模式组织结构示意图

PLIM 模式采用如图 8.2-1 所示的组织结构，业主作为项目的决策者，负责监督和管理 PLMT（全生命周期一体化项目管理组)，对项目负有最终决策权，组织、领导、监督各项工作。

8.2.3　建设项目全生命周期一体化管理 PLIM 模式的运作流程

1. 建设项目决策阶段

建设项目在方案决策阶段运用 BIM 技术，主要包括建设项目所在区域的场地模型建立与维护、项目所在区域的场地分析、项目所在区域的环境影响分析、建设项目的规划编制、建设项目的方案策划、建设方案的整体投资估算等。

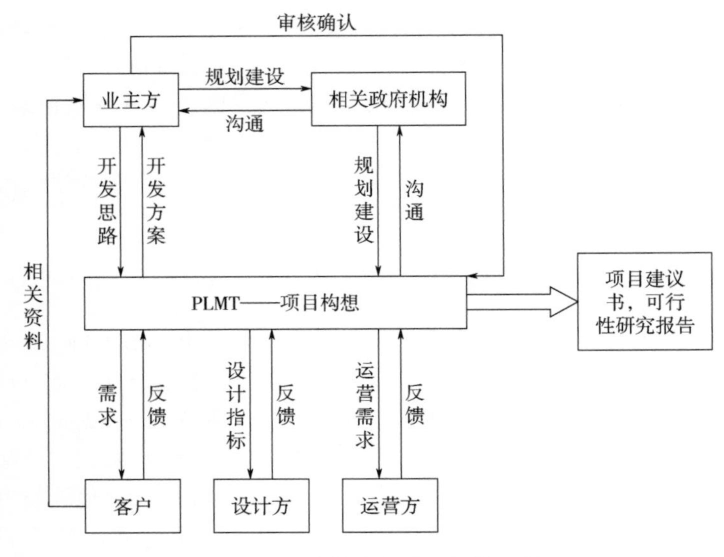

图 8.2-2　决策阶段项目运作流程

决策阶段，项目 PLMT（全生命周期一体化项目管理组）为主要责任方和协调方，负责收集来自业主方、政府、设计方、市场、客户等的信息，并及时对收集的信息进行分析、处理，及时将信息处理情况反馈给业主和设计方，业主方根据自身资金实力、核心竞争力等情况综合考虑，确定最优方案后，项目管理组对最优方案进行细化和论证，征求设计方意见，同时及时对各种信息进行分析和整理，并将处理过程和结果经相关参与方确认。决策阶段项目运作流程如图 8.2-2 所示。

2. 建设项目设计阶段

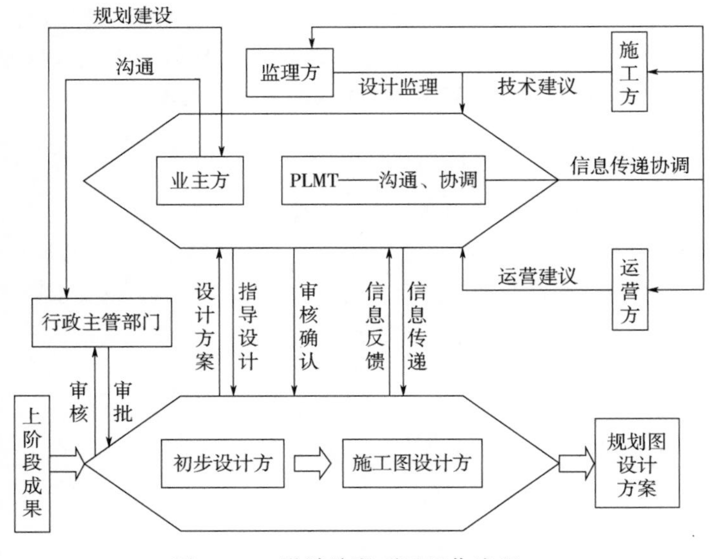

图 8.2-3　设计阶段项目运作流程

项目设计阶段，设计方为主要协调人，以可行性研究报告、概念设计、规划要求为主要设计依据，确定符合规划的设计方案，通过 PLMT（全生命周期一体化项目管理组）与各项目参与方进行信息的交流、沟通协调，各参与方从项目建设的技术性、经济性、实用性等方面对设计方案提出修改意见并反馈给设计方，设计方及时对意见进行研究，并将结果提交给业主方。业主方在综合权衡后给出具体意见，交由设计方进行设计调整，并将调整结果反馈给各参与方，经反复讨论和反馈形成一致意见后，确认并执行，同时将处理过程和结果提交信息集成中心。设计阶段项目运作流程如图 8.2-3 所示。

3. 建设项目施工阶段

项目施工阶段施工方为主要协调人，按照审核后确认的施工图进行施工，并在施工过程中负责收集各实施方的信息。出现问题时，由业主方、设计方综合考虑后给出具体处理意见，并由施工方向相关参与方进行反馈并反复讨论，形成一致意见后再执行。

施工过程中如需变更，需要先汇总变更要求，提交给设计方，设计方出具设计变更后实施。施工阶段项目运作流程如图 8.2-4 所示。

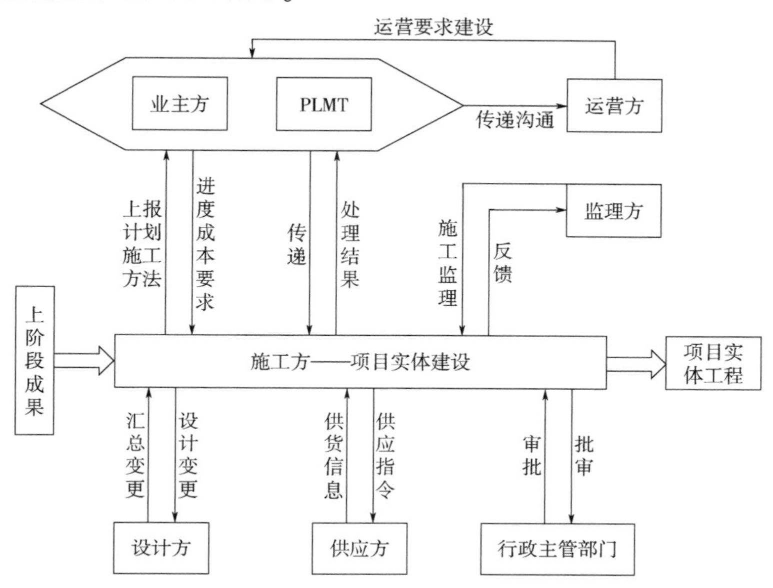

图 8.2-4 施工阶段项目运作流程

4. 建设项目运维阶段

在试运行和运维管理阶段，运营方为主要协调人，负责收集前面设计、施工等阶段的工程资料，根据项目建设完成后的实际情况和项目前几个阶段的相关信息，结合维修、物业管理情况进行管理后评价。工程完工后，由项目主要参与方共同进行竣工验收，对不符合验收条件的，由施工方进行整改，直到验收合格后才能交付使用。运维阶段项目运作流程如图 8.2-5 所示。

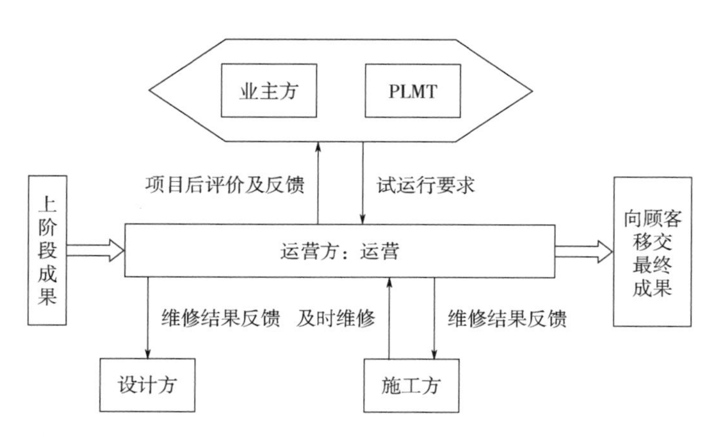

图 8.2-5 运维阶段项目运作流程

以上四个阶段的运作体现了建设项目全生命周期一体化的管理思想，PLMT（全生命周期一体化项目管理组）为实现项目各参与方一体化管理创造了条件，各个阶段之间通过PLMT互相渗透，打破了项目管理过程中各阶段各参与方之间的界限。

8.2.4 建设项目全生命周期一体化管理PLIM信息平台

建设项目管理的整个过程中，信息是基础，信息在项目中的正常流动和正确处理是项目顺利实施的关键。实现信息一体化是实现PLIM模式中各方、各阶段的信息有效沟通和共享的基础。通过建立信息一体化平台，使项目全生命期的信息通畅，数据共享，及时、准确、完整地反映项目的实施情况，帮助项目决策者做出科学的决策。项目信息一体化平台模型如图8.2-6所示。

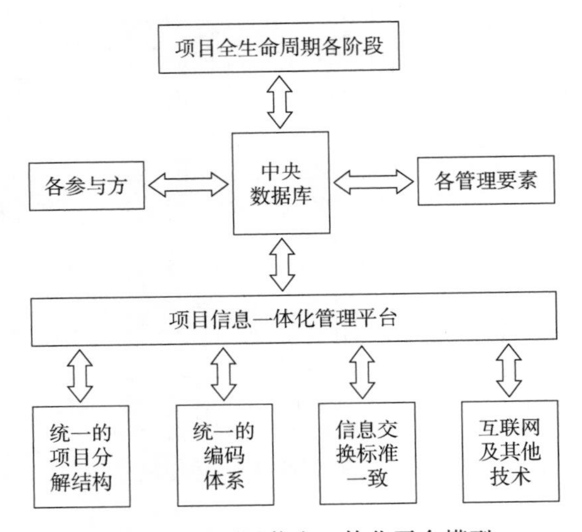

图8.2-6　项目信息一体化平台模型

8.3 BIM技术在项目各方管理中的应用

8.3.1 建设单位

1. 应用需求

（1）可视化的投资方案

能反映项目的功能，满足业主的需求，实现投资目标。

（2）可视化的项目管理

业主单位BIM项目支持设计、施工阶段的动态管理，及时消除差错，控制建设周期及项目投资管理的应用需求。

（3）可视化的物业管理

通过BIM与施工过程记录信息的关联，不仅为后续的物业管理带来便利，并且可以在未来进行的创新、改造、改建过程中为业主及项目团队提供有效的历史信息。

2. 应用方面及具体体现

基于BIM技术的工程项目全生命期项目管理，各参与方在BIM信息平台上提供的数据信息具有便于集成、管理、更新、维护以及可快速检索、调用、传输、分析和可视化等特点。实现工程项目投资策划、勘察设计、施工、运营维护各阶段基于 BIM 标准的信息传递和信息共享，见表 8.3-1，满足建设单位在工程建设不同阶段对质量管控和工程进度、投资控制的需求。

表 8.3-1 项目全生命周期建设单位 BIM 应用体现

序号	BIM 应用	BIM 应用体现
1	建立科学的决策机制	①在可行性研究和方案设计阶段，通过建立基于 BIM 技术的可视化信息模型，提高各参与方的决策参与度。②决策数据库：BIM 技术在建筑全生命周期的系统、持续运用，科学决策数据库将成为决策主要依据，并将延伸到运维阶段数据
2	建立 BIM 应用框架	明确工程实施阶段各方的任务、交付标准和费用分配比例
3	建立 BIM 数据管理平台	建立面向多参与方、多阶段的 BIM 数据管理平台，为各阶段的 BIM 应用及各参与方的数据交换提供一体化信息平台支持
4	建筑方案优化	在工程项目勘察、设计阶段，要求各方利用 BIM 开展相关专业的性能分析和对比，对建筑方案进行优化
5	招标管理	①数据共享。BIM 模型的直观、可视化能够让投标方快速地深入了解招标方所提出的条件、预期目标，保证数据的共用共享及追溯。②经济指标精确控制。控制经济指标的精确性与准确性，避免建筑面积、限高以及工程量的不确定性。③无纸化招标。能增加信息透明度，还能节约纸张，实现绿色低碳环保。④削减招标成本。基于 BIM 技术的可视化和信息化，可采用互联网平台低成本、高效率地实现招标投标的跨区域、跨地域进行，使招标投标过程更透明、更现代化，同时能降低成本。⑤数字评标管理，基于 BIM 技术能够记录评标过程并生成数据库，可对操作员的操作进行实时监督，使得招标投标工作更加公正、透明
6	施工监控和管理	在工程项目施工阶段，促进相关方利用 BIM 进行虚拟建造，模型与进度计划关联，确定科学合理的施工工期，对物料、设备资源进行动态管控，提升工程质量和综合效益
7	投资控制	招标、工程变更、竣工结算等各个阶段，利用 BIM 进行工程量及造价的精确计算，并作为投资控制的依据
8	销售推广	①面积准确。BIM 模型可自动生成户型面积和建筑面积、公摊面积，结合面积计算规则适当调整，可以快速进行面积测算、统计和核对，确保销售系统数据真实、快捷。②虚拟数字沙盘。通过虚拟现实技术为客户提供三维可视化沉浸式场景，身临其境。③减少法务风险。所有数字模型成果均从设计阶段交付至施工阶段、销售阶段，所有信息真实可靠，销售系统提供客户的销售模型与真实竣工交付成果一致，减少法务纠纷
9	运维管理	①设备信息的三维标注，可在设备管道上直接标注名称规格、型号，三维标注跟随模型移动、旋转。②属性查询，在设备上右击鼠标，可以显示设备部位具体规格、参数、厂家等信息。③外部链接，在设备上点击，可以调出有关设备设施的其他格式文件，如图片、维修状况，仪表数值等。④隐蔽工程，工程结束后，各种管道可视性降低，给设备维护、工程维修或二次装饰工程带来一定难度，BIM 模型可清晰记录各种隐蔽工程，避免错误施工的发生。⑤模拟监控，物业对一些净空高度、结构有特殊要求，BIM 提前解决各种要求，并能生成 VR 文件，可以让客户互动阅览

3. 应用形式及管理流程

(1) 应用形式

建设单位全生命周期项目管理 BIM 技术应用有 4 种常用形式，各种应用形式及其优缺点见表 8.3-2。

表 8.3-2　全生命周期项目管理建设单位 BIM 技术应用常用形式及其优缺点

序号	应用形式	优点	缺点
1	咨询方做独立的 BIM 技术应用，由咨询方交付 BIM 竣工模型	BIM 工作界面清晰	①单纯 BIM 翻模，对工程实际意义不大，业主单位投入较小。②对 BIM 咨询方要求极高，且需要驻场。③所有投入均需业主单位承担，业主单位投入大
2	设计方、施工方各做各的 BIM 技术应用，由施工方交付 BIM 竣工模型	成本由设计方、施工方自行分担，业主方投入小。业主方逐渐掌握 BIM 技术后，这将是最合理的 BIM 应用范式	①缺乏完整的 BIM 衔接。②对建设方的 BIM 技术能力、协同能力要求较高。③现阶段实现有价值的成果难度较大
3	设计方做设计阶段的 BIM 技术应用，并覆盖到施工阶段，由设计方交付 BIM 竣工模型	有助于将各专项设计进行统筹，帮助建设方解决建设目标不清晰的诉求	施工过程需要驻场，成本较高
4	业主方成立 BIM 研究中心或 BIM 研究院，由咨询方协助，组织设计、施工方做 BIM 咨询运用，逐渐形成以业主方为主导的 BIM 技术应用	有助于培养业主自身的 BIM 能力	成本最高

(2) 管理流程

业主方是项目的发起者，是项目管理的核心，业主方对 BIM 的应用不是具体的 BIM 技术应用，而是从组织管理者的角度参与项目管理。常用的业主方 BIM 项目管理应用流程如图 8.3-1所示。

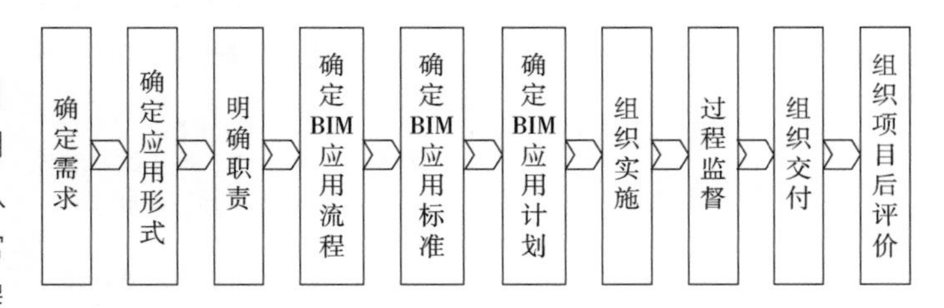

图 8.3-1　常用的业主方 BIM 项目管理应用流程

8.3.2 勘察设计单位

1. 应用需求

(1) 增强沟通

通过创建模型，更好地表达设计意图，满足业主方需求，减少因双方理解不同带来的重复工作和项目品质下降。

(2) 提高设计效率

通过 BIM 三维空间设计技术，将设计和制图完全分开，提高设计质量和制图效率，整体提升项目设计效率。

(3) 提高设计质量

设计方利用模型及时进行专业协同设计，通过直观可视化协同和快速碰撞检查，把错漏碰缺等问题消灭在设计过程中，从而提高设计质量。

(4) 可视化的设计会审和参数协同

基于三维模型的设计信息传递和交换将更加直观、有效，有利于各方沟通和理解。

(5) 更多、更便捷的性能分析

如绿色建筑分析应用，通过 BIM 模型，模拟建筑的声学、光学以及建筑物的能耗、舒适度，进而优化其物理性能。

2. 应用方面及具体体现

作为主要参建单位之一，设计方的项目管理主要服务于项目的整体利益和设计方本身利益。设计方项目管理的内容主要包括与设计有关的安全管理，设计本身的成本控制和与设计有关的建设投资成本控制，设计进度、质量、合同、信息管理，与设计工作有关的组织与协调。

设计方在项目全生命周期一体化管理过程中，需要研究建立基于 BIM 技术的协同设计工作模式，根据工程项目的实际需求和应用条件确定不同阶段的工作内容，开展 BIM 示范应用，积累和构建各专业族库，制定相关企业标准。设计单位应用 BIM 技术益处很大，应用体现见表 8.3-3。

表 8.3-3　设计单位全生命周期项目管理 BIM 技术应用体现

序号	BIM 应用	BIM 应用体现
1	投资策划与规划	在项目前期策划和规划设计阶段，基于 BIM 技术和地理信息系统对项目规划方案和投资策略进行模拟分析
2	建立三维设计模型	采用 BIM 应用软件和建模技术，构建包括建筑、结构、给水排水、暖通空调、电气设备、消防等多专业信息的 BIM 模型。模型创建完成后自动生成平、立、剖面图及大样图，任意表现复杂造型
3	分析与优化	进行包括节能、日照、风环境、光环境、声环境、热环境、交通、抗震等在内的建筑性能分析，根据分析结果，结合全生命周期成本，进行优化设计
4	协同设计	①建立交互式协同平台，所有专业设计人员协同设计，看到和分享本专业设计成果，及时查阅其他专业的设计进程，减少由于沟通不畅或沟通不及时导致的错、漏、碰、缺，真正实现所有图纸信息元的单一性，实现一处修改其他自动修改，提升设计效率和设计质量。②协同设计对设计项目进度管理、文件管理、人员管理、流程管理、批量打印、分类归档等内容的规范化管理起到重要作用
5	效果图及动画展示	通过 BIM 技术强大的渲染和动画功能，可以将专业、抽象的二维建筑表达直接三维直观化、可视化呈现，使得业主等非专业人员对项目功能性的判断更为明确、高效，决策更为准确
6	碰撞检测	BIM 技术在三维碰撞检查中的应用已经比较成熟，利用相关软件如 Navisworks 等应用 BIM 可视化技术，在建造之前对项目土建、管线、工艺设备等进行管线综合及碰撞检查，彻底消除硬碰撞、软碰撞，优化工程设计，减少在建筑施工阶段可能存在的错误损失和返工的可能性，同时能够优化净空和管线排布方案
7	设计变更	利用 BIM 技术的参数化功能，直接修改原始模型，实时查看变更是否合理，减少变更后再次变更的情况，提高设计变更质量
8	设计成果审核	利用基于 BIM 技术的协同工作平台等手段，开展多专业间的数据共享和协同工作，实现各专业之间数据信息的无损传递和共享，进行各专业之间的碰撞检测和管线综合碰撞检测，最大限度减少错、漏、碰、缺等设计质量通病，提高设计质量和效率

3. 设计单位 BIM 应用形式及管理流程

(1) 应用形式

目前，我国各地设计单位 BIM 应用水平有很大差距，有的设计单位已成立 BIM 中心多年，甚至发展为数字服务机构，专业提供 BIM 信息化咨询和技术服务。有的设计单位还没有应用 BIM 的意识，或者只在初步翻模、设计效果演示阶段。设计单位 BIM 应用形式及优缺点见表 8. 3-4。

表 8. 3-4　设计单位全生命周期项目管理 BIM 应用形式及优缺点

序号	应用形式	优点	缺点
1	初始 BIM 应用，咨询公司协助进行 BIM 翻模和应用咨询	仍然应用二维图出图流程，时间不受影响，投入低	模型和设计不一定完全一致
2	BIM 设计中心与设计室结合，二维设计与 BIM 设计应用同步进行	二维出图流程、时间不受影响，应用 BIM 及时提供检查深化图纸，提高设计质量	二维设计成本没有降低，同时增加了 BIM 人员，成本增加
3	BIM 设计中心已成立，基本具备运用 BIM 技术进行设计的能力	BIM 正向设计，设计人员直接用 BIM 进行设计，模型和设计意图一致，质量高，应用好，项目成本低	需要企业前期积累应用经验，人员培训，软硬件投入，建立流程制度和标准

以上三个阶段是设计单位 BIM 技术应用的必经之路，逐步将流程、制度和标准都内化到软件的各个模块，软件成熟了，设计单位才能直接进入正向 BIM 设计。应用 BIM 软件后，设计变得更方便、效果更好，BIM 技术在设计阶段的推广会更顺畅。

(2) 管理流程

传统设计过程中各专业之间信息共享有限，不同阶段、不同专业的内容体现在多个图纸文件中，经常会出现设计不统一的问题。通过 BIM 技术，从设计初期到施工图设计，不同专业的信息模型可以整合到一个模型文件中。通过项目管理一体化信息平台，实现各方共享。应用 BIM 技术设计阶段工作流程如图 8. 3-2 所示。BIM 技术使设计过程通过同一个平台实时共享设计信息，使更多设计问题能在设计早期得到关注，从而大幅提高设计质量。

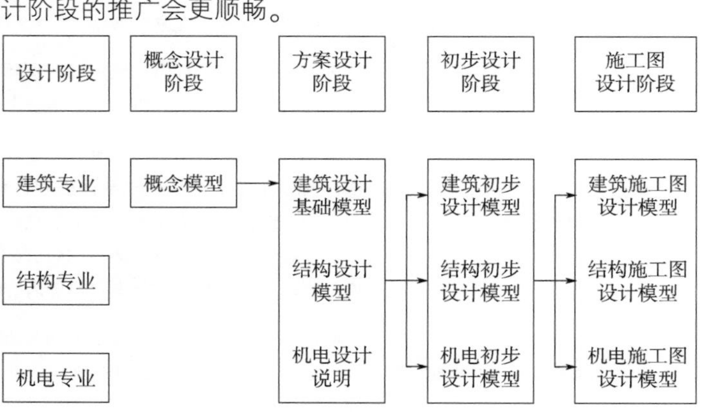

图 8. 3-2　设计单位应用 BIM 技术设计阶段工作流程

8. 3. 3　施工单位

1. 应用需求

施工单位是项目的最终实现者，是竣工模型的创建者，施工单位的关注点是现场实施，关心 BIM 如何与项目结合，如何提高效率和降低成本。施工单位对 BIM 的需求是多方位的。

(1) 理解设计意图

可视化的设计图纸会审能帮助施工人员更快更好地解读工程信息，并尽早发现设计错误，及时与设计沟通联络。

(2) 降低施工风险

利用 BIM 模拟施工功能可以进行直观的“预施工”，预知施工难点，更大程度地消除施工的不确定性和不可预见性，保证施工技术措施的可行、安全、合理优化施工单位 BIM 项目管理应用。

(3) 把握施工细节

根据设计单位提供的 BIM 模型基础上进行施工图深化设计，可以解决设计信息中没有体现的细节问题和施工细部做法，更直观、更切合实际地对现场施工工人进行技术交底。

(4) 更多的工厂预制

为构件加工提供更详细的加工详图，减少现场作业，保证质量。

(5) 提供便捷的管理手段

利用模型进行施工过程荷载验算、进度物料控制、施工质量检查等。

2. 应用方面及具体体现

传统的管理模式下，施工阶段管理粗放，工程质量、安全不易控制。在施工阶段中，BIM 技术能够在质量、安全、工程进度等多个功能模块进行应用。依据工程进度计划、施工方案等可以进行工程进度模拟、施工方案预演等。通过现场进度实时更新，可以实现进度计划动态调整，通过方案预演可以提前发现方案问题，并进行方案优化比选，从而能够节约工期，节省投资，提高工程质量、安全水平。

施工单位在推进 BIM 应用进程中的任务是改进传统项目管理方法，建立基于 BIM 应用的施工管理模式和协同工作机制；明确施工阶段各参与方的协同工作流程和成果提交内容，明确人员职责，制定管理制度；开展 BIM 应用示范，根据示范经验，逐步实现施工阶段的 BIM 集成应用，形成最后的竣工模型。

施工单位在项目全生命周期 BIM 应用体现见表 8.3-5。

表 8.3-5 施工单位项目全生命周期 BIM 应用体现

序号	BIM 应用	BIM 应用体现
1	施工模型建立	利用基于 BIM 技术的数据库信息，导入和处理已有的 BIM 设计模型，建立包括建筑构件施工现场、施工机械、临时设施等在内的 BIM 施工模型
2	物资采购	基于 BIM 技术的施工构件模型，记录构件的尺寸、体积、重量、材料类型、型号，针对主要构件选择施工设备、机具
3	模拟施工	模拟施工过程、构件吊装路径、危险区域、车辆进出现场状况、装卸货情况等，协助管理者分析现场的限制，找出潜在的问题
4	三维场布应用	基于三维场布模型，可视化现场设施的布置及运用，帮助施工单位事先准确地估算所需要的资源，评估各种设施的安全性，是否便于施工，提早发现可能存在的设计错误
5	细化设计	利用 BIM 设计模型根据施工安装需要进一步细化、完善，指导建筑部品构件的生产以及现场施工安装
6	专业协调	进行建筑、结构、设备等各专业以及管线在施工阶段综合的碰撞检测分析和模拟，消除冲突，减少返工

（续）

序号	BIM 应用	BIM 应用体现
7	成本管理与控制	精确高效计算工程量，进而辅助工程预算编制。 对工程动态成本进行实时、精确的分析和计算，提高对项目成本和工程造价的管理能力。 减少设计变更，多方使用统一模型，减少争议，加快工程结算进程。多算对比，有效管控
8	进度管理与控制	基于 BIM 技术的施工模型，对多参与方、多专业的进度计划进行集成化管理，全面、动态地掌握工程进度、资源需求以及供应商生产及配送状况，解决施工和资源配置的冲突和矛盾，确保工期目标实现
9	质量、安全管理	基于 BIM 技术的施工模型，对复杂施工工艺进行数字化模拟，实现三维可视化技术交底；对复杂结构实现三维放样、定位和监测；实现工程危险源的自动识别分析和防护方案的模拟；实现远程质量验收
10	地下工程风险管控	利用基于 BIM 技术的岩土工程施工模型，模拟地下工程施工过程以及对周边环境影响，对地下工程施工过程可能存在的危险源进行分析评估，制订风险防控措施
11	交付竣工模型	BIM 竣工模型应包括建筑、结构和机电设备等各专业内容，在三维几何信息的基础上，还包含材料、荷载、技术参数和指标等设计信息，质量、安全、耗材、成本等施工信息，以及构件与设备信息等，用于竣工交付、资料归档和运营维护

3. 施工单位 BIM 常见应用形式

目前，我国 BIM 技术主要应用在施工阶段，各地应用水平也差距很大，一线城市大型企业大型工程项目中应用较多，一些三四线城市中基本未开展。BIM 技术在施工阶段的常见应用形式如下：

1）完全委托 BIM 技术咨询公司，进行投标阶段 BIM 技术应用，被动解决建设方 BIM 技术要求。

2）委托 BIM 技术咨询公司，同步培训并咨询，在项目建设过程中进行 BIM 技术的应用开发。

3）成立施工深化设计中心，由中心负责 BIM 模型搭建，基于 BIM 技术进行深化设计，由中心配合项目部组织具体施工过程 BIM 技术实施。

4）集团公司成立协同平台，对下属项目提供软硬件及云技术协同支持。

8.3.4 监理单位和造价咨询单位

1. 监理单位

工程监理的委托权由建设单位拥有，建设单位通过有偿的方式委托监理单位对施工进行监管。工程监理工作涉及范围大，除了工程质量之外，监理单位还需要对工程投资、工程进度、工程安全等诸多方面进行严格监督和管理；监理范围由工程监理合同、相关的法律规定、相对应的技术标准、承发包合同决定。工程监理单位在监管过程中具有相对独立性，其维护的不仅是建设单位的利益，还需要公正地考虑施工单位的利益。工程监理单位是施工单位和建设单位之间的桥梁，各个相关单位之间的协调沟通离不开工程监理单位。

按照项目管理职责要求，监理单位应代表业主方监督和管理各参建单位的 BIM 技术应用。

目前，BIM 技术尚在实践探索阶段，因此在监理单位的应用还不普及，但是数字化、信息化、智能化建筑是必然趋势，监理单位也应当注重监理队伍 BIM 能力的培训与提升。

在 BIM 技术应用领域，监理单位 BIM 技术应用领域可以从以下两个方向开展技术储备工作：

1）大量接触和了解 BIM 应用技术，储备 BIM 技术人才，具备 BIM 技术应用监督和管理的能力。

2）作为业主方的咨询服务单位，能为业主方提供公平、公正的 BIM 实施建议，具备编制 BIM 应用规划的能力。

2. 造价咨询单位

造价咨询单位的业务范围主要是面向社会接受委托，承担工程项目的投资估算、经济评价、工程概算和设计审核、标底和报价的编制审核、工程结算和竣工决算等业务工作。主要包含两部分内容：一是具体编制工作，二是审核工作。这两部分内容的核心都是工程量与价格（价格包含清单价、市场价等）。其中，工程量包含设计工程量和施工现场实际实施动态工程量。通过 BIM 技术的运用，造价咨询单位在整个建设全生命周期项目管理工作中对工程量的管控将产生质的提升，具体应用价值体现在以下几方面：

(1) 大幅度减少算量建模工作量，提高算量效率

造价咨询单位在做工程概预算时，建模和计算工程量是非常复杂、费时的工作，人工消耗也比较大，通过 BIM 正向设计，建模工作已在设计阶段完成，工程量可以直接提前导出，造价咨询单位的算量建模工作量大幅减少，直接减少了造价咨询时间和人工需要量，提高了算量效率。同时，算量成果还能在软件中与模型构件一一对应，便于快捷、直观地检验成果。

(2) 减轻企业负担，改变企业竞争模式

传统造价咨询行业，算量工作量大，工作人员大量时间精力用于算量建模，人员、时间消耗都很大。BIM 技术应用推广以后，算量建模将不再是造价咨询单位的人力资源重要支出，丰富的数据资源库、项目经验积累、资深的专业技术人员，将是造价咨询企业的核心竞争力，形成以核心技术人员和服务经理组成的企业竞争模式。

(3) 单个项目的造价咨询服务将从节点式变为伴随式

BIM 技术推广应用后，造价咨询行业的参与度将不再局限于预算、清单、变更评估、结算阶段。项目进度评估、项目赢得值分析、项目预评估，均需要造价咨询专业技术支持；同时，项目管理、计价是一项复杂的工程，涵盖了定额众多子项和市场信息调价，必须有专业的软件应用人员和造价咨询专家进行技术支持。造价咨询行业将延伸到项目现场，延伸到项目建设全过程，与项目管理高度融合，提供持续的造价咨询技术服务。

8.3.5 供货单位

供货单位作为项目建设的一个参与方，其项目管理主要服务于项目的整体利益和供货单位本身的利益。供货单位的项目管理工作主要在施工阶段进行，同时也涉及设计准备阶段、设计阶段、动用前准备阶段和保修期。供货单位项目管理的任务包括供货方的安全、成本、进度、质量、合同、信息管理以及与供货有关的组织和协调。供货单位项目管理中 BIM 的应用体现见表 8.3-6。

表 8.3-6 供货单位项目管理中 BIM 的应用体现

序号	BIM 应用	BIM 应用体现
1	设计阶段	提供产品设备全信息 BIM 数据库，配合设计样板进行产品、设备设计选型

（续）

序号	BIM 应用	BIM 应用体现
2	招标投标阶段	根据设计 BIM 模型，匹配符合设计要求的产品型号，并提供对应的全信息模型
3	施工建造阶段	配合施工单位，完成物流追踪；提供合同产品、设备的模型，配合进行产品、设备吊装或安装模拟；根据施工组织设计 BIM 指导，配送产品、货物到指定位置
4	运维阶段	配合维修保养，配合运维管控单位及时更新 BIM 数据库

8.3.6 运维单位

1. 应用需求

结合在建筑全生命周期项目管理流程中的特点，运维单位的 BIM 应用需求主要有以下几个方面：

1）BIM 技术能以更好、更直观的技术手段参与规划设计阶段。

2）BIM 技术应用帮助提高设计成果文件品质，并能及时统计设备参数，便于前期运维成本测算，从运维角度为设计方案决策提供意见和建议。

3）施工建造阶段，运用 BIM 技术直观检查计划进展，参与阶段性验收和竣工验收，保留真实的设备、管线竣工数据模型。

4）运维阶段，帮助提高运维质量、安全、备品备件周转和反应速度，配合维修保养，及时更新 BIM 数据库。

2. 应用方面及具体体现

由于实际条件的制约，传统工程项目管理容易出现竣工资料移交不全、资料丢失、信息缺失等问题，从而为运营维护阶段的管理造成困扰。通过 BIM 在设计、施工等阶段的应用，形成的 BIM 信息模型包含了项目全部的信息资料，在实际运营维护工作中，可以方便地从模型中提取相关设备、构件的详细信息，结合现场健康监控系统、人员定位系统等，可以高效进行工程运行状态监控、设施日常维护管理、人员定位以及资源共享等，从而大幅提升运营维护效率。

在运维阶段，运维单位 BIM 建设任务是改进传统的运营维护管理方法，建立基于 BIM 应用的运营维护管理模式；建立基于 BIM 技术的运营维护管理协同工作机制、流程和制度；建立交付标准和制度，保证 BIM 竣工模型完整、准确地提交到运营维护阶段。BIM 技术对运维单位的应用价值体现见表 8.3-7。

表 8.3-7　BIM 技术对运维单位的应用价值体现

序号	BIM 应用	BIM 应用体现
1	运营维护模型建立	利用基于 BIM 技术的数据集成方法，导入和处理已有的 BIM 竣工交付模型，通过运营维护信息录入和数据集成，建立项目 BIM 运营维护模型；或者利用其他竣工资料直接建立 BIM 运营维护模型
2	物业交接过程辅助	利用 BIM 模型辅助完成住宅小区物业管理与开发建设过程中的主要环节，如规划设计阶段的物业前期介入、工程建设阶段的物业监督、接管前的承接查验、综合竣工验收后的项目移交接管等
3	运营维护管理	应用 BIM 运营维护模型，集成 BIM、物联网和 GIS 技术，构建综合 BIM 运营维护管理平台，支持大型公共建筑和住宅小区的基础设施和市政管网的信息化管理，实现建筑物业、设备、设施及其巡检维修的精细化和可视化管理，并为工程健康监测提供信息支持

（续）

序号	BIM 应用	BIM 应用体现
4	设备设施运行监控	综合应用智能建筑技术，将建筑设备及管线的 BIM 运营维护模型与楼宇设备自动控制系统相结合，通过运营维护管理平台，实现设备运行和排放的实时监测、分析和控制，支持设备设施运行的动态信息查询和异常情况快速定位
5	应急管理	综合应用 BIM 运营维护模型和各类灾害分析、虚拟现实等技术，实现各种可预见灾害模拟和应急处置

8.3.7 政府监管机构

参与全生命周期工程项目管理的政府机构主要有发改委、住建局、环保局、规划管理局、国土资源局等相关政府部门。

政府监管机构的 BIM 应用价值主要体现在各机构需要的模型和数据信息。由于 BIM 系统中应用的是一个完整统一的 BIM 模型数据库，通过 BIM 技术，能更大限度保证政府管理机构获取的模型数据信息的真实性，以及各监管机构之间数据信息的统一性。

8.4 BIM 技术在项目各方的协同管理中的应用

8.4.1 协同及协同平台的概念

1. 协同

协同即协调两个或者两个以上的不同资源或者个体，协同一致地完成某一目标的过程或能力。项目管理中由于涉及专业较多，而最终的成果是多个专业成果的综合，这个特点决定了项目管理需要密切配合和协作。由于参与项目的人员因专业分类或项目经验等各种因素的影响，实际工程中经常出现因配合未到位而造成的工程返工甚至工程无法实现而不得不变更设计的情况，故在项目实施过程中，对各参与方在各阶段进行信息数据协同管理意义重大。

2. 协同平台

为了保证各专业和专业之间信息模型的无缝衔接和及时沟通，BIM 需要在一个统一的平台上完成。一个高效的协同平台应可以有针对性地面对项目中各个参与方，它能展示的数据内容、形式及所实现的功能都是具有特定意义的。

BIM 协同平台是对于 BIM 数据进行存储和管理，通过 BIM 为媒介将各专业各阶段的数据信息导入平台之中，通过互联网技术，让各项目参与方对工程数据实现共享，从而满足不同人群的需求。

目前，国内的一般项目，BIM 协同平台服务于三方：设计方、施工方、业主方。

1）设计方协同平台可以贯穿设计阶段的各个环节。当信息实现无阻碍交流，通过统一的平台来跨越专业间不同的设计工具、不同的设计方所带来的信息鸿沟，让设计各专业能够实现信息共享、资源共享以及数据之间无阻碍的交流。

2）通过 BIM 协同平台，施工方可以在平台上很清楚地看到可视化模型，通过对模型细部的观察来判读设计的成果是否能够施工，同时对于构件信息可直接阅读，了解采购渠道与单价，进行施工成本预算。通过协同平台进行二次深化或碰撞检查，提前检测施工难点及冲突点，再进行施工模拟以减少返工现象，提高施工现场的管理水平，大大提高施工效率。

3）通过BIM协同平台，业主也能够从专业的角度对项目进行观察，更加清晰、全面地进行察看。通过对BIM协同平台的检查，随时随地对工程的进度、成本状态及后期运维的资产管理进行查阅及管控。

8.4.2 项目各参与方的协同管理应用

项目在实施过程中各参与方较多，且各自职责不同，但各自的工作内容之间联系紧密，故各参与方之间良好的沟通协调意义重大。项目各参与方之间的协同合作有利于各自任务内容的交接，避免不必要的工作重复或工作缺失而导致的项目整体进度延误甚至工程返工。基于BIM技术的协同管理，包括协同平台的信息管理、职责管理和会议沟通协调等内容。

1. 基于BIM协同平台的信息管理

随着计算机技术在工程领域的普及，各利益相关方都希望有一个良好的系统能够跨越时间和空间，将项目全生命周期中的所有信息进行集中、有效的管理，让分布在不同区域的项目团队，能够在一个统一的环境下工作，随时获取所需的信息，进而能够进一步明确项目成员的责任，提升项目团队的工作效率，并可供项目团队分享。

BIM协同通过工作共享、内容重复利用和动态反馈提供业界公认的可扩展优势，把项目周期各个参与方集成在一个统一的工作平台上，改变传统的分散的交流模式，实现信息的储存和访问，从而缩短项目的周期时间，增强信息的准确性和及时性，提高各参与方的协同效率。BIM协同平台具有较强的模型信息存储能力，项目各参与方通过数据接口将各自的模型信息数据输入到协同平台中进行集中管理，一旦某个部位发生变化，与之相关联的工程量、施工工艺、施工进度、采购单等相关信息都自动发生变化，且在协同平台上采用短信、微信、邮件、平台通知等方式统一告知各相关参与方，其只需重新调取模型相关信息，便可轻松完成了数据交互的工作。BIM协同平台信息交互共享如图8.4-1所示。

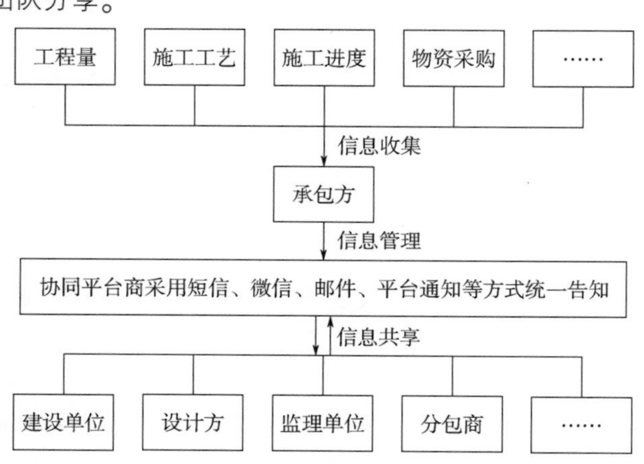

图8.4-1 BIM协同平台信息交互共享

2. 基于BIM协同平台的职责管理

为保证BIM在施工过程的有效性，各参与单位在不同阶段的职责应进行明确划分，让人知其责，人尽其责。各参与单位有效配合，共同完成BIM的实施。

某工程项目施工阶段各参与方协同管理职责划分见表8.4-1。

表8.4-1 某工程项目施工阶段各参与方协同管理职责划分

参建单位	结构施工	机电安装	系统联动、试运行
甲方	监督BIM实施计划进行，签订分包管理办法	监督BIM实施计划进行，签订分包管理办法进行模型确认	模型交付
设计方	配合甲方进行图纸深化，进行图纸签认	配合甲方进行图纸深化，进行图纸签认	竣工图确认

（续）

参建单位	结构施工	机电安装	系统联动、试运行
总承包 BIM	模型维护、方案论证	施工工艺模型交底、样板间制作	模型信息整理交付
分包	配合总承包 BIM 对各自专业进行深化设计和模型交底	按照模型施工	模型确认

3. 基于 BIM 协同平台的会议沟通协调

开会是常用且有效的组织协调方式，协同平台不仅需要解决项目管理中的信息传递共享，还需要定期组织各参与方召开会议进行直接沟通协调。工程总监理工程师应定期召集甲方、施工单位等召开例会。协调例会一般包括以下几方面内容：

1）通过模型交底展示，实现各专业图纸的会审，及时发现图纸问题。

2）利用 BIM 辅助解决施工重难点问题，包括相关方案的论证，施工进度 4D 模拟等，让各参与单位通过模型对项目有一个更为直观、准确的认识，通过会议进行交流确认。

3）按照工程进度，提前确定模型深化需求，并进行深化模型的任务派发、模型交付以及整合工作，对深化模型确认后出具二维图，指导现场施工。

8.5 BIM 技术的项目管理模式

8.5.1 建设单位主导管理模式

建设单位采用 BIM 技术的初期，主要集中于建设项目的设计，用于项目沟通、展示与推广。随着对 BIM 技术认识的深入，BIM 的应用已开始扩展至项目招标投标、施工、物业管理等阶段。

建设单位主导管理模式如图 8.5-1 所示，是以建设单位为主导，组建专门的 BIM 团队，负责 BIM 实施，并直接参与 BIM 具体应用。建设单位基于设计方提供二维（2D）设计图，采用 BIM 技术建立 3D 建筑模型，并进行设计检测分析，直至解决发现的所有设计问题。然后，发布招标信息，要求承建商提供可视化投标方案，并基于此进行评标和定标。中标的承建商将细化施工方案，并基于 BIM 技术和模拟技术展示和测试施工方案的可行性，以得到建设单位的认可，进而指导施工。施工结束后，建设单位将基于项目竣工图和其他相关信息，采用 BIM 技术更新已建立的 3D 模型，形成最终的 BIM 模型，以辅助物业管理。

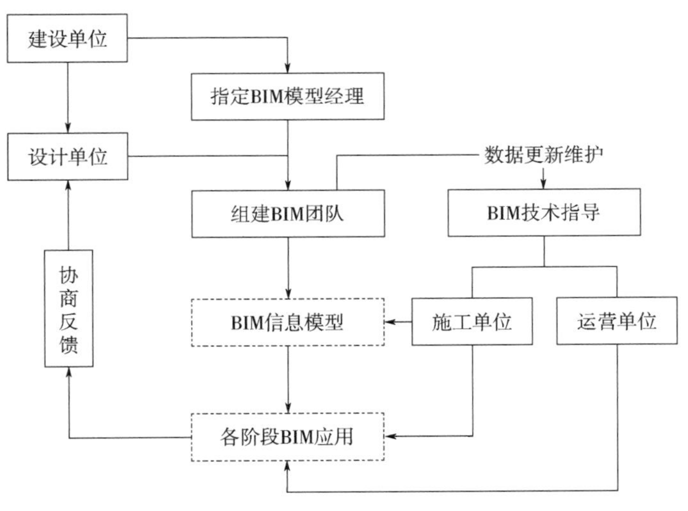

图 8.5-1 建设单位自主管理模式

该模式对建设单位 BIM 技术人员及软硬件设备要求都比较高，特别是对 BIM 团队人员的沟通协调能力、软件操作能力有较高的要求，且前期团队组建困难较多、成本较高、应用实施难度大，对建设单位的经济、技术实力有较高的要求。

8.5.2 设计单位主导管理模式

设计单位主导管理模式是由业主委托一家设计单位，将拟建项目所需的 BIM 应用要求等以 BIM 合同的方式进行约定，由设计单位建立 BIM 设计模型，并在项目实施过程中提供 BIM 技术指导、模型信息的更新与维护、BIM 模型的应用管理等，施工单位在设计模型上建立施工模型（图 8.5-2）。

设计单位主导模式是 BIM 在建设工程项目中应用最早的方式，应用也较为广泛，其以设计单位为主导，而不受建设单位和承建商的影响。在激烈竞争的市场中，各设计单位为了更好地表达自己的设计方案，通常采用 3D 技术进行建筑设计与展示，特别是大型复杂的建设项目，以期赢取设计投标。

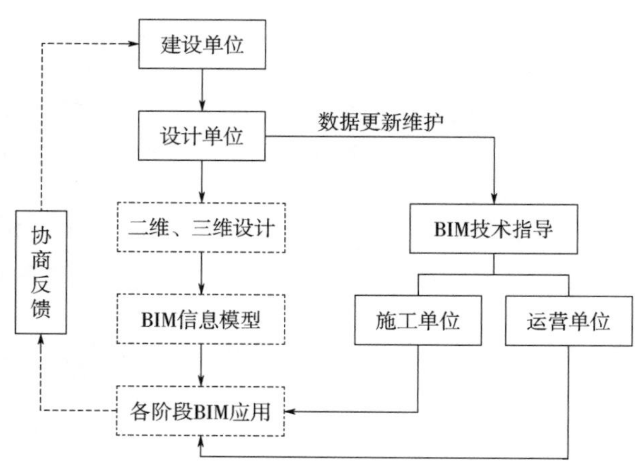

图 8.5-2 设计单位主导管理模式

设计单位主导管理模式的 BIM 应用通常只用于项目设计的早期。在设计方案得到建设单位认可后，除非应建设单位的要求，否则设计单位不会对建立的 3D 模型进行细化，也不会用于设计的相关分析，如结构分析等，其在施工阶段和维护阶段的应用更微乎其微。尽管设计单位驱动的 BIM 应用模式在一定程度上加速了 BIM 的发展，但是其并没有将 BIM 的主要功能应用于建设项目整个过程中，只是在项目的初期阶段利用了 BIM 的 3D 显示功能，因此目前此模式应用较少。

8.5.3 施工承包商主导管理模式

由施工承包商主导工程项目管理 BIM 实施模式近年来应用最广泛，应用方通常为大型承建商，主要目的是辅助投标和施工管理。

BIM 应用对于承包商益处最明显，建筑行业竞争非常激烈，承建商为了赢得建设项目投标，采用 BIM 技术和模拟技术来展示自己施工方案的可行性及优势，从而提高自身的竞争力。另外，在大型复杂建筑工程施工过程中，施工工序通常也比较复杂。为了保证施工的顺利进行、减少返工，承建商采用 BIM 技术进行施工方案的模拟与分析，在真实施工之前找出合理的施工方案，同时便于与分包商协作与沟通。

此种应用模式主要面向建设项目的招标投标阶段和施工阶段。承包商基于建设单位的施工招标信息，采用 BIM 技术和模拟技术将初步制订的施工方案可视化，并制订投标方案参与投标。中标后，承建商通常会与分包商协作将施工方案细化，并采用 BIM 技术和模拟技术进行方案模拟优化分析，经过多次模拟后提出可行的施工方案进行实际施工指导。

国家对 BIM 技术很重视并大力推广，一些优质工程奖项，如中国建设工程鲁班奖，获奖条件里有要求施工单位使用 BIM 技术，这也调动了施工单位应用 BIM 的热情。

BIM 技术正在深刻渗透和改变建筑行业信息化及生产管理方式，BIM 的最终价值是提供集成化的项目信息交互环境，提高协同工作效率。在工程各项目参与方中，业主处于主导地位。在 BIM 实施应用的过程中，业主是最大的受益者，因此业主实施 BIM 的能力和水平将直接影响到 BIM 实施的效果。

综上所述，业主应当根据项目目标和自身特点，从项目 BIM 应用实施的初始成本、协调难度、应用扩展性、对运营的支持程度以及对业主要求等角度考虑，选择合适的 BIM 实施模式，以保证实施效果，真正发挥 BIM 信息集成的作用，切实提高工程建设行业的管理水平。

第9章 BIM技术在装配式建筑中的应用

9.1 BIM 技术与装配式建筑概述

9.1.1 装配式建筑发展概述

1. 建筑业的发展历程及面临的问题

自20世纪50年代我国开始学习应用苏联的大板技术体系起，到目前为止，装配式建筑发展经历了以下四个阶段：

（1）*初始开创阶段：20世纪50年代*

装配式建筑初始于20世纪50年代，主要借鉴苏联技术。

（2）*发展阶段：20世纪60～80年代*

这一时期，各种预制装配式构件如屋面梁、吊车梁、预制屋面板、预制空心楼板以及大板建筑等得到应用，达到鼎盛。

（3）*低迷停滞阶段：20世纪90年代*

进入20世纪90年代后，由于当时预制装配式建筑技术比较落后，建筑工业化整体水平较低，以至于建筑设计水平低下、预制构件制作的精细化程度不高、施工质量差、建筑性能及结构抗震性能不好等诸多原因，导致装配式建筑处于低迷停滞状态，与之相比现浇混凝土技术迅速发展，装配式建筑发展陷入低谷。

（4）*恢复、发展阶段：21世纪10年代*

近十年来，随着我国经济水平的不断提高，建筑业蓬勃发展，主要表现在科技水平的日益提升、建造能力的不断增强、产业规模的不断扩大，并且吸纳了大量农村转移的劳动力，不仅给社会提供了大量的就业机会，而且还带动了大量关联产业，如建材、钢铁、化工、机电等，对经济社会的发展、城乡建设和民生改善作出了重大贡献。

此外，随着装配式建筑施工技术和管理水平不断提高、国家政策的大力支持、行业标准不断出台，装配式建筑又重新升温，并呈现出快速发展的态势。

根据2020年中国建筑发展分析报告中国家统计局数据显示，2019全年全社会建筑业实现增加值为70904亿元，比上年增长5.6%，增速上升了0.8个百分点。2019年建筑业增加值占国内生产总值的7.16%，较上年上升了0.04个百分点，达到了近十年最高点。建筑业作为国民经济支柱产业当之无愧的地位依旧稳固，如图9.1-1所示。

尽管我国建筑业发展速度之快并且在国民经济中占有重要地位，但我国的建筑企业在企业管理和技术水平方面，同发达国家的建筑行业相比还存在较大差距。我国建筑业目前仍是一个管理粗放和劳动密集型行业，生产过程主要依靠现浇方式建造，建造方式比较落后、信息化水平应用相对较低，建筑业面临问题十分突出，主要表现如图9.1-2所示。

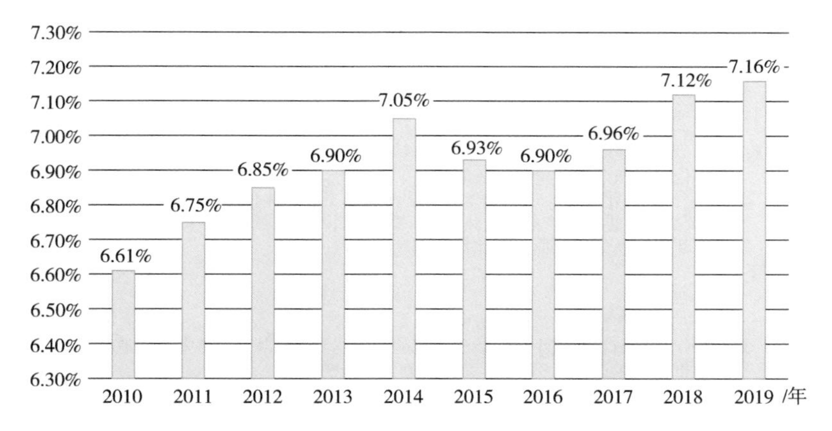

图 9. 1-1　2010—2019 年建筑业增加值占国内生产总值比重

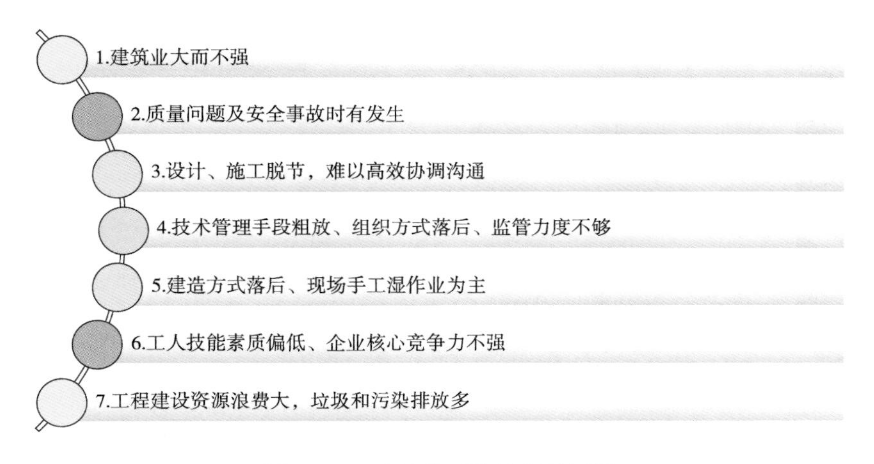

图 9. 1-2　建筑业面临的主要问题

2. 装配式一体化建造促进建筑业的转型升级

传统的建筑业建造方式不仅效率低下、工期较长，并且造成资源和能源的严重消耗，因而环境污染也日益明显。传统建筑业转型升级，早已迫在眉睫。其中，装配式建筑、绿色建造、智慧建筑成为建筑业未来的发展方向。

发展装配式建筑是建造方式的重大变革，是推进供给侧结构性改革和新型城镇化发展的重要举措，有利于节约能源、减少施工污染、提升劳动生产效率和质量安全水平，有利于促进建筑业与信息化深度融合、培育新产业新动能、推动化解过剩产能。装配式建筑作为我国建筑业转型升级的一个重要方向，国家对其高度重视。近年来，国家及地方陆续出台一系列政策和标准（图 9. 1-3），引导和大力推动建筑业的转型升级，推动装配式建筑的发展。据不完全统计，目前全国已有 30 多个省市出台了关于装配式建筑专门的指导意见和相关配套措施。如图 9. 1-4 所示为北京、上海、深圳继国家政策后出台的一系列推进装配式建筑的政策，这也是和国家宏观经济政策相契合的。

建筑工业化、信息化是城镇化建设的重要手段，也是建筑领域节能减排、生态环保、建设美丽中国的重要手段。建筑工业化直接推动了绿色建筑环保的发展、加快了城市现代化的进程，促进了全产业链复合式健康持续的发展。

2016.9.30 国发办 [2016]71

《关于大力发展装配式建筑的指导意见》
以京津冀、长三角、珠三角三大城市群为重点推进地区，常住人口超过300万的其他城市为积极推进地区，其余城市为鼓励推进地区，因地制宜发展装配式混凝土结构、钢结构和现代木结构等装配式建筑

2017.2.24 国办发 [2017]19

《关于促进建筑业持续健康发展的意见》
（1）坚持标准化设计、工厂化生产、装配化施工、一体化装修、信息化管理、智能化应用
（2）要大力推进建筑产业现代化，推广智能和装配式建筑，力争用10年左右的时间，使装配式建筑占新建建筑面积的比例达到30%

2017.3.23 建科 [2017]77

《“十三五”装配式建筑行动方案》
到2020年，全国装配式建筑占新建建筑的比例达到15%以上；其中重点地区达到20%以上；积极推进地区达到15%以上，鼓励地区达到10%以上

2020.7.3 建市 [2020]60

《关于推动智能建造与建筑工业化协同发展的指导意见》
提出要加快建筑工业化升级。大力发展装配式建筑，推动建立以标准部品为基础的专业化、规模化、信息化生产体系

2020.7.15 建标 [2020]65

《绿色建筑创建行动方案》
提出要推广装配式建造方式，大力发展钢结构等装配式建筑，新建公共建筑，原则上采用钢结构推动装配式装修，打造装配式建筑产业基地，提升建造水平

2020.8.28 建标 [2020]8

《关于加快新型建筑工业化发展的若干意见》
提出要加快新型建筑工业化发展，以新型建筑工业化带动建筑业全面转型升级，打造具有国际竞争力的中国建造品牌

图 9.1-3　2016—2020 年我国装配式行业主要政策汇总

北京

（1）北京的保障性住房和政府投资的新建建筑将全面采用装配式建筑
（2）通过拍挂方式取得城六区和通州区地上建筑规模 5万 m^2（含）以上的国有土地使用权的商品房开发项目将全部采用装配式建筑

上海

（1）2016年外环线以内符合条件的新建民用建筑全部采用装配式建筑，外环线以外超过50%
（2）2017年起外环以外在50%基础上逐年增加

深圳

（1）新出让的住宅用地项目
（2）纳入“十三五”开工计划（含棚户区改造和城市更新等配建项目）独立成栋，且截至本通知发布之日尚未取得《建设用地规划许可证》的保障性住房项目
（3）政府投资建设的学校、医院、养老院等公共建筑项目，以及深圳北站商务中心区、坪山中心区、宝安中心区、国际低碳城、大运新畴重点区域，优先实施装配式建筑
（4）市区主管部门应当在新开工保障性住房建设标准批复和建设管理任务书中明确装配式建筑相关技术要求，装配式建筑的增量成本计入项目建设成本

图 9.1-4　部分地区推进装配式建筑发展的政策

同时，住房和城乡建设部也陆续组织编制了国家标准《装配式混凝土建筑技术标准》（GB/T 51231—2016）、《装配式钢结构建筑技术标准》（GB/T 51232—2016）、《装配式木结构建筑技术标准》（GB/T 51233—2016）、《装配式建筑评价标准》（GB/T 51129—2017）、《装配式住宅建筑设计标准》（JGJ/T 398—2017）等装配式技术标准，为大力推动装配式建筑提供了技术措施保障，体现了全专业、全流程、一体化、标准化的协同建造。根据住建部发布的一系列文件《关于推动智能建造与建筑工业化协同发展的指导意见》《绿色建筑创建行动方案》以及《关于加快新型建筑工业化发展的若干意见》，明确提出到 2025 年，我国要建立智能建造与建筑工业化协同发展的政策体系和产业体系，推动形成一批智能建造龙头企业，引领并带动广大中小企业向智能建造转型升级，打造具有中国竞争力的“中国建造”品牌，显著提高建筑工业化、数字化、智能化的水平，到 2035 年“中国建造”核心竞争力要世界领先，建筑工业化全面实现，迈入智能建造世界强国行列。可见未来中国建筑业必将走向绿色化、工业化、信息化发展之路，如图 9. 1-5 所示。

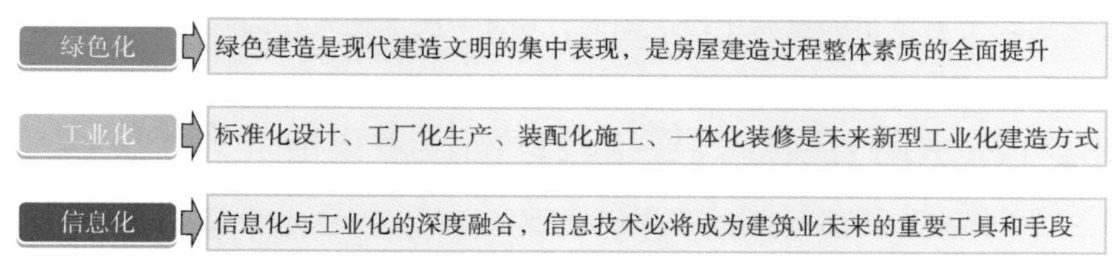

图 9. 1-5　中国建筑业未来发展之路

目前，我国装配式建筑在政策的导引下已逐步分批次遍布大中城市。

3. 装配式建筑的概念

装配式建筑是指结构系统、外围护系统、设备与管线系统、内装系统的主要部分采用预制部品部件集成的建筑。其包括装配式混凝土结构、装配式钢结构、装配式木结构建筑。

实际上，装配式建筑就是采用预制构件运输到施工现场，通过可靠的连接方式将预制构件组装而建成的建筑，如图 9. 1-6 所示。装配式是一种建造方式，是不同于传统现浇施工的建造方式，就像搭积木一样盖房子，也可以说像造汽车一样成批成套地制造。只要把预制好的房屋构件，运输到工地拼装而成即可。

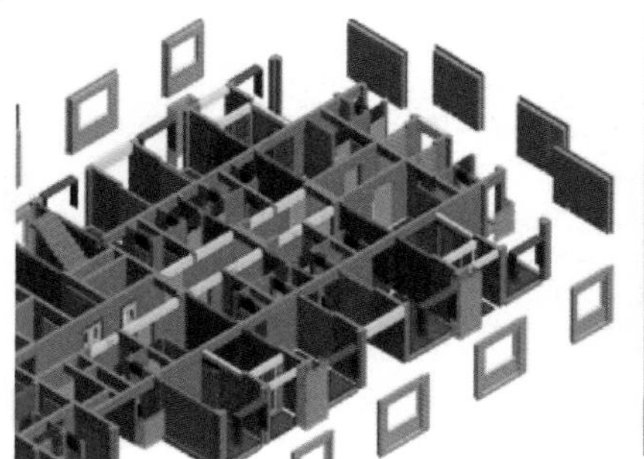

图 9. 1-6　装配式建筑示例

装配式建筑传统的建造模式是设计→工厂加工→现场安装，但是这三个环节往往是分离的，信息不能共享，而且传统的设计方式是通过预制构件加工图来表达预制构件的设计，其平、立、剖面图是基于 CAD 传统的二维表达形式，在安装过程中常常出现很多不合理的弊端，影响施工进度和质量，同时因变更造成很多不必要的资源浪费。

工业化装配式建筑，不同于“传统生产方式 + 装配化”的建筑，用传统的设计、施工和管理模式进行装配化施工并不是建筑工业化。

装配式建筑工业化的重要特征之一就是要实现全过程信息化管理，在推行新型建筑工业化的管理模式创新的过程中，工程总承包模式 EPC 一直是颇受关注的一种承包模式，它实现了设计、加工、装配一体化、技术集成及协同。因此，基于BIM技术与智能化加工相结合的建筑工业化全过程信息化管理尤显其重要性。

近年来，随着国家大力提倡装配式建筑的同时，BIM技术应用也在被不断地深入研究并应用到各个相关领域。2017年3月，国务院办公厅发布《国务院办公厅关于促进建筑业持续健康发展的意见》（国发办，〔2017〕19号），要求通过工业化和信息化结合的方式，加快城市现代化的进程，这就标志着BIM和装配式深度融合提升到国策层面来推动和落实。

BIM技术的引入，可以将设计方案、制造需求、安装需求集成在BIM模型中，在实际建造前统筹考虑、有效解决或消除装配式建筑各个环节遇到的问题。

智慧城市在建设过程中，最重要的一环就是信息化建设，而在构建智慧城市的过程中，建设工程领域的信息化发展更是重中之重。三维可视化的信息模型，在正向设计、数字化生产及全员协同下，可以实现“人、机、料、法、环”的全要素管控，随着数字化的转型升级，BIM技术将是实现智慧城市的重要手段。同时，BIM+技术将为我国未来建筑业的发展起到推动的作用。

9.1.2 BIM技术助力装配式建筑设计的技术集成

1. BIM技术与装配式建筑的融合有助于实现信息化、工业化的深度融合

装配式建筑的核心是“集成”，BIM技术是“集成”的主线。BIM技术可以通过协同平台，串联起设计、生产、运输、吊装和运维的全过程，实现全生命周期信息化的协同设计、碰撞检测、预制构件加工模拟、施工吊装安装模拟、复杂节点连接模拟等数字化的虚拟建造，有利于整合建筑全产业链，实现全过程、全方位的工业信息化集成，提前发现或规避建造过程中可能出现的问题，提高工作效率。

由于BIM技术和装配式在顶层设计理念上的契合，BIM技术与装配式建筑的深度融合，一方面可以实现基于BIM的设计、生产、装配全过程信息集成和共享；另一方面可以实现装配式建筑实施全过程的成本、进度、合同、物料等各业务信息化管控。BIM信息化应用技术和管理系统的建立，将有利于推进装配式建筑设计一体化、生产工厂化、施工装配化、装修一体化、管理信息化“五化一体”的实施，同时将生产过程的上下游企业联系起来，真正实现以信息化促进产业化，有效提高装配式建筑的设计效率、加工精度、安装质量以及全过程的管理水平，如图9.1-7所示。

图9.1-7 BIM技术与装配式建筑全过程信息化、工业化的深度融合

2. BIM技术在装配式建筑设计、生产、装配全过程的一体化建造

（1）装配式一体化建造的核心

一体化建造方式是以“建筑”为最终产品的系统思维，具有系统化、集约化的显著特征。在工程建设全过程中，主体结构、外围护、机电设备、装饰装修等多专业协同，按照一定的技术接口和协同原则组装而成，这样的建造方式称为一体化建造方式。一体化建造的核心体现在以下三个方面（图9.1-8）。

1）建筑、结构、机电、内装一体化是系统性装配的要求。装配式建筑由建筑、结构、机电、内装四个装配子系统组成，四个子系统既独立存在，又共同构成一个更大的建筑装配系统，而这个更大的系统就是建筑工程项目。

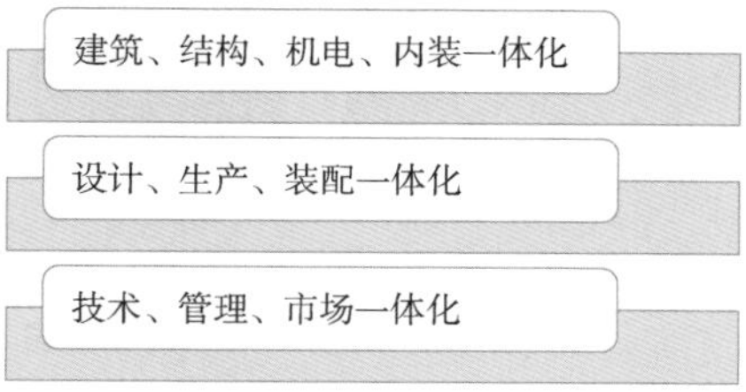

建筑、结构、机电、内装一体化

设计、生产、装配一体化

技术、管理、市场一体化

图 9.1-8 一体化建造核心体现“三个一体化”

按照结构系统、外围护系统、设备与管线系统、内装系统四个子系统，将预制部品部件通过模数协调、模块组合、接口连接、节点构造和施工工法等一体化系统性集成装配。通过到工地高效、可靠的装配，从而实现主体结构、建筑围护、机电、内装一体化，最终形成完整的装配式建筑，如图 9.1-9 所示。

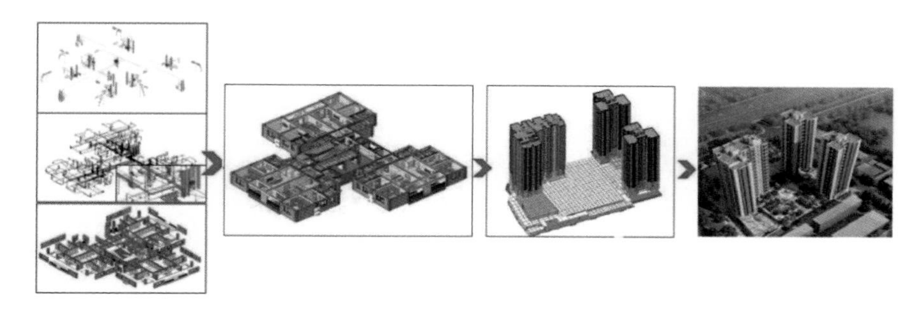

图 9.1-9 各专业一体化装配系统

2）设计、生产、装配一体化是工业化生产的要求。部品构件的标准化设计，应有利于工厂自动化生产和现场高效化的装配。因此，要加强部品构件的标准化设计，优化连接节点，实现构件的自动化生产、高效集成化的组装。

3）技术、管理、市场一体化是产业化发展的要求。装配式建筑需要多专业、多环节、多参与方的协同工作，EPC 工程总承包具有组织性、集成性、系统性管理的优势，BIM 技术具有信息共享、集成共用、协同工作的优势，因此，发展装配式建筑需要技术与管理高度集中和统一，并应建立与之相适应的管理模式以及相适应的市场机制，建立成熟完善的技术体系，充分发挥技术管理市场一体化的优势，营造良好的市场环境，推进装配式建筑的产业化。装配式建筑系统性要求高，需采用一体化的建造方式，提升建造效率和效益；一体化的建造方式，需要 EPC 工程总承包管理推进，在 EPC 模式下，BIM 技术的信息共享、集成共用、协同工作，可以让信息化优势得以充分发挥，实现装配式建筑的系统性建造，如图 9.1-10 所示。

图 9.1-10 技术、管理、市场一体化

要实现一个装配式项目从设计、施工、运维到拆除全过程的一体化管理，需要从设计到施工各个环节的信息，而在传统的模式下，搜集和处理每个阶段、每个环节的信息，都是一项非常耗时费力的工作。

基于 BIM 技术信息化的特性，BIM 技术可以对项目全生命周期过程中所有信息进行高度整合，确保信息的准确传递和共享。这些信息可以用来分析数据，更好地实现各专业协同工作。

（2）装配式建筑信息集成特点（图 9.1-11）

1）装配式建筑设计——标准化。

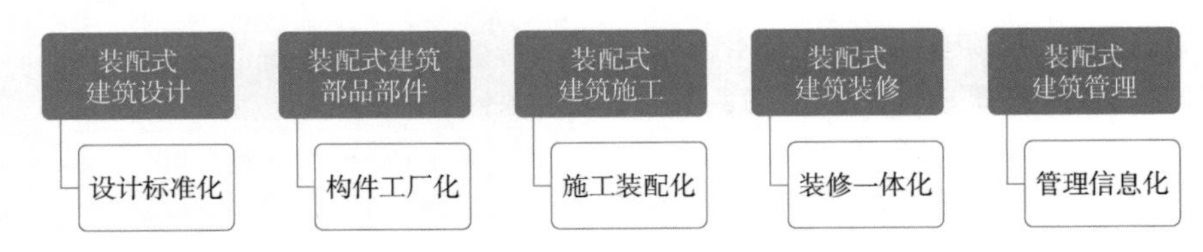

图 9.1-11　装配式建筑信息集成特点

2）装配式建筑部品部件——工厂化。

3）装配式建筑施工——装配化。

4）装配式建筑装修——一体化。

5）装配式建筑管理——信息化。

坚持标准化设计、工厂化生产、装配化施工、一体化装修、信息化管理、智能化应用，可以促进建筑产业转型升级，提高技术水平和工程质量。

3. 装配式建筑一体化建造优势

1）受气候条件制约小，节约劳动力，建造速度快。

2）有利于节约资源能源，减少施工污染，绿色施工，保护环境。

3）有利于实现基于 BIM 的设计、生产、装配全过程信息集成和共享。

4）有利于实现装配式建筑实施全过程的成本、进度、合同、物料等各环节信息化管控。

5）有利于提高信息化应用水平，提高建造效率和效益，提升施工质量和安全度。

6）有利于促进建筑业与信息化、工业化深度融合、培育新产业新能源、推动化解过剩产能。

4. 装配式建筑信息集成的基础——模数化、标准化、模块化

装配式建筑信息集成的基础是模数化、标准化和模块化，其中模数化是基础，建立标准化建筑单元模块，形成系列的标准化设计模块，组合成标准化功能模块，如图 9.1-12 所示。

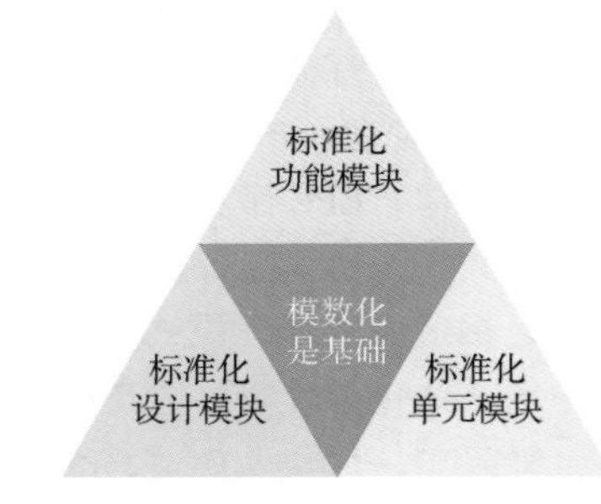

图 9.1-12　装配式建筑信息集成的基础

在装配式建筑设计中，可以采用基于 BIM 的模块化设计方法，从 BIM 模块库取出模块，像搭积木一样组装成建筑模型，如图 9.1-13 所示。建筑标准模块化的设计，有利于实现构件经济高效的预制生产，方便装配式建筑的现场组装以及与各部分的精密衔接，同时能规范相关配套建材部品的规格、种类，实现装修的一体化。

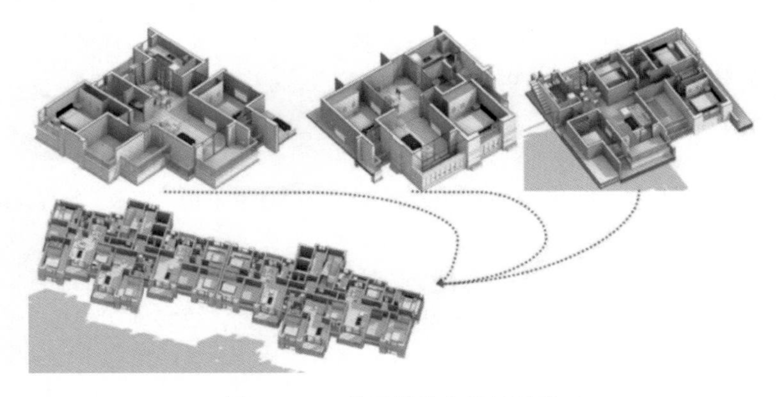

图 9.1-13　单元模块化设计示意

如某小区住宅，采用 BIM 技术的模块化设计，其中包括部品模块、居住单元模块、户型模块、单元模块以及单体模块，这些模块共同构成了完整的模块设计体系，如图 9.1-14 所示。

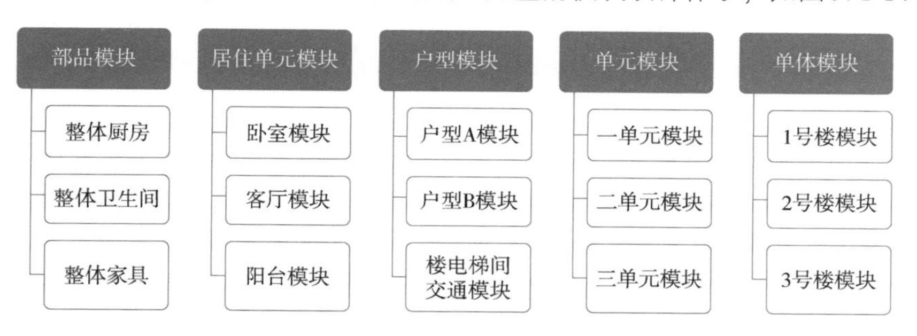

图 9.1-14　基于 BIM 技术的模块化设计

1）部品模块。其包括家具、整体厨房和卫生间等。

2）居住单元模块。其包括客厅、卧室、厨房、餐厅等室内模块。

3）户型模块。其包括户型类别和楼梯电梯、走廊等公共区域交通连接模块。

4）单元模块。其包括一单元、二单元、三单元等模块。

5）单体模块。其包括 1 号楼模块、2 号楼模块、3 号楼模块等模块。

5. BIM 技术在装配式建筑各个阶段的应用点

BIM 技术为装配式建筑设计提供了强有力的技术保障，避免传统的二维设计容易出现的错漏碰缺现象，可视化的三维设计直观明了，有效解决了专业间、预制构件间可能出现的碰撞问题。

下面是 BIM 技术在装配式建筑中的应用点，如图 9.1-15 所示。

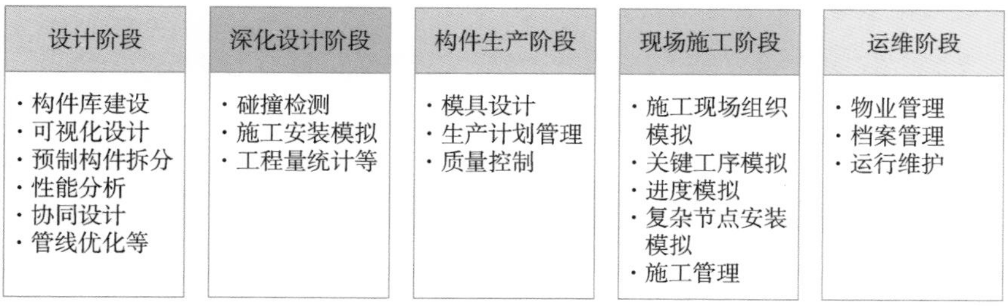

设计阶段	深化设计阶段	构件生产阶段	现场施工阶段	运维阶段
·构件库建设 ·可视化设计 ·预制构件拆分 ·性能分析 ·协同设计 ·管线优化等	·碰撞检测 ·施工安装模拟 ·工程量统计等	·模具设计 ·生产计划管理 ·质量控制	·施工现场组织模拟 ·关键工序模拟 ·进度模拟 ·复杂节点安装模拟 ·施工管理	·物业管理 ·档案管理 ·运行维护

图 9.1-15　BIM 技术在装配式建筑各个阶段的应用

1）设计阶段。标准化构件库建设，可视化设计、预制构件拆分、性能分析、协同设计、管线优化等。

2）深化设计阶段。关键节点碰撞检测、施工安装模拟、工程量统计等。

3）构件生产阶段。模具设计、生产计划管理、质量控制。

4）现场施工阶段。施工现场组织及关键工序模拟、进度模拟、复杂节点安装模拟、施工管理。

5）运维阶段。物业管理、档案管理、运行维护等。

9.2　BIM 技术在装配式建筑设计阶段的应用

9.2.1　BIM 技术在装配式建筑设计阶段的应用概述

BIM 技术能够将建筑、结构、机电、装修各专业通过同一信息共享平台，协同作业形成一体化设计，优化设计方案，减少“错、漏、碰、缺”现象，提高设计效率和质量，降低成本。

1. BIM技术在装配式建筑设计阶段应用的主要内容

1）统一各专业设计规则和标准，实现协同设计和信息共享。基于BIM平台化设计软件，统一各专业的建模基点、坐标系、轴网、命名规则、设计版本和深度，明确各专业设计协同流程、准则和专业接口，可实现装配式建筑、结构、机电、内装的三维协同设计和信息共享。通过协同工作，还可以不断丰富BIM模型信息，最终形成集成各专业设计信息的综合设计模型。

2）创立装配式建筑标准化、系列化预制构件族库，加强通用化设计，提高设计效率。基于BIM技术，各专业可创立建筑标准化、系列化构件族库和部品部件库，并从中选择相互匹配的构件和部品部件等模块进行组建新的模型，提高建模的标准化程度和效率。

3）预制构件的深化设计，可以实现设计、生产及装配相关信息的自动关联、归并与集成，便于后期预制（PC）构件加工及现场安装信息的共享。

实际上，装配式建筑工业化设计的基本原则就是标准化。只有遵照模数化、少规格、多组合的原则，设计的标准化才有规律可循。若是能够实现建筑构件的工厂化生产，项目市场化采购，将会大大提高劳动生产效率，降低工程成本。

装配式建筑设计标准化的主要体现如图9.2-1所示。

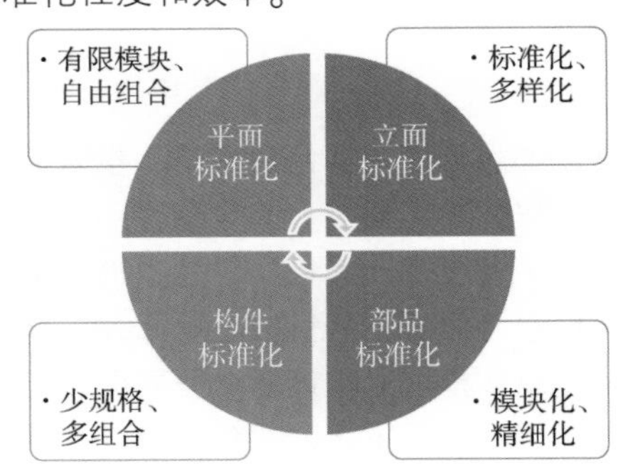

图9.2-1　装配式建筑设计标准化的主要体现

2. BIM技术在装配式建筑设计阶段应用的流程

BIM技术在装配式建筑设计阶段应用的流程（图9.2-2）：

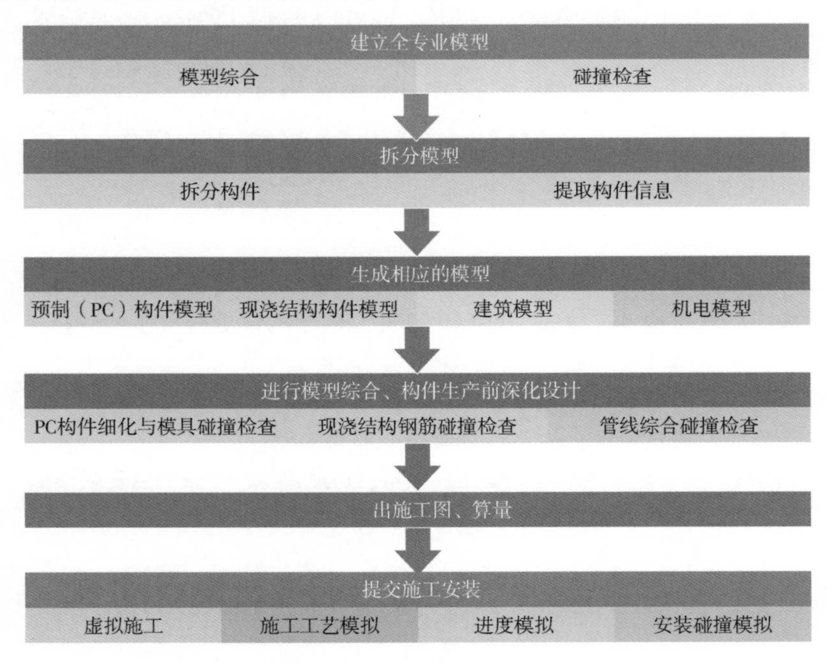

图9.2-2　BIM技术在装配式建筑设计阶段应用的流程

1）建立全专业BIM模型，进行模型综合和碰撞检查。

2）拆分模型，提取拆分构件信息。

3）生成相应的预制（PC）构件模型、现浇结构模型、机电模型和建筑模型。

4）通过模型综合和预制构件的深化设计。

5）对预制构件和现浇结构，进一步对构件进行细化、创建钢筋，构件细化后，再进行模型综合碰撞检查，重点对钢筋碰撞检查；其中预制（PC）构件与模具的选取也要进行碰撞检查。

6）最后出图、算量。

7）实现虚拟施工模拟、工艺模拟、进度模拟、安装碰撞模拟等。

9.2.2 标准化构件库的构建

建立参数化的构件库，可以避免大量重复性的工作，提高设计效率和准确度。构件库的建设也是逐渐完善和丰富的过程，对于每个项目的特殊性可以增设标准模型构件库，为后期的使用提供便利。

1. 标准化平立面的设计

（1）模数化设计

按统一的模数进行功能多样化设计。

（2）模块化设计

根据不同户型功能的要求，采用模块化设计，建立适应不同标准、不同用途、不同布置方式的功能模块。

（3）标准化设计

将系列功能模块单元组合成适应不同需求、不同形式的标准平面，并结合平面组合特点，结合饰面材料、肌理、色彩的变化，灵活设计外墙部品形成丰富的立面效果，如图 9.2-3 所示。

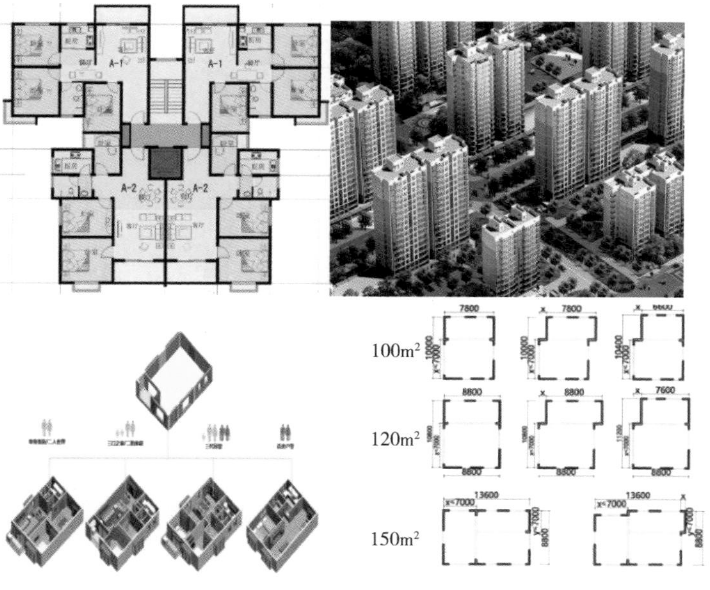

图 9.2-3 平立面的标准化设计

2. 标准化 BIM 构件库的建立

装配式建筑的典型特征是采用标准化的预制构件或部品部件进行组装。建立标准化构件库是装配式设计的核心，通过装配式建筑 BIM 构件库的建立，不断增加 BIM 虚拟构件的数量、种类和规格，逐步形成标准化预制构件库，可以减少开模，重复利用。

构件的标准库主要有建筑构件库、结构构件库等。

（1）建筑构件库

1）门窗的标准化构件库。可根据不同的功能需求、不同的材质要求、不同的建筑产品等，构建出相对应的标准化门窗构件库，如图 9.2-4 所示。

2）厨卫部品标准构件库。根据建筑功能、材质的要求，按照建筑模数建立一系列不同尺

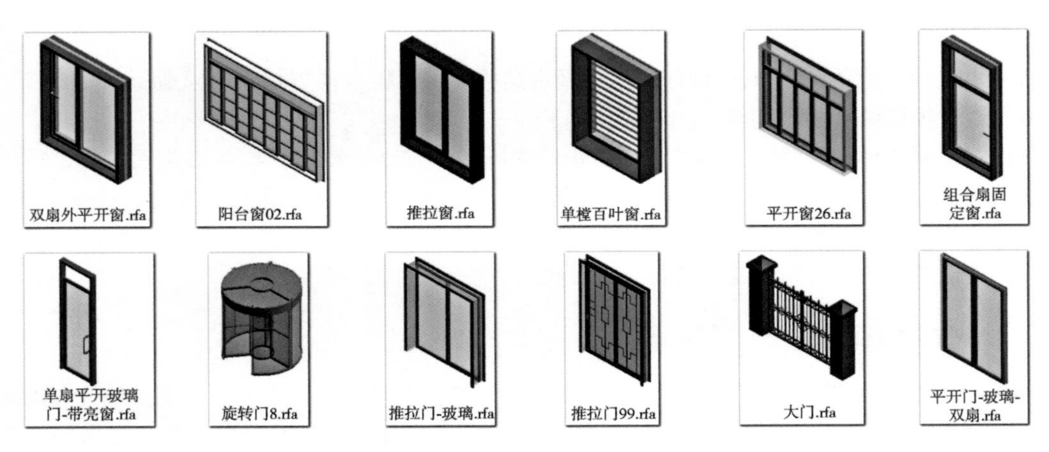

图 9. 2-4 门窗标准化构件库

寸、不同形状的标准化厨卫部品构件库，如图 9. 2-5 所示。

(2) 结构构件库

根据不同的结构体系、不同的材料、不同结构构件的类型，构建相对应于深化设计的标准化结构构件库，比如叠合板、预制阳台、预制楼梯、预制墙梁柱等预制（PC）构件，从而可以实现预制（PC）构件的快速建模、自动化加工以及现场的高效装配。

图 9. 2-5 标准化厨卫物品构件库

1）标准化结构构件库及示意如图 9. 2-6 所示。

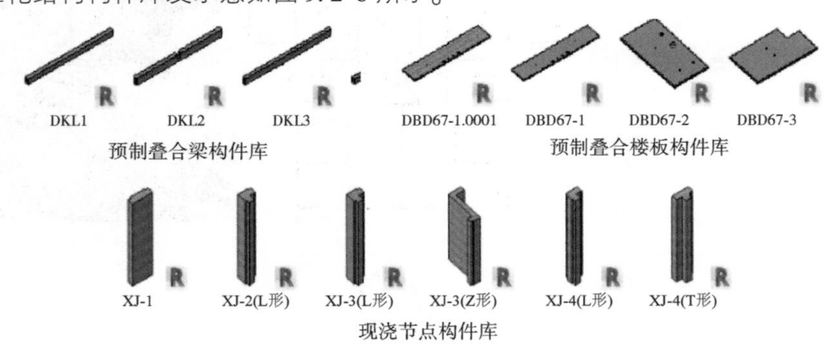

图 9. 2-6 标准化结构构件库

2）内外墙板标准化构件库。根据墙上是否开有门窗洞口、材质、墙厚、墙高等不同的功能需求，建立一系列内外墙板标准化构件库，如图 9. 2-7 所示。

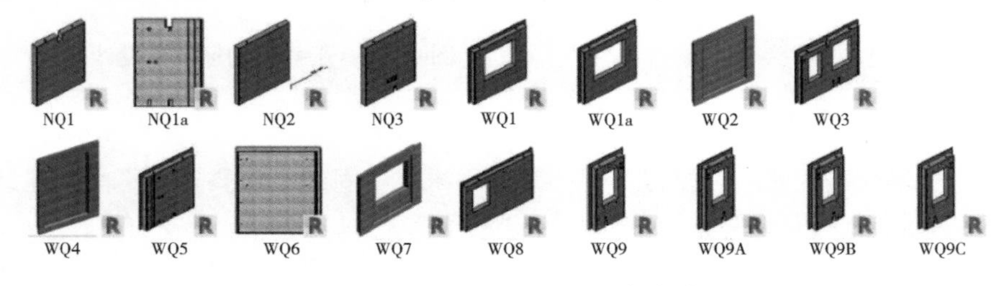

图 9. 2-7 内外墙板标准化构件库

3）零配件及预埋件标准化构件库。如系列套筒族库、系列预埋吊点族库，如图 9. 2-8 所示。

图 9. 2-8　零配件及预埋件标准化构件库

（3）机电管线构件库

机电管线的标准化构件库如电气（电缆桥架、线盒、插座、开关等），给水排水（管道弯头，阀门等），暖通（风管接头、送风口等）以及设备方面的配电箱，变压器，水泵等，如图 9. 2-9 所示。

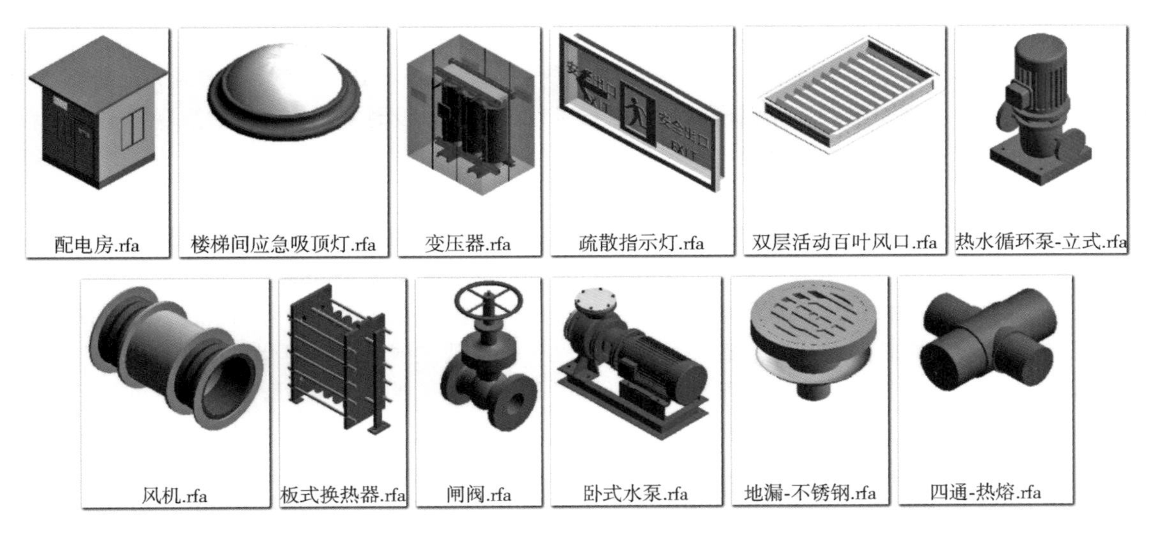

图 9. 2-9　机电管线的标准化构件库

（4）生产环节构件库

1）生产环节的模具标准化构件库。对于装配式建筑来说，与标准化构件或与钢筋笼相匹配的模具（墙、梁、板、柱、异形构件）宜少规格、多组合，实现同类型模具通过不同组合满足不同构件生产的需要。图 9. 2-10 所示为叠合板模具、内墙模具、外墙模具等。

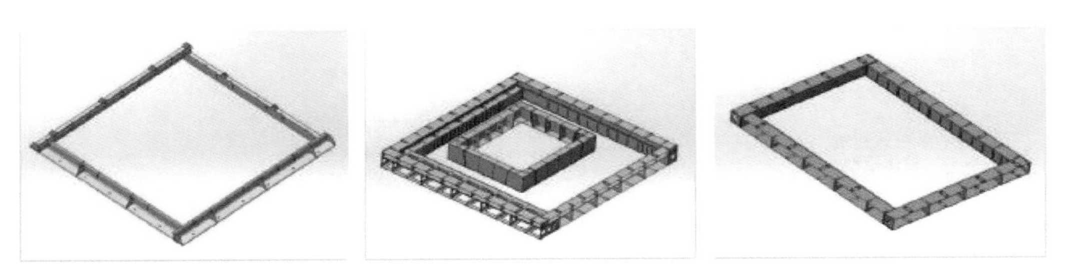

图 9. 2-10　生产环节的模具标准化构件库

2）装配环节的吊钩、吊具等标准化构件库以及构件堆放架体、支撑系统标准化构件库。主要针对与标准化构件以及预埋件相匹配的吊钩和吊具系列，以及构件堆放架体、支撑系统等，如图9.2-11所示。

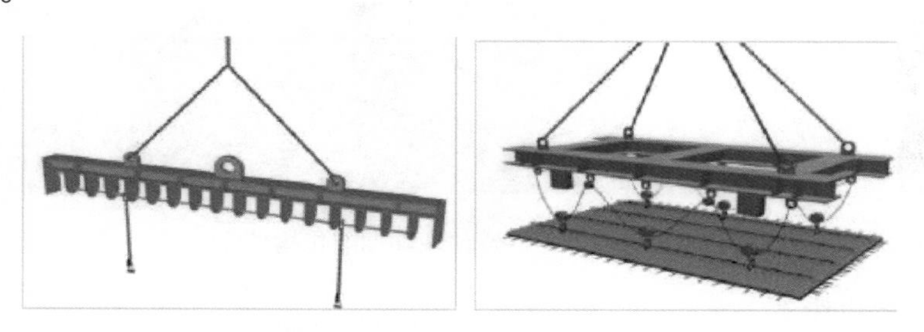

图9.2-11　装配环节的吊环、吊具等标准化构件库

9.2.3　BIM技术在装配式建筑深化设计阶段的应用

装配式建筑预制（PC）构件深化设计的合理与否，直接关系到预制构件生产与安装的质量，因此，预制构件的深化设计是实现预制装配结构的关键。传统CAD时代绘图方式，图纸量大、设计深度不足、沟通协调难，错漏碰缺的现象很难在二维图上及时发现，也无法直观模拟施工现场的构件吊装、拼装的过程，更无法检查构件间或节点区域拼装是否顺利，钢筋是否存在碰撞等问题。

基于BIM技术对装配式建筑的深化设计，可以做到虚拟与现实的结合，精准建立三维可视化模型，有利于设计单位、建设单位、构件生产单位以及承建单位等各参建方更加直观地理解设计意图，并可将已完成的设计模型与碰撞检查软件进行对接，提前优化所有细节，保证后期制造与施工的精准度，提高设计质量，避免后期施工过程中出现失误，同时可借助BIM-5D施工模拟相关软件，进行施工组织、施工进度的模拟指导现场施工，有利于现场的管理，另外可利用已经创建确定的模型，直接统计预制（PC）构件工程量，辅助概预算，有效提高工作效率。

1. BIM技术在装配式建筑深化设计阶段的应用概述

基于BIM技术可视化的特性，遵照从整体到构件的设计理念，对建筑平面进行合理的拆分与构件的布置，利用BIM技术参数化设计理念，结合不断累积的构件库，进行构件自动化快速建模以及墙、梁、板、柱结构构件的钢筋布置，再应用BIM自动检查功能对构件及钢筋进行碰撞检测，完成构件的装配、吊装、脱模仿真模拟过程，然后一键导出生产加工图，统计预制构件工程量。图9.2-12所示为装配式建筑深化设计一般流程。整体模型的建立同传统设计软件建立方法基本一致，这里不再赘述。主要介绍一下BIM技术在装配式建筑深化设计阶段的应用。

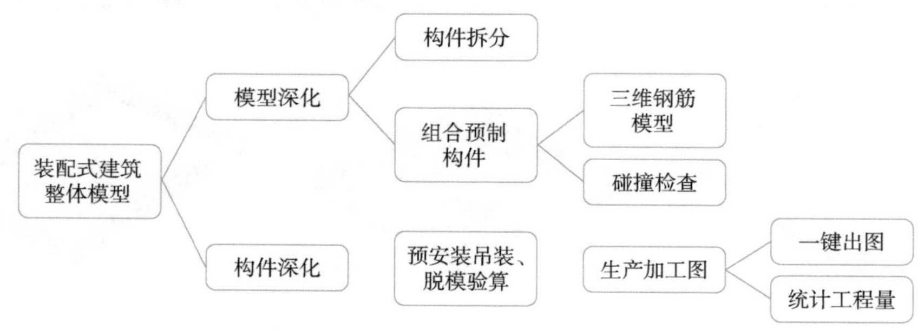

图9.2-12　BIM技术在装配式建筑深化设计阶段的应用

2. BIM 技术在装配式建筑深化设计阶段的实施

(1) 深化设计所采用的软件，如图 9.2-13 所示。

图 9.2-13　深化设计所采用的软件

(2) 深化设计的组织模式

预制构件的深化设计不仅由设计单位对预制构件进行深化，目前存在几种模式，如图 9.2-14 所示。

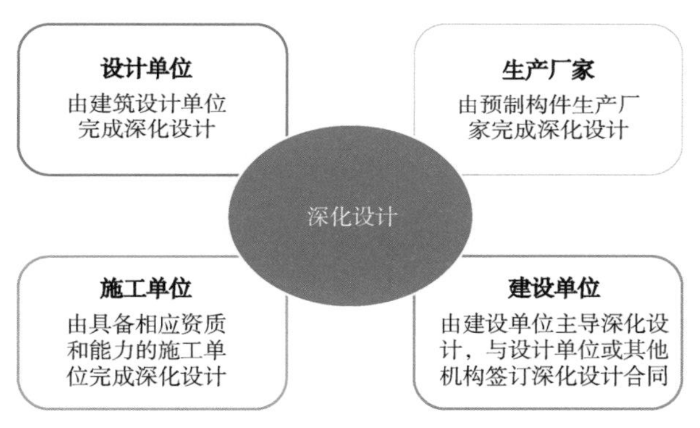

图 9.2-14　深化设计组织模式

(3) 深化设计的成果

一套完整的深化设计图包括深化设计总说明、预制构件布置图、预制构件加工图、节点详图、施工安装图、构件计算书等，如图 9.2-15 所示。

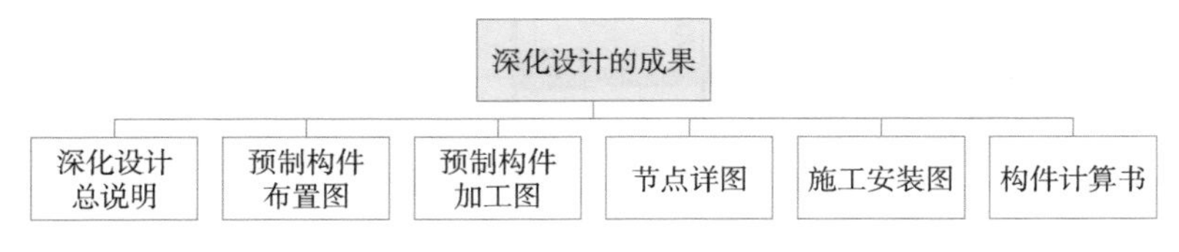

图 9.2-15　深化设计的成果

(4) 整体模型深化设计的过程

整体模型深化设计的过程如图 9.2-16 所示。

图 9.2-16　整体模型深化设计的过程

1）整体模型的创建。根据建筑初步设计图，采用 BIM 建模软件进行预制构件梁、板、柱、墙的结构布置，初步设定参数，分标准层创建，然后组装成整体计算模型。BIM 技术可视化及参数化特性，有利于预制构件布置、数量的优化、定位的精准度，从而确定优化的预制构件布置方案，如图 9. 2-17 所示。

图 9. 2-17　结构构件平面布置图

2）初步深化设计及施工图设计。这一阶段主要根据规范的要求对结构设计参数进行合理设置，通过结构性能分析结果和控制指标，来进行结构方案的判别与调整，确定最优方案，然后进行构件配筋计算，进行三维钢筋检测，出配筋施工图，如图 9. 2-18 所示（本施工图是采用 16G101—1 平法施工图制图规则绘制）。

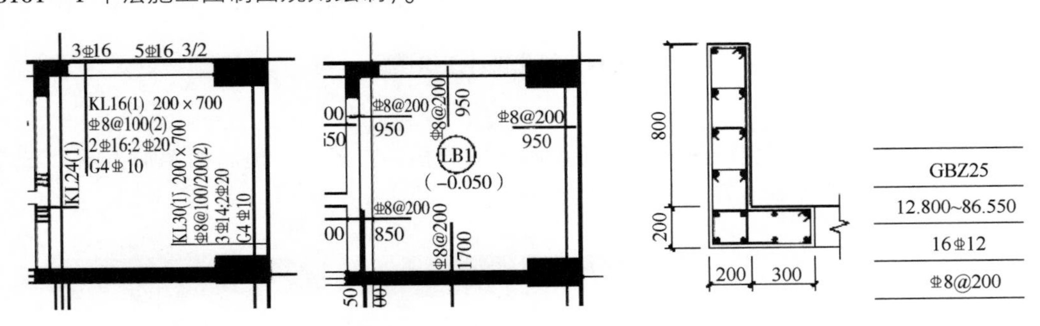

图 9. 2-18　梁、板、柱、墙配筋图

3）预制构件的拆分。装配整体式结构预制构件的拆分是设计的重要环节。在装配式建筑中要做好预制构件的“拆分设计”，在拆分设计时涉及多方面因素，如建筑的使用功能及艺术效果、结构的合理性以及预制构件在制作、运输安全、设备预埋、施工便捷、安装环节的可行性和便利性等。

拆分的原则不仅要考虑技术的合理性，还要考虑经济的合理性。预制构件在进行拆分时，设计工程师应当与承建企业工程师充分沟通，如对项目周边预制构件厂的生产能力、构件厂到项目所在地的道路运输能力、施工的吊装能力等外部情况都要进行充分调研，作出适合的构件拆分方案。避免因方案的不合理导致后期技术、经济的不合理。

一般来说，预制构件的拆分遵循以下几个原则：

①结构构件。结构构件的拆分主要应考虑结构受力合理，预制构件的制作、运输、施工安装便利且成本可控。按照项目相关审批文件规定的预制率等指标要求，确定结构的装配式方案，如预制楼板拆分时，在满足吊装要求和运输要求的前提下，尽量不拆分，若拆分尽量以单向板为最优先，同一标准层内尽量统一楼板拆分后的尺寸。

②建筑外立面构件。建筑外立面构件的拆分除了应考虑上述因素外，还应考虑建筑功能和建筑立面效果的因素。预制构件拆分产品一般有叠合板、叠合梁、预制剪力墙、预制柱、预制梁柱节点、预制楼梯、预制阳台、预制外挂墙板、预制内墙板等，如图9.2-19和图9.2-20所示。

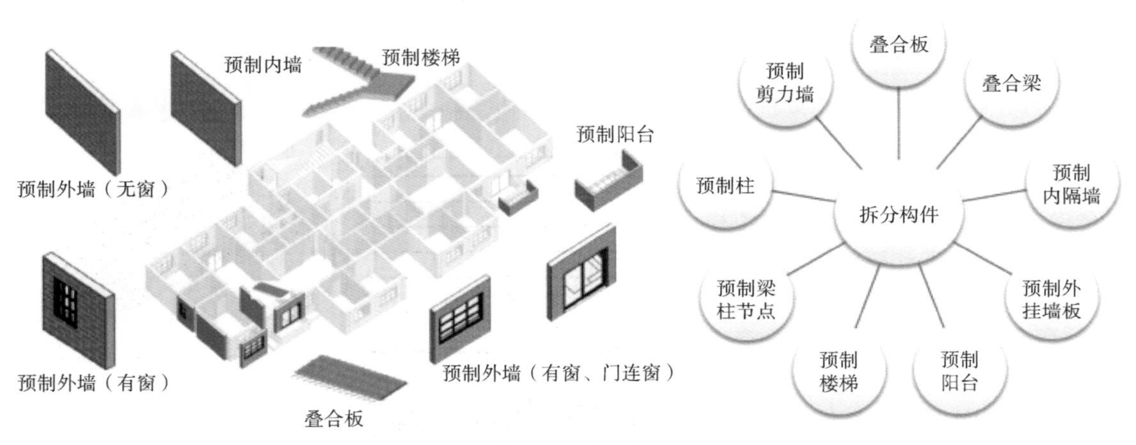

图9.2-19 预制构件拆分图及拆分类型

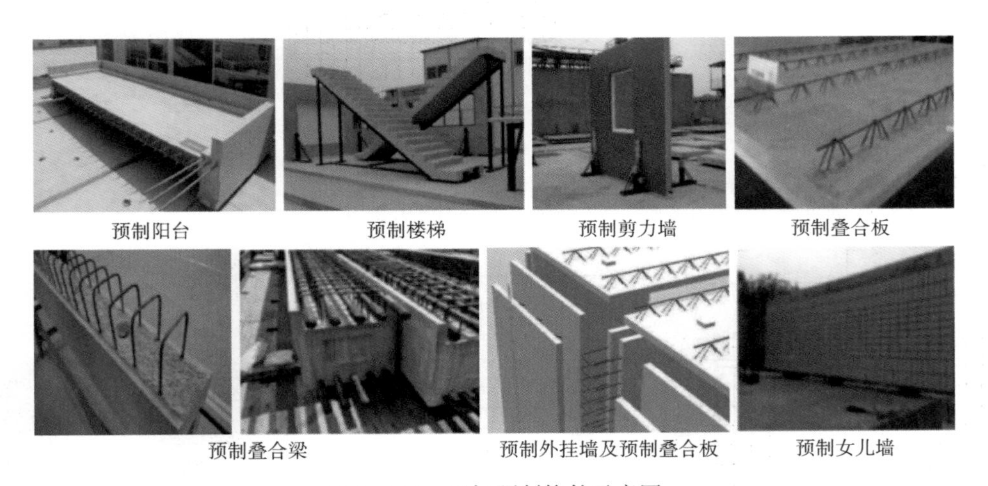

图9.2-20 现场预制构件示意图

(5) 预制构件加工图的深化

预制构件加工图深化设计是装配式建筑深化设计的核心环节，通过已完成的预制构件平面布置图，对构件进行拆分（图9.2-19），接力施工图设计进行构件的深化设计，形成构件生产加工图。下面仅取代表性预制构件叠合板、预制外墙、楼梯、构造节点为例简要介绍深化过程。构件深化设计内容包括构件的外轮廓及节点构造设计、配筋设计、水电预留预埋设计、吊点设计、施工预埋设计等，预制构件的加工图生成过程如图9.2-21所示。

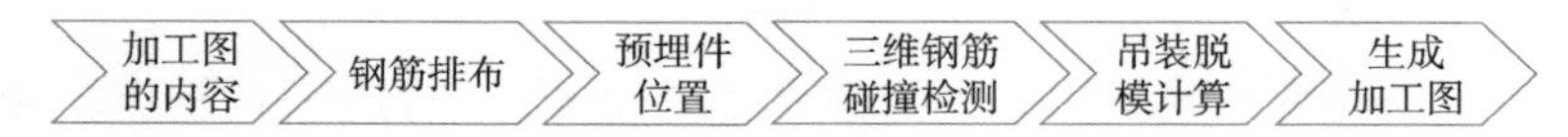

图 9.2-21　预制构件加工图深化设计过程

预制构件深化深度不仅要考虑建筑、结构、装饰、水暖电和设备各专业的要求，还要考虑制造、堆放、运输和安装四个环节的要求，一张图中要包含构件的具体尺寸、钢筋和预埋件、钢筋明细表，并采用平、立、剖面图及三维图表示预制构件包含的所有内容。

（6）基于BIM技术一键快速生成加工图

根据深化设计图的要求，BIM软件具有一键快速出图、成批出图的功能，整个出图过程无须人工干预。BIM自动生成的图纸和模型动态链接，一旦模型参数修改，与之相关的所有图纸都将自动更新，无须设计师修改图纸。

BIM技术支持从设计到制造的信息传递，将设计阶段产生的BIM模型供生产阶段提取和更新。还可以根据各方所需工程信息，定制各类清单（包括商务报价、物料采购、生产安排、物流仓储、施工安装）进行工程量统计，BIM技术在构件生产阶段的显著优势，在于信息传递的准确性与时效性强，这类数控生产技术使得构件生产的精度有可能得以真正实现。

1）叠合板深化设计加工图，如图9.2-22所示。

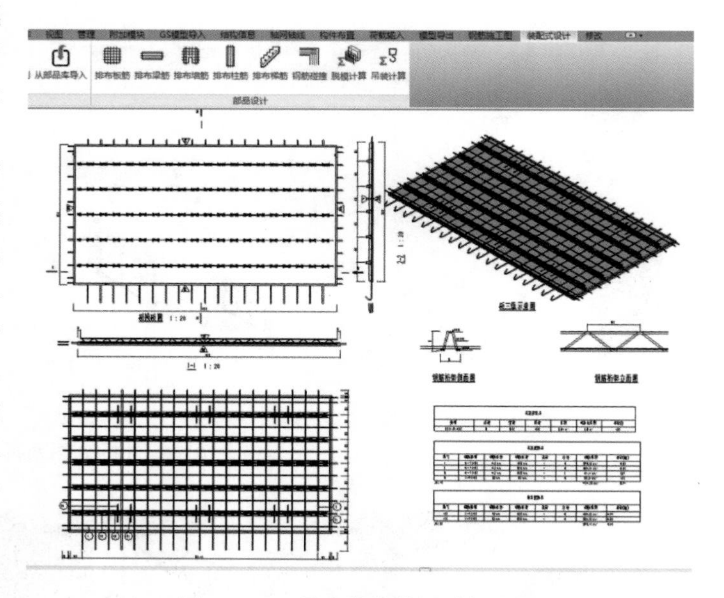

图 9.2-22　叠合板深化设计加工图

2）预制外墙板深化设计加工图，如图9.2-23和图9.2-24所示。

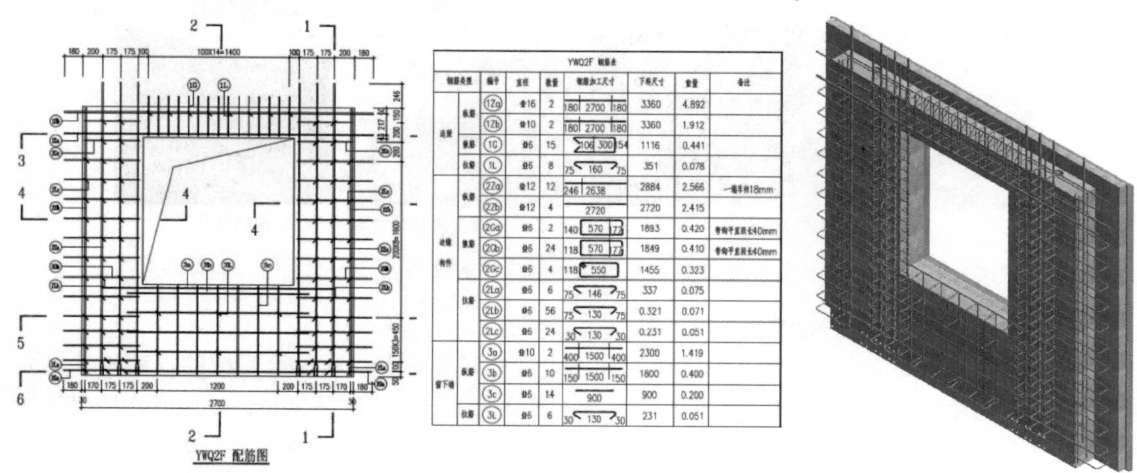

图 9.2-23　预制外墙板深化设计图

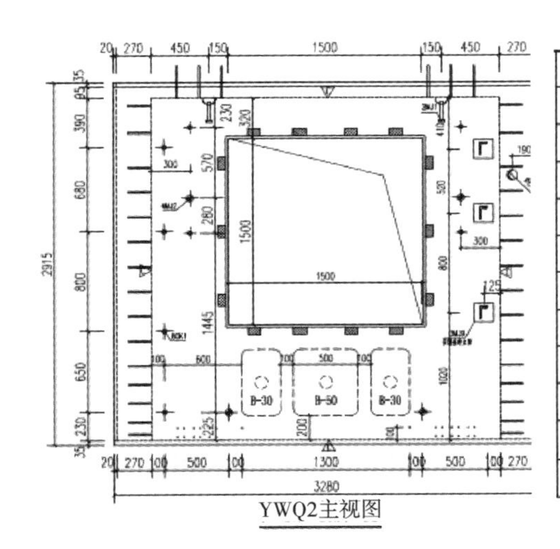

预埋配件明细表				
编号	图例	名称	数量	备注
MJ1	或	吊件	2	5t
MJ2		临时支撑预埋螺母	4	M16
CK1		止水螺杆	8	M14
CT12		ϕ12套筒	12	
FFM		防腐木	14	50*60*100
B-30		填塞EPS板	2	
B-50		填塞EPS板	1	
CK2		外架预留孔	4	
LJJ		拉结件	39	
MJ9		空调架埋件	3	

图 9. 2-24 预制外墙板模板及预埋件图

3）预制楼梯深化设计加工图，如图 9. 2-25 所示。

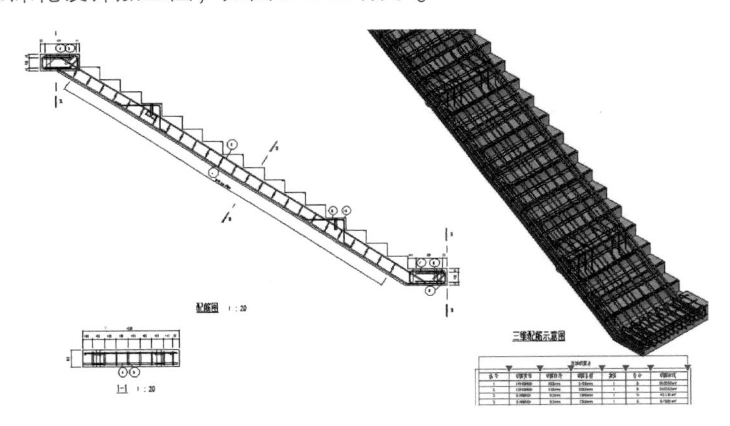

图 9. 2-25 预制楼梯深化设计加工图

9. 2. 4 基于 BIM 技术的各专业一体化协同设计

1. 一体化协同技术

装配式建筑由建筑、结构、机电、内装四个装配子系统组成，四个子系统既独立存在，又共同构成一个更大的建筑装配系统，互为约束、互为条件。通过协调技术实现功能协同、空间协同、接口协同一体化系统性的集成设计，如图 9. 2-26 所示。

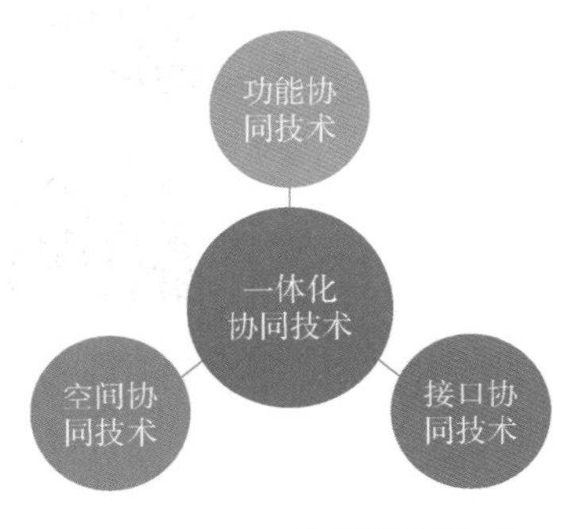

图 9. 2-26 一体化协同技术

（1）功能协同技术

可以实现机电系统、结构体系支撑并匹配建筑功能、装修效果。

（2）空间协同技术

可以实现建筑、结构、机电、装修等不同专业空间协调，消除错漏碰缺现象等。

(3) 接口协同技术

可以实现建筑、结构、机电、装修等不同专业的接口标准化，实现精准吻合。

BIM 模型以三维信息模型作为集成平台，在技术层面上适合各专业的协同工作，各专业可基于同一模型进行工作。

2. 基于 BIM 技术的各专业可视化协同设计

BIM 模型还包含了建筑的材料信息、工艺设备信息、成本信息等，这些信息可以用来进行数据分析，从而使各专业的协同达到更高层次。

从整体上看，通过建立标准化构件库、可视化设计、预制构件拆分与深化设计，基本可以实现装配式建筑全专业的协同设计及优化，建筑模型可以进行结构拆分；结构模型可以进行钢筋碰撞检查；机电模型可以进行管线优化；对相关构件信息、拆分信息、属性信息等与构件库信息进行关联，可以共同组成综合模型，可视化的协同设计如图 9. 2-27 和图 9. 2-28 所示。

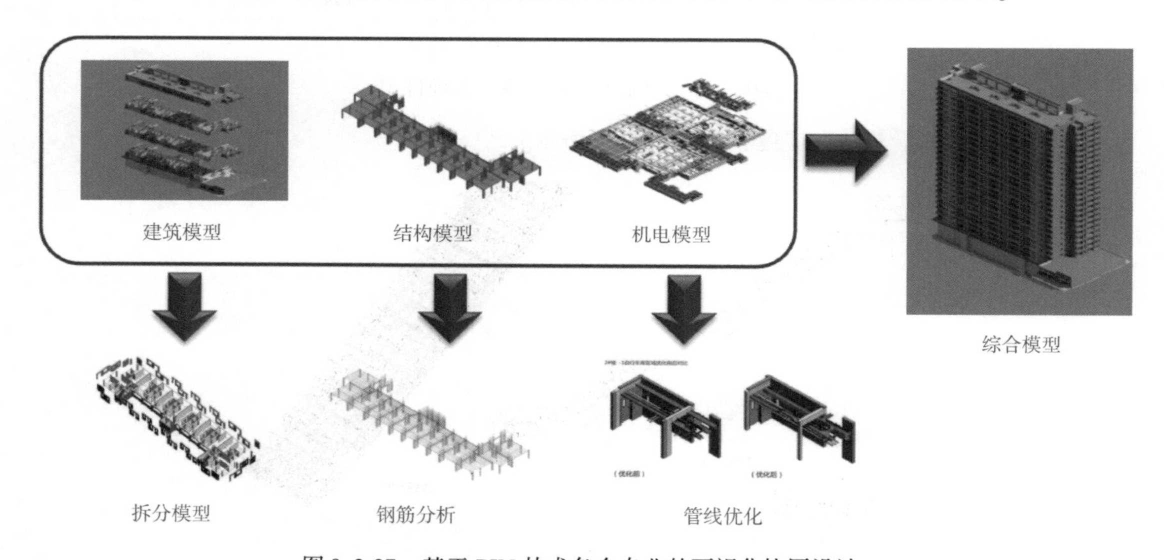

图 9. 2-27　基于 BIM 技术各个专业的可视化协同设计

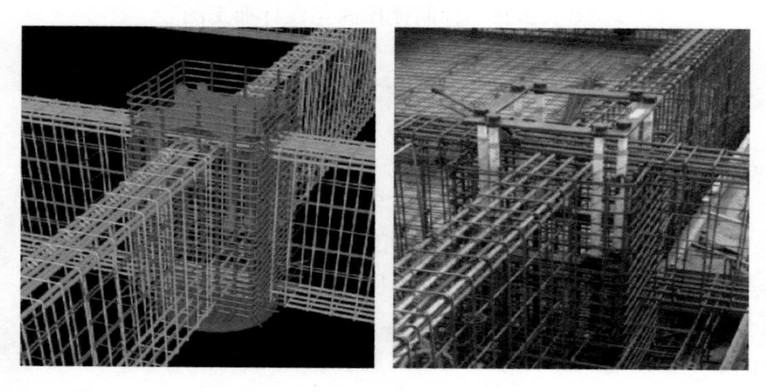

图 9. 2-28　可视化装配式构造节点示意图

9. 2. 5　碰撞检测与机电管线优化

由于预制构件是由预制构件厂按照深化图纸直接加工制作，然后被运输到施工现场进行安装的，因此运送至现场的构件必须包含各专业的信息，也就是说在深化设计阶段必须考虑其相关专业的碰撞问题，否则构件一旦生产错误，将会造成较大的经济损失。

1. 碰撞检测

预制构件设计中的碰撞检测与传统BIM模型的检测有一定的区别，主要表现在以下几方面：

1）需要对预制构件之间进行轮廓碰撞检测，以期达到100%的吻合度。对预制构件之间检查主要是对构件几何尺寸外部轮廓的检查，在BIM模型三维视图中，设计人员可以直观地观察到待拼装预制构件之间的契合度，并可以利用BIM技术的碰撞检测功能，细致分析预制构件连接节点的可靠性，排除预制构件之间的装配冲突。

2）对预制构件进行内部碰撞检测，检测构件内钢筋与钢筋之间以及预埋件与钢筋之间是否冲突，如需要对构件内部钢筋直径、间距、保护层厚度等重要参数进行精准定位，并根据碰撞检测的结果，调整和修改构件的设计，保证构件在制造和安装时都不存在问题，从而避免由于设计粗糙而影响到预制构件的安装定位，减少由于设计误差带来的工期延误和材料资源的浪费，如图9.2-29所示。

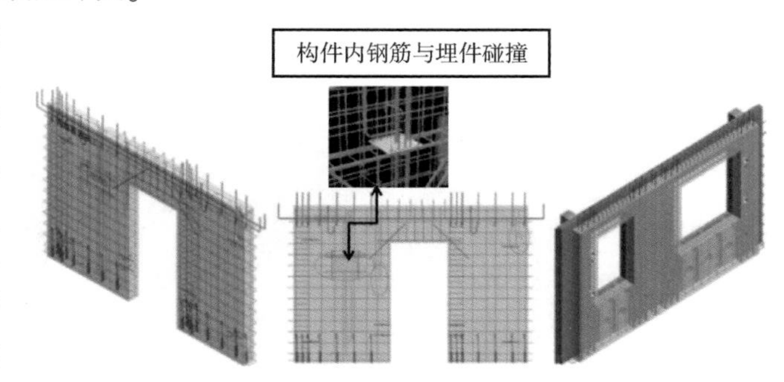

图9.2-29 预制剪力墙深化设计及钢筋与埋件碰撞问题

3）预制构件与现浇结构之间的检查与优化。预制构件与现浇结构之间的检查主要是钢筋与钢筋之间的碰撞检测，设定碰撞规则，检查规定部位的碰撞情况。修改钢筋参数避免碰撞。

4）预制构件与施工设施之间的检查与优化。预制构件与施工设施之间的检查有别于前面三种情况，在检查之前，需要按照施工设施建立相同规格的模型，然后模拟施工现场的安装，在三维可视图下观察施工预留预埋位置是否和施工设施相匹配，如果发生错位情况，只需调整施工预留预埋位置即可。

5）机电管线之间或管线与构件之间的碰撞检测。

6）BIM模型可辅助模具的设计，检验模具设计的准确度，模拟模具的拆装过程，检验构件与模具之间的碰撞，如图9.2-30所示。

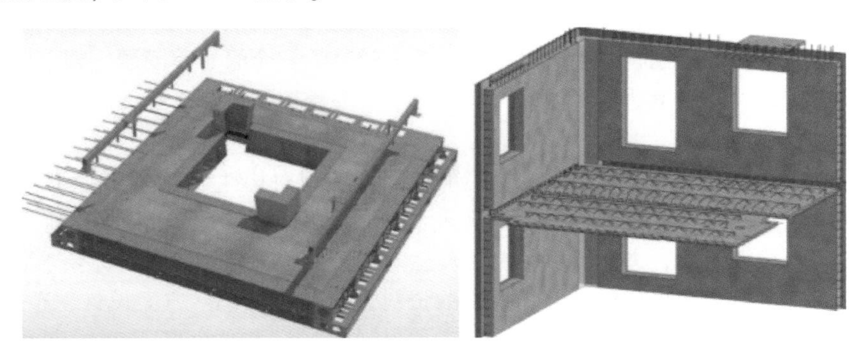

图9.2-30 构件与模具之间、构件与构件之间的碰撞检测

设计碰撞检测后，对构件进行模拟安装，如预制墙板、叠合楼板、预制阳台、预制楼梯等构件的吊装模拟；另外，需对竖向结构现浇部位钢筋绑扎、封模进行模拟，以检测节点设计与施工安装方案的可操作性。

2. 机电管线优化

机电管线优化设计应遵循以下几个原则：

1）设备管线及接口应标准化，及早进行管线综合设计。

2）建筑的部件之间、部件与设备之间的连接应采用标准化接口。

3）设备管线应进行综合设计，减少平面交叉；竖向管线宜集中布置，并应满足维修更换的要求。

4）预制构件中电器接口及吊挂配件的孔洞、沟槽应根据装修和设备要求预留。

5）建筑宜采用同层排水设计，并应结合房间净高、楼板跨度、设备管线等因素确定降板方案，如图 9.2-31 所示。

图 9.2-31　设备管线穿墙调整方案示意

9.3　BIM 技术在预制构件标准化生产阶段的应用

装配式建筑预制构件生产阶段在装配式建筑设计与施工安装之间起着承上启下的作用，是建筑生产的关键环节。装配式建筑预制构件因是在工厂中预制后再运输至现场吊装的，对构件的生产精度及现场的安装精度的要求高，通常达到毫米级别。因此，预制构件加工的精度、模具的准备、存放位置及顺序等显得格外重要，直接影响后续装配式施工安装的精度和质量，也决定了装配式建筑的成败。

在国家推行装配式建筑达标率政策的引导下，许多企业积极参与，预制构件厂也如雨后春笋般纷纷建立。但是，在预制构件生产过程中，存在较高的安全隐患等问题，如设计不合理、加工工艺流程不合理，加工精度达不到要求、构件信息不完善以及试制、检测、管理不到位，以致装配质量和效率低下。

基于 BIM 技术在装配式生产加工阶段的应用，可以实现对构件精度的控制和精度检测。BIM 技术还可与三维激光扫描技术相结合，生成预制构件的三维模型，再转化为 BIM 模型数据，并通过与原深化设计模型对比，进而检测预制工厂生产的预制构件是否符合设计要求。

预制构件加工生产需要根据设计部门提供的资料进行装车堆码、方案设计、布模方案设计、模具设计、生产辅助图纸设计，并指导模具加工和预制（PC）构件生产。

9.3.1　装配式建筑工艺设计核心工作

装配式建筑工艺设计主要涉及四个方面的核心工作，在这些工作中涉及的主要研究方法有功能开发、接口开发；涉及的主要工作内容有设计流程、提效方法，如图 9.3-1 所示。

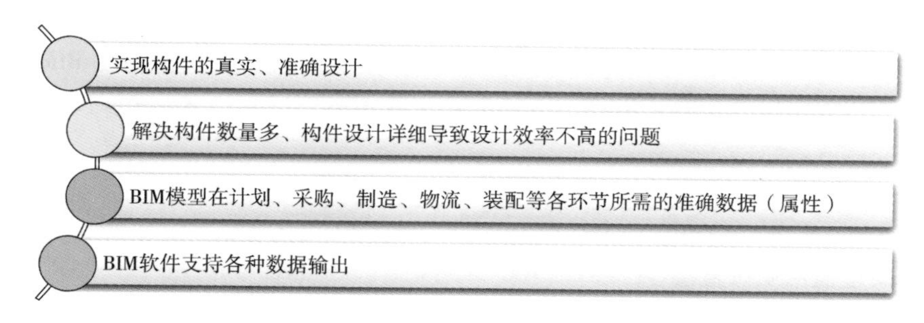

图 9. 3-1　装配式建筑工艺设计核心工作

9. 3. 2　BIM 技术在工厂智能化自动加工技术与管理中的应用

1. 预制构件工艺设计工作流程

作为装配式建筑预制构件工艺设计，一般从设计阶段开始。设计单位通过对市场需求的调研，进一步确定构件信息并形成模型的拆分条件，在此基础上根据装配条件和制造条件，建立模型生成装配元设计图和制造方案设计图。

装配元是指建筑设计中的基本单元，其中制造方案设计中的预制构件排产方案与装配元的吊装或拼装程序必须相匹配，才能保证装配式建筑构件生产顺利进行，最后整合装配式建筑的装配元需求信息与预制构件排产方案，共同构成完整的预制构件配送设计方案。

预制构件工艺设计工作流程如下：

(1) 建立项目

主要是建立项目分配权限，建立建筑结构分配楼层，输入项目属性等。

(2) 模型拆分

模型拆分是重点工作，包括建筑模型拆分和工艺模型拆分，确定拆分建筑结构模型的拆分节点，针对具体建筑元素形成预制化构件。

1）建筑拆分模型。通过导入建筑、结构底图，建立拆分模型，确定拆分节点。

2）工艺拆分模型。对应制图文件复制建筑模型中的建筑元素，编辑其轮廓，形成预制化构件。

(3) 模型检查

模型检查，主要在三维模型中检查构件的轮廓、构件间位置关系，预制构件间进行碰撞检查等。

(4) 添加钢筋、预埋件等

这是整个工艺设计流程中的重点工作，形成较为完整的预制构件生产模型。

(5) 出图、出报告及 BOM 清单

预制构件工艺设计工作流程如图 9. 3-2 所示。

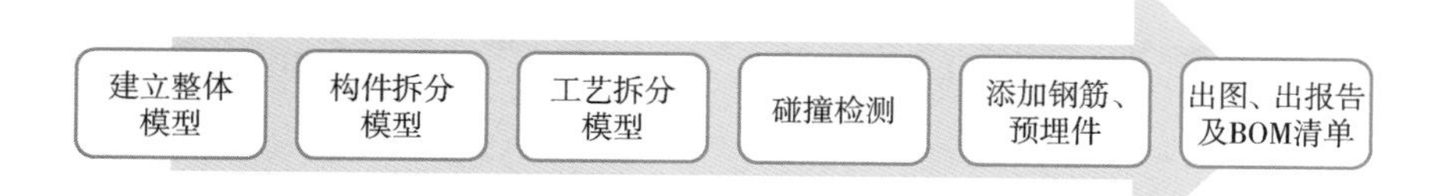

图 9. 3-2　预制构件工艺设计工作流程

2. BIM 技术在工厂智能化自动加工技术中的应用

借助工厂化、机械化的生产方式，采用集中、大型的生产设备，只需要将 BIM 信息数据输入设备，就可以实现机械的自动化生产，这种数字化建造的方式可以大大提高工作效率和生产质量。

基于 BIM 技术智能化生产加工，无须设计信息的二次重复录入，BIM 模型信息便可直接导入工程中央控制系统，实现设备对设计信息的识别和自动化加工，如图 9.3-3 和图 9.3-4 所示。

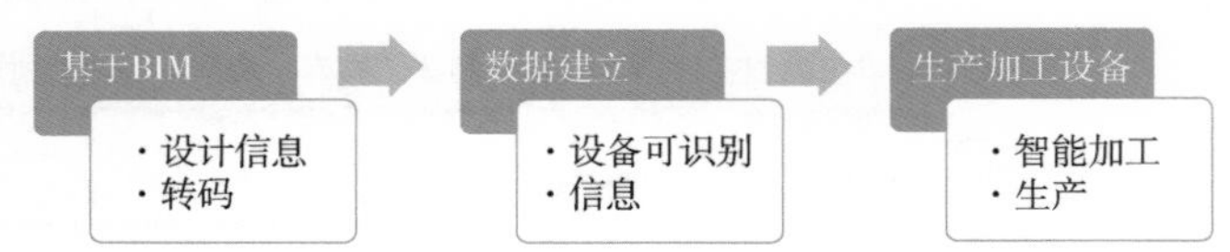

图 9.3-3　设计、加工信息一体化

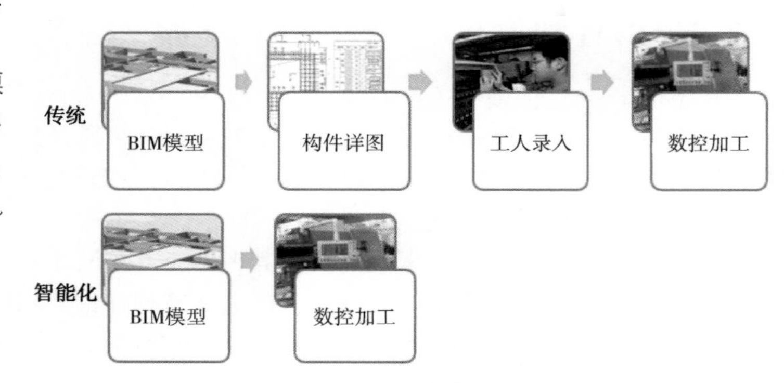

图 9.3-4　传统预制构件加工与智能化自动化加工系统对比

需要说明的是，在 BIM 模型中需要输入后续加工需要的多方信息与 BIM 模型进行关联，其中关键的信息包括以下几方面：

（1）项目信息

即建筑结构信息。

（2）构件信息

即构件型号及数量统计表、构件编号、构件形状及尺寸、混凝土方量、构件钢筋（钢筋型号尺寸及数量、钢筋间距、出筋位置、加工形式）、配套模具（型号、形状、数量）、物料（预留管、预留电盒、预埋套筒、拉结件、预埋螺孔、预埋吊件）、构件吊序、构件安装顺序、构件装车顺序、构件堆场顺序、构件生产顺序以及一般说明（规范要求、容许误差、生产准则）。

（3）内装信息

即机电管线排布、装饰装修、门窗及部品。

3. BIM 技术在工厂智能化自动加工技术中的应用流程

装配式建筑构件生产，按照构件拆分方案，对不同类型构件（如剪力墙结构体系的叠合板、内墙、外墙、框架结构体系的梁柱叠合板和楼梯阳台板等异形构件）进行标准化规定，制订生产方案，控制产能进度，依据构件生产工艺智能化完成。BIM 技术在工厂智能化自动加工中的应用流程，如图 9.3-5 所示。

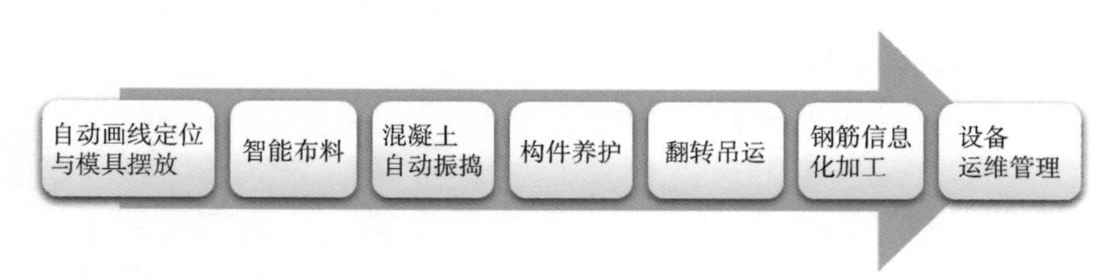

图 9.3-5　BIM 技术在工厂智能化自动加工中的应用流程

(1) 自动画线定位与模具摆放

画线机和摆模机器手，可根据预制构件模型设计信息及几何信息，实现自动画线定位和部分模具摆放，如图9.3-6所示。

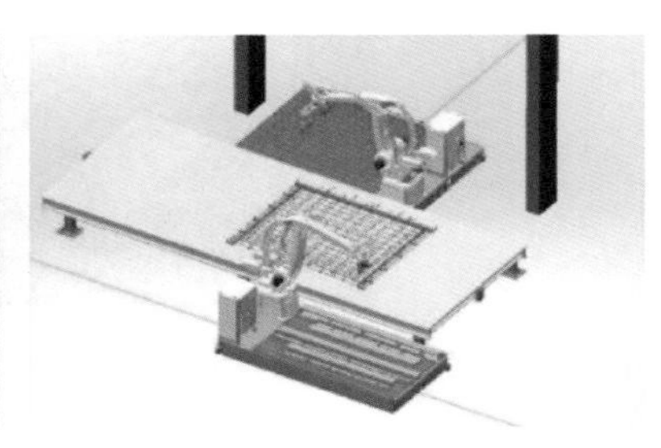

图9.3-6　自动画线定位与模具摆放

(2) 智能布料

通过对BIM模型混凝土构件加工信息的导入，根据特定设备指令，系统能够将混凝土加工信息自动生成控制程序代码，自动确定混凝土构件的几何尺寸及门窗洞口的尺寸和位置，智能控制布料机中的阀门开关和运行速度，精确浇筑混凝土，如图9.3-7所示。

图9.3-7　智能布料

(3) 混凝土自动振捣

振捣工位可结合构件模型设计信息，如构件尺寸、混凝土厚度等，通过程序自动控制振捣时间和频率，实现自动化振捣，如图9.3-8所示。

图9.3-8　自动振捣

(4) 构件养护

可对环境温度、湿度进行设定与控制，通过自动调度系统，控制构件养护时间，减少能源的浪费，实现自动化养护和提取，也可采取优化的存取配合算法，避免空行程，实时观察码垛机运行路线，如图9.3-9所示。

图9.3-9　智能码垛机

(5) 翻转吊运

翻转吊运可通过激光测距或传感器配置，实现构件的转运、起吊信息实时传递，安全适时自动翻转，如图 9. 3-10 所示。

图 9. 3-10　翻转吊运

(6) 钢筋信息化加工

通过预制装配式建筑构件钢筋骨架的图形特征、BIM 设计信息和钢筋设备的数据交换，加工设备可自动识别钢筋设计信息，对钢筋类型、数量、加工成品信息进行归并，自动加工成钢筋成品（钢筋、棒材、网片筋、桁架筋等），无须人工二次操作和输入，如图 9. 3-11 所示。

图 9. 3-11　钢筋信息化加工

(7) 设备运维管理

可对工艺设备运行状态、运行的负荷效能状况（满载、正常、低荷）进行实时远程监控、自动排查维修信息记录。

预制外墙板加工生产过程示例如图 9. 3-12 所示。

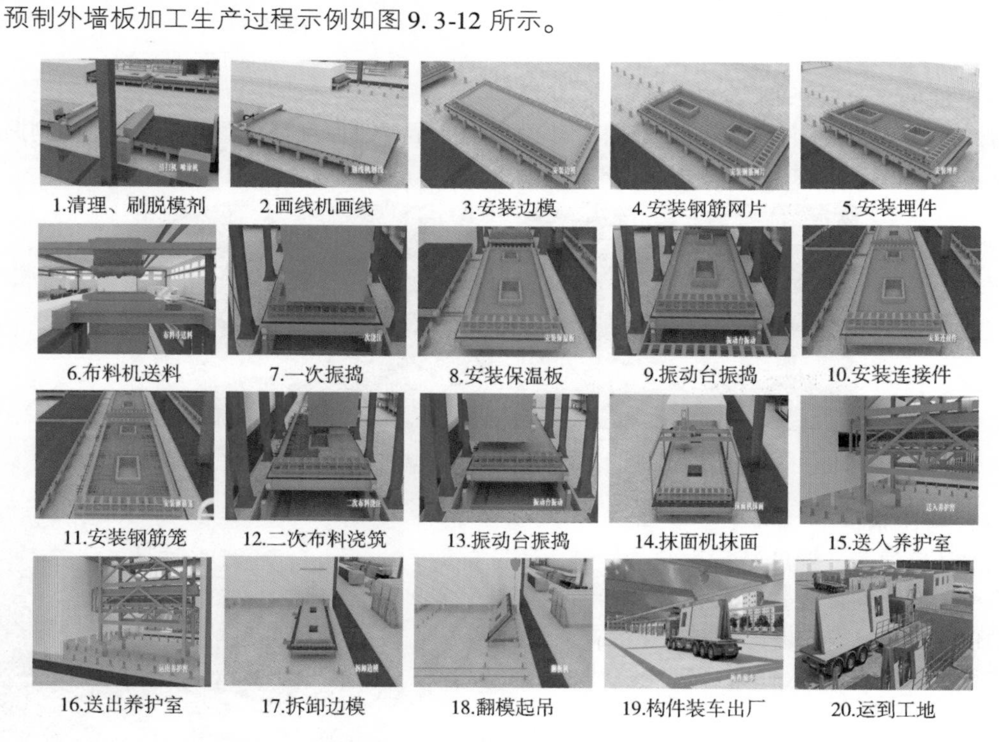

图 9. 3-12　预制外墙板加工生产过程示例

9.3.3 BIM 技术在工厂智能化自动加工信息化管理中的应用

基于 BIM 信息的工厂生产管理系统，在构件生产过程中，BIM 信息可直接导入工厂中央控制室，无须人工二次录入，可实现多种模块信息管理，如工厂生产排产、物料采购、生产控制、构件查询、构件库存和运输的信息化管理。

1. 生产计划排产管理

由 BIM 模型信息导入中央控制室，通过明确构件信息表、项目现场吊装计划、产量排产负荷，进一步确定不同构件的模具套数、物料进场时间、生产日期等信息。

2. 材料库存及采购管理

实时记录构件生产过程中物料消耗、关联构件排产信息。通过对比分析物料库存及需求量，确定采购量，自动化生成采购报表，依据供应商数据库确定优质供应商，如图 9.3-13 所示。

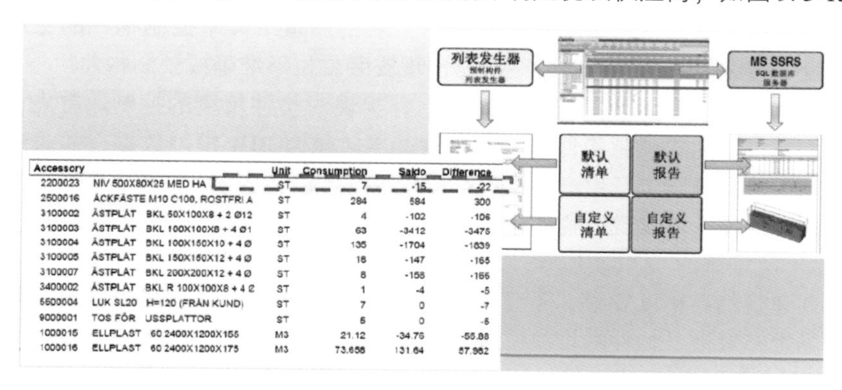

Accessory		Unit	Consumption	Saldo	Difference
2200023	NIV 500X80X25 MED HA	ST	7	-15	-22
2500016	ÄCKFÄSTE M10 C100, ROSTFRI A	ST	284	584	300
3100002	ÄSTPLÅT BKL 50X100X8 + 2 Ø12	ST	4	-102	-106
3100003	ÄSTPLÅT BKL 100X100X8 + 4 Ø1	ST	63	-3412	-3475
3100004	ÄSTPLÅT BKL 100X150X10 + 4 Ø	ST	135	-1704	-1839
3100005	ÄSTPLÅT BKL 150X150X12 + 4 Ø	ST	18	-147	-165
3100007	ÄSTPLÅT BKL 200X200X12 + 4 Ø	ST	8	-158	-166
3400002	ÄSTPLÅT BKL R 100X100X8 + 4 Ø	ST	1	-4	-5
5600004	LUK SL20 H=120 (FRÅN KUND)	ST	7	0	-7
9000001	TOS FÖR USSPLATTOR	ST	5	0	-5
1000015	ELLPLAST 60 2400X1200X155	M3	21.12	-34.76	-55.88
1000016	ELLPLAST 60 2400X1200X175	M3	73.658	131.64	57.982

图 9.3-13 材料库存及采购管理

3. 构件堆场管理

基于 BIM 工厂信息化管理，可通过构件编码信息，关联不同类型构件的产能及现场需求，自动排布构件产品存储计划，利用三维可视化界面展示堆场空间、产品类型及数量，通过构件编码及扫描二维码，快速确定所需构件的具体位置，还可以实现以下操作：

1）行车自动行走定位，自动寻找吊装库位。

2）自动记录预制构件堆放库位，减少人工录入信息可能造成的错误。

3）通过堆放构件表面粘贴的条形码，可以实时准确地查找构件，出入库便捷。

如图 9.3-14 所示为预制构件堆场管理。

4. 构件物流运输管理

BIM 信息可关联现场构件装配计划及需求，详细制订运输计划（卡车型号、运输产品及数量、运输时间、运输人员及到达时间等信息），BIM 信息还可关联构件装配顺序，确定构件装车次序，整体配送。

图 9.3-14 预制构件堆场管理

5. 生产全过程信息实时采集

通过将三维模型管理信息系统与二维码移动端设备结合使用，可以实现监控生产过程，采集各个生产工序加工信息（作业顺序、工序时间、过程质量等）、构件库存信息、运输信息等，信息汇总分析后，以便管理者进行决策。

9.4 BIM技术在装配式建筑施工阶段的应用

基于BIM技术在装配式建筑施工安装中的应用，可以实现构件安装的精度、施工场地布置的优化、施工吊装方案的比选以及复杂节点的模拟安装，并通过BIM-4D进度计划模拟、BIM-5D成本控制的管理，提高装配式建筑安装的质量和施工效率，优化成本，实现施工安装全过程的动态控制。

9.4.1 BIM技术在装配式建筑施工进程中的应用

1. 预制构件安装精度的检测

装配式建筑预制构件因是在工厂预制后再运至现场吊装的，对构件的生产精度及现场的安装精度要求都非常高，通常达到毫米级别。采用一般的测量工具来控制构件的生产精度很难达到毫米级的精度，传统方式的生产与安装经常出现安装就位不准确或预制构件尺寸不合理现象。

基于BIM技术可与三维激光扫描技术相结合，实现对构件精度的控制。首先，对装配式预制构件进行三维扫描，生成预制构件的三维模型，再转化为BIM模型数据，并通过与原深化设计模型对比，从而检测预制工厂生产的预制构件是否符合设计要求。同样，对施工现场和施工塔式起重机进行上述操作，可实现对构件精度的控制与检测。

2. 施工场布及塔式起重机模拟

实现装配式建筑的高精度安装，不仅需要控制构件精度，同时还需要对施工现场进行合理的布置。施工场地布置涉及构件的堆放位置、塔式起重机位置、起吊角度、运输流线等。

基于BIM技术可以对现场临建、道路、材料加工区、塔式起重机等进行场地布置模拟。运用Navisworks软件可对整个场地进行漫游，从而核实临建布置的位置、道路的宽度、转弯处的弯度是否合理、材料加工区是否在塔臂覆盖范围之内、塔式起重机连墙件的设置以及塔臂是否有碰撞的可能等情况，及时调整施工漫游中发现的问题，从而优化施工现场布置，保证各施工环节能够顺利进行。

图9.4-1 施工场布及塔式起重机模拟

BIM技术的漫游功能与可视化特性可以辅助分析施工场地布置的合理性，提前规避问题，优化施工场地布置方案，避免施工延误和成本的增加，进而保障装配式建筑的高效安装，如图9.4-1所示。

3. 预制构件吊装模拟

预制构件因拆分构件多、重量大，有些工艺比较复杂，仅靠人工难以完成，常常借助施工机械。但施工机械的安装精度很难满足要求，比如精度不够或吊装位置不准确，以至于预制构件在吊装过程中问题频出，从而造成返工、质量得不到保证、造价增加。

采用BIM技术模拟预制构件的吊装，可以提前规划起吊机位置及路径，校核吊装参数、吊装位置等，形象地展示构件吊装的施工过程，提前发现问题及安全隐患，并且对不同吊装方案进行模拟比较优化调整，确定吊装的最佳角度，保证预制构件安装的精度，如图9.4-2所示。

具体操作步骤如下：

1）采用BIM软件，创建预制构件吊装模拟模型，建立建筑物、构件、塔式起重机以及材料堆放位置之间的位置关系等。

2）根据施工方案设定起吊位置、起吊路径等，从而模拟构件吊装的过程。

3）通过视频展示吊装过程，分析可能出现的问题，优化方案及时调整；同时，借助视频进行吊装方案的可视化交底。

图9.4-2 预制叠合板吊装模拟

4. 施工安装工序的模拟

装配式建筑预制构件繁多，必须事先规划好施工工艺安装流程，模拟装配式建筑施工过程。下面以某高层住宅装配式剪力墙安装为例进行介绍。

某高层住宅采用装配式剪力墙结构体系，设计的预制构件有预制外墙板、预制叠合板、叠合梁、阳台板、预制楼梯等，待地下室及裙房现浇主体结构施工完毕后，进入标准层装配化施工。

根据设计图进行构件设计和拆分设计，采用BIM软件建模，进行碰撞检查和工艺模拟，基于BIM信息平台，结合RFID技术，实时掌控构件在设计、生产、运输施工过程信息，实现全过程信息共享协同工作，并通过移动终端关联BIM信息平台，指导构件现场安装，集成建造过程所有信息，为后期运维提供数据基础。

根据构件深化设计图自动生产加工，按照构件进厂计划进行构件出厂的运输，运输过程中要注意成品保护和构件排序，预制构件进厂检验合格后方可进行安装。

安装模拟过程：安装墙支撑体系→安装外墙板→安装预制内墙板→穿插内墙现浇部分钢筋的绑扎与浇筑→安装叠合梁→安装叠合板→安装预制阳台→安装预制楼梯。

（1）外墙板安装过程模拟（图9.4-3）

1.安装外支撑架

2.画线定位安装外墙板

3.对准钢筋孔

4.外墙板就位

5.安装斜支撑

6.依次安装外墙板

7.安装PCF板

8.灌浆塞缝封堵

图9.4-3 外墙板安装过程模拟

(2) 内墙板安装过程模拟 (图 9. 4-4)

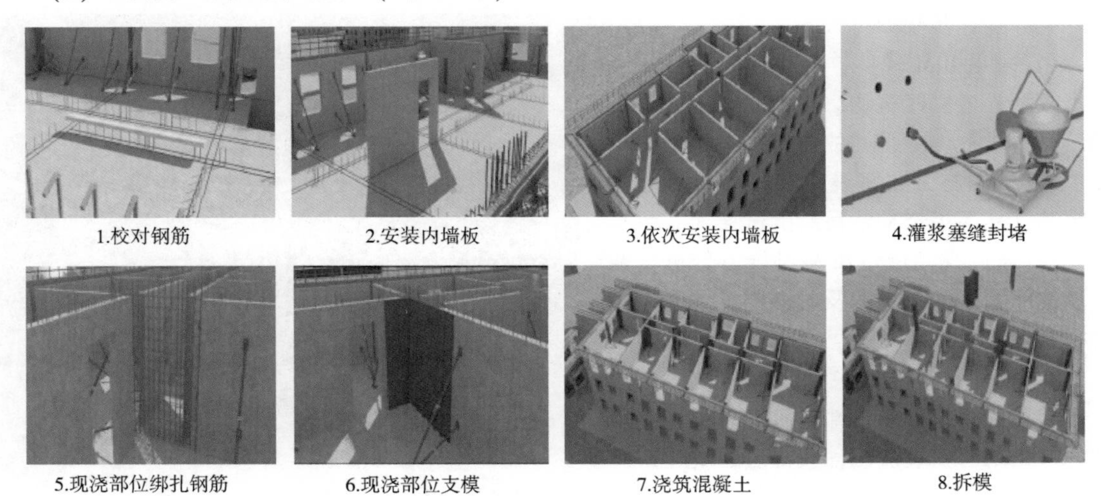

图 9. 4-4　内墙板安装过程模拟

(3) 叠合梁、板、阳台、楼梯安装过程模拟

在内外墙板安装的同时，将叠合梁、板支撑安装完毕，然后依次吊装叠合梁、叠合板、预制阳台、预制楼梯就位，穿插钢筋绑扎、水电管线预留预埋，完成板面钢筋的现浇，如图 9. 4-5 所示。

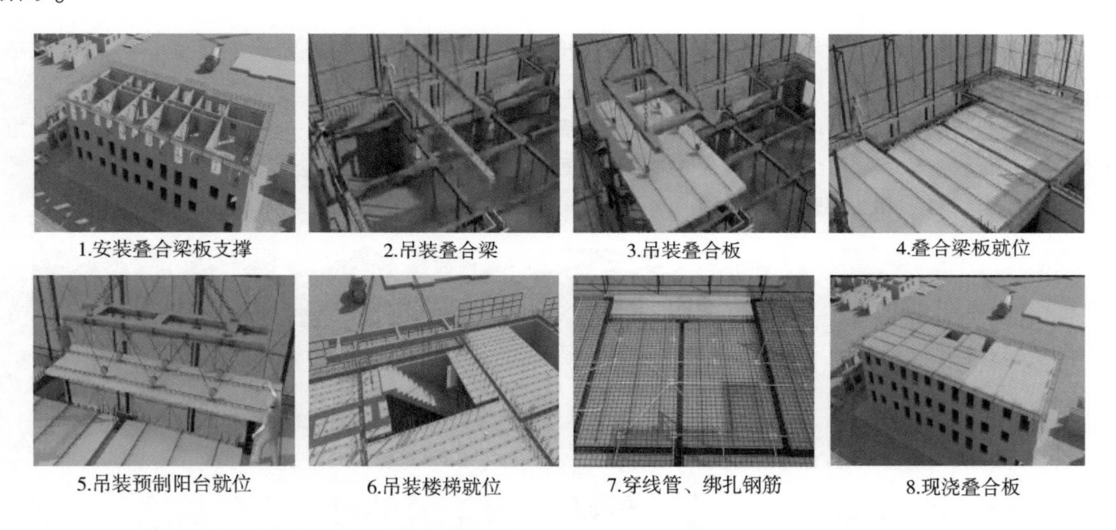

图 9. 4-5　叠合梁、板、阳台、楼梯安装过程模拟

5. 复杂节点及碰撞检测模拟

在预制构件深化过程中，一般只对预制构件间的钢筋进行碰撞检测，未考虑预制构件对现浇混凝土钢筋的影响，比如在某工程建设中，安装模拟过程中建立了完整节点钢筋模型，发现梁墙搭接处，预制剪力墙连接钢板抗剪件与结构梁上部钢筋冲突，通过协调，将该位置连接钢板旋转 90°避开钢筋，如图 9. 4-6 和图 9. 4-7 所示。

图 9.4-6　碰撞检测前后调整对比

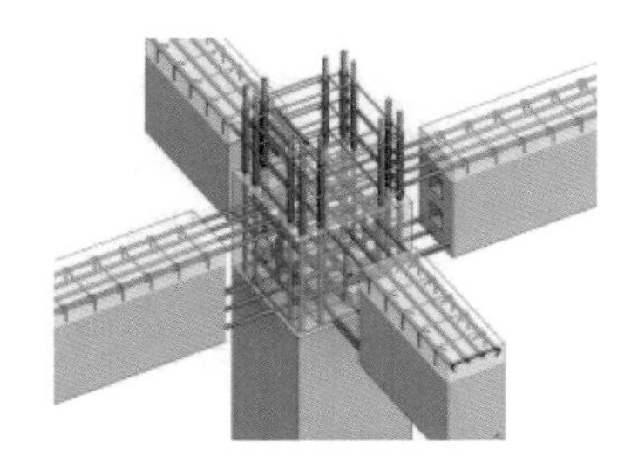 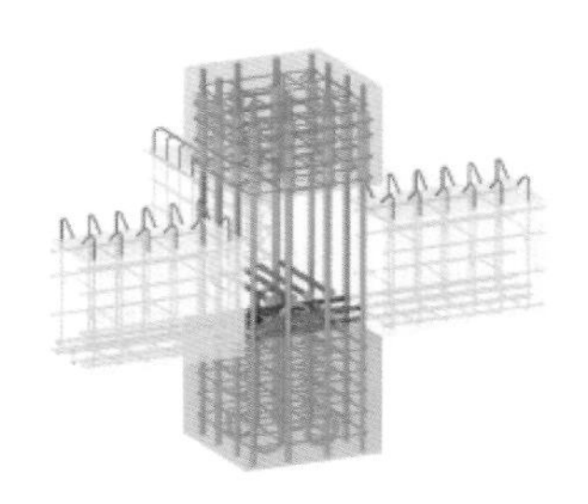 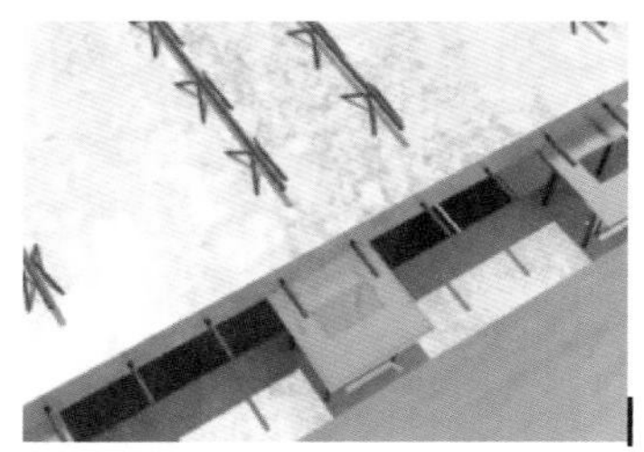

图 9.4-7　梁与柱、柱与柱上下层钢筋、叠合楼板与水平钢板碰撞

9.4.2　BIM 技术在装配式建筑施工管理中的应用

基于 BIM 技术在装配式实施阶段，主要以 BIM 模型为载体，以进度计划为主线，通过融合无线射频、物联网等技术，共享与集成装配式建筑产品的设计信息、生产信息和运输信息，利用 BIM-4D 技术将施工对象与施工进度数据连接，实现施工进度的实时跟踪与监控，在此基础上再引入资源维度，形成 BIM-5D 模型，模拟装配施工过程及资源投入情况，对质量、进度、成本进行实时动态管控与调整，实现以装配为核心的设计—生产—装配无缝连接的信息化协同管理。主要内容包括进度控制、质量控制、成本控制、安全管理、信息管理、数字化竣工资料管理，如图 9.4-8 所示。

进度控制　质量控制　成本控制　安全管理　信息管理　数字化竣工资料管理

图 9.4-8　BIM 技术在装配实施阶段信息化协同管理

1. 进度控制

BIM 技术在施工实施阶段的进度控制，主要利用 BIM 技术将实际进度信息收集整理关联到施工进度管理模型上，对计划工期和实际进度进行实时动态对比分析，寻找影响工期的干扰因素并及时调整。预制构件安装过程施工进度模拟及分析，如图 9.4-9 所示。

基于 BIM 技术施工进度控制过程中，按照施工进度计划，实时采集现场实际进度信息，定期追踪和检验项目的实际进展情况，及时对比分析并反馈到进度管理模型上，对进度计划进行优化和调控，确保工程总体进度目标的实现。

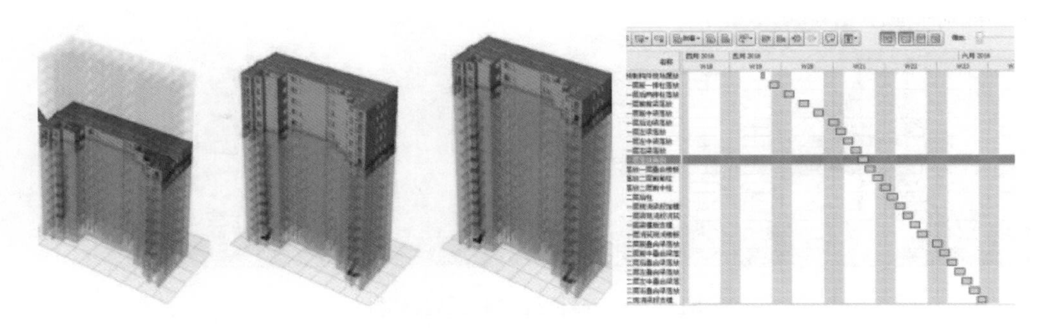

图 9.4-9　施工进度模拟及分析

还可以通过物联网技术与 BIM 技术联合应用，将施工工序模拟与施工现场进度紧密关联，最大限度地发挥 BIM 模型的价值。在施工现场，可以通过扫描读取 RFID 标签数据，添加实际进展信息到 RFID 标签中，结合施工管理平台，分析项目进展情况，对进度偏差进行调整，优化施工工序，并生成三维可视化的施工进度动态模型，直观形象地对预制构件现场安装进行管控。

2. 质量控制

装配式建筑的施工质量控制，不同于钢筋混凝土现浇结构。装配式建筑的施工不仅仅涉及施工现场安装过程质量控制，预制构件设计、生产加工也是装配式建筑的质量控制点。基于 BIM 技术的应用，可形成装配式建筑各阶段数据模型库，结合物联网技术，可以对装配式建筑施工质量进行全过程的管控。

基于 BIM 技术的施工质量管控，首先应根据工程质量验收标准，关联各类质量信息，设置各阶段质量控制点，建立 BIM 施工质量管理模型。

利用 BIM 施工质量管理模型的可视化功能，不仅可以清晰准确地向施工人员传达设计师意图，有效提高施工安装的精准性，还可以对实施过程中遇到的质量问题进行甄别及动态控制管理，从而减少或消除施工过程中的质量缺陷，如图 9.4-10 所示。

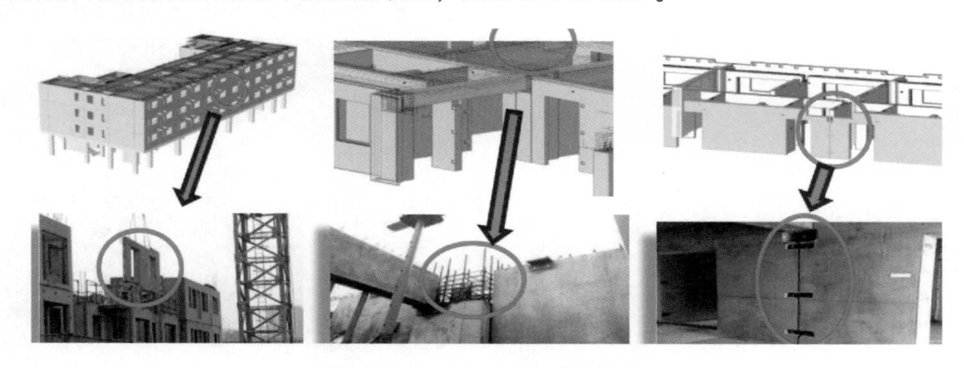

图 9.4-10　施工过程质量缺陷

在 BIM 施工质量管理模型中，可以通过实时监控，将施工过程中的信息关联制 BIM 施工质量管理模型中，对存在的质量问题进行分析，确定解决方案，对类似质量问题进行通报预警，提高装配式建筑全过程质量管控能力。

对预制构件存在的质量问题，施工现场人员通过扫描预制构件二维码，可以快速确认预制构件在生产加工以及运输过程中出现的质量问题，及时反馈给预制构件厂重新加工制作，实现预制构件质量的闭环管理。

3. 成本控制

BIM 技术在施工成本控制的应用，主要是在对计划成本、预算成本、实际成本三算对比，以及成本核算与分析等方面。施工成本管理的核心是基于 BIM 施工管理模型实现成本的对比分析与动态控制。

BIM 技术施工成本管理控制模型是依据各施工阶段人工、材料、机械等所需要的工程量以及定额创建。根据可视化 BIM-4D 进度计划，再增加资源维度形成 BIM-5D 成本控制模型，可以实时或定期进行计划成本、预算成本、实际成本的对比，并通过分析和优化，选择成本最优的方案进行实施，如图 9.4-11 所示。

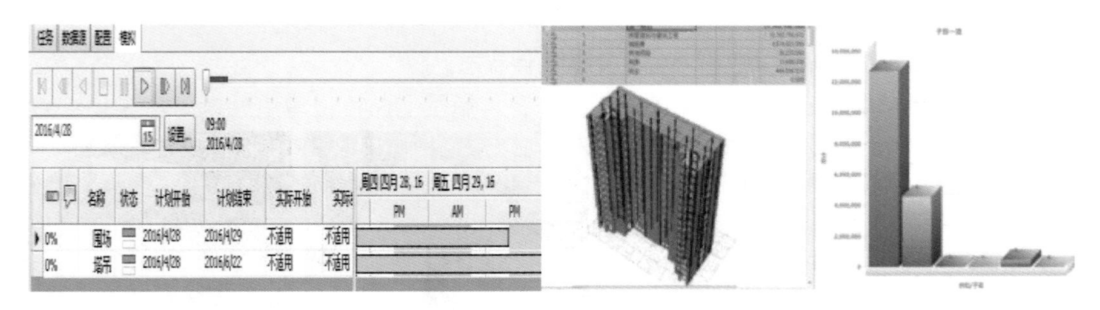

图 9.4-11　BIM-5D 成本分析

在预制构件装配式施工阶段，主要从以下几方面考虑控制或降低成本：

1）施工现场规划布局是否合理。

2）吊装机械位置是否合适。

3）施工安装工艺是否正确。

4）施工组织安排是否合理等。

基于 BIM 技术特性，可以通过对施工场布进行合理规划、施工工序及复杂节点进行模拟比选，提高构件装配效率，降低施工成本。

4. 安全管理

基于 BIM 技术的施工安全管理，主要是对施工安装现场进行可视化模拟、过程实施监控和动态管理，以便识别危险源，提前做好相应的安全防护措施，消除或减少不安全的隐患，确保工程项目安全管理目标的顺利实施。

BIM 施工安全管理模型，需要依据设计技术交底方案、专项施工方案、施工安全策划、危险源识别计划以及其他特定的安全管理措施进行创建。BIM 安全管理模型创建过程中，应完善安全防护等配置信息（比如消防分区、交通疏散、脚手架防护、基坑支护、模板工程等的安全技术措施），帮助识别风险源，进行安全技术交底；同时可以上传有关安全隐患的视频、照片关联到模型，按部位、时间等对安全问题跟踪记录；在编制施工安全分析报告时，应记录虚拟施工中发现的危险源及时采取改进措施，形成最终的安全管理报告，如图 9.4-12 所示。

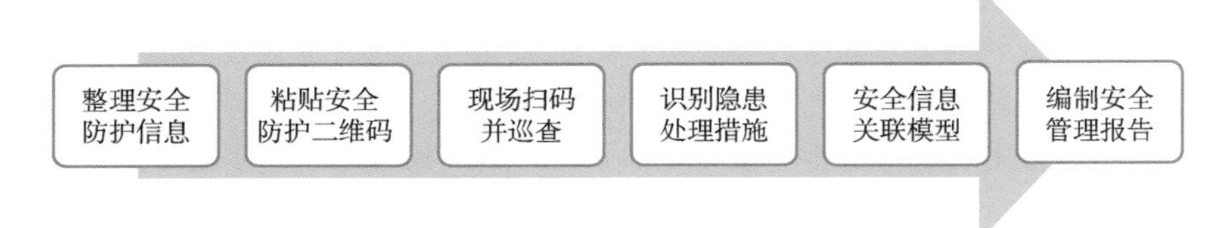

图 9.4-12　施工安全管理过程

5. 信息管理

装配式建筑因预制构件种类繁多，经常会出现构件丢失、错用、误用等情况，所以对预制构件现场管理务必要严格。在现场管理中，主要将 RFID 技术与 BIM 技术结合，对构件进行实时追踪控制。

基于 BIM 技术在构件中预埋 RFID 芯片，通过手机扫码添加预制构件二维码追溯系统，可以轻松实现预制构件的加工流程管理、仓储管理、运输管理、现场吊装管理等全过程信息化管理。主要包括以下几方面内容：

1）采用二维码技术对 PC 构件进行物流跟踪管理。

2）二维码批量扫描构件。

3）在运输进场安装等环节进行扫描，变更构件状态。

4）通过 BIM 模型汇总物流状态和数据。

构件入场时，在门禁系统中设置 RFID 阅读器，当运输车辆的入场信息被接收后，应马上组织人员进入现场检验，确认合格且信息准确无误后，按规划的线路引导到指定地点，并按构件存放要求放置，同时在 RFID 芯片中输入构配件到场的相关信息。

图 9. 4-13　预制构件现场信息管理

在构件吊装阶段，工作人员手持阅读器和显示器，按照显示器上的信息依次进行吊运和装配，做到规范且一步到位，提升工作效率。如图 9. 4-13 所示为预制构件现场信息管理。

6. 数字化竣工资料管理

装配式建筑施工完毕后，需要对照工程建设相关质量验收标准进行交付。验收资料内容主要有竣工资料验收、BIM 竣工模型验收两部分。

竣工验收资料主要包括技术交底资料、装配式构件信息资料、质量管理资料、安全管理资料、成本管理资料、设备管理资料、变更信息资料等。在装配式建筑施工过程中，这些相关资料及信息要同步收集，实时关联到 BIM 施工管理模型及管理平台，保证对工程项目的有效管理。

在装配式建筑竣工验收时，可设计并采用 BIM 成果验收表，将验收信息添加到 BIM 施工管理全专业模型中逐项验收，并根据现场实际情况进行修正，以保证 BIM 模型与工程建设实体的一致性，进而形成 BIM 竣工模型。对于不合格项、信息不完整项需要进行整改。

另外，BIM 竣工模型应将现浇部分与预制构件分类储存，并包含完整的机电设备管线。根据装配式建筑运维需要，可添加机电设备的厂商、型号、价格等属性信息，作为后期 BIM 智能化运维模型的数据基础。

9. 5　BIM 技术在装配式建筑一体化装修中的应用

装配式建筑集成一体化是一个大系统，主要由建筑系统、结构系统、机电系统、装修系统四大系统组成，其中装修系统主要是指吊顶与地面系统、厨卫集成系统、隔墙系统、部品构配件等系统。

装修阶段的一体化信息化管理，主要是利用施工阶段建立的 BIM 模型，通过转化直接供装修信息管理平台使用。可以非常直观地观察到三维模型装修效果。装修阶段一体化管理主要包括装修的标准定位（如天花、地面、灯具连接图以及立面开关、插座、照明、弱电位置图）；空调的设计（包括穿墙管、预留孔、预埋件等）；新风系统和预制构件的结合，以及安保信息的智能化设计等。如卧室可能需要床头插座、呼叫感应等，都需要在每一块墙板上体现出来。

装修阶段管理主要是对装修部品库的建设管理及物业信息、机电信息等的管理，如图9.5-1和图9.5-2所示。

图9.5-1 装修部品产品库建设

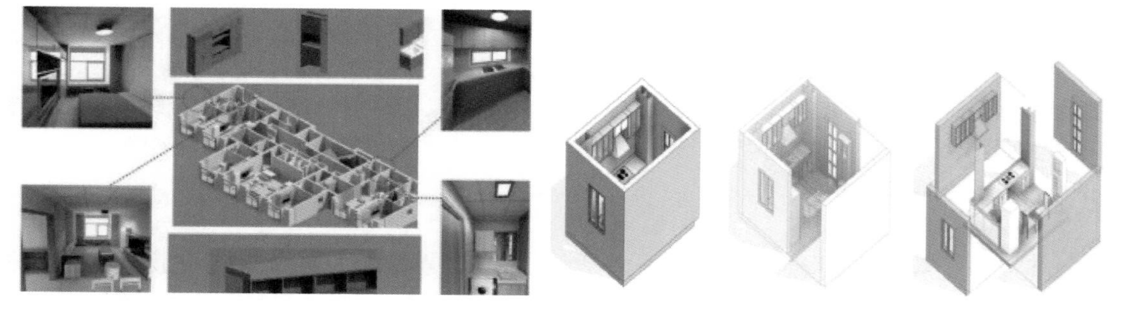

图9.5-2 各种信息的可视化

9.6 基于BIM技术装配式建筑一体化信息协同管理平台

基于BIM技术，可以构建装配式建筑从设计、生产、施工到运维一体化信息协同管理平台，通过标准化的管理流程，结合信息化的手段，可以实现项目建设全过程各阶段信息的高效传递和实时共享，从而实现由传统的经验管理向信息化管理的转变，提高管理效率和水平，提升工程建造的质量，确保最终建设目标的实现。

传统的建造管理模式，各个阶段的现场资料更多采用纸质文件，因各专业各环节信息壁垒，信息传递过程中经常出现问题，设计、生产、施工不协调甚至严重脱节，设计、管理、市场各自为政，工程质量、进度、投资不可控现象时有发生。基于 BIM 技术装配式建筑一体化集成信息协同管理平台，能够充分发挥 BIM 的特性，对数据、信息进行优化整合，实现装配式建筑一体化集成信息化管理模式。

基于 BIM 技术装配式建筑一体化信息协同管理平台，主要包括设计信息化系统、生产信息化系统、物流信息化系统、装配信息化系统、运维信息化系统，如图 9.6-1 所示。

图 9.6-1　装配式建筑信息化协同管理平台

基于 BIM 技术，装配式建筑可以实现建筑、结构、机电、装修一体化集成设计信息化系统，并借助物联网、云计算等信息化技术手段，将相关的建筑工程信息关联到后续的实施过程中，从而实现设计、生产、运输、装配、运维一体化集成应用信息系统，提升装配式建筑智慧建造、智慧运维的管控能力。

1. 设计信息化系统

设计信息化系统主要集成了设计各个阶段和各个专业的信息。如方案设计阶段主要有场地规划、交通分析、方案比选、标准模块化设计等信息；初步设计阶段主要有建筑性能分析、预制构件拆分等信息；施工图设计阶段主要有碰撞检测分析、管线综合优化等，深化设计阶段主要有结构体系的深化设计、外围护体系的深化设计、机电体系的深化设计、装修体系的深化设计等。基于 BIM 技术，可构建建筑、结构、机电、装修一体化集成协同设计管理平台，提高设计效率和质量。

2. 生产、物流信息化系统

预制构件生产、物流加工信息化系统，主要是指对部品部件模具设计、预制构件加工生产、装配式模版设计、生产加工流程、生产质量、预制构件储存、预制构件运输、物流跟踪等信息的管理系统。结合 BIM 技术，可实现预制构件生产阶段一体化信息管理，提高预制构件、部品部件的生产管理水平和质量。

3. 装配信息化系统

装配信息化系统主要指对施工现场合理规划，施工工艺模拟，施工质量、进度、投资的控制，施工安全管理及竣工资料交付等一体化集成信息管理系统。通过协同管理平台，可以从多角度提供各专业的项目信息，更好地让各专业、各参建方、各管理方协同工作，有利于提高装配式施工管理效率和施工质量。

4. 运维信息化系统

运维信息化系统主要对建筑资产、建筑空间、建筑能耗、建筑应急、设备设施等一体化集成信息进行管理。借助 BIM 技术，可增强运维管理的可视化、决策化，高效准确地解决运维阶段出现的各种问题，降低运营和维护成本，促进装配式建筑的可持续发展。

总之，基于 BIM 技术装配式建筑一体化信息协同管理平台，可以极大提高装配式建筑的建设质量及信息化管理水平，推进装配式建筑管理向数字化、智慧化转变。

参考文献

［1］荣超，仁青，高恒聚 . BIM 技术基础［M］. 上海：上海交通大学出版社，2017.

［2］陆泽荣，刘占省 . BIM 技术概论［M］. 2 版 . 北京：中国建筑工业出版社，2020.

［3］陆泽荣，刘占省 . BIM 应用与项目管理［M］. 2 版 . 北京：中国建筑工业出版社，2018.

［4］潘俊武，王琳 . BIM 技术导论［M］. 北京：中国建筑工业出版社，2018.

［5］赵雪峰，刘占省 . BIM 导论［M］. 武汉：武汉大学出版社，2018.

［6］张玉琢，马洁，陈慧铭 . BIM 应用与建模基础［M］. 大连：大连理工大学出版社，2019.

［7］叶雯，路浩东 . 建筑信息模型（BIM）概论［M］. 重庆：重庆大学出版社，2017.

［8］程国强 . BIM 改变了什么——BIM + 建筑施工［M］. 北京：机械工业出版社，2018.

［9］刘晓峰，张洪军 . BIM 综合应用［M］. 杭州：浙江大学出版社，2019.

［10］赵雪锋，周志，宋杰 . BIM 建模软件原理［M］. 北京：中国建筑工业出版社，2017.

［11］黄立新，马恩成，等 . PKPM 的“BIM 数据中心及协同设计平台”［J］. 建筑科学，2018，34（09）：42-49，129.

［12］肯塞克 . BIM 导论［M］. 孙上，陈亦雨，译 . 北京：中国建筑工业出版社，2017.

［13］克雷盖尔，尼斯 . 绿色 BIM［M］. 高兴华，译 . 北京：中国建筑工业出版社，2016.

［14］余雷，张建忠，蒋凤昌，等 . BIM 在医院建筑全生命周期中的应用［M］. 上海：同济大学出版社，2019.

［15］清华大学 BIM 课题组 . 中国建筑信息模型标准框架研究［M］. 北京：中国建筑工业出版社，2014.

［16］程大金 . 图解绿色建筑［M］. 天津：天津大学出版社，2017.

［17］王春雪，吕淑然 . 人员应急疏散仿真工程软件——Pathfinder 从入门到精通［M］. 北京：化学工业出版社，2020.

［18］张尊栋，等 . 城市道路交通仿真技术——Vissim、Synchro 操作与应用［M］. 杭州：浙江大学出版社，2015.

［19］商大勇 . BIM 改变了什么——BIM + 工程项目管理［M］. 北京：机械工业出版社，2019.

［20］包蔓 . BIM 在建设项目成本控制中的应用研究［D］. 重庆：西南交通大学，2014.

［21］罗茜 . 基于 BIM 技术的项目施工成本控制研究［D］. 兰州：兰州交通大学，2020.

［22］张海龙 . BIM 技术在市政基础设施项目中的应用研究［D］. 北京：北京建筑大学，2018.

［23］黄建陵，文喜 . 建设项目全生命周期一体化管理模式探讨［J］. 项目管理技术，2009，7（11），37-40.

［24］中国建筑业 BIM 应用分析报告（2020）编委会 . 中国建筑业 BIM 应用分析报告（2020）［M］. 北京：中国建筑工业出版社，2020.

［25］曹璞 . BIM 技术在建筑工程施工质量控制中的应用研究［J］. 城市建筑，2020，17（11）：113-114.

［26］丁烈云 . BIM 应用 · 施工［M］. 上海：同济大学出版社，2015.

［27］黄达 . 某 EPC 项目基于 BIM 的智慧工地建设与综合效益评价研究［D］. 广州：华南理工大学，2020.

［28］黄子浩 . BIM 技术在钢结构工程中的应用研究［D］. 广州：华南理工大学，2013.

［29］李海涛 . 基于 BIM 的建筑工程施工安全管理研究［D］. 郑州：郑州大学，2014.

［30］李杏 . 基于 BIM 技术的医院建筑运维管理研究［D］. 北京：北京建筑大学，2019.

［31］李占鑫 . 基于 BIM 技术的大型商业项目运维管理的研究［D］. 天津：天津大学，2017.

［32］罗兰 . 装饰工程 BIM 模型的审核研究［J］. 土木建筑工程信息技术，2016（02）：60-65.

［33］田金瑾 . 基于 BIM 的大型商业建筑设施管理系统研究［D］. 郑州：郑州大学，2019.

[34] 汪再军. BIM 技术在建筑运维管理中的应用 [J]. 建筑经济，2013，(09)：94-97.
[35] 武慧敏，高平. BIM 在建筑项目物业空间管理中的应用 [J]. 项目管理技术，2015，13 (10)：57-63.
[36] 项兴彬，余芳强，张铭. 建筑运维阶段的 BIM 应用综述 [J]. 中国建设信息化，2020 (09)：76-78.
[37] 张超超. 基于参数化模型的运维管理平台研究 [D]. 长春：吉林建筑大学，2019.
[38] 张宇. 基于 BIM 与物联网的大型酒店运维管理研究 [D]. 北京：中国矿业大学，2020.
[39] 赵国林. 基于 BIM 技术的医院建筑智慧运营维护技术 [J]. 建筑施工，2018 (08)：1482-1484.
[40] 朱正. 基于 BIM 技术的精装修深化设计管理 [J]. 建筑施工，2015 (10)：1226-1228.
[41] 吴大江. 基于 BIM 技术的装配式建筑一体化集成应用 [M]. 南京：东南大学出版社，2020.
[42] 叶浩文，周冲，等. 装配式建筑一体化数字化建造的思考与应用 [J]. 工程管理学报，2017，31 (5)：85-89.